Bollinger, Prof. Dr., in München. **Die Ursachen der Epidemien.**
Brefeld, Privatdocent Dr., in Berlin. **Bacterien und Pilze.**
Graber, Prof. Dr., in Gratz, **Insectenleben.**
Gudden, Prof. Dr., in München. **Physiologie des Gehirns und der Nerven.**
Hamm, Ministerialrath Dr., in Wien. **Die Naturkräfte in ihrer Anwendung auf Landwirthschaft.**
Heller, Prof. Dr., in Kiel. **Die Parasiten.**
Jäger, Prof. Dr. Gust., in Stuttgart. **Die menschliche Arbeitskraft.**
Immermann, Prof. Dr., in Basel. **Gesundheit und Krankheit.**
Krebs, Dr., in Frankfurt. **Die Wechselwirkung der Naturkräfte.**
Mayer, Ministerialrath, Prof. Dr., in München. **Die Gesetzmäßigkeit im Gesellschaftsleben.**
Niemeyer, Dr. Paul in Leipzig. **Hygieine.**
Pfaff, Prof. Dr. Fr., in Erlangen. **Die Naturkräfte in den Alpen.**
Radau, Dr. R., in Paris. **Physisch-ökonomische Geographie.**
Ranke, Prof. Dr. J., in München. **Physiologie der Ernährung.**
Zöller, Prof. Dr., in Wien. **Chemie und Leben.**

☞ Die Bände 1—17 sind sämmtlich in erster Auflage schon erschienen. Soweit von denselben nicht gerade neue Auflagen unter der Presse sich befinden, oder vorbereitet werden, können sie jederzeit und von jeder Buchhandlung bezogen werden. **Jeder Band ist einzeln verkäuflich.** ☜

Für die nach Band 17 aufgeführten Bände ist eine bestimmte Reihenfolge noch nicht festgesetzt, da dieselbe in dem Maßstabe, als die Arbeiten der Autoren zum Abschluß gelangen, veröffentlicht werden.

Eine Vervollständigung des vorstehenden Verzeichnisses wird erfolgen, sobald verschiedene noch schwebende Unterhandlungen mit hervorragenden Gelehrten zum Abschlusse gelangt sein werden.

Durch die Herausgabe der neuen Auflage der älteren Bände der „Naturkräfte“ erleidet natürlich die fortschreitende Veröffentlichung neuer Bände keinen Aufschub. Es erscheinen jedes Jahr mindestens 4—5 neue Bände.

Ein ausführlicher Prospectus wird auf Verlangen gratis zugesandt.

Naturkräfte.

Zweiter Band.

Licht und Farbe.

Eine

gemeinfaßliche Darstellung der Optik.

Von

Prof. Dr. Fr. Jos. Pisko
in Wien.

Zweite, vermehrte Auflage.

Mit 148 Holzschnitten.

München.
Druck und Verlag von R. Oldenbourg.
1876.

Vorwort

zur ersten Auflage.

In den nachfolgenden Blättern war ich bestrebt, die Hauptlehren der physikalischen, meteorologischen und physiologischen Optik gemeinfaßlich darzustellen und zwar nach einem von mir erdachten Plane, welcher gestattete, die Materie in kleinere Abtheilungen zu zerfällen, die sich selbständig behandeln ließen und die dennoch durch Verwandtschaft des Inhaltes organisch so auf einander folgen, daß das schwieriger zu verstehende dem leichter faßlichen sich anreiht. In diese eigenthümliche Architektonik des Werkes gibt dessen Inhaltsverzeichniß Einsicht.

Ich habe die Disciplinen der Lichtlehre von ihrem ersten Werden bis zu dem Gewordenen der Jetztzeit verfolgt und dabei gesucht, das Interesse des Lesers sogleich bei dem Auftauchen einer optischen Erscheinung für dieselbe so zu spannen, daß er sie gerne bis zu ihrem Stande in der Gegenwart in Hinsicht auf ihr Gesetz, ihre Erklärung, ihre Variationen und Anwendungen begleitet, ja mit Sehnsucht ihre weiteren Entwicklungen in der Zukunft erwartet.

Durch dieses historische Vorgehen erhält unser Leser einen Ueberblick, wie die Optik von einem unscheinbaren Keime nach und nach zu einem herrlichen Baume erwachsen ist; wie man zuerst nur bemüht war, das Sehen zu verstehen, die optischen Bilder zu erklären, optische Wunder zu schaffen; wie dann nach und nach sowol die auffallenden als die täglichen optischen Erscheinungen erklärt wurden und zwar anfangs nach der Anologie des Riechens und endlich, in der Neuzeit, nach der Aehnlichkeit mit dem Hören.

Bei dieser durchweg historischen Entfaltung des Stoffes der gesammten Optik habe ich ein besonderes Gewicht darauf gelegt, die Forscher und Erfinder zu nennen und das Jahr der Veröffentlichung ihrer Arbeiten zu bezeichnen — das Volk soll jene Männer kennen, die ihr Leben im Suchen und Streben nach optischen Wahrheiten, nicht selten mit Aufopferung von Gesundheit und mit Verzicht auf die Annehmlichkeiten des Lebens, verbracht haben; das Volk soll diese Helden des Geistes mindestens ebenso kennen lernen, wie die Helden des Schwertes. Und dies umsomehr, als die letzteren nicht selten ihre Erfolge der optischen Wissenschaft zu danken haben; man denke sich einen Feldherrn von heute ohne Fernrohr, die Truppen ohne Distanzmesser u. s. w. Allein auch schon die ältere Zeit verknüpfte die Kriegswissenschaft, wenn auch nur zum Theil in sagenhafter Weise, mit den optischen Erfahrungen; man erinnere sich an die Brenn- und Leuchtspiegel, an die von Roger Baco (1214 bis 1294) verheißenen Vervielfältigungsspiegel, welche den Feind mit den vermehrten optischen Bildern der Truppen schrecken sollten u. dgl. m.

Die Optik greift fast in alle Zweige des Lebens und der Technik und es wurde daher den älteren sowie den neueren und jüngsten Anwendungen der Lichtlehre, nach möglichst vielen Seiten, Rechnung getragen. Zu diesem Behufe sowol, als auch bei der Aufstellung der Grundlehren, kehrte ich stets zu den ursprünglichen, ersten und besten Quellen zurück.

Da mir der Herr Verleger eine größere Anzahl von schönen, zu meinem Zwecke passenden Holzschnitten mit dankenswerther Güte zu Gebote stellte; so hatte ich selbst nur theilweise für die ergänzenden Figuren zu sorgen und konnte mich mit um so größerer Kraft der Bearbeitung des Textes hingeben. Ich wäre glücklich, wenn das Buch dem Leser so viel Vergnügen machen könnte, als mir dasselbe bei seiner Schaffung bereitet hat.

Der Verfasser.

Vorwort

zur zweiten Auflage.

Die nothwendige Vermehrung des Stoffes in den letzten Partien des Buches erforderte, daß dasselbe in zwei Theile zerlegt werde, damit jeder Band, bezüglich seiner äußeren Stärke, mit den anderen Bänden der ganzen Sammlung übereinstimme. Im Uebrigen behielt ich den im ersten Vorwort besprochenen Plan.

Wien den 25. September 1875.

Der Verfasser.

Inhalt.

I. Theil.

Optische Bilder.

Das Sehen.

II. Theil.

Optische Instrumente.

Die Farbenlehre und ihre Anwendung.

Stärke und Geschwindigkeit des Lichtes.

Licht und Farbe.

I. Theil.

Aus allen Höh'n zu allen Tiefen,
Seh' ich die Strahlen des Lichtes triefen.

Rückert.

Optische Bilder.

1. Licht.

Welche Fülle der prachtvollsten, farbenreichsten und herrlichsten Erscheinungen umfaßt das Wörtchen „Licht“! Ist es nicht, als hätte unsere Sprache damit andeuten wollen, daß die großartigste der Sinnesfreuden durch die kleinste Oeffnung zur Werkstätte des Bewußtseins gelangen könne?

Wie kommt es, daß die Welt sich im Auge abmalt? Sehen wir etwa dadurch, daß von allen Punkten der Körper Lichttheilchen in geraden Linien, „Strahlen“, durch das Auge zu unserem Gehirn geschleudert werden? oder „strahlt“ das Licht aus dem Sehorgan nach den Dingen hin und macht sie sichtbar? Der kindliche Verstand ist vorherrschend geneigt, das letztere zu vermuthen, und wird hiezu dadurch verleitet, daß man ja beim Schließen der Augen nichts mehr sehe. Allein spricht dieser Grund nicht ebenso für das Eintreten des Lichtes in das Auge wie für ein Fließen der Helligkeit aus demselben? Und erblickt man denn in einer finsteren Stube, in einer dunkeln Nacht Gegenstände, wenn der Deckel, das „Lid" des Sehapparates aufgezogen bleibt? Wol können auch dann noch verworrene Lichterscheinungen und Nachbilder auftreten, nie aber eine eigentliche Sehempfindung.

Diese Erfahrung deutet darauf hin, daß die Lichtstrahlen jedenfalls von den äußeren, hellen Objecten zu unserem Lichtsinn kommen; ist aber damit dargethan, daß Lichttheilchen von dem Gesehenen in das Auge schießen? Muß es dabei ähnlich wie beim Riechen hergehen? Wäre es nicht denkbar, daß die Schallphänomene ein Vorbild zur Erklärung der Auftritte im Gebiete des Lichtes abgeben könnten?

Es hat gewiß nichts Widersinniges, sich vorzustellen, in und an einem leuchtenden Stoffe sei etwas höchst Feines und ausnehmend Elastisches in einer zitternden Bewegung und diese werde wieder von einem eben so feinen, elastischen Mittel als zartester Wellenschlag bis zum Auge verpflanzt, wo der letztere die Lichtempfindung als erste Bedingung des Sehens anregt.

Es wäre sogar sehr einfach vorauszusetzen, daß sowol den Schwingungen des Leuchtenden als den fortschreitenden Lichtwellen ein und dieselbe ausnehmend feine und elastische Materie zu Grunde liege, die im Weltraum und in den Poren aller Körper vorhanden sei.

Welche der eben ausgesprochenen Meinungen über die Ursachen des Lichtes und der entsprechenden Wahrnehmung mag wol die rechte sein?

So alt auch die Lichtereignisse sind — und sie sollen nach dem Buche der Bücher sogar um drei Tage älter als

Sonne, Mond und Sterne sein — so ist es doch erst diesem Jahrhundert vollkommen und bindend geglückt, dieselben hinsichtlich ihrer Ursache richtig zu deuten. Der Naturmensch genießt die Lichtfreude ohne lange nach den ersten Veranlassungen derselben zu fragen. Und so machten es auch die alten Völker. Nur die hochgebildeten Griechen kamen zu einigen Betrachtungen über das Licht. Einer ihrer frühesten Philosophen, Empedokles, im fünften Jahrhundert vor unserer Zeitrechnung, hielt das Licht für einen materiellen Ausfluß aus den Körpern; nur wenig später glaubte Plato, es kämen gleichzeitig Lichtstrahlen von den Gegenständen und den Augen und erst ihr Zusammentreffen bewirke eine Lichtempfindung. Ein halbes Jahrhundert darauf behauptete Aristoteles, zur Empfindung des Sehens sei erforderlich, daß ein zwischen dem Auge und dem Gesehenen lagerndes, feines Mittel bewegt werde. Hipparch im zweiten Jahrhundert v. Chr. stellte sich vor, die Augen betasteten mit den aus ihnen kommenden Lichtstrahlen die Objecte.

So finden wir denn im klassischen Alterthum die Keime für jene zwei Haupterklärungsarten des Lichtes und seiner Erscheinungen, nämlich die Ausfluß=Emanations= oder Emmissionshypothese und die Schwingungs-, Wellen-, Vibrations= oder Undulationstheorie. Erstere wählt als Analogon die Vorgänge beim Riechen, letztere beim Hören.

Eine größere Anzahl von Grunderscheinungen lassen sich gleich gut aus beiden Anschauungsweisen ableiten; endlich aber stößt man auf eine Thatsache, wo Licht zu Licht gebracht — stellenweise Finsterniß erzeugt. Wenn das Licht eine ausströmende Materie wäre, so müßten sich die höchst feinen Lichttheilchen bei ihrem Zusammentreffen vernichten, um jene Dunkelheiten begreiflich zu machen — darf man dies gelten lassen?

Sieht man hingegen die Ursache des Lichtes in der wellenden Bewegung einer schwerlosen, höchst feinen, außerordentlich elastischen Materie, welche in den Poren der hellen oder erhellten Körper und im Weltraume verbreitet ist, so kann gar leicht ein Wellenberg mit einem Wellenthal zusammentreffen und eine ebnende Wirkung haben, d. h. an dieser Stelle gibt es keine Lichtwelle, es ist hier Ruhe, Finsterniß — bei zusammentreffenden, durcheinanderziehenden Wasserwellen sieht man ja auch Ruhestellen auf dem Wasserspiegel entstehen. Derlei Erscheinungen nun haben bewirkt, daß man in der Jetztzeit nur den wellenden Aether als die wahre Licht-Ursache gelten läßt.

Auch die klassischen Griechen nahmen einen höchst feinen Stoff an, welcher den Weltraum ausfüllen sollte und der nach Aristoteles weder schwer noch leicht, unaufhörlich im Kreise sich bewegend, den immerwährenden Kreislauf aller Weltkörper bewirkt und „Aether" heißt: „er ist der in sich bewegte Raum, welcher den Namen hat von der ewigen Bewegung". Und daher haben die Naturforscher der neueren Zeit mit dem Worte „Aether" jene als vorhanden angenommene, träge, nicht schwere, höchst feine, außerordentlich elastische Materie bezeichnet, die ebenfalls stets periodisch bewegt ohne Ende Licht spendet. Die Aetherruhe oder die Finsterniß ist nur örtlich: im Weltraum ist der Aether allzeit in Bewegung, im Weltall erlischt das Licht nie!

Seit den letzten zwei Jahrhunderten bedarf die Naturforschung zur Erklärung der Bewegung der Himmelskörper keines Zwischenmittels; sie hat dasselbe — freilich nicht ohne Widerspruch — aufgegeben und betrachtet die Umläufe und Umdrehungen der Himmelsbälle als das Spiel zusammenwirkender Kräfte; sie hat hingegen den zwischen den Atomen der irdischen Substanzen und zwischen den Himmelskörpern gespannten Aether mit Liebe und Eifer aufgenommen, um mittelst der ihm zugedachten Schwingungsweisen die Vorgänge des Lichtes, der Wärme, der Elektricität und des Magnetismus verstandesgemäß zu begründen.

Ist ein solcher Welt- und Molecularäther auch wirklich vorhanden? Läßt sich sein Bestehen geradezu nachweisen? Nein! Allein wie Richter und Geschworene aus einer Menge zerstreuter Thatsachen auf stattgehabte Geschehnisse und Begebenheiten mit hoher Wahrscheinlichkeit schließen und dann nochmals prüfend jene verrathenden Spuren an die vermuthete That legen und aus letzterer als Ursache ableiten; ebenso sorgfältig gingen auch die Optiker zu Werke, bevor sie sich zur Annahme eines schwingenden Aethers als Ursache des Lichtes bequemten und dabei wurden sie überdies durch die hohe Mathematik unterstützt!

Verräth sich der fragliche Aether nicht auch durch andere Zeichen als optische? Hemmt er nicht etwa die Weltkörper in ihrem Lauf und verlangsamt diesen merklich? Die außerordentliche Feinheit des Aethers wird so angenommen, daß ein ausschließlich mit Aether erfüllter Raum als völlig leer gelten kann. Nur wenn Körper von äußerst geringer Dichte sich in einem solchen Raume bewegen würden, möchte ein Widerstand kund werden. Und dies scheint bei dem Enke'schen Kometen der Fall zu sein. Dieser Himmelskörper zeigte nämlich bei den jüngeren Beobachtungen eine vermehrte Geschwindigkeit und eine engere Bahn, woraus man schließt, daß durch den Widerstand des Weltäthers die anziehende Kraft der Sonne relativ vergrößert wurde. Hätte der Komet seinen Abstand von der Sonne stets bewahrt, so würde eine Verzögerung in seinem Umlaufe als Folge des hindernden Aethers aufgetreten sein.

Das Wort „Aether" ist für das lichterzeugende und lichtfortpflanzende vibrirende Mittel trefflich gewählt: denn seit dem Alterthum hat man damit das allerfeinste, allerflüssigste und schwerlose Medium bezeichnet; leider! ist das Wort auch mißhandelt und für Stoffe gebraucht worden, die allerdings, wie der Schwefeläther, die Naphten und ätherischen Oele, sehr flüssig und leicht verdampfbar sind, deren Eigenschaften aber gegen jene des idealen Welt- und Molecularäthers so grob und ungeschlacht erscheinen, daß der bloße Versuch ihrer Vergleichung in's Lächerliche schlüge! Wie hoch elastisch muß man sich den hypothetischen Aether vorstellen, wenn den Variationen seiner zarten Schwingungen die Entstehung des Lichtes, der Wärme, der Electricität und des Magnetismus zugeschrieben werden! Wie kühn erscheint uns der Gedanke Thomsons, die Dichte des Lichtäthers abzuschätzen (1854) und dieser Versuch hat in dem Beginnen einiger Gelehrten, die Dimensionen der Körperatome erschließen zu wollen, sein Ebenbild.

So offen sich die Erscheinungen des Lichtes dem sinnlichen Auge geben, ebenso tief verbirgt sich die Ursache derselben dem geistigen Blick. Und daher blieb die Lichtlehre so lange dunkel; ebenso die Farbentheorie.

Plato hielt die Farbe für flammenartige Körperchen, die aus den Poren der Materien in das Sehorgan geschleudert werden. Aristoteles meinte die Farben entstünden aus einer verschiedenen, gegenseitigen Lage von Weiß und Schwarz oder aus einer Mischung derselben. Dieser Philosoph ist also der Stammvater jener Meinungen, nach welchen Licht und Finsterniß, Helligkeit und Dunkelheit oder Schatten — bildlich Tag und Nacht — wechselnd combinirt die Farben geben. Hieher gehören der Farbenbegriff Kirchers (1646) und seiner späteren Anhänger, die Farbenlehre Göthe's (1810), sowie Schopenhauers (1816). Auch Schiller besingt einmal in dichterischer Freiheit die Ansicht: Die Regenbogenfarben entstehen aus Licht und Finsterniß — bildlich, aus Tag und Nacht —, das anderemal: die Farben seien ausschließlich Kinder des weißen Lichtes; hören wir ihn für beide Fälle:

Wir stammen, unser sechs Geschwister,
Von einem wundersamen Paar,
Die Mutter ewig ernst und düster,
Der Vater fröhlich immerdar;
Von beiden erbten wir die Tugend,
Von ihr die Milde, von ihm den Glanz,
So drehn wir uns in ew'ger Jugend
Um dich herum im Zirkeltanz.

Wie sich in sieben milden Strahlen
Der weiße Schimmer lieblich bricht,
Wie sieben Regenbogenstrahlen
Zerrinnen in das weiße Licht.
So spielt in tausendfacher Klarheit
Bezaubernd um den trunk'nen Blick.
So fließt in einen Bund der Wahrheit
In einen Strom des Lichts zurück!

Bis gegen das erste Drittel des siebenzehnten Jahrhunderts war die wenig veränderte Farbentheorie des Aristoteles die herrschende. Die von Paracelsus im 16. Jahrhundert ausgegangene, nur von den Scheidekünstlern jener Zeiten aufgenommene und modificirte Meinung, als ob Schwefel, Salze oder Quecksilber in verschiedenen Mengen den Stoffen beigemischt die Mannigfaltigkeit der Farben bewirkten, wurde mit Recht überhört. Hingegen sollte ein von Descartes oder Cartesius vor nahezu 240 Jahren ausgesprochener Gedanke in geänderter und vollkommenerer Form später zu Ehren gelangen.

Descartes war der erste, dem es einfiel, ob nicht die Farben wie die Töne in einer verschieden schnellen Anregung der entsprechenden Nerven ihre Ursache hätten? Und dies ist die Grundidee der heute allgemein giltigen Erklärungsweise der Farben. Was der Ton für das Ohr, ist die Farbe für das Auge. Je schneller die Aetherwellen die Netzhaut des Sehapparates treffen, desto mehr rückt die Farbe vom Roth gegen das Violett der Farben, wie sie im Regenbogen aufeinander folgen. Descartes kannte freilich noch keine Aetherwellen, sondern rasch rotirende und dabei geradaus schießende Lichtkügelchen; auch sollten nach seiner Vermuthung, entgegengesetzt der heutigen Ansicht, mit der Geschwindigkeit der Lichttheilchen die Farben von Violett gegen das Roth mit der Farbenreihe des Regenbogens fortschreiten.

Die herrlichsten Farbenspiele sind also gleichsam Musik für das Auge, sie sind zarte, regelmäßige Wellenschläge an die Netzhaut; sie ergötzen die Seele, geben alle zusammen in ihrer vollkommensten Vereinigung das weiße Licht, d. i. jene zusammengesetzten Undulationen des Aethers, die unseren feinsten, am weitesten reichenden Sinn mit mächtiger Geschwindigkeit erfassen und die wir am schmerzlichsten beim Scheiden von unserem Planeten erlöschen fühlen, wie uns dies die letzten Worte Göthe's verriethen, die da waren: „Licht, mehr Licht"!

2. Licht- und Schattenbilder.

Eine Jugenderinnerung will mir nicht aus dem Kopf. Wir hatten „Verstecken" gespielt. Ich und ein Genosse waren in ein Vorhaus geschlüpft — da sahen wir an der weißen Wand, gegenüber der geschlossenen, mit einem kleinen Schlüsselloch versehenen Thür, einen Theil unserer Gasse abgebildet und dieses Gemälde war durch die vorüberhuschenden, uns suchenden Kameraden neckisch belebt: aber, o Wunder! die farbigen Zeichnungen der Häuser, Knaben und aller Dinge, die wir hier an der Mauer erblickten, standen, liefen oder lagen auf dem Kopf. Wir hatten da eine für die Lehre vom Sehen sehr wichtige Entdeckung gemacht, freilich etwas verspätet — weil uns Johann Baptist Porta i. J. 1558 ein wenig vorangeeilt war. So geht es mit den Erfindungen!

Fig. 1. Dunkelkammer oder „camera obscura" Porta's.

Wie kommt es aber, daß sich (Fig. 1) die Gegenstände an der weißen Wand einer bis auf eine einzige kleine Oeffnung geschlossenen „Dunkelkammer" verkehrt abmalen?

Das Licht pflanzt sich, so lange es durch eine und dieselbe Materie, z. B. durch die Luft, dringt, in geraden Strahlen fort. Diese kreuzen sich in dem Löchelchen und erzeugen in Folge dessen an der weißen Wand ein umgekehrtes „Lichtbild“, indem jede kleinste Lichtstelle eines vor der Oeffnung befindlichen Gegenstandes mittelst des von ihr ausgehenden geraden Strahles an der weißen Wand als ein einziger heller Punkt wiedergegeben wird, und zwar mit jener Farbe, welche die lichtschickende Stelle des Objectes, mithin der zugehörige Strahl besitzt. Senden einige Theile der vor der Oeffnung liegenden Dinge gar kein Licht aus, d. h. sind sie dunkel, finster oder schwarz, so bleiben diese Partien auch im Bilde ohne Licht, d. i. schwarz.

Mehrere neben einander liegende Oeffnungen bieten viele solche Lichtbilder, die theilweise in einandergreifen, sich decken und daher gegenseitig stören. Mit der Anzahl oder mit der Größe der Oeffnungen muß sich daher die Undeutlichkeit der Bilder steigern derart, daß durch außerordentlich viele oder durch sehr große Oeffnungen z. B. durch Fenster gar kein Bild mehr erscheint und die Wand nur einfach beleuchtet wird.

Je kleiner das Loch in dem Laden der Dunkelstube ist, desto deutlicher sollte sich das Bild abzeichnen, aber auch desto lichtärmer, weil ja dann nur wenig Licht in den finstern Raum dringen kann. Wegen der zu erzielenden größeren Helligkeit des Bildes macht man daher die Durchbohrung nicht viel enger als die Spitzenbreite des kleinen Fingers beträgt.

Fängt man die Lichtbilder mit Hilfe eines weißen

Schirmes auf, so werden jene, wegen der immer weiter aus-einander gerathenden Strahlen, um so größer werden, je mehr man die weiße Tafel von der Oeffnung entfernt.

In physikalischen Hörsälen mit weiter Aussicht kann in solcher Weise dem Publicum auf einem herabgelassenen, gespannten, weißen Vorhang eine überraschende Augenweide geboten werden: aber auch im Kleinen kann man das Wesen der Dunkelkammer improvisiren, wie Fig. 2 zeigt, und

Fig. 2. Offene Dunkelkammer.

es gehört nur wenig Erfindungsgabe dazu, um beliebige Kästchen, Kistchen, Röhren u. dgl. m. in trag- und drehbare „Dunkelkammern" mit einer durchscheinenden Hinterwand zu verwandeln, an der man auch von rückwärts die mit der Oertlichkeit wechselnden Lichtbilder gewahren kann. Und dies deutlicher, wenn man den Kopf und den hinteren Theil der Dunkelkammer mit einem dichten, schwarzen Tuch verhüllt, um so das störende Seitenlicht abzuhalten.

Die Dunkelkammer, in freilich sehr verbesserter Form und Gestalt, kommt auch in der Natur außerordentlich verbreitet vor; denn das Auge ist im wesentlichen eine Dunkelkammer. Dies hatte sogleich Porta zum Theil erkannt, obwol er erst 15 Jahre alt war, als er seine Erfindung der „camera obscura" d. i. der „Dunkelkammer" in seinem aufsehenerregendem Buche „magia naturalis" oder „die natürliche Magie", 1558, veröffentlichte.

Eine ganz eigenthümliche Dunkelkammer mit vielen Oeffnungen, oder eine Sammlung von Dunkelkammern bildet das Laub der Bäume — wer hätte nicht schon auf dem Boden eines Parkes die in dem Schatten verstreuten, sonnigen Kreise und Ellipsen bemerkt? Geben sie doch bei schütterer Blattvertheilung liebliche, spitzenartige Gewebe von Licht und Finsterniß! Und ist es nicht, als hätte der Sonnengott die von ihm zu Münzen geprägten Lichtstrahlen in die Nacht des Waldes neckend hingeworfen, zur Freude der genügsamen und zur Täuschung habgieriger Leute? Wem fällt nicht sogleich ein, daß wir es hier mit dem Bildchen der Sonne in einer vervielfältigenden Dunkelkammer zu thun haben? Die Baumblätter sammt ihren kleinen Zwischenöffnungen vertreten die durchbohrten Wände dieser von Mutter Natur erbauten, herrlich gewölbten duftigen Dunkelkammer.

Nun ist aber auch klar, warum bei Sonnenfinsternissen die in den Schatten des Laubes eingeflochtenen Lichtflecke sichelförmig ausfallen: sind sie doch nur die Lichtbilder jenes Theiles der Sonne, der von dem sich vorschiebenden Monde noch oder schon frei ist!

Wie kommt es jedoch, daß die Sonnenbildchen in einer Dunkelkammer — mögen auch die kleinen Oeffnungen beliebig geformt sein — stets einen Kreis oder eine Ellipse darstellen? Sollten sie nicht vermöge der geraden Strahlen die Form der Oeffnungen geben?

Jeder Punkt eines kleinen Loches im Laden einer Finsterstube liefert das Lichtbildchen der kreisrunden Sonnenscheibe. Da nun diese lichten Kreisbildchen nur um weniges verschoben sind, so erblickt man wieder eine dem Kreise oder einer wenig gestreckten Ellipse nahekommende Figur — mögen die Umrisse der Bohrung im Laden des verfinsterten Saales welche immer sein! Diese Beantwortung jener verirenden Frage war nicht zu allen Zeiten so einfach. Schon dem Aristoteles und noch einigen späteren Denkern war das von der Form der Oeffnung unabhängige kreis- oder ellipsenförmige Sonnenbildchen aufgefallen und man muß sich weniger darüber wundern, daß sie diese Erscheinung nicht stichhaltig zu erklären wußten als darüber, daß sich ihnen nicht die Bilder der irdischen Gegenstände in ihrer Dunkelkammer präsentirten — erst Porta war der Glückliche! Und umgekehrt ist es sonderbar, daß der scharfsinnige, phantasiereiche Porta mit seiner Dunkelkammer als bequeme Handhabe die Frage nicht erfaßte und daß selbst Kepler sich noch mit dieser vor seiner Geburt bereits gelösten Aufgabe abmühte, weil ihm die vorhandene Antwort auf die, wie er glaubte, schwebende Frage entgangen war. Wie langsam und verschlungen waren doch die Wege des wissenschaftlichen Fortschrittes!

Aristoteles meinte mehr geistreich als richtig, die durch verschiedene Biegungen und Winkel einer kleinen Oeffnung in den finstern Raum dringenden Lichtstrahlen seien gegen jene, welche durch die als rund angenommene Mitte der Durchbohrung gehen, von verschwindender Wirkung auf unser Auge. Noch einige andere diesem Problem nachgehende Männer gaben keine bessere Lösung desselben. Erst Maurolycus that dieses vor ungefähr 300 Jahren in befriedigender, noch heute giltiger Weise; zwar etwas umständlich und auf die Lichtkegel zurückgehend; aber er konnte es nicht anders, da ihm Porta's Dunkelkammer mit ihren Lichtbildern unbekannt war, obwol ein Theil der Lebenszeit beider merkwürdiger Männer zusammenfällt. Maurolycus stand nämlich schon im 64. Jahre seines Lebens, als der Jüngling Porta sein die Dunkelkammer beschreibendes Buch der Welt schenkte; wol lebte dann Maurolycus noch 19 Jahre, aber die Erklärung der stets runden Sonnenbildchen scheint eben aus seiner früheren Zeit zu stammen. Maurolycus zeichnete sich ferner durch manche schöne That im Gebiete der Lichtlehre und durch hohe Gelehrsamkeit aus: jedoch hatte er seine Würde eines Abtes vielleicht eher dem Rufe seiner Prophetengabe als seinem reellen Wissen zu danken. Dem Don Juan d'Austria hat er den Sieg über die Türken vorausgesagt! Doch mag man deshalb nicht zu klein von ihm denken, da selbst der große Kepler ein Jahrfünfzig später noch zur Vorankündung des Wetters in seinem Gratzer Kalender gezwungen war und einer solchen, wie er selbst erklärt, zufällig gelungenen Weissagung vorzüglich die Werthschätzung und Beachtung seitens der Hohen und Niedrigen zu danken hatte; mußte sogar zu jener Zeit die Astronomie die Dienerin der Astrologie sein!

Die gerade Richtung der Lichtstrahlen bewirkt nicht nur die hellen Bilder in der Finsterstube, sie ist auch indirect Ursache der finstern Bilder oder „Schattenbilder".

Ein Lichtpunkt sendet nach allen Richtungen seine geraden Strahlen. Stellt man nun irgendwo einen undurchsichtigen Körper einem Theile dieser Strahlen in den Weg, so wird der Raum hinter dem eingeschobenen Körper ganz finster bleiben — ein für allemal vorausgesetzt, daß er nicht von einer anderen Seite her Helligkeit bekommt. Dieser völlig dunkel bleibende Raum heißt Kernschatten und seine Gestalt hängt selbstverständlich von der Form des in die geraden Strahlen eingeschobenen undurchsichtigen Körpers ab und läßt sich daher leicht construiren.

Bestrahlt nicht ein Punkt, sondern ein Körper die undurchsichtigen Gegenstände mit seinem Lichte, so wirft (Fig. 3.) jeder der vielen leuchtenden Punkte einen Lichtkegel auf die vordere Seite des undurchsichtigen Gegenstandes und erhellt ihn hier — hinter ihm Finsterniß, Nacht oder „Schatten" lassend. Da aber jeder dieser Lichtkegel zum Theil den zu einem anderen Lichtkegel gehörigen Schattenraum beleuchtet, so nennt man den so theilweise erhellten Dunkelraum „Halbschatten". Sind z. B. (Fig. 3.) die bei der Schattenbildung betheiligten Körper kugelförmig und überragt der Lichtspender die strahlenabschneidende Kugel, so hat man hinter der letzteren einen vollkommen finster bleibenden Kegelraum, den „Kernschatten", und zwei daran grenzende theilweise beleuchtete Dunkelräume, die „Halbschatten", welche allmälig, unmerklich in die volle Beleuchtung übergehen. In unserer Zeichnung sind, um dieselbe zu vereinfachen, nur zwei Lichtpunkte gewählt worden; man muß

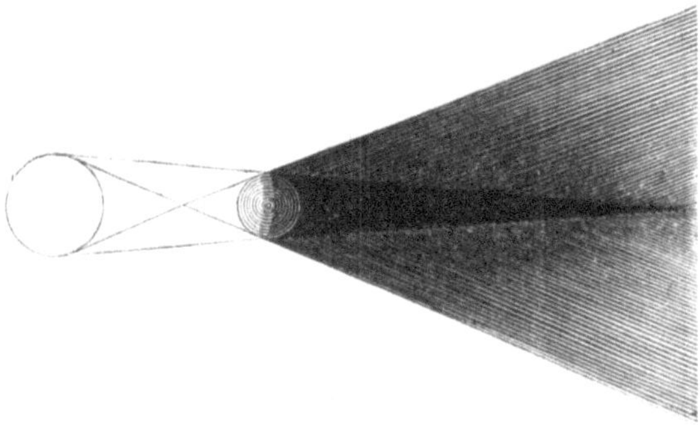

Fig. 3. Kern- und Halbschatten.

sich daher die im Halbschatten vorkommenden Geraden bis zur Lichtquelle verlängert denken, um die Punkte zu finden, deren Licht vom schattenwerfenden Körper aufgehalten wird. Ueberdies muß man sich die Figur um ihre Axe, d. i. um eine Gerade gedreht denken, welche die Kreise und das hinter ihnen liegende schwarze Dreieck halbirt, um einzusehen, daß hier Kugeln, Licht- und Schattenkegel vorhanden seien.

Jedes Schattengebilde (Fig. 3) läßt sich mittelst einer weißen Ebene, etwa an einer weißen Wand, Tafel u. dgl. m. auffangen und ersichtlich machen.

Die Form, Größe und Lage des Schattens hängt von der Gestalt, Ausdehnung, gegenseitigen Lage und Entfernung der bei seiner Entstehung betheiligten Körper ab und jene lassen sich in gegebenen Fällen unschwer bestimmen, indem man die Grenzen der dabei in Betracht kommenden Körper, wie Fig. 3 und Fig. 4 andeuten, zwischen Geraden einschließt.

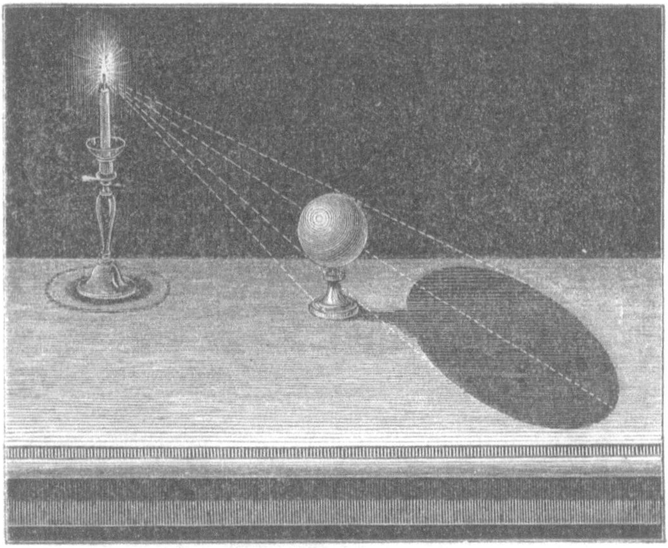

Fig. 4. Schatten-Construction.

Ist die Lichtquelle von dem Schattenwerfer sehr weit entfernt, so kann man alle Lichtstrahlen einander parallel annehmen; hieher gehören die Sonnenstrahlen. Man sieht dies ein, wenn man bedenkt, daß gerade Linien, welche einen sehr kleinen Winkel miteinander einschließen, nahezu dieselbe Richtung besitzen, d. h.

so gut wie einander parallel seien. Und dies ist eben bei unserer Voraussetzung der Fall. Je nach dem Stande der Sonne wird man daher den Auffallwinkel der parallelen Sonnenstrahlen und die Seite, woher sie kommen, bei der Schattenauffindung zu beachten haben.

Bei Phantasiezeichnungen nimmt man gewöhnlich an, die parallelen Lichtstrahlen fallen von links kommend unter 45 Graden auf den undurchsichtigen, dunkeln, d. i. nicht selbst leuchtenden Gegenstand.

Der Schatten wächst umsomehr, je mächtiger der undurchsichtige Körper ist, je weniger der letztere und je mehr ein den Schatten aufnehmender weißer Schirm von der Lichtquelle absteht. Mit der Neigung des Schirmes von seiner senkrechten Lage gegen die Lichtstrahlen muß daher der Schatten auch größer werden, und wenn er ursprünglich kreisförmig war, so gewinnt er bei stets zunehmender Schiefe des Schirmes nach und nach die Form einer Ellipse, einer Parabel oder einer Hyperbel.

Alle diese Wahrheiten leuchten ein, wenn man das Auseinanderlaufen der geraden Lichtstrahlen bedenkt und die davon abhängende Schattengröße. Auch können einige leichte geometrische Zeichnungen und Sätze zum Maaß dieses Wachsthumes des Schattens führen und ferner zur Einsicht, wie die Länge eines auf den Erdboden von einem Stabe geworfenen Schattens zur Berechnung der Höhe eines Baumes, Thurmes u. dgl. m. oder selbst des Sonnenstandes dienen könne. Die alte Sternkunde machte hievon Gebrauch.

Unser Leser wird nun selbst finden, warum bei Körpern, die gerade über ihrem Scheitel beleuchtet sind, kein

Schatten sichtbar wird und warum der Schatten bei einer sehr schiefen Seitenbeleuchtung größer als der dazu gehörige undurchsichtige Körper ist; ferner, warum man Schreib- und Zeichentische so stellt, daß die Lichtstrahlen links einfallen und warum man in manchen Schreibstuben die Brenner der Gasflammen wagrecht legt; warum eine Kerzenflamme auffallendere Schatten der Körper erzeugt als das gewöhnliche Tageslicht; warum 2, 3, 4 . . . . verschieden gestellte Lichtquellen von demselben undurchsichtigen Körper 2, 3, 4 . . . . verschiedene Schatten hervorrufen und endlich wie es komme, daß die Gasflammen, wenn sie recht nahe dem sehr kräftigen elektrischen Kohlenlichte stehen, an einer weißen Wand leichte Schatten werfen; ebenso durchsichtige Stoffe, wie Gläser u. dgl. m. Behufs der zu suchenden Antworten wollen wir nur andeuten, daß bei wagrechten Brennern eine frei liegende, die Schreibgegenstände von oben beleuchtende Flamme entsteht: ferner, daß die Gasflamme im Vergleich mit dem elektrischen Lichte als dunkler Körper angesehen werden kann und endlich, daß es weder vollkommen undurchsichtige noch vollkommen durchsichtige Stoffe gibt. Das Gold — in sehr dünnen, rißfreien Blättchen auf eine Glasplatte gedrückt — gestattet ein Durchsehen nach der Sonne und zwar dringen durch dasselbe die grünen Strahlen, so daß man die Sonne grün erblickt.

In sehr dicken Schichten verlieren die Luft, das Wasser, Eis und Glas, sehr merklich an Durchsichtigkeit — ein Beweis, daß sie auch in dünneren Schichten nicht vollkommen durchsichtig sind, wofür auch das obenerwähnte Schattenwerfen derselben spricht.

Wir haben bisher einiges von der Durchsichtigkeit und Undurchsichtigkeit der Stoffe gesprochen: wie erklärt man diese Zustände?

Um hierauf zu antworten erinnern wir uns zunächst, daß bei einer selbstleuchtenden Materie der zwischen ihren kleinsten Theilchen gespannte Aether (S. 4 bis 6) von selbst, ohne nothwendiges Dasein eines anderen hellen Körpers, derart schwingt, daß Licht von ihr nach allen Seiten ausstrahlt. Die anregenden und erhaltenden nächsten Ursachen der Aether-Vibrationen, welche zum Selbstleuchten erforderlich sind, können mechanische, chemische, physiologische sein, ja nicht selten bleiben dieselben unbekannt; sind aber in letzter Instanz, wie alle Naturvorgänge, sicher mechanischen Wesens. Wir deuten als Belege zu Vorstehendem auf das Selbstleuchten der elektrischen Funken hin, ferner auf die Selbsthelligkeit der brennenden und phosphorescirenden Stoffe und einiger Insekten, etwa der Johanniskäferchen u. dgl. m., vieler Infusorien, besonders des Meeres. Endlich rufen wir noch in das Gedächtniß das eigene Licht der Fixsterne, z. B. der Sonne u. dgl. m., das Glimmlicht, wie es von einer elektrischen Reibungs-, Elektrophor-, Volta-Inductions- oder Magneto-Induktionsmaschine im luftverdünnten Raume der Geißler'schen Röhren erzeugt wird; auch mahnen wir an das galvanische Licht der verbrennenden Backkohle, des elektrisch verbrennenden Quecksilbers, sowie an das Licht der durch Galvanismus oder Feuer bis zum Glühen erhitzten Platin- oder Eisendrähte.

Körper, deren Aether erst durch jene Lichtwellen, welche von leuchtenden Stoffen ausgehen, zu Lichtschwingungen angeregt werden können, heißen dunkel. Werden diese Aetherwellen wirklich durch eine Art Licht-Resonanz hervorgerufen, so ist der dunkle Körper „beleuchtet“. Ein solcher lichtbestrahlter Körper wirkt wieder auf andere dunkle Stoffe durch die Licht-Resonanz erhellend.

Dunkle Materien, welche, vermöge des in ihren Zwischenräumen gelagerten Aethers, die lichterzeugenden Vibrationen durch ihr Inneres fortpflanzen, sind durchsichtig bis durchscheinend, je nach dem Grade des Lichtdurchganges.

Daß eine undurchsichtige Substanz den Aetherwellen keinen Durchzug und keinerlei merklichen Spielraum gestattet, sie vielmehr auslöscht, brauchen wir jetzt nicht mehr besonders anzugeben; auch wird sich unser Leser erinnern, daß strenge Grenzen für die Abstufungen der Transparenz fehlen und sehr leicht kann er von selbst finden, auf welche Weise ihrerzeit die jetzt immer mehr in Vergessenheit gerathende Emmissionslehre die Beleuchtung, Durchsichtigkeit der Stoffe u. dgl. abgeleitet hat.

Wann wird sich ein Schatten bewegen? Offenbar, indem (Fig. 4) entweder die Lichtquelle oder der undurchsichtige Körper oder beide gleichzeitig ihren Platz verändern. Der Spruch, „er verfolgt ihn wie sein Schatten“ deutet an, daß der Schatten sich nach derselben Seite wie der zugehörige dunkle Körper bewegt. Durch einfache Constructionen der Schatten begreift man dies leicht, sowie auch, daß bei einer sich verschiebenden Lichtquelle der entprechende Schatten in der entgegengesetzten Richtung zu jener verrückt werden muß. Die Sonnen- oder Schattenuhren, die Aufsuchung der Mittagslinie für einen bestimmten Ort, die Sonnen- und Mondsfinsternisse und deren Berechnung beruhen eben auf derartigen Bewegungsverhältnissen. Und wie sehr die genaue Voraussage des Eintrittes und die Dauer der Finsterniß allzeit der Menge imponirt hat, ist zur Genüge bekannt. Beruhet doch darauf zum großen Theil die hohe Achtung, welche schon in frühen Tagen den Astronomen gezollt wurde und der Glaube dieselben besäßen die Kunst des Prophezeihens! In freilich anderem Sinne muß auch die Neuzeit gestehen, daß der Sternkundige „wahrsage" und die Auffindung des Planeten „Neptun" nach dem Calcul Le Verrier's (1846) ist kein kleiner Triumph der Wissenschaft!

Ist nur eine Lichtquelle vorhanden und gehen deren Strahlen an den Grenzen des unsichtbaren Körpers nahezu senkrecht vorüber, so muß sich aus dem an einer weißen Wand aufgefangenen Schattenbild die Form des schattenwerfenden Körpers erkennen lassen. Sollten solche Schattenrisse nicht auch ein Abbild von Personen geben können? Und wem springt nicht in die Augen, daß dann nur Profile möglich seien, sowie daß die letzteren um so ähnlicher dem Originale werden, je schärfer und markirter die Grenzen des letzteren sind! Wie wenig sicher aber hinsichtlich der feineren Umrisse, der Rückschluß vom Schatten-Porträt auf den Gegenstand ist, zeigen Fig. 5 und 6. Derartige Schattenobjecte, z. B. Stöcke, Petschaftgriffe u. dgl. m. dienten ehedem dazu, um die Schattenbilder politisch verpönter Personen im trauten Kreise hervorrufen zu können; auch machen die Witz-Journale in ihren Illustrationen nicht selten von diesem Principe Gebrauch. Gibt es doch Leute, die durch ein Fingerspiel und durch zweckmäßige Beleuchtung derselben die Schattenrisse der verschiedensten Thierköpfe erzeugen!

Fig. 5 und 6. Schatten-Objecte.

Weil bei der Schattenzeichnung die hervorstechendsten Umrisse eines Gesichtes im Profile charakteristisch wiedergegeben werden, so sind die Schatten-Porträts für den

Physiognomiker nicht ohne Werth und um das Jahr 1757 kamen aus schwarzem, glänzendem Papier nach dem Schattenriß geschnittene Profilbilder in Paris stark in die Mode, welche letztere von da, wie gewöhnlich, eine Weltfahrt durchmachte. Die Franzosen nannten diese billigen Nachahmungen der Schattenrisse „Silhouettes", damit spöttisch auf ihren damaligen, sparsamen Finanzminister Etienne de Silhouette anspielend. Die Silhouetten sind heutzutage ganz außer Gebrauch gekommen. Gibt doch die Photographie ein ebenso wohlfeiles und vollständiges Licht- und Schattenbild! Und liegt nicht in der richtigen Vertheilung von Licht und Schatten die Seele der Malerei?

Viel älter, hinsichtlich der Erfindung, als die Silhouette ist das „Schattenspiel an der Wand" und das von selbst verstnädliche Princip (Fig. 7) desselben ist so einfach, daß man es sogar in den Kinderstuben verwirklicht antrifft. Das Schattenobject ist hier meistens aus steifem Papier geschnitten und zwar in der Weise, daß nur der Schatten allein oder Schatten- und Lichtpartien (Fig. 7) am Bilde sichtbar werden. Die Darstellung solcher Schattenbilder geschieht entweder hinter einem durchscheinenden, weißen Schirm aus Seidenpapier u. dgl. oder von vorne an einer weißen Mauer. Da man die Figuren und deren Glieder leicht beweglich machen, und zu dem derart belebten Schattenspiel Musik, Text, Bauchrednerei u. dgl. m. gesellen kann; so ist begreiflich, daß die Schatten allzeit würdige Concurrenten der Marionetten gewesen sind. Und da bei beiden die Phantasie den regsten Spielraum hat, so finden wir dieselben besonders beim Volk und in der Kinderwelt in höchster Gunst. Im

Orient gehört das „Schattentheater“ mit seinen papiernen Comödiantenvätern zu den auserlesensten Genüssen der Jungen und Alten. Allein auch bei uns füllt noch

Fig. 7. Schattenspiel an der Wand.

hie und da das Schattenspiel manchen Abend im Familienkreise (Fig. 8.) aus. Und wenn es auch nicht immer so hoch und fein dabei wie in unserm Bilde hergeht; wenn sich auch zuweilen die Jugend ihre Schauspieler selbst erst zuschneidet und ebenso das Theaterstück, immer beglückt das Schattenspiel die Kleinen, mögen sie im Palast oder in der Hütte hausen. Hier fallen uns Göthe's Worte ein:

An weiße Wand bringt dort der Zauberstab
Ein Schattenvolk aus mythologischem Grab.
Im Possenspiel regt sich die alte Zeit,
Gutherzig, doch mit Ungezogenheit.

Fig. 8. Schattenspiel im Familienkreise.

Was Gallier und Britte sich erdacht,
Ward, wohlverdeutscht, hier Deutschen vorgebracht:
Und oftmals liehen Wärme, Leben, Glanz
Dem armen Dialog — Gesang und Tanz.

Fig. 9. Vermehrung der Schatten.

Denken wir uns (Fig. 9) 2, 3, 4 oder noch mehr Lichtquellen vor einem Schattenwerfer nicht direct hinter einander aufgestellt, so werden dem entsprechend auf einem weißen Schirm 2, 3, 4 .... kurz so viele Schatten auftreten als von einander getrennte Lichtquellen vorhanden sind. Dieses Princip der vermehrten Schatten wurde für die vergleichende Lichtstärke-Messung nutzbar gemacht; wie? werden wir später hören.

Die Ursache der Schatten-Multiplication wird sogleich klar, wenn man bedenkt, daß (Fig. 9) die von den verschiedenen Lichtern nach dem Schattenwerfer gezogenen und darüber hinaus verlängerten Lichtstrahlen, je andere Oerter auf einer die Schattenbilder auffangenden, weißen Tafel treffen und mithin (Fig. 9) neue Schatten- oder (Fig. 10) neue Lichtbilder erzeugen. Die letzteren dann, wenn (Fig. 10) der Schattenwerfer eine große breite Wand, und in derselben die Figur ausgeschnitten ist. Denn vermöge der geraden Richtung der Lichtstrahlen muß jetzt das nämliche gelten, was vorhin über die Vermehrung der Schattenbilder gesagt wurde. Es versteht sich von selbst, daß wenn (Fig. 10) in einer undurchsichtigen, ausreichend großen Wand eine Patrone für (Fig. 7) Schatten- und Lichtbilder verfertigt wurde, auch eine Vervielfältigung solcher Bilder nach denselben Grundsätzen, möglich sei. Gegen Ende des vorigen Jahrhunderts hat Robertson das Publikum nicht wenig durch solche Darstellungen vermöge der Raschheit der Multiplication in Erstaunen gesetzt. Bei schneller Bewegung und günstiger Combination der Lichtquellen scheinen nämlich alle Figuren aus der ursprünglich Einen zu entspringen und von da ihre Wanderungen und Läufe zu beginnen. Durch fächerartige Verschiebungen der undurchsichtigen Zwischentheile bei den Füßen, Händen u. dgl. m. an den Matrizen, ermöglichte Robertson springende und dabei erheiternde, wenn auch räthselhafte Bewegungen der Lichtbilder. Die in scharfkantigen Cartons ausgeschnittenen Figuren wurden (Fig. 10) in die große, verfinsternde Wand eingeschoben.

Ein eigenthümliches Schattenspiel zeigt der Schattenkünstler Schulz, indem er mittelst geeigneter Gasflammen und Papierpatronen scharfe, schwarze Schatten auf sein

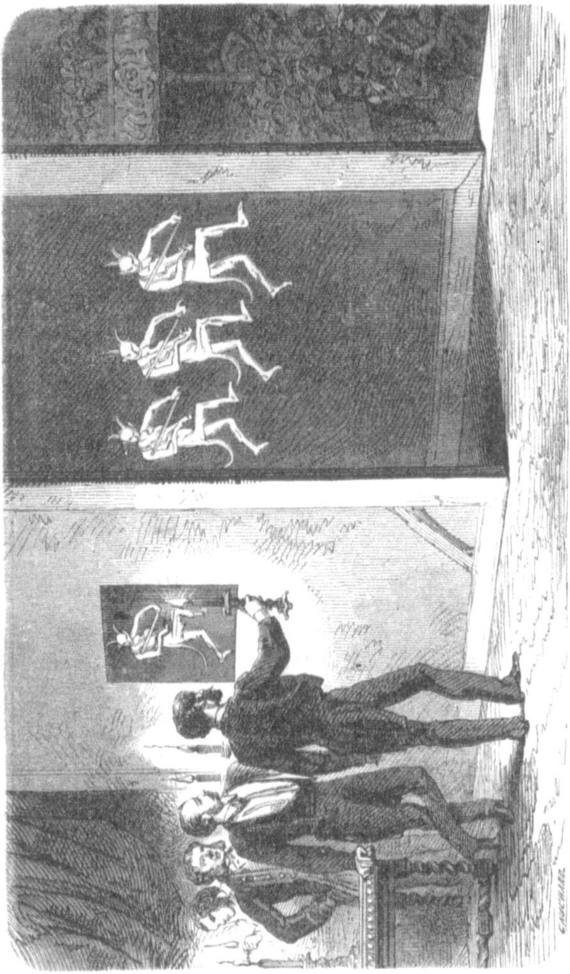

Fig. 10. Multiplication der Lichtbilder.

eigenes rasirtes Gesicht im raschen Wechsel so fallen läßt, daß es für den Zuschauer den Anschein gewinnt, als wechselte er immer den Bart und die ganze Physiognomie. Man kann nicht leicht besser die Wichtigkeit von Licht und Schatten hinsichtlich der Physiognomik erkennen als bei dem eben erwähnten Licht- und Schattenspiel.

„Viel Lärm um nichts“ ist nie wahrer als in Beziehung auf den Schatten, der eigentlich ein wahres Nichts ist und von dem wir selbst schon so viel gesprochen haben! Und doch ist dies nur wenig, wenn wir des langen, von Wieland so heiter dargestellten Streites der Abderiten um des Esels Schatten gedenken, ferner der von Chamisso geschilderten mannigfachen Leiden des Mannes ohne Schatten, sowie des von Andersen im Mährchen uns vorgeführten Mannes, welcher der Diener seines Schattens geworden. Welch tiefer Sinn liegt in allen diesen Dichtungen: sie sind selbst Phantasie-Lichtbilder über die wir gern die Schattenbilder des Lebens vergessen.

3. Die Bilder des ebenen Spiegels.

Zu den tausend und aber tausend physikalischen Wundern, die täglich vor unseren Augen auftreten, gehören auch die Bilder unseres Hausspiegels oder des „ebenen Spiegels". Durch die Gewohnheit — wie gegen so vieles Merkwürdige wegen der Häufigkeit des Vorkommens — abgestumpft, vergessen wir, daß dieses höchst einfache Geräthe uns unser Gesicht zu jeder Zeit, ohne weitere Umstände kennen lehrt — man denke sich die natürlichen Spiegel der Wasseroberflächen und unsere so leicht käuflichen Spiegel nicht existirend und frage nach den Mitteln in jedem Augenblick sein eigenes Antlitz sehen zu können! Nicht einmal die armselige Silhouette, welche unser Schatten bietet, läßt sich so ohne weiteres zu jeder Zeit hervorrufen wie das schöne, wohl getroffene Spiegelbild. Wie complicirt sind die Behelfe selbst der vorgeschrittenen Kunst und Wissenschaft, um einen vollgiltigen Ersatz für das ordinäre Spiegelbild zu geben! Wie höchst außerordentlich erscheint uns nach solchen Ueberlegungen das treue Bild in unserem Spiegel! Und vielleicht ist es nicht Eitelkeit der Frauen, daß sie von jeher so oft nach dem Spiegel griffen, sondern nur Anerkennung und Erprobung dieses natürlichen Wunders! Man könnte um so eher geneigt sein dies zu glauben, als nicht eine Jungfrau, sondern ein Jüngling, Narciß, es war, der sich in sein eigenes Spiegelbild verliebte. Auch behauptet eine geistreiche Wienerin, welche einer Spiegelauslage gegenüber wohnt, daß von 10 vorübergehenden Herren je 8 vor den Spiegeln stehen blieben, während von der gleichen Anzahl vorbei passirender Damen nur 5 flüchtig in den Spiegel guckten — vielleicht, weil sie es schon zu Hause mehr als zur Genüge thaten?

Eine so auffallende Thatsache, wie das Bild im ebenen Spiegel, mußte schon frühzeitig die Denker beschäftigen. Demokrit (geb. 460 v. Chr.) und Epikur (geb. 342 v. Chr.) hielten dafür, die aus den Augen strömenden Bilder (vergl. S. 3) werden durch den Spiegel so umgedreht, daß sie zum Objecte die symmetrische Lage bekommen; wie so und warum dies geschehe, wußten sie nicht anzugeben. Allein schon die Schüler des Pythagoras (um 500 v. Chr.) hatten an ein Zurückprallen der Lichtursache am Spiegel gedacht. In der That muß man leicht dahin kommen, eine Zurückwerfung der Lichtstrahlen am Spiegel zu vermuthen, da wir ja im letzteren Bilder erblicken von Gegenständen, welche hinter unserem Rücken stehen. Es ist dann gar nicht anders möglich, als daß die von jenen Objecten an die Spiegelflächen gelangenden Lichtstrahlen gegen unser vor dem Spiegel befindliches Auge zurückgeworfen werden — nach welchem Gesetze?

Wenn wir in eine Dunkelstube (Fig. 11) einen Lichtstrahl auf einen Spiegel unter einem schiefen Winkel leiten, so können wir im Auffallpunkte des Lichtes die Zurückwerfung oder Reflexion des letzteren direkt wahrnehmen. Errichtet man im Auffallpunkte des Lichtes eine Senkrechte, d. i. das „Einfallsloth" (D B. Fig. 11) so wird durch diese Gerade der Winkel, welchen der eingefallene und zurückgeworfene Lichtstrahl mit einander bilden, in zwei Hälften getheilt. Es ist demnach der Reflexionswinkel gleich dem Einfallswinkel und die Schenkel beider liegen in derselben Ebene.

Dieses Gesetz, so einfach und schlicht es klingt, ist gleichwol der Grundpfeiler bei der Erklärung aller Erscheinungen, nicht nur am ebenen oder Planspiegel, sondern an jeder beliebigen Art von Krummspiegeln und bei allen Combinationen von Spiegeln.

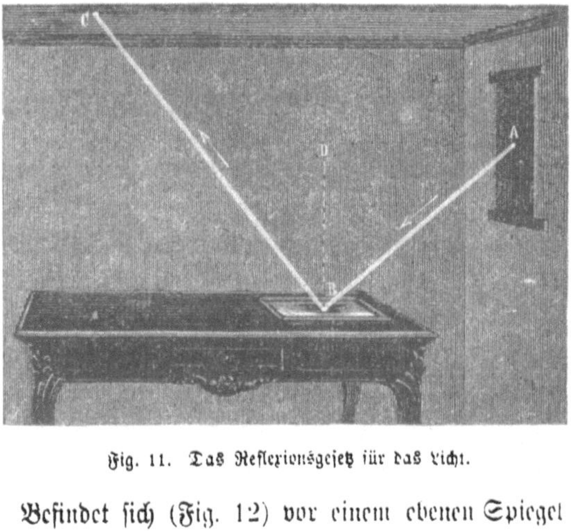

Fig. 11. Das Reflexionsgesetz für das Licht.

Befindet sich (Fig. 12) vor einem ebenen Spiegel ein Lichtpunkt A, so fallen seine gegen die Spiegelebene gerichteten Strahlen (Ar, As, Fig. 12) auf die letztere. Jeder dieser Strahlen wird nach dem eben ausgesprochenen Gesetze zurück geworfen. Gelangen diese Lichtstrahlen in ein

Auge, so erblickt dieses in dem Durchschnittspunkt ihrer Verlängerung ein Bild a des Lichtpunktes A. *Dieses Bild liegt in der Senkrechten, welche von dem hellen Punkt auf die Spiegelebene gefällt wird, gerade so weit hinter dem Spiegel, wie der Leuchtpunkt vor demselben.*

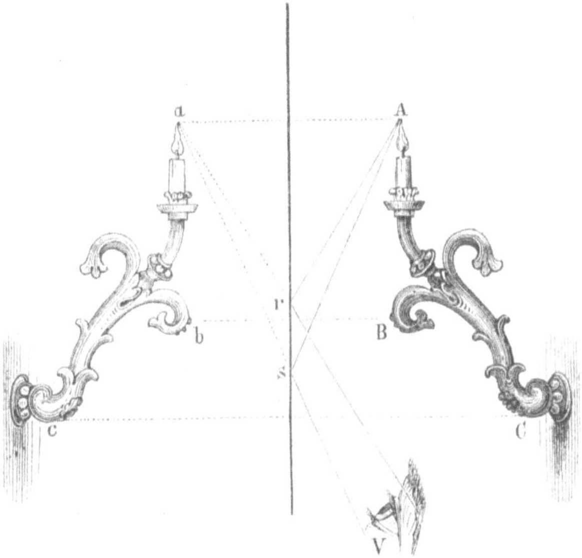

Fig. 12. Das Zustandekommen der Bilder beim Planspiegel.

Jeder selbstleuchtende oder beleuchtete Gegenstand (A C Fig. 19) besteht aus vielen, vielen hellen Punkten, von welchen jeder sein Bild in einem vorgehaltenen Planspiegel für das beobachtende Auge nach der zuletzt aufgefundenen Regel erzeugt. Daraus folgt: *Jeder vor einem Plan-*

spiegel angebrachte Gegenstand (Fig. 12 und 13) hat hinter dem Spiegel ein ihm gleiches, aber (Fig. 13) symmetrisches Bild, d. h. bei letzterem sieht man die am Gegenstand rechts befindlichen Theile links und umgekehrt. Dieses symmetrische Spiegelbild und der Gegenstand

Fig. 13. Symmetrische Lage des Spiegelbildes.

stehen (Fig. 12) von der Spiegelebene gleich weit ab — was man im Gedanken auch auf das Spiegelbild in Fig. 13 zu übertragen hat.

Die symmetrische Lage der Spiegelbilder tritt besonders auffallend hervor, wenn man irgend eine Schrift vor den Spiegel hält. Eine solche „Spiegelschrift" vor einen Spiegel gebracht gibt wieder die gewöhnliche Anordnung der Buchstaben. Ein geringes Nachdenken führt dahin, daß auch der Satz für Druckschriften und die etwa eingeschobenen Stöcke für Bilderschnitte oder Stiche ebenfalls wie die Spiegelschriften und Spiegelbilder eingerichtet werden müssen.

Sowohl das Reflexionsgesetz wie auch dessen Anwendung zur Erklärung der symmetrischen Anordnung des Spiegelbildes und dessen Entfernung von der Spiegelebene erkannte schon Euklid 300 Jahre v. Chr. Es wird, bei einigem Nachsinnen, von selbst klar, wie man die Gleichheit des Zurückwerfungs- und des Einfallswinkels mittelst eines fein getheilten Gradbogens zu erproben hat und solche Messungen sind schon oft in befriedigender Weise ausgeführt worden. Allein selbst, wenn dies nicht geschehen wäre, so spräche für die Richtigkeit des Reflexionsgesetzes die Genauigkeit, mit der alle daraus gezogenen Folgerungen durch die Erfahrung bestätiget werden.

Woher kommt aber die Gleichheit jener Winkel? Die Anhänger der Emissionstheorie stellen sich vor, daß die Lichttheilchen am Spiegel wie ein elastischer Ball zurückgeworfen werden, in welch letzterem Falle ebenfalls das obige Reflexionsgesetz (S. 36) gelte. Die Freunde der Wellenlehre nehmen an, daß die Aetherwellen nach dem obigen Gesetze abprallen, und berufen sich als Analogon aus der Schalltheorie auf den Widerhall oder auf das Echo und auf die Schallspiegel.

Die ersten, natürlichen Spiegel (Fig. 14) boten offenbar die ruhigen Oberflächen der Seen, des Meeres und anderer stehender Flüssigkeiten.

Und das Meer lag still und eben
Einem reinen Spiegel gleich
Keines Windes leises Weben
Regte das krystallne Reich.

Schiller.

Fig. 14. Der Wasserspiegel.

Die ältesten künstlichen Spiegel waren aus polirtem Metall und es war kein kleines Opfer von Seite der Schönen Israels, daß sie ihre wahrscheinlich aus Egypten eingeführten Kupferspiegel für den Guß eines Gefäßes der Stiftshütte hergaben.

Bei den Römern bestanden die ältesten Spiegel aus einer wol polirten Mischung von Kupfer und Zinn und ihre Form war rund oder oval. Diese Spiegel waren gewöhnlich klein und mit einer Handhabe versehen. Später nahm der Luxus mit Spiegeln überhand und man verfertigte Spiegel als Zimmerschmuck von einer Ausdehnung, daß sich die Personen in ihrer natürlichen Größe darin spiegeln konnten, und ließ es an kostbaren, mit Edelsteinen verzierten Rahmen nicht fehlen. Es kamen silberne, ja zur üppigen Zeit selbst goldene Spiegel in Aufnahme, obwol das Gold wegen seiner Weichheit gerade nicht der beste Stoff für Spiegel ist.

Da jeder harte, dichte, wol polirte Stoff einen Spiegel liefert, so besaßen die alten Römer auch Spiegel aus Edelsteinen, Jaspis, Marmor, Obsidian, und selbst, wenn auch selten, aus Glas; jedoch war höchst wahrscheinlich die Belegungsweise des Glases eine andere als heutzutage.

Die Glasspiegel scheinen erst im 13. Jahrhundert allgemein geworden zu sein. Die Belegung dieser Spiegel wurde dadurch erzielt, daß man geschmolzenes Blei oder Zinn auf die heißen Gläser goß. Allein kaum ein Jahrhundert später findet man die auf der Halbinsel Murano bei Venedig angefertigten Glasspiegel schon mit dem Zinnamalgam, wie bei den heutigen Glasspiegeln, bedeckt. Bekanntlich besteht die Operation dieser Belegung im wesentlichen darin, daß die Glasscheibe an ein mit Quecksilber getränktes Zinnblatt gepreßt wird.

Die Glasscheiben der Spiegel sind entweder geblasen oder gegossen. Die Gußspiegel wurden 1688 von Thevart erfunden und fast 100 Jahre dauerte es bis die Engländer diesen Industriezweig aufgriffen. In Deutschland wurden erst vor 16 Jahren zu Aachen und Mannheim die ersten Spiegelgießereien errichtet. Die Hauptsache bei dem im Ganzen complicirten Guß besteht darin, daß die geschmolzene Glasmasse in eine eiserne Form geschüttet und die so erhaltene Glasplatte später auf beiden Seiten abgeschliffen wird.

Bei unseren gewöhnlichen Hausspiegeln ist eigentlich die mit Quecksilber getränkte Zinnfolie die spiegelnde Ebene und das Glas bietet derselben nur die nothwendige Glätte und den erforderlichen Halt. Streng genommen ist es dabei auf einen Quecksilberspiegel abgesehen. Allein da der flüssige Zustand des Quecksilbers dessen directe und alleinige Anwendung zu Spiegeln nur auf wagrechte, vor Erschütterungen geschützte Lagen — für astronomische Zwecke — beschränkt: so muß bei leicht tragbaren und beliebig zu stellenden Spiegeln dem Quecksilber eine gesicherte Zuflucht verschafft werden und diese leistet das Zinn. Bei unseren gewöhnlichen Spiegeln ist also das Zinn-Quecksilber der Herr und das Glas der Diener, freilich ein Diener, ohne den, wie in vielen anderen Fällen des Lebens, nichts anzufangen ist; der aber anderseits lästig fallen kann. So ist der verglaste Zinn-Quecksilberspiegel in allen der Wissenschaft unterthänigen Fällen, wo man nur eines einzigen Spiegelbildes bedarf, nicht zu brauchen. Denn das Glas gibt sowol an seiner vorderen als hinteren Belegung ebenfalls, wenn auch nur matte Spiegelbilder, die man bei schiefer Vorhaltung einer Kerzenflamme, besonders im Finstern vermöge der mehrfachen Flammenbilder, gewahren kann. Nun werden zwar diese Nebenbilder von dem Hauptbilde des unterliegenden Metallspiegels derart überstrahlt, daß man sie beim gewöhnlichen Gebrauch des Spiegels kaum wahrnimmt. Bei den feineren naturwissenschaftlichen Anwendungen der foliirten Glasspiegel würden jedoch jene

Nebenbilder störend auftreten. Die Physiker bedienen sich daher bei ihren optischen Studien ebener Metallspiegel, oder Planspiegel aus dem wolpolirten schwarzen lavaartigen Obsidian, ferner aus irgend einer schwarzen Glasmasse oder passender Vertreter derselben, welche jedenfalls nur ein Bild geben dürfen. Im Nothfalle schwärzen die Optiker ein ebenes Glas von rückwärts durch eines der vielen, hiezu tauglichen, nicht selbst glänzenden Mittel und verzichten dabei auf lichtstarke Bilder. Seit jüngerer Zeit stehen den Männern der Wissenschaft auch vergoldete, verplatinirte und versilberte Spiegel zu Gebote, von welchen besonders die letzten beachtenswerth sind und dies sogar für die Hausspiegel. Ein versilberter Glasspiegel gibt einfache und dabei hellere Bilder als der foliirte Glasspiegel, er läßt sich in beliebiger Größe anfertigen und kommt, bei der dünnen Schichte Silbers, sogar billiger als ein mit Zinn-Quecksilber belegter Spiegel. Die bei der Herstellung der versilberten Glasspiegel zuweilen auftretenden bräunlichen Fleckchen lassen sich vermeiden und auch den atmosphärischen Einflüssen widerstand ein versilberter Glasspiegel mindestens 15 Monate unter ungünstigen Umständen. Wahr ist es übrigens, daß das Abputzen der Spiegel ihnen mit der Zeit ihre Silberlage nimmt und daß sie auch leichter als die durch das Glas geschützten Zinn-Quecksilberspiegel erblinden. Diese Gründe mögen auch bisher dem Umsichgreifen der versilberten Glasspiegel im Wege gestanden sein. Hingegen spricht für diese neuartigen Spiegel ihre vollkommnere Leistung, die leichte und billige Erneuerung ihrer Belegung und die unschädliche Weise ihrer Anfertigung, während im Gegentheil beim Zustandebringen der gewöhnlichen Spiegel das Quecksilber den Arbeitern heimtückisch die gefährlichsten Krankheiten bringt. Bedenkt man ferner, daß auch beim Reinigen der gewöhnlichen Spiegel, wenn sie nicht gut auf ihrer Unterlage befestigt sind, nicht mehr fortzuschaffende Flecke durch Abreibung des Amalgames entstehen, so hat man eine weitere Stütze den versilberten Glasspiegeln gewonnen, besonders, wenn man vernimmt, daß die erblindete Versilberung durch das fleißige, regelmäßige Wischen mittelst Leder sich wieder beleben läßt. Ob der versilberte Glasspiegel auch als Saal-, Zimmer- und Stubenzier eine Zukunft hat? Wer will dies, bei dem Beharrungsvermögen der Massen, schon jetzt entscheiden? Von ernsten Hindernissen ist nur das unter Umständen leichte Mattwerden der Silberflächen zu fürchten, nicht aber etwa die Schwierigkeit ihrer Anfertigung. Die schweizerische Industrie-Ausstellung zeigte 1857 einen mächtigen, fehlerfreien, versilberten Glasspiegel, nachdem Drayton 1843 die Versilberung des Glases vorgeschlagen und Methoden dafür angegeben hatte, die 1856 von Liebig verbessert wurden. Thatsache ist, das bisher weder die versilberten, noch die vortrefflichen verplatinirten Glasspiegel im gewöhnlichen Leben durchgegriffen haben, wol aber sind sie für wissenschaftliche Zwecke mit Freuden begrüßt und auch mehrseitig angewendet worden.

Ein vollkommner Spiegel könnte selbst gar nicht wahrgenommen werden, sondern man möchte nur die durch ihn erzeugten Bilder sehen; denn alle von ihm zurückgesendeten Lichtstrahlen würden sich ja zu genauen Bildern der Lichtpunkte des Originals vereinigen. Dies geschieht jedoch nicht wegen der noch übrigbleibenden Rauhigkeit selbst des feinst geschliffenen Spiegels: sind doch die Lichtstrahlen das zarte Reagens für jene kleinen Erhöhungen und Vertiefungen. An den winzigsten Unebenheiten des Spiegels werden die Lichtstrahlen nach den verschiedensten Richtungen „zerstreuet". Zwar befolgen dabei die einzelnen Lichtstrahlen das Reflexionsgesetz, aber es kommt bei der so verschiedenen Richtung derselben zu keiner Vereinigung ihrer Verlängerungen (S. 37), mithin zu keinem Bilde. Durch das „zerstreute" Licht werden also die Gegenstände selbst, durch das „gespiegelte" Licht ihre Bilder sichtbar. Beiden liegt das durch die Reflexion wiederkehrende Licht zu Grunde. Je ebener und vollkommner ein Spiegel ist, desto treuer und lichtstärker sind seine Lichtbilder. Die Bilder eines flüssigen Spiegels kann man durch Aufrührung bis zur Unkenntlichkeit zerstreuen: langsam wellendes Wasser spiegelt noch erkennbare, wenn auch bewegte Bilder der Gegenstände.

> Gefällig strahlte der Krystall der Wogen
> Die hüpfende Gestalt zurück.
>
> Schiller.

Das Spiegelbild verliert nicht nur durch die Zerstreuung an Licht, sondern auch dadurch, das ein Theil des Lichtes in die Materie des Spiegels eintritt, indem ja selbst Metalle nicht absolut undurchsichtig sind (S. 20). Bei den besten unserer Glasspiegel bewirken kaum sieben Zehntel des auffallenden Lichtes das Bild, über drei Zehntel dieses Lichtes gehen also durch Zerstreuung, Brechung und Absorption verloren. Welch' ein Trost für eine wahrhaft Schöne, daß sie selbst strahlender sei, als ihr Spiegelbild! Und welche Schlinge für die sich schminkenden Damen, da sie hiedurch verleitet werden, zu stark aufzutragen! Der unvollkommene Spiegel ruft „noch nicht genug"! wenn das vor ihm stehende Original bereits zur Ueberfülle mit Pulvern und Farben überzogen ist.

Welche Punkte hat man beim Einkaufe eines Hausspiegels zu beachten?

Vor Allem muß der Spiegel richtig zeigen. Dies wird er, wenn er vollkommen eben und wenn sein Glas völlig farblos ist. Beides kann nur in angenähertem Grade der Fall sein. Es ist so schwierig, ein vollkommen ebenes Spiegelstück herzustellen, daß selbst ein kleiner, vollkommen ebener Spiegel hoch im Preise zu stehen kommt und nur für wissenschaftliche Zwecke angekauft wird: dann darf der Spiegel freilich nur ein Bild geben (S. 13).

Man begnügt sich im gewöhnlichen Leben mit der Probe, wenn ein Spiegel von einem weißen Gegenstande ein nicht verzerrtes, von auffallenden Fehlern freies, weißes Bild gibt. Man ist dann sicher, daß das Glas des Spiegels in hinreichendem Grade eben und farblos sei. Besitzt nämlich das Glas des Spiegels einen ausgiebigeren Grad von Farbe, so nehmen die Lichtstrahlen bei ihrem Durchgang durch das Glas zum eigentlichen Spiegel d. i. zu dem Zinn-Quecksilber diese Färbung an und das Bild erscheint dann in der Farbe des Spiegelglases getaucht, was besonders beim grünen Glase auf hypochondrische oder hysterische Personen erschreckend wirken kann, weil ihr Bild gar so blaß und krankhaft aussieht. Für solche Leute wäre eine röthliche Glasdecke über den Zinn-Quecksilberspiegel ein wahrer Trost!

Bezüglich der Spiegelpreise spielt die Dicke und Größe des Glases eine große Rolle. Zwar begünstigen starke Gläser die Mehrheit der spiegelnden Nebenbilder, aber die größere Dicke gestattet ein besseres Schleifen der Glasscheiben und bewirkt eine bedeutendere Dauerhaftigkeit der letzteren. Weil ferner große Spiegel schwieriger herzustellen sind und auch die Kosten der bei Erzeugung solcher Spiegel zu Grunde gehenden mächtigen Glasplatten zu dem Preis der gelungenen Stücke geschlagen werden, so müssen große Spiegel viel theurer bezahlt werden, als sich dies nach der goldenen Regel berechnen ließe. Ein trauriger Umstand für die große Spiegel liebende große Welt! Einen Trost können wir jedoch den kleinen großen Leuten geben. Wenn sie sich ganz in einem Spiegel sehen wollen, so braucht der Spiegel nur halb so lang und halb so breit zu sein als sie selbst nach der Länge und Breite messen. Von dieser Hälfte läßt sich aber nichts mehr abzwicken! Die Mathematik ist eben genau.

Auch über die Prüfung der Dicke des Spiegelglases können wir dem Spiegelfreunde einen Wink geben: Wenn er mit einer Nadelspitze die Spiegelebene berührt, so wird das Bild der letzteren etwas von der Originalspitze abstehen. Die Hälfte dieses Abstandes mißt die Dicke des Spiegelglases; warum? Das Darum auf diese Frage findet unser Leser leicht nach Erwägung des auf S. 37 aufgestellten Spiegelgesetzes.

Sollen wir noch ein Wort über die allgemeine Anwendung des Planspiegels als Censor der Toilette verlieren? Man denke sich zur Ballzeit alle Spiegel der Stadt bis auf einen einzigen verschwunden — welch' ein Ringen um diesen einen Spiegel! Welches Intriguenspiel, um ihn ausschließlich oder wenigstens zuerst benützen zu können: ein heiteres

Lustspiel ließe sich darauf basiren — doch haben sie keine Furcht, schöne Leserin, noch haben wir so viele Spiegel, daß Sie sich sogar ein „Spiegelzimmer“ damit einrichten können. Ein Spiegelzimmer? Nun ja, ein Zimmer, dessen Wände gänzlich mit Spiegeln bedeckt sind. Hier spiegelt nicht nur jeder Spiegel das Object wieder, sondern es werden von den Bildern des einen Spiegels in den anderen Spiegeln Bilder entstehen und dies kann, vermöge der gegenseitigen Wiederspiegelung, eine bis an das Unglaubliche streifende Vervielfältigung der Bilder geben, derart, daß der im Spiegelzimmer befindliche Zuschauer völlig verwirrt davon wird. Ehedem wurde von diesem Principe in den Salons bei großen Festlichkeiten Gebrauch gemacht, heutzutage bedienen sich dieser täuschenden Vervielfachung des Raumes und der Objecte die pariser Kaufleute, indem sie alle Wände ihres Verkaufsgewölbes mit Spiegeln bedecken. Am Abend werden dann die günstig vertheilten Gasflammen vor den Spiegeln in wucherischer Weise vermehrt und die ganze Anlage scheint großartiger als sie wirklich ist.

Wie verhält sich es denn überhaupt mit der gegenseitigen Wiederspiegelung der Bilder, zunächst bei zwei ebenen Spiegeln?

Stehen die beiden Planspiegel einander parallel gegenüber, so wird ein zwischen ihnen befindliches Auge von dem zwischen beiden liegenden Gegenstande, eine größere Anzahl Bilder wahrnehmen. Eigentlich sollte, vermöge der unaufhörlichen, gegenseitigen Lichtstrahlenzuwerfung, eine endlose Reihe von Bildern erscheinen; aber der mit jeder Zurückwerfung des Lichtes verbundene

Verlust an Helligkeit (S. 45) bewirkt bald eine Grenze hinsichtlich der Wahrnehmbarkeit der Bilder.

Machen (Fig. 15) die zwei ebenen Spiegel einen Winkel mit einander, so entsteht eine bestimmte Anzahl von

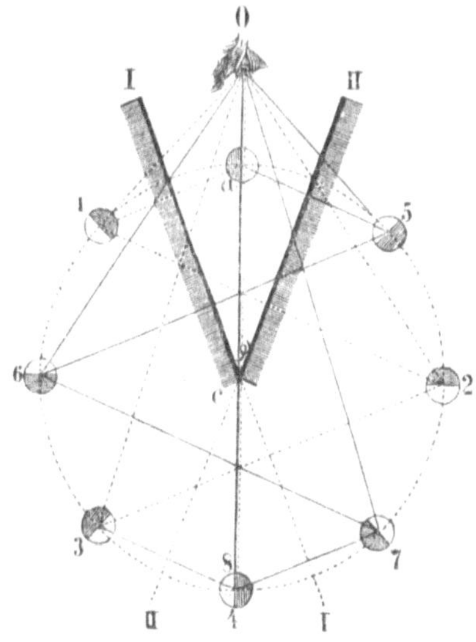

Fig. 15. Die Bilder bei Winkelspiegeln.

Bildern, welche (Fig. 15) *symmetrisch* in der *Umfangslinie eines Kreises* liegen. Der Halbmesser dieses Kreises ist durch den Abstand des Objectes von der Spitze jenes Winkels gegeben, den die Spiegel mit einander einschließen. Wie viele solche Bilder entstehen, hängt von der Größe des zuletzt erwähnten Winkels ab. Je kleiner dieser Winkel ist, desto mehr Bilder treten für das zwischen den Spiegeln befindliche Auge auf. Man berechnet die

Anzahl der Bilder, wenn man die Zahl der Bogengrade des Winkels in 360 dividirt. Der Quotient zählt dann aber auch das Object selbst zu den Bildern. Wir überlassen es nun dem Leser die Fig. 15 zu enträthseln; die Auflösung wird ihm mindestens so viel Freude gewähren wie die Entwirrung eines Rösselsprunges, eines Rebus u. dgl. m. Festhalten muß man dabei das Spiegelgesetz (S. 37) und daß je das Bild des einen Spiegels für den andern Spiegel den Gegenstand abgibt.

Obwohl Porta schon vor mehr als 300 Jahren die obige Frage von den Winkelspiegeln theoretisch richtig gelöst hat, so schien man dies dennoch vergessen zu haben und immer tauchten von neuem dieselben Lösungen, zuweilen in schwerfälligen Formen, auf. In praktischer Richtung jedoch ließen die „Spiegelbücher“, „Spiegelkästchen“ „Strahlenkästchen“, „Spiegelmaschinen“, „Guckerla“ u. dgl. m. die Augenweide, welche die Winkelspiegel zu bieten im Stande sind, nicht völlig in Vergessenheit gerathen und in älteren optischen Cabinetten fand man polygonale, an den inneren Wänden mit Spiegeln beklei dete Kästen, welche beim Hineinsehen ein Heer von Vögeln, Blumen u. dgl. m. zeigten, obschon nur ein Object vorhanden war. Andere, im Inneren an den Diagonalwänden mit Spiegeln bedeckte Kästen zeigten, durch je ein Sehloch in den verschiedenen Polygonalwänden, abwechselnd mit verschiedenen Gegenständen erfüllte Kreislinien; wie so? Und darauf beruheten auch die vielseitigen Spiegelzimmer, welche einen Springstrahl, die Lichter eines Kronleuchters u. dgl. m. vielfach und mit zauberischem Reize wiedergaben. Allein sowol die Spiegelzimmer als deren

Gegenstände dürfen nicht zu groß sein: die letzteren nicht, weil sonst die Bilder durch die Objecte zum Theil verdeckt werden, die ersteren nicht, weil die Lichtstärke und Lichtfülle darunter leiden. Hieher gehören endlich auch noch die mit Winkelspiegeln versehenen Armleuchter, welche eine Rose, eine Flamme u. dgl. m. vielfach wiederstrahlen und zuweilen als „Ankündigungs-Rosetten" die Wirthsstuben, öffentliche Schaustellungen weithin bekannt geben. Vielleicht fällt es noch einem Regisseur ein, den Kranz kleiner Flammen vor ihrem Etablissement in einen offenen langen Winkelspiegel einzulegen, um den Lichtschrei dieser weithin leuchtenden Reclame zu erhöhen.

Die Winkelspiegel waren fast außer Gebrauch gekommen, als Brewster i. J. 1814 bei seinen optischen Studien gegen einander geneigte Planspiegel anwendete und — ein herrliches, symmetrisch angeordnetes, multiplicirendes Spiegelbild erhielt. Drei Jahre später schenkte er der Welt sein hierauf beruhendes „Kaleidoskop". Nicht bald ist eine alte Sache in einem neuen Gewande dankbarer aufgenommen worden als dieses optische Instrument. Brewster hatte es verstanden dem fast vergessenen Winkelspiegel eine handliche Form zu geben und einen raschen Wechsel der herrlichen, symmetrischen Spiegelbilder zu bewirken. Die Winkelspiegel wurden in ein Rohr gebracht. An dem einen Ende des letzteren zwischen zwei Glasscheiben befanden sich bunte Glasstückchen als Objecte für die Winkelspiegel: an dem anderen Ende war für das Auge ein Sehloch. Das Rohr wurde mit dem Object-Ende gegen das Tageslicht in wagerechter Lage gerichtet — welch' herrlicher Anblick! Jeder Stoß brachte neue symmetrisch vertheilte Bilder! Wir haben jetzt kaum mehr eine Vorstellung davon, welchen Lärm das Kaleidoskop bei seinem Bekanntwerden um das Jahr 1817 und 1818 in der Welt machte! Es tauchte allerorten unter den verschiedensten Benennungen, als „Multiplicateur", „Transfigurateur", „Zierrathengucker", „Schöngucker" u. dgl. m. auf; in Wien wurden diese Instrumentchen in jener Zeit als „persische Prachtröhren" verkauft — zuletzt drang der von seinem Erfinder Brewster gegebene Name „Kaleidoskop" allgemein durch. Diese Bezeichnung spielt darauf an, daß das Instrumentchen „schöne Figuren zeige". Das Kaleidoskop trat seinen Siegeszug i. J. 1817 von Paris aus an. Ein Jahr später wurden in Paris durch längere Zeit täglich 60000 Kaleidoskope verfertigt und sogleich verkauft. Bis dahin soll Brewster bereits 100000 Thaler an Tantiemen für sein patentirtes Kaleidoskop bezogen haben. Die Damen hatten das Instrumentchen in Affection genommen und es wurde in allen Formen und Größen angefertigt; es wurde sogar vielfach mit Begeisterung besungen und einer seiner eifrigsten Freunde rühmte ihm nach, es liefere „krystallisirte Aesthetik" (!). Auf den Boulevards in Paris ließ man 1818 für Geld und gute Worte in ein Kaleidoskop gucken, das die Größe und Gestalt einer Kanone für Vierpfünder hatte, während anderseits das Instrumentchen so klein geliefert wurde, daß es die Frauen als Joux-joux um den Hals hängten. Diese Mignon-Kaleidoskope waren nur 30 Millim. lang und 10 Millim. breit. Paris lieferte 1818 für das Serail des Sultans Kaleidoskope das Stück zu 20000 Francs und darüber; die Objecte bei diesen Instrumenten waren Edelsteine, die Spiegel aus Stahl, Silber u. dgl. m. Und nun kamen noch die Rechner und lehrten, daß, bei 24 Glasstückchen, Combinationen der Figuren möglich seien, die sich in einer endlosen Reihe von Jahren nicht erschöpfen ließen, wenn man auch in einem fort das Instrumentchen bewegte, schüttelte und dadurch neue Zeichnungen im Instrument veranlaßte. Natürlich fehlte es anderseits auch nicht an Leuten, die darauf hinwiesen, daß schon Porta (1558) und Kircher (1646) ähnliche Leistungen der Winkelspiegel kannten und welche an die „Spiegelkästen" erinnerten. So wahr dies auch ist, so muß man doch zugeben, daß erst Brewster dem Instrumentchen die bequeme, so viele Figurenabwechselungen bietende Form gab. Indessen fehlte es nicht an sehr nahe stehenden Vorläufern. Im Jahre 1710 wurde eine „neue Erfindung" für Gartenkünstler bekannt gemacht, welche alle Phantasie der Gärtner hinsichtlich ihrer Blumenbeete &c. übertreffen sollte. Das Wesen dieser neuen Erfindung waren Winkelspiegel. Im Jahre 1811 erschien von Winkler ein kaleidoskopähnliches Rohr, „Myriomorphoskop", mit diesem Namen auf die vielen Veränderungen der Figuren anspielend, und endlich 1816 verfertigte Höschel in Augsburg kaleidoskopähnliche Apparatchen, bei welchen man durch Ziehen an einem Schnürchen jede der einmal gesehenen Figuren wieder herstellen konnte — was beim Brewster'schen Kaleidoskop nur zufällig eintreten kann. Das Kaleidoskop von heute gleicht einer gesunkenen Größe: kaum daß man daran denkt, den Kindern für einige Pfennige das Stück zu kaufen. Die Spiegel dieser billigen Kaleidoskope bestehen (S. 43) aus rückwärts geschwärzten Glasstreifen und sie sind derart gegen einander geneigt, daß ihr Querschnitt ein Dreieck bildet, welches sich im Gesichtsfeld (Fig. 16) des Kaleidoskopes vervielfältigt. Damit die Bilder von den äußeren Gegenständen die symmetrisch angeordneten, mosaikartigen Figuren der eingebrachten Objecte (S. 51) nicht stören, ist das äußere, gegen das Licht gewendete Glas matt geschliffen, oder mit einem durchscheinenden Weiß überzogen.

Fig. 16. Gesichtsfeld des Kaleidoskopes.

Für die Ornamentik z. B. der Drahtgeflechte ist das Kaleidoskop nicht ohne Bedeutung. Bessere Kaleidoskope bekommen stählerne oder versilberte Spiegel (S. 43), deren Winkel sich verändern lassen, deren Objecte man wechseln und besonders beleuchten kann. Das „Duboskop“ ist ein seitlich offenes Kaleidoskop; auch giebt es Kaleidoskope, bei welchen die äußeren Gegenstände die Spiegelbilder liefern, ferner andere, die mit einem Fernrohre verbunden sind, und endlich auch solche, deren Bilder sich für Viele an einer weißen Wand zeigen lassen.

Die Spiegel in den Verkaufläden haben nicht nur die scheinbare Vervielfältigung der hier vorhandenen Gegenstände und die Erhöhung der Pracht zur Aufgabe (S. 49); sondern sie sollen auch dem Kaufmann verrathen, was hinter seinem Rücken geschieht — wenn listige, langfingerige Käufer ihn, behufs Herbeischaffung neuer Waaren, zum Abwenden vom Verkaufstische veranlassen. Der Spiegel ist in dieser Richtung ein treuerer Ladenhüter als der oder jener dazu bestellte Mann und er hat schon manchem Ehr- und Spiegelvergessenen ein Kämmerchen, zum Nachdenken über die Ehrlichkeit, für längere Zeit zinsfrei verschafft!

Domitian (80 n. Chr.) ließ die Wände seiner Säulenhalle mit glänzendem Glimmer bedecken, um zu sehen, was hinter seinem Rücken vorgehe, und wenn die Spiegel jenes Säulenganges einander nicht gar zu weit gegenüber standen, dann konnte er wol auch gelegenheitlich sein eigenes Ich von rückwärts kennen lernen, da sich ja die allseitige Selbstbeschauung schon mit zwei Spiegeln durchführen läßt; in welcher Weise?

Die mit dem Rücken gegen den Hochaltar gewendeten Orgelspieler beobachten in einem Planspiegel die Acte der Messe, um rechtzeitig mit der Musik einfallen zu können, und mit dem auf ähnlichen Princip beruhenden „magischen Operngucker" (Fig. 17) kann man eine Person in der unbescheidensten Weise fixiren, ohne daß letztere auch nur eine Ahnung davon hat, weil man ja (Fig. 17) scheinbar nach einer anderen Richtung sieht. Hierauf basirt ein treffliches Instrument, das „Spiegel-Winkelrohr" zum Abstecken rechter Winkel auf dem Felde.

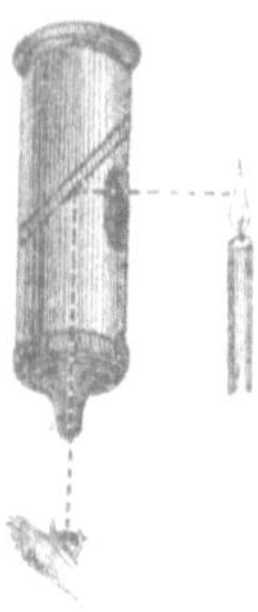

Fig. 17. Magischer Operngucker.

Hält man ein Spiegelchen mittelst eines Stieles mit seiner glänzenden Ebene derart schief gegen die hintere Rachenwand, daß, bei niedergedrückter Zunge, die von außen auf das Spiegelchen gesendeten Lichtstrahlen in das Innere des Halses fallen, so erhält man das Bild der Innenseite des Kehlkopfes und der Stimmbänder. Die Aerzte bauen auf diesem „laryngoskopischen" Verfahren ihre Diagnose für Kehlkopfkrankheiten.

Legt man (Fig. 18) 4 ebene Spiegel unter 45 Graden gegen den Horizont derart, daß je zwei derselben einander ihre glänzenden Seiten zukehren, und verkleidet sie (Fig. 19) in passender Weise, so glaubt ein durch das „Doppel-Winkelrohr" (Fig. 19) blickender Beobachter, das Licht komme direct in sein Auge. Bringt man (Fig. 19) zwischen L und M ein Brett, einen Stein u. dgl., so meint der Uneingeweihete durch diese eingeschobenen, nicht durchsichtigen Gegenstände zu sehen. Dem Leser, wenn er (Fig. 18) den Gang der Lichtstrahlen verfolgt und sich erinnert, daß unser Auge beim Sehen alles in die gerade Richtung versetzt, wird das Wunder von selbst schwinden!

Denken wir uns (Fig. 18) zwei parallele, ebene Spiegel, welche sich ihre glänzenden Flächen zukehren, so hat man eine Spiegel-Combination, welche die mannigfachste Ausnützung gestattet. Ist z. B. einer dieser Spiegel oberhalb einer Mauer, eines Berges (Fig. 20) u. dgl., mit der glän-zenden Fläche nach dem zu beobachtenden Gegenstande hin, angebracht, so wirft er dann die empfangenen Strahlen auf

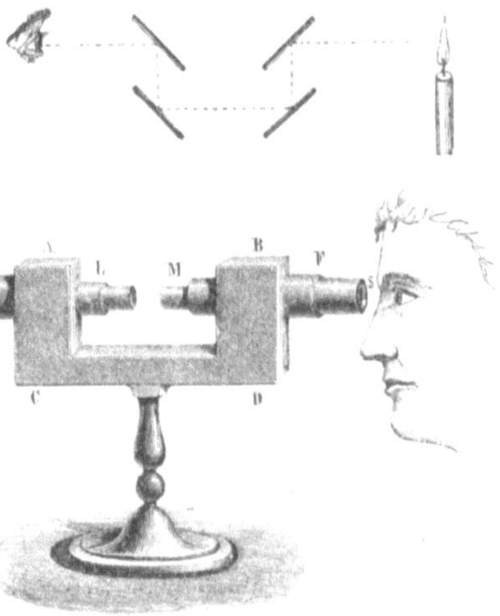

Fig. 18 und 19. „Doppel-Winkelrohr" zum Gucken durch eine Mauer.

dem zweiten Parallelspiegel, und man kann in diesem letz-teren, in verborgener Weise hinter dem Schutzwall (Fig. 20), die äußeren Vorgänge beobachten. Hevelius behauptet dieses für Kriegszwecke erdachte „Polemoskop" (Fig. 20) im J. 1637 erfunden zu haben. Auf demselben Principe beruhet der Zauberspiegel (Fig. 21), in welchem die Magier ihren getäuschten Opfern gewisse Personen oder Gegenstände zeigten: ferner basirt darauf der „Spiegel als Diebshehler" (Fig. 22.) Aehnliche Spiegel-Combinationen — nach Umständen mit nicht parallel gegen einander gerichteten Spiegeln — wendet man auch an, um überhaupt in den Zimmern die Ereignisse vor dem Hause zu erfahren.

So sehr ein guter Planspiegel die Wahrheit liebt (S. 45), so haben wir doch gefunden, daß er sich beim Kaleidoskop (Fig. 15 und 16) zur Dichtung hinreißen, von sogenannten Wahrsagern zum Lügen (Fig. 21) und (Fig. 22) von bösen Menschen zum Verrathen der Gerechtigkeit mißbrauchen läßt. Und daher mag das üble Wort „Spiegelfechterei" kommen. In der That kann man mittelst der ebenen und überhaupt mittelst der Spiegel mancherlei Täuschungen hervorrufen und wir werden noch manchem Exempel davon auf unserem Wege begegnen. Hier nur noch einige Belege: Wenn jemand sein Bild unvorbereitet in einem Spiegel, wie er in Fig. 21 hergerichtet ist, sehen will, so erblickt er ein — anderes Portrait und man kann ihn sogar scherzweise irgend ein Ungethüm schauen lassen; in welcher Weise?

Mittelst spiegelnder Buchstaben läßt sich eine Lichtschrift auf eine wenig erhellte weiße Wand werfen, und wer weiß, ob nicht der schwelgende Belsazer in solcher Weise gewarnt wurde? Als Pabst Paul V. nach seiner Erwählung (1605) den Einzug feierte, erschien, eben mit Hilfe einer spiegelnden Schrift, sein Name über der im Schatten liegenden Thorwand in sonnigen Lichtzügen. Heutzutage lassen die Kaufleute von ihrem Schilde die aus spiegelnden Lettern gesetzte Firma auf das Steinpflaster als billigste Reclame widerstrahlen.

Wenn die Eitelkeit, die Prachtsucht und die natürliche Magie den Planspiegel zu ihren Zwecken ausgebeutet haben,

Fig. 20. Das „Polemoskop" oder der Spiegel als Kriegs-Spion.

Fig. 21. Der Zauberspiegel als Wahrsager.

Fig. 22. Der Spiegel als Diebshehler.

so hat anderseits die hohe Wissenschaft von dem ebenen Spiegel vielseitig einen ernsten Gebrauch gemacht (S. 42 und S. 56.); am allereinfachsten zum Studium des Wolkenzuges, mittelst eines wagrecht liegenden Spiegels. Beim Heliostat wird mittelst eines von der Hand oder einer Uhr bewegten Räderwerkes einem Planspiegel ein solcher Gang ertheilt, daß der letztere stets möglichst genau dem Lauf der Sonne, in Hinsicht auf die Richtung der Bewegung, entgegengesetzt, an Größe aber gleich ist. Dadurch kommt es, daß die Sonnenstrahlen, behufs der optischen Studien und der Vergrößerungs-Photographie, durch längere Zeit in derselben Richtung in einen Dunkelraum fallen.

An dem Heliotrop von Gauß (1821) gibt man mittelst ebener Spiegel, zum Zwecke der Landesvermessung, auf sehr weite Strecken — bis auf 7 Meilen Entfernung — Lichtzeichen, und dieses Spiegel-Instrument kann auch während eines Krieges eine optisch-telegraphische Verständigung um so eher bewirken, als die Zwischenorte von dem strahlenden Signale nichts merken. Außerdem macht die Meßkunst von einer großen Anzahl verschiedener Instrumente Gebrauch, bei welchen Planspiegel die wesentlichsten Theile sind. Auch wird die Spiegelung der Krystallflächen zur Messung der von ihnen gebildeten Kanten benützt, und ein Gleiches gilt von der Größenbestimmung der Winkel eines Glasprismas.

Wenn man ein ebenes Spiegelchen, auf welches Sonnenstrahlen fallen, auch nur um ein Geringes dreht, so werden auf einer entfernten weißen Wand die zurückgeworfenen Strahlen schon sehr merkliche Wege beschreiben, weil ja mit der Drehung des Spiegelchens auch die Lichtstrahlen im Raume andere Orte treffen müssen und die Strahlen, als sehr lange Schenkel des von ihnen beschriebenen Drehwinkels, diesen leichter erkennen lassen. Hierauf beruhet das Verfahren, sehr kleine Veränderungen in der Lage eines zart aufgehängten Magnetstabes mittelst eines daran befestigten Planspiegelchens schnell ersichtlich und an entfernten Skalen genau meßbar zu machen; ferner fußt darauf die Sprechweise des atlantischen Telegraphen, die Methode die Schwingungen der Stimmgabeln mittelst Spiegelung gut wahrnehmbar zu machen und dieselben durch die Stimmung zu regeln*) und endlich auch noch die beste Prüfungsweise der feinsten Präcisionswagen, weil ja in allen diesen Fällen kleine Abweichungswinkel zu ermitteln und bei einigen auch zu messen sind.

*) Näheres hierüber in dieser Sammlung: „Die Naturkräfte": Carl, die elektrischen Naturkräfte, und Radau, die Akustik.

4. Die Bilder der Krummspiegel.

Wer wollte es unternehmen, alle möglichen Krummformen und Krummgestalten aufzuzählen oder gar zu zeichnen, zu construiren oder zu modelliren? Wem fällt nicht sogleich die Unendlichkeit der möglichen Krummgebilde ein und wer denkt nicht dabei an die Unzahl der verschiedenen gebogenen und geschwungenen Linien und Begrenzungen, die in der organischen Natur herrschen? Dem Begriffe nach kann es nur einerlei ebene Spiegel, aber unendlich vielerlei Krummspiegel geben. Von diesen Myriaden verschieden geformter, und nur der Idee nach möglicher Krummspiegel hat sich gleichwol nur eine sehr beschränkte Anzahl derselben für den Physiker interessant gezeigt: Die spiegelnden Kugeln, Paraboloïde, Hyperboloïde, Ellipsoïde, Kegel und Cylinder.

Je nachdem hohle Abschnitte der eben angeführten, regelmäßigen Krummkörper an ihrer äußeren oder inneren Fläche wol polirt werden, erhält man erhabene, „convexe" oder hohle, „concave" Spiegel der vorhin genannten Rundkörper.

Am bekanntesten und verbreitesten von diesen Krummspiegeln ist der „erhabene Kugelspiegel"; findet man ihn doch so häufig als „Landschaftsspiegel" in Form einer ganzen Kugel auf dem Gipfelpunkt der hoch gelegenen Gärten, ja in neuerer Zeit, wo er so billig geliefert wird, benützt man ihn bis zum Uebermaaße in allen Größen und verschiedenen Farben des Glases als Aufsatz der stabartigen Pflanzenstützen.

Wieso sich der convexe Kugelspiegel einen Platz in den großen Gärten erworben hat, das werden wir später einsehen. Vorläufig zieht es uns zu seinem der Abstammung nach so nahe und im Charakter doch so sehr verschiedenen Verwandten, wir meinen zu dem „*hohlen kugeligen Spiegel*“ oder zu dem „*sphärischen Concavspiegel*“. Dieser (Fig. 23, MN) ist ein kleiner Abschnitt einer Hohl-

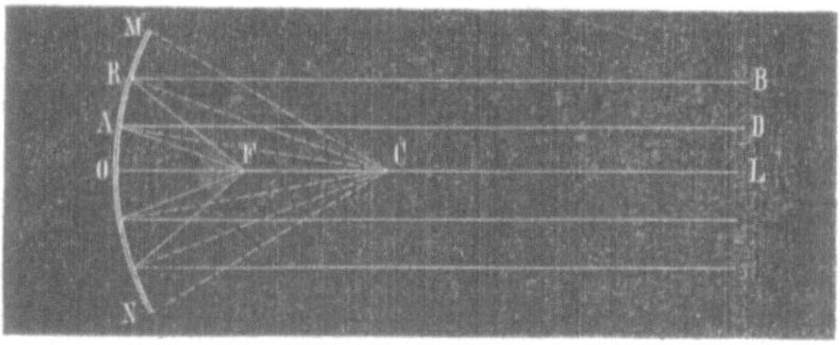

Fig. 23. Hauptpunkte des kugeligen Hohlspiegels.

kugel, welcher an der inneren Fläche das Licht spiegelt. Ein gewöhnliches, gewölbtes Uhrglas, welches an der äußeren, erhabenen Seite mit Zinnquecksilber belegt wird, bietet an der inneren, hohlen Seite einen kleinen „*sphärischen Hohlspiegel*“.

Jeder Hohlspiegel hat seinen „*Krümmungsmittelpunkt*“ C, d. i. der Mittelpunkt jener Kugel, von welcher der Hohlspiegel ein Abschnitt ist. Der genau in der Mitte der hohlen, sphärischen Spiegelfläche liegende Punkt O heißt der „optische Mittelpunkt" und die Gerade OC, welche den letzteren mit dem Krümmungsmittelpunkt C des Spiegels verbindet, nennt man die „Axe des Hohlspiegels". So heißt aber noch kurzweg die nämliche Gerade, wenn sie nach beiden Seiten verlängert wird.

Bei jeder Art von Krummspiegeln, also auch beim sphärischen Hohlspiegel, findet das allgemeine Reflexionsgesetz des Lichtes (S. 36), behufs Aufsuchung der Spiegelungsvorgänge, die vollste Anwendung. Für jeden vom Lichte getroffenen Punkt beliebiger Spiegel hat man also das Einfallsloth zu suchen und sodann den Zurückwerfungswinkel gerade so groß zu machen wie den Einfallswinkel.

Die Einfallslothe beim Hohlspiegel sind, nach den Lehren der Geometrie, die von seinem Krümmungsmittelpunkte zu den Auffallpunkten der Lichtstrahlen gezogenen „Krümmungshalbmesser" (Fig. 23, CM, CR).

Laufen (Fig. 23) die Lichtstrahlen, welche die Fläche des Hohlspiegels treffen, mit der Axe des Spiegels parallel, so durchschneidet jeder derselben jene Axe. Ja derart auffallende Strahlen vereinigen sich sogar in einem einzigen Punkte F der Axe, vorausgesetzt, daß die „Weite" (Breite, Höhe, „Oeffnung") d. i. der Bogen des Hohlspiegels nicht mehr als 6 Grade umfaßt, das heißt, daß der Spiegel nur ein kleiner Abschnitt der zugehörigen Kugel ist.

Wir überzeugen uns von der Richtigkeit des Gesagten wenn man die Einfallslothe d. i. die Radien (Fig. 23, CM, CR, CA ....) zu den Treffpunkten zieht und jedesmal den Reflexionswinkel dem Einfallswinkel gleich macht. Und in solcher Weise hat unser Leser stets vorzugehen, wenn wir weiterhin die Gesetze des kugeligen Hohlspiegels entwickeln, ohne daß wir ihn weiter daran erinnern.

Von einem leuchtenden Punkte (O Fig. 24) gehen die Strahlen immer weiter auseinander, je mehr sie sich von ihrem Ausgangspunkte entfernen — ist es dann wol erlaubt, von parallel auffallenden Lichtstrahlen zu reden? Ja! wenn der leuchtende Punkt sehr weit entfernt ist, wie z. B. ein Punkt

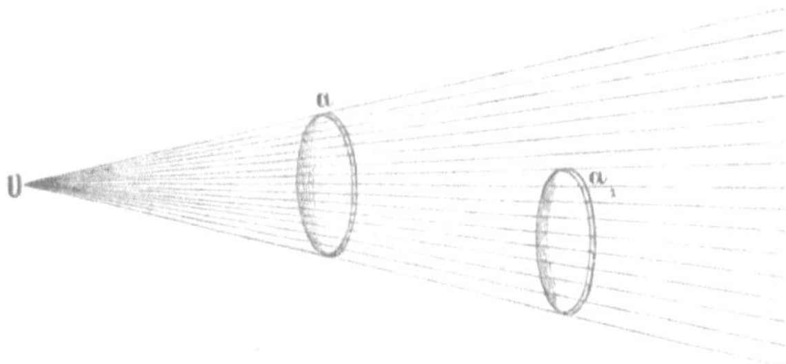

Fig. 24. Divergenz der Lichtstrahlen.

der Sonne von der Erde. Denn der Winkel, den die von einem Punkte der Sonne auf unsere Spiegel fallenden Strahlen miteinander bilden, kann nur so klein sein, daß man ohne Fehler sagen darf, er sei gleich Null. Gerade Linien, die, beliebig weit nach beiden Seiten verlängert, nirgends miteinander einen Winkel bilden, heißen „parallel“; also sind die von einem Sonnenpunkte zu uns gelangenden Licht- und Wärmestrahlen zu einander so gut wie parallel. Alle diese von einem Punkte der Sonne den Hohlspiegel treffenden Strahlen erfüllen dessen Fläche mit Licht, welches — nach Abrechnung des Verlustes wegen Unvollkommenheit des Spiegels — nach einem einzigen Punkte F (Fig. 23) reflectirt wird. Dieser Punkt muß sehr hell sein, da ja in ihm alles zurückgeworfene Licht zusammengedrängt, bildlich gesprochen verdichtet, condensirt ist. Und weil dem Sonnenlichte auch Wärmestrahlen beigesellt sind, welche denselben Gesetzen gehorchen und sich mithin in demselben Punkte treffen, so wird es in diesem Punkte auch sehr heiß sein; man nennt ihn daher den „Brennpunkt“ oder „Focus“. Sein Abstand vom optischen Mittelpunkt des Hohlspiegels beträgt genau die Hälfte des Krümmungshalbmessers und heißt die „Brennweite“ des Spiegels. Erst Porta (1558) bestimmte dieselbe richtig, obwol schon die Alten den sphärischen Hohlspiegel und seine Wirkungen kannten. Euklid (300 v. Chr.) meinte, der Brennpunkt liege im Krümmungsmittelpunkte oder etwas davon ab, gegen die Spiegelfläche hin, und selbst das mächtige Genie Kepler (1604) war noch desselben Glaubens! Ja man bestritt sogar noch bis zur Mitte des 17. Jahrhunderts die den Krümmungs-Radius halbirende Lage des Brennpunktes, so einfach der mathematische und experimentelle Nachweis (S. 82) dafür gewesen wäre!

Weil die hohlen Kugelspiegel alle auf sie in paralleler Richtung kommenden Licht-, Wärme- und ebenso Schallstrahlen im Brennpunkte vereinigen, so haben sie auch den Namen „Sammelspiegel“ erworben — eine Bezeichnung, die sie um so eher verdienen, als sie auch nicht parallele Strahlen (Fig. 25) nach einem einzigen Punkte F senden, der aber nicht mit dem Brennpunkte zusammenfällt. Indessen gibt es doch Fälle, wo der Sammelspiegel seinem Titel Hohn spricht und die auf ihn fallenden Strahlen zerstreut: wir kommen später (S. 73 u. 93) nochmals hierauf zurück.

Befindet sich ein leuchtender Punkt (A Fig. 25) genau in der Axe des sphärischen Hohlspiegels vor dem Krümmungsmittelpunkte, so „sammelt" der Hohlspiegel die zu-

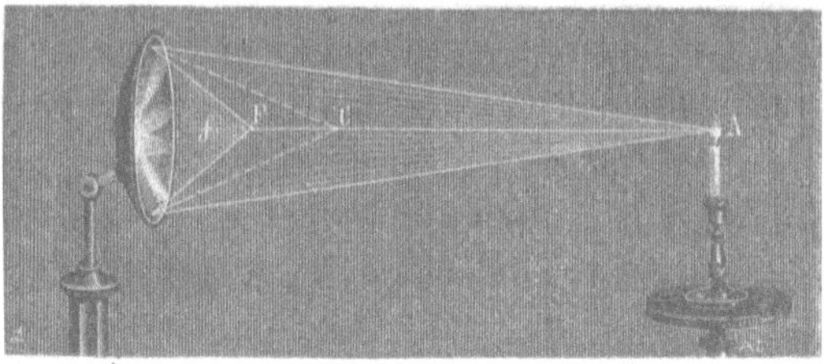

Fig. 25. Wirkliches Bild eines Lichtpunktes.

rückgeworfenen Lichtstrahlen in einem ebenfalls auf der Axe des Spiegels, zwischen dem Brennpunkte f und dem Krümmungsmittelpunkte C liegenden Punkte F. Hier entsteht also ein „Bild" des Lichtpunktes, und zwar um so näher dem Focus, je weiter der leuchtende Punkt vom Spiegel ruht und um so nachbarlicher dem Kugelcentrum, je näher der Lichtpunkt dem Spiegel rückt. Es ist so als ob das Bild vom Brennpunkte aus seinem Originale entgegenginge, wenn dieses sich dem Krümmungsmittelpunkte nähert und als ob es den Lichtpunkt gegen den Focus hin fliehen würde, wenn der helle Punkt sich vom Krümmungsmittelpunkte nach A entfernt. Ja der Bildpunkt flüchtet endlich in den Brennpunkt selbst, wenn der Lichtpunkt auf der Axe in unendliche oder mindestens außerordentlich große Entfernungen gelangt ist (S. 70). Der Brennpunkt ist die letzte Grenze für das „wirkliche" Punktbild in seinem Marsch gegen den Spiegel, näher an den Spiegel kann es niemals kommen.

Das „wirkliche" Bild? Ja wol! Wie sehr verschieden ist doch das Bild des Lichtpunktes bei einem Sammelspiegel von dem Bilde eines Lichtpunktes an einem ebenen Spiegel. Bei dem letzteren kommt erst das Bild im Auge zu Stande, das Bild des leuchtenden Punktes ist in der Außenwelt nirgends wirklich vorhanden, kann nicht da sein, weil ja die Lichtstrahlen vom ebenen Spiegel (Fig 12), nach der Zurückwerfung, immer weiter auseinander gehen. Wie ganz anders ist dies jedoch beim Hohlspiegel (Fig. 25)! Hier treffen die Lichtstrahlen wirklich vor dem Spiegel zusammen und dieses „wirkliche" Bild läßt sich auf mattem, weißem Glase, auf weißen Papier- und Leinwandschirmen, im Rauche, im Nebel, in Staubwolken u. dgl. m. auffangen und für verschiedene Stellungen des Auges ersichtlich machen. Im Gegensatze zu diesem „wirklichen, wahren, physischen, objectiven oder positiven Bilde" heißen die in der Außenwelt nicht existirenden Bilder des Planspiegels „die scheinbaren, eingebildeten, ideellen, imaginären, geometrischen, virtuellen, subjectiven oder negativen Bilder". Beim Hohlspiegel kommen ebenfalls solche ideale Bilder vor, wenn nämlich der leuchtende Punkt auf der Axe (Fig. 26) vom Brennpunkte F gegen die Spiegelfläche hinschreitet. Denn zeichnet man die reflectirten Strahlen, so sieht man, wie sie auseinandergehen, als ob sie von einem hinter dem Spiegel liegenden Punkte gesendet wären. Das diese Strahlen empfangende Auge versetzt auch dahin das Bild des leuchtenden Punktes.

Rückt ein leuchtender Punkt (A, Fig. 25) auf der Axe gegen den Hohlspiegel, so haben wir vernommen, daß ihm sein wirkliches Bild in der Richtung vom Brennpunkt gegen den Krümmungsmittelpunkt entgegen geht. In letzterem

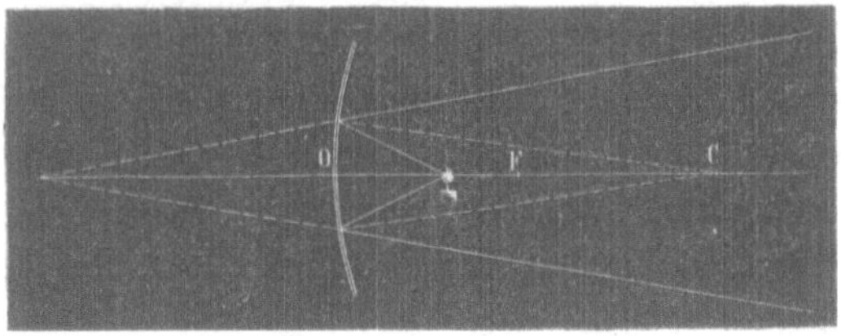

Fig. 26. Ideales Bild eines Lichtpunktes.

treffen sich der Lichtpunkt und sein Bild. Während der Lichtpunkt den weitesten Weg durchschreitet, macht sein Bild nur den halben Krümmungshalbmesser vom Brenn- bis zum Krümmungsmittelpunkt durch — aber Bild und Object tauschen diese Rolle, sobald der Lichtpunkt vom Kugelcentrum gegen den Brennpunkt geht. Wenn dieser den halben Radius bis zum Brennpunkt durchschleicht, eilt sein wirkliches Bild auf der verlängerten Axe in die unendliche Weite hinaus, derart, daß wenn der Lichtpunkt im Brennpunkt anlangt, sein Bild in unmeßbarer oder in mächtiger Ferne (S. 70) sich befindet, d. h. die von dem Brennpunkte (Fig. 23) auf dem Hohlspiegel entsendeten Strahlen verlassen den Spiegel in paralleler Richtung zur Axe. Dies ist der umgekehrte Fall zu jenem auf S. 70 besprochenen.

Kehrt endlich der leuchtende Punkt gegen den Kugelmittelpunkt rasch zurück, so eilt ihm sein Bild aus der unendlichen Entfernung mit riesiger, unfaßbarer Geschwindigkeit bis zum Kugelmittelpunkt entgegen, wo wieder — wie oben — der Austausch der Richtung und Größe der Bewegung statthaben kann.

Wendet aber der Lichtpunkt vom Focus (F. Fig. 26) seine Bewegung auf der Axe gegen den optischen Mittelpunkt O, dann haben wir (S. 73) ein nur „scheinbares Bild" um so weiter hinter dem Hohlspiegel, je näher sein Original dem Brennpunkte liegt. Das Prototyp und sein ideales Bild schreiten also auf einander zu, sobald ersteres vom Brennpunkt auf der Axe gegen den Spiegel vordringt; das imaginäre Bild mit größerer Geschwindigkeit, weil es (Fig. 26) weiter hinter dem Spiegel seinen Platz hat als der zu ihm gehörige Lichtpunkt vor dem Spiegel.

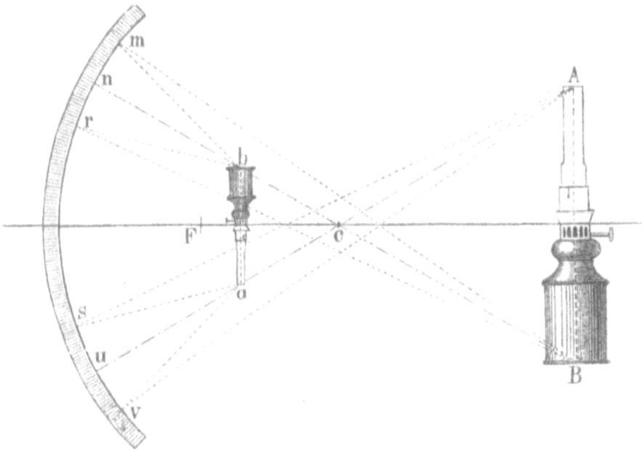

Fig. 27. Das wirkliche Gegenstandsbild beim Hohlspiegel.

Liegt (Fig. 27) ein leuchtender Punkt A ober- oder bei B unterhalb der Spiegelaxe, so sieht man leicht ein, daß für die durch den Krümmungsmittelpunkt gezogenen „Nebenaxen" Au und Bn hinsichtlich des Zustandekommens der Punktbilder das Nämliche gilt, was vorhin über die Entstehung des Punktbildes auf der Hauptaxe abgeleitet wurde. Und da ein Gleiches von allen zwischen A und B liegenden Stellen gilt, so folgt daraus, daß b a ein „wirkliches Bild" des Gegenstandes A B ist.

Dieses Bild muß umgekehrt sein, weil sich ja die „Hauptstrahlen" oder „Nebenaxen" im Kugelmittelpunkte kreuzen; es liegt zwischen dem Brenn- und Krümmungsmittelpunkte und ist kleiner als das Object,

Fig. 28. Aufsuchung der wirklichen Hohlspiegelbilder.

so lange letzteres vor dem Mittelpunkte der Krümmung sich befindet.

Läßt man aber b a für den Gegenstand gelten, so ergibt

sich, daß dann das umgekehrte Bild AB vergrößert ist und vor dem Krümmungsmittelpunkte seinen Ort hat.

In Beziehung auf die gegenseitige Bewegung dieses „wirklichen Bildes" und seines Objectes läßt sich Alles wiederholen, was wir bereits S. 73 vernommen haben. Bild und Gegenstand werden sich also im Kugel-Centrum treffen und sie haben hier eine gleiche sonst aber immer eine verschiedene Größe, was sich (Fig. 28 und Fig. 29) durch Auffangen des wirklichen Bildes auf einem

Fig. 29. Die „Bildweite" eines Hohlspiegels für ein Landschaftsobject.

weißen Schirm o. dgl. m. (S. 73) nachweisen läßt. Jede Verschiebung der Flamme (Fig. 28) verlangt eine Verrückung (S. 75) der Tafel in die richtige „Bildweite".

Wenn (Fig. 29) das Bild zwischen den Spiegel und den Gegenstand fällt, dann fängt man es mit einem möglichst kleinen Weißkärtchen auf, weil mit einer großen Tafel die bilderzeugenden Lichtstrahlen vom Spiegel abgeschnitten folglich kein Bild entstehen würde. Ueberhaupt muß der Spiegel in passender Weise gegen das Object geneigt und stets bei der Aufsuchung der Bilder nachgesehen werden, ob die Lichtstrahlen zum Spiegel gelangen können und ob die bildfangende Ebene am richtigen Ort sei.

Die Bilder leuchtender Punkte und Gegenstände kommen mittelst sphärischer Hohlspiegel erst dann deutlich, d. i. scharf begrenzt, wenn (S. 69) der durch den optischen Mittelpunkt der Spiegelfläche gezogene Bogen nur einige Grade mißt, d. h. wenn der Spiegel nur wenig gekrümmt scheint. Ist das Gegentheil der Fall, so werden sich nicht alle zur Axe des Hohlspiegels parallel auffallenden Strahlen in einem einzigen Punkte vereinigen, sondern in einer herzförmig gestalteten Krummen, deren Spitze allerdings bis in den Brennpunkt des Sammelspiegels reicht. Und da ein Gleiches auch (Fig. 27) hinsichtlich der Nebenaxen und aller Bildpunkte gilt, so kann man sich leicht vorstellen, welche Lichtverwirrung an den Bildern der zu sehr gekrümmten, sphärischen Hohlspiegel entsteht, da sie von jedem Punkte der hellen Gegenstände eine lichte Krumme statt eines hellen Punktes geben! Dieser Fehler heißt die „sphärische Abweichung". Dieselbe verschwindet an nur spärlich weiten, hohlen Kugelspiegeln: aber dann concurriren wieder weniger Lichtstrahlen und die Bilder verlieren an Helligkeit, Stärke oder Sättigung; wie wäre dem abzuhelfen?

Parabolisch oder ellipsoïdisch geformte Hohlspiegel haben die Eigenschaft, wenn sie selbst noch so viel Fangfläche bieten, alle auf sie fallenden zur Spiegelaxe parallelen Lichtstrahlen wirklich in einem einzigen Punkte zu vereinigen, mithin (S. 70) von sehr entfernten Gegenständen stets richtige und lichtkräftige Bilder zu geben.

Wenn die parabolischen und ellipsoïdischen Hohlspiegel so vorzüglich scharfe und deutliche Bilder liefern, warum bedient man sich dennoch meistens der wenig gekrümmten, das Licht ärmlicher spendenden hohlen Kugelspiegel? Der Noth gehorchend und nicht aus freier Wahl geschieht letzteres. Jene zuerst genannten Spiegel sind nur äußerst schwierig richtig zu gestalten und daher sehr theuer, wenn sich überhaupt ein Künstler für ihre Verfertigung findet. Vor nahezu 150 Jahren verstanden es Molyneux und Hadley vorzügliche, parabolische Hohlspiegel aus harten Metall-Compositionen zu arbeiten und noch etwa 50 Jahre später Mudge. Im Jahre 1790 verfertigte Herschel d. ä. die größten und trefflichsten parabolischen Hohlspiegel aus Metall. Dann kamen immer mehr die leichter herzustellenden sphärischen Hohlspiegel in Gebrauch, aber nur für kurze Zeit, weil die Hohlspiegel bald darauf durch Glaslinsen verdrängt wurden. In unserer Zeit (1858) jedoch machte Eichens in Paris auf Anregung Focault's versilberte Glasspiegel (S. 13) von parabolischer Form und ausgezeichneter Güte.

Sind die parabolischen oder ellipsoïdischen Hohlspiegel fehlerhaft, dann bringen sie verstörtere Bilder als die leicht zu gestaltenden, wenig weiten Hohlspiegel, denen der Kreis zu Grunde liegt. Ueberdies erzeugen parabolische und ellipsoïdische Hohlspiegel, wegen des erforderlichen Parallelismus der Strahlen (S. 78), nur von sehr entfernten Gegenständen, wie z. B. von den Gestirnen, deutliche Bilder — es müßte denn sein, daß die Objecte sich im Brennpunkte eines anderen, nahe stehenden parabolischen oder ellipsoïdischen Hohlspiegels befänden. Dagegen bringen wenig weite sphärische Hohlspiegel auch von näher stehenden Gegenständen genügend deutliche Bilder, wenigstens präcisere als die parabolischen und elliptischen Hohlspiegel, weil bei letzteren die Folgen für nicht parallele Strahlen bedeutender und für die Schärfe der Bilder nachtheiliger sind.

Die Alten haben die in der Luft schwebenden Bilder, d. i. die „Luftbilder" der Hohlspiegel gekannt und ihre Priester mögen die letzteren benützt haben, um die Götter in den Rauchwolken der Opfer u. dgl. m. erscheinen zu lassen; alle darauf bezüglichen, schriftlichen Nachrichten deuten in mannigfacher Weise darauf hin. Freilich laufen auch nebenbei fabelhafte Sagen über die Hohlspiegel des Alterthums. So soll Ptolemäus Evergetes in einem mächtigen Hohlspiegel auf dem Leuchtthurm vor Alexandrien eine 600000 Schritte entfernte, feindliche Flotte beobachtet haben! Und Julius Cäsar habe sogar die englischen Städte und Lager mittelst eines Hohlspiegels von der französischen Küste aus besichtigt!

Im Mittelalter bis gegen Ende des vorigen Jahrhunderts ließen die Hexenmeister mit Hilfe des Hohlspiegels oder ähnlich wirkender, später zur Sprache kommender Behelfe, die Geister der Verstorbenen im Rauche des auf glühende Kohlen gestreuten Räucherwerks erscheinen, wobei sie sich als Objecte (S. 75) der in einem passenden Versteck umgekehrt aufgestellten Porträts oder Büsten der heraufbeschworenen Personen bedienten. In den herumziehenden, optischen Cabinetten jener Zeit konnte man in der Luft hängende, gebleichte Schädel, schlotternde Skelette, schöne Körbchen mit Früchten, schwebende Jesuskindlein; mit beschleunigter Bewegung aufwärts fließende Wasserstrahlen u. dgl. m. sehen; ja noch heute ist es ein beliebtes Schulexperiment (Fig. 30) in eine aufgestellte

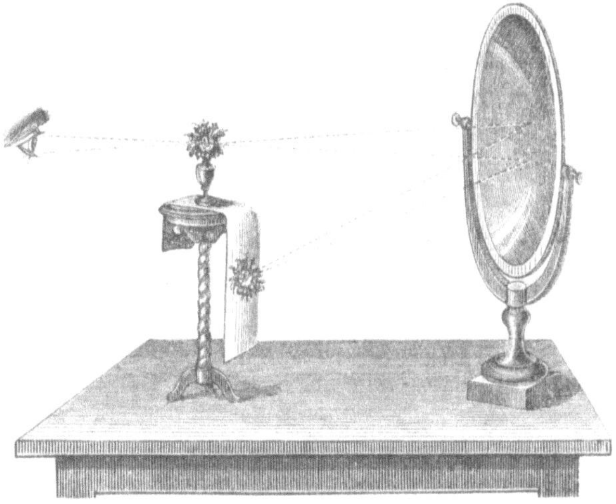

Fig. 30. Schwebendes Bild eines Blumenbündels.

Vase das wirkliche Bild eines Blumenbouquets fallen zu lassen, oder den Schüler mit dem Luftbild eines gegen ihn gezückten Dolches zu erschrecken. Die Wirkungen großer, wohlpolirter, richtig gekrümmter Spiegel erfreuen selbst den Sachverständigen — vorausgesetzt, daß das Object wol versteckt, kräftigst beleuchtet und daß jedes fremde Licht vom Hohlspiegel und Auge abgehalten wird, mit einem Worte, daß die Experimente in einer finsteren Stube erfolgen.

Richtet man einen sphärischen, parabolischen oder elliptischen Hohlspiegel mit seiner Axe gegen den Mittelpunkt der Sonne, so zeigt sich (S. 71) im Brennpunkt, die Axe senkrecht durchschneidend, ein umgekehrtes, äußerst helles und sehr heißes Bildchen der Sonne. In diesem „Brennraume“ erfolgen nach der kürzesten Frist vermöge der gesammelten Sonnenstrahlen Entzündungen, selbst der am schwierigsten verbrennlichen Stoffe und daher die Anwendung der genannten Hohlspiegel als „Brennspiegel“. Der Herd für die großartigen Hitzeäußerungen liegt bei den hohlen Kugelspiegeln, nach leicht vornehmbaren Messungen, in der Mitte des Krümmungshalbmessers, worüber also kein Streit mehr geführt werden kann (S. 71). Jede Feuerstelle heißt im Lateinischen „Focus“ und diese Bezeichnung hat man bildlich auf den Brennpunkt (S. 71) und den Brennraum der Hohlspiegel übertragen. Man ist sicher, daß man mit einer kleinen, weißen Auffangkarte (S. 78) im Brennraume angelangt ist, sobald das Sonnenbildchen kreisrund erscheint und dies beweiset zugleich, daß die Spiegelfläche mit der Sonnenscheibe auf einer gemeinschaftlichen Axe liegt.

Die Brennspiegel waren schon den Alten bekannt. Ob Prometheus den Göttern mittelst Hohlspiegel das Feuer für die Menschen erlistet hat, wer will dies entscheiden? Die Vestalinnen sollen das Opferholz mit Hohlspiegeln angezündet haben und Euklid (300 v. Chr.) bespricht ganz deutlich die Brennspiegel und deren Eigenschaften (S. 72).

Ja von Archimedes (250 v. Chr.) wird erzählt, er habe mittelst eines mächtigen Hohlspiegels die vor seiner Vaterstadt Syracus lagernde Flotte des Römers Marcellus verbrannt und ein Gleiches wird dem Proclus (514 n. Chr.) nachgerühmt in Hinsicht der Schiffe des Vitalianus vor Constantinopel. Die ersten schriftlichen Nachrichten hierüber stammen jedoch erst aus dem 6., 12. und 13. Jahrhundert und ein kleines Heer von Streitschriften gruppirt sich um diesen Gegenstand. Es ist wahrscheinlich, daß Archimedes ein „Kunstfeuer" nach jenen Schiffen geworfen habe — wie reimt sich aber dies mit dem Zuruf „Störet mir meine Zirkel nicht", den dieser altberühmte Mathematikus in vollster Zurückgezogenheit vom Leben und im tiefsten Sinnen über rein mathematische Gegenstände an die seinen Wohnsitz stürmende Soldateska gerichtet haben soll?

Nicht nur die antiken Griechen und Römer, sondern sogar die alten Peruaner in den Zeiten der Incas besaßen aus zweierlei Steinen trefflich polirte Hohlspiegel, und jene haben wol auch ihre zündende Kraft gekannt.

Die ersten großen, sehr wirksamen Hohlspiegel in der neueren Zeit verfertigten zu Anfang des 17. Jahrhunderts Maginus, Professor in Bologna, und Septala, Canonicus in Mailand. Die Leistung ihrer Spiegel wurde jedoch später von den Brennspiegeln Villette's in Lyon (1666), Tschirnhausen's (1687), Gärtner's (1715) und Höse's (1748), alle drei in Dresden, weit übertroffen.

Die Villette'schen Brennspiegel waren aus einer harten Metall-Legirung gegossen und zeichneten sich durch ihre geringe Breite — 80 bis 115 Centim. — und große Brennweite — 1 Meter und darüber — aus. Der Brennspiegel war zu jener Zeit bei den Mächtigen der Erde stark in Gunst gekommen, und Villette verkaufte seinen ersten Spiegel für den Schah von Persien, dann lieferte er ähnliche Spiegel für Ludwig XIV., ferner für den König von Dänemark, für den Landgrafen von Hessen u. s. w.

Noch leistungsfähiger als die Villette'schen Brennspiegel zeigten sich jene von Tschirnhausen. Dieselben waren aus Kupfer dünn geschlagen und daher sehr leicht; ihre Politur war außerordentlich. Die Weite eines ungemein wirksamen Spiegels dieser Art betrug nahezu 2 Meter und die Brennweite 1 Meter.

An Raschheit der Zündung wurden die vorigen Spiegel von den aus Messingtafeln parabolisch geformten Brennspiegeln Höse's übertroffen. Der größte derselben maß in der Höhe etwas unter 3 Meter und hatte eine Brennweite von 126 Centimeter.

Die Hohlspiegel Gärtner's waren aus mittelhartem Holz parabolisch gestaltet, innen vergoldet und von verschiedener Größe. Unter gleichen Umständen soll ihre Leistung jener der Tschirnhausen'schen Spiegel gleich gekommen sein. Gärtner wiederholte auch mit Erfolg Matmüller's gelungenen Versuch aus Eis Brennspiegel zu formen. Der letztere hatte nämlich dem Kaiser Ferdinand III. gegen die Mitte des 17. Jahrhunderts einen wirksamen Brennspiegel aus Eis verehrt.

Was über die zu Planspiegeln tauglichen Materien gesagt wurde (S. 41), gilt auch von den Brennspiegeln, und so finden wir denn die mannigfachsten Stoffe wie Metalle, Holz, Thon, belegtes und versilbertes Glas, Pappe u. s. w.

dazu verwendet. Naumann in Wien bedeckte (1799) einen Hohlspiegel aus Pappe regelmäßig mit der glänzenden Seite des Strohs und schmolz mit diesem Spiegel Metalle!

Die Form angehend, sind die parabolischen und elliptischen Brennspiegel die wirksamsten, denn sie sind mit ihrer ganzen Fläche thätig. Je mehr Fangfläche ein Hohlspiegel den Strahlen bietet und je kürzer seine Brennweite ist, desto leistungsfähiger ist der Spiegel. Auch kurze, hohle, gleichseitige Kegelspiegel sind zu Brennspiegeln vorgeschlagen worden und Lambert hat hierauf in der That mit solchen spiegelnden Hohlkegeln zu Berlin (1777) gezündet.

Mittelst kleiner, gegen den Sonnenmittelpunkt axial (S 82) gerichteter Brennspiegel kann man in der kürzesten Frist entzündliche Stoffe, wenn sie im Focus liegen, entflammen und leicht schmelzbare Metalle in Fluß bringen; wie mächtig sind erst die Wirkungen der großen Sammelspiegel! In der That entzünden solche selbst grünes, nasses Holz fast augenblicklich und verwandeln dessen Asche in Glas; ebenso machen sie schnellstens Knochen, Erden, Steine, Ziegel und selbst hessische Schmelztiegel zu Glas, welches je nach den Bestandtheilen eine andere Farbe hat. Alle Metalle, selbst die streng flüssigsten, werden sogleich geschmolzen und dicke Metallplatten, Thalerstücke u. dgl. m. durchlöchert. Aus den Erzen, sobald sie in den Brennraum eines thätigen Sammelspiegels gebracht werden, treten die Metalle tropfenförmig hervor. Der parabolische Hohlspiegel wurde daher und aus ähnlichen Gründen schon vor 180 Jahren von Lanis zum „chymischen Gebrauch“ vorgeschlagen. Mit Hilfe eines Hohlspiegels ließ Cosmos III.

(1694) Diamanten verbrennen und gab dadurch Anstoß zu ähnlichen Versuchen und zur Entdeckung, daß der Diamant krystallisirte Kohle sei.

Selbst unter Anwendung der mächtigsten Brennspiegel vermochte man beim Mondschein im Focus nur sehr verstärktes Licht, aber keine höhere Temperatur als in der nächsten Umgebung wahrzunehmen; ja ein freilich ungeschulter Beobachter (Gärtner 1715) hat dort sogar — „Kühlung gefühlet". Die feineren Beobachtungsmittel der Neuzeit haben jedoch den Mondesstrahlen eine, wenn auch nur unbedeutende Wärmeäußerung abgerungen.

Die großen Brennspiegel (S. 84) versagten ihre Wirkung nicht, wenn auch ihre Mitte umhüllt und nur ihr Rand frei blieb; ebenso wenig, wenn bei Sonnenfinsternissen schon 3/4 der Sonnenscheibe verdeckt waren. Es versteht sich von selbst, daß es dann längerer Zeit bedurfte, um ganz das Nämliche zu leisten wie bei vollem Spiegel oder freier Sonne.

Auch an allerlei sehr gelungenen Koch- und Bratversuchen mittelst der großen Brennspiegel hat es nicht gefehlt und ebenso nicht an Vorschlägen den Sammelspiegel zur rascheren Gewinnung des Kochsalzes durch Abdampfung, ja zur Bewegung von Warmluftmaschinen u. dgl. m. zu benützen, und erst in jüngerer Zeit (1868) hat Ericson eine Arbeit veröffentlicht, welche die directe Verwendung der Sonnenwärme zur mechanischen Arbeit u. dgl. m. in Aussicht stellt.

Die obenerwähnte Frage, ob die römische Flotte mit einem Brennspiegel durch Archimedes entzündet worden, hatte schon frühzeitig Experimente hervorgerufen, bei welchen

Fig. 31. Robertsons Facetten-Hohlspiegel zum Entzünden auf weite Strecken, v. J. 1795.

man (Fig. 31) mittelst ebener, kleinerer, durch Charnier verstellbarer Spiegelstücke alle auf sie fallenden Sonnenstrahlen nach einer einzigen Stelle leitete, die aber viel entfernter von den Spiegeln ablag, als dies je durch die Brennweite eines Hohlspiegels zu erreichen war. Des Kaisers Justinian Baumeister Anthemius war der erste, welcher im 6. Jahrhundert n. Chr. solche Versuche mit Erfolg anstellte; später kamen wieder auf die Facetten-Brennspiegel: Vitello (gegen 1270), Kircher (1671), Büffon (1747 und 1748) und Robertson (1795). Obschon Büffon meist nur die Aprilsonne, morgens oder nachmittags für seine Versuche benützt hatte, so erhielt er doch beträchtliche Wirkungen; er entzündete mit 128 ebenen Glasspiegeln in einer Entfernung von 47 Meter ein getheertes Tannenbrett und schmolz Silber bei einer Brennweite von 19 Meter, ferner Blei in einem Abstande von 41 Meter und Zinn bei 47 Meter Entfernung. Büffon variirte seine Versuche mit 12 bis 168 ebenen Spiegeln, von welchen jeder 21 Centim. lang und 16 Centim. breit war. Büffon glaubte, man könne an einem günstigen Sonnentage mit 10 Spiegeln auf 126 Meter Weite zünden, da es ihm unter ungünstigen Umständen bis auf 66 Meter Entfernung geglückt war. Robertson verwendete sein Hauptaugenmerk darauf, den Facetten-Brennspiegel (Fig. 31) nach allen Seiten leicht drehbar und gut transportabel, mithin für militärische Zwecke brauchbar zu machen — könnte die stets gewappnete Jungfrau Europa nicht auch dieses Stück brauchen? um nach Herzenslust sengen und brennen zu können.

Stellt man (Fig. 23) einen leuchtenden Körper in den Brennpunkt eines Hohlspiegels, so wirft derselbe die Lichtstrahlen in paralleler Richtung zur Axe hinaus in den Raum und daher die Anwendung der Sammelspiegel als „Beleuchtungsspiegel". Der Brennspiegel (Fig. 23) verwandelt einen Strahlencylinder in einen Strahlenkegel, der seine lichtkräftigste und zugleich sengende Spitze im Focus hat: der Leuchtspiegel aber thut das Umgekehrte, d. h. er verändert (Fig. 23), vom Brennpunkt aus, den Leuchtkegel in einen Lichtcylinder. Beim Lichtcylinder des Leuchtspiegels gehen die Lichtstrahlen nicht mehr so auseinander wie beim Strahlenkegel (Fig. 24) und das Licht wird nur durch Reflexionen und Auslöschungen oder Absorptionen in der Luft immer mehr geschwächt. Bei divergirenden Lichtstrahlen (Fig. 24) wirkt neben diesen Licht-Verlusten noch der Umstand mächtig schwächend, daß dann die Lichtstärke in einer 2, 3, 4 .... n fachen Entfernung 4, 9, 16 ... n^2 mal schwächer wird. Ein leuchtender Punkt sendet nämlich seine Strahlen nach allen Seiten aus; kleinere oder größere Hohlkugeln, die man sich um denselben, als Centrum, vorstellt, erhalten stets die nämliche Lichtmenge. Die entfernteren, mithin größeren Kugelschalen, weil sie immer nur von derselben Lichtmenge getroffen werden, müssen schwächer beleuchtet sein als die näheren, also kleineren Kugelschalen, und zwar in demselben Verhältniß schwächer als ihre Oberfläche mehr beträgt als jene der kleineren. Die Größe dieser Oberfläche wächst im Quadrate mit dem Halbmesser der Kugeln, also nimmt die Schwäche ihrer Beleuchtung ebenso zu. Da sich nun bei einem Lichtkegel ihre Grundflächen als Elemente jener Kugeln betrachten lassen, so sieht man, daß sich (Fig. 24) die Stärke der Beleuchtung einer Ebene 4, 9, 16 .... n^2mal verringert, wenn ihr senkrechter Abstand vom Lichtpunkt 2, 3, 4 .... n mal bedeutender wird. Auch das Auge wird in einer n fachen Entfernung einen Lichtpunkt n^2mal matter und bei einer größeren Entfernung gar nicht mehr erblicken, weil dann noch die wachsenden Lichtverluste durch Reflexionen und Absorptionen in der Luft hinzu kommen. Diese letzteren sind zwar auch bei einem Lichtcylinder, wie ihn die Leuchtspiegel bieten, vorhanden; aber nicht jene mächtige Lichtschwächung durch die Divergenz der Lichtstrahlen. In der That hat Arago (1811) mittelst Beleuchtungsspiegel das Licht einer Flamme noch auf 3½ Meilen Entfernung wie einen Stern erster Größe wahrgenommen; aber freilich nicht mehr bei einer 3 Grad ausmachenden Abweichung von der Axe des Spiegel. Sollen also Lichtcylinder in einem größeren Umfange wirken, dann müssen nach verschiedenen Seiten Hohlspiegel als Beleuchtungsmittel angewendet oder der Beleuchtungsspiegel muß drehbar eingerichtet werden. Letzteres ist denn auch bei den für die Schifffahrt so wichtigen Leuchtthürmen der Fall, wobei auch noch die Zahl der Umdrehungen in der Secunde, die verschiedene Farbe des Lichtes, ob es vielleicht noch nebenbei auf- und absteigt, als Kennzeichen für den Ort des Leuchtthurmes dienen kann.

Die ehemalige Anwendung der Hohlspiegel als Leuchtspiegel oder Reverberen bei den zur Straßenbeleuchtung gebrauchten Oelflammen dürfte den älteren Lesern bekannt sein; auch findet man ja noch auf dem Lande solche mit Reverberen bewaffnete Oellampen; ja selbst unsere Küchenlämpchen tragen ein bescheidenes, schlechtes, sphärisches Hohlspiegelchen aus Messingblech gedrückt.

Da Beleuchtungsspiegel das Licht so weit tragen, so hat man vorgeschlagen, dieselben mit Hilfe des in ihrem Brennraum aufgestellten elektrischen Lichtes zu benützen, um von einem hohen Punkte aus feindliche Lager für kurze Zeit zu erhellen und zu studiren. Die im Lichte Befindlichen können nämlich den Ort, von wo das Licht ausgeht, nur wie einen Stern sehen und nichts weiter wahrnehmen. In gleicher Weise wurde vorgeschlagen mit zwei von einander entfernten Hohlspiegeln gegenseitig zu telegraphiren*) nach einem uns schon bekannten Principe (S. 65).

Wir haben bisher den Hohlspiegel als Vergrößerungs- und Verkleinerungsspiegel (S. 77 und 76), als Zauberspiegel, als Brenn- und Beleuchtungsspiegel kennen gelernt. In allen diesen Fällen kommen die Strahlen entweder wirklich zum Durchschnitt und geben ein reales Bild oder sie gehen parallel zur Axe weiter. In Fig. 32 und 33 sehen wir den sphärischen Hohlspiegel als Vergrößerungsspiegel mit einem geometrischen, scheinbar hinter der Spiegelfläche liegenden Bilde. Dies ist dann der Fall, wenn sich (Fig. 33) der Gegenstand a b zwischen dem Brennpunkte und dem optischen Mittelpunkte befindet (S. 73), und die Erklärung ist ähnlich jener beim ebenen Spiegel (S. 37). Die auf die Spiegelfläche gelangenden Strahlenkegel a o und b o' werden nämlich so in das Auge auseinander-

*) Ueber die ähnlich spielenden Schall- und Wärmespiegel siehe diese Sammlung „Die Naturkräfte“: Radau, Akustik, und Cazin: Die Wärme.

gehend zurückgeschlagen, als kämen sie von einem größeren, hinter der Spiegelfläche aufrecht stehenden Bilde A B her, und dieses Bild ist eben nur ein ideales (S. 73). Dasselbe erscheint um so größer und weiter hinter dem Spiegel, je näher das Object dem Brennpunkte liegt.

Fig. 32. Der Vergrößerungsspiegel.

Bei den großen Hohlspiegeln nimmt die Vergrößerung so mächtige Dimensionen an, daß die Bilder geradezu unge-

Fig 33. Erklärung des Vergrößerungsspiegels.

schlacht werden und bei Köpfen das Muster für jene riesigen Larven abgeben, wie sie vor einigen Jahren in Carricatur-Stücken auf die Bühne gebracht wurden. Allein auch kleinere Hohlspiegel machen schon die feinen Härchen der Haut sichtbar und darauf beruht ihre Anwendung als „Rasierspiegel".

Auch die Bilder des sphärischen Convexspiegels (Fig. 34) sind nur imaginär, und der Gang der Lichtstrahlen ist dem ähnlich, wie er beim ebenen Spiegel (S. 37) und beim

Fig. 34. Der sphärische Convexspiegel wirkt verkleinernd.

Hohlspiegel erfolgt, wenn derselbe nur scheinbare Bilder gibt (S. 93). Auch hier liegen die idealen Bilder stets hinter der Spiegelfläche, aufrecht — sind aber immer kleiner als der Gegenstand. Dieser „Verkleinerungsspiegel", da er, wenn auch von geringer Ausdehnung, ein großes Stück des Objectes im verjüngten Maaßstabe für das Auge subjectiv abbildet, wird daher für Taschenspiegel verwendet; er ist in dieser compendiösen Form wol auch darum so beliebt, weil er ja alle Fehler des Gegenstandes scheinbar verringert, mithin schmeichelt. Im Anfang des 16. Jahrhunderts kamen von Nürnberg aus kleine, mit geschmolzenem Blei oder Zinn ausgeschwenkte und dadurch belegte Glaskugeln entweder als ganze oder zerschnittene, erhabene Kugelspiegel in den Handel, und noch in neuerer Zeit dienen derart im Inneren versilberte Glaskugeln als „Landschaftsspiegel" (S. 67), um von einem hohen Orte die ganze Umgegend in einem kleinen Bilde zu übersehen — ob sich wirklich Landschaftsmaler von einem so verdächtigen Bundesgenossen helfen lassen? Der erhabene Kugelspiegel leidet nämlich auch an dem von seiner Gestalt herrührenden Fehler und kann deshalb nur bei einer geringen Breite (S. 78 und 69) brauchbare Bilder liefern.

Obwol der erhabene Kugelspiegel die Bilder der zerstreuten Gegenstände scheinbar sammelt, so nennt man ihn doch mit Recht „Zerstreuungsspiegel", weil er ja (Fig. 34) die von einem Punkte, z. B. vom Auge, auf ihn fallenden Lichtstrahlen weiter auseinandergehend macht.

Convexe, an der hohlen Seite mit Zinnquecksilber oder Schwärze belegte Uhrgläser, ferner die Kugeln der Quecksilberthermometer und gewölbte, polirte Metallknöpfe sind erhabene Kugelspiegel.

Auch das sogenannte „Männchen", welches man in dem Auge eines nahen Vis-à-Vis erblickt, rührt von den an der gewölbten Hornhaut jenes Auges zurückgeworfenen Lichtstrahlen her. Es treten nämlich nicht alle Lichtstrahlen in das Auge; ein Theil derselben wird, wie von einem Kugelspiegelchen, zurückgeworfen und erzeugt für den in dieses Spiegelchen Blickenden ein scheinbares Bildchen der eigenen Person (Fig. 34), des lichtkräftigen Fensters u. dgl. m.

Hat schon der sphärische Convexspiegel eine geringe Wichtigkeit und Anwendung in der Wissenschaft, so ist dies für die ähnlich wirkenden erhabenen Paraboloïd- und

Ellipsoïdspiegel noch weniger der Fall: ja sie werden kaum absichtlich erzeugt.

Die Bilder der hohlen sowie erhabenen Cylinder- und Kegelspiegel haben nur noch ein historisches Interesse für die vorgeschrittene Wissenschaft. Nach der Länge solcher Spiegel kann man lauter gerade Linien, wie bei einem ebenen Spiegel, ziehen; nach ihrer Breite aber, wie an den Kugelspiegeln, durchgehends Kreislinien: sie wirken also in der ersteren Richtung wie ebene, in der letzteren wie Kugelspiegel: sie können mithin keine treuen, sondern bloß „verzerrte Bilder„ oder „Anamorphosen" erzeugen.

Der hohle Cylinderspiegel soll von einem auf seinem Boden liegenden wagerechten Gegenstand ein aufrecht schwebendes Zerrbild geben. Allein, obwol Kircher und Schott in der Mitte des 17. Jahrhunderts viel

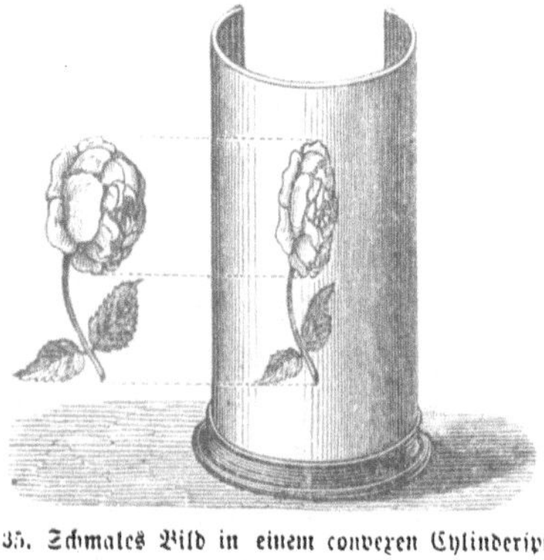

Fig. 35. Schmales Bild in einem convexen Cylinderspiegel.

Wunderbares und Merkwürdiges über diese Bilder der cylindrischen Hohlspiegel berichteten, haben dennoch letztere selbst in den älteren, solche Spielereien liebenden Museen keine Aufnahme gefunden; noch weniger, selbstverständlich, in den neueren Sammlungen für die Optik, die ihr Augenmerk auf ernstere Dinge zu richten haben. Besser ging es dem erhabenen Cylinderspiegel (Fig. 35), den man in steter Begleitung vom convexen Kegelspiegel in älteren, physikalischen Cabinetten noch heute antrifft — beide werden eben noch geduldet.

Fig. 63. Zerrgemälde zum cylindrischen Convexspiegel.

Da ein cylindrischer Convexspiegel in der Richtung seiner Breite verkleinernd wirkt (S. 95), so müssen (Fig 35) die Bilder von Gegenständen, welche zur Länge des Spiegels parallel stehen, schmaler als der Gegenstand erscheinen; hingegen werden, um bei der gewöhnlichen Sprechweise zu

Fig. 37. Zerrgemälde zum convexen Kegelspiegel.

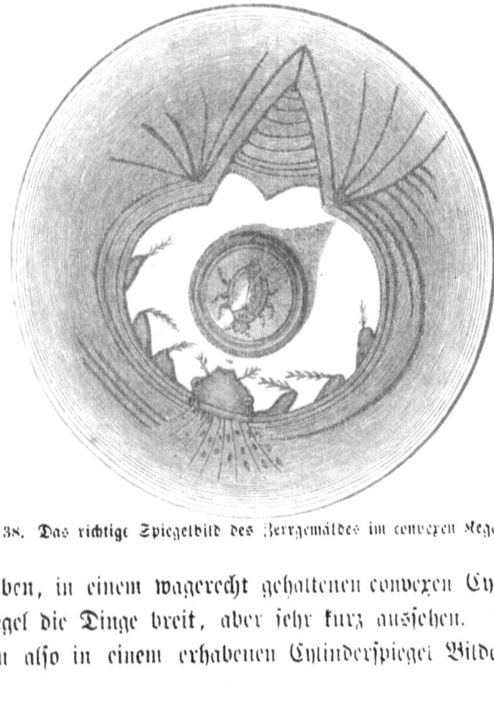

Fig. 38. Das richtige Spiegelbild des Zerrgemäldes im convexen Kegelspiegel.

bleiben, in einem wagerecht gehaltenen convexen Cylinderspiegel die Dinge breit, aber sehr kurz aussehen. Wollte man also in einem erhabenen Cylinderspiegel Bilder von richtigen Dimensionen sehen, dann müßten die Objecte verschobene Maaße haben. Hierauf beruhen die „Zerrgemälde" (Fig. 36), welche entweder durch mathematische oder mechanische Construction derart verzeichnet werden, daß sie dann, wenn man den Cylinderspiegel an einen bestimmten Ort des Papiers hinstellt, scheinbare, aber richtige Bilder für das in den Spiegel blickende Auge geben.

In ganz ähnlicher Weise verhält es sich mit den verzogenen Vorlagen des erhabenen Kegelspiegels (Fig. 37) für ein über der Spitze des letzteren gehaltenes Auge, welches (Fig. 38) nahezu richtige Bilder sieht.

5. Die Bilder durch Brechung und durch gänzliche Zurückwerfung.

Das Wasser, welches wahrscheinlich zuerst den Denkern der ältesten Zeiten die Frage nach der Ursache der Spiegelbilder vorlegte (S. 40), bietet selbst dem minder Aufmerksamen noch eine zweite höchst merkwürdige Erscheinung: Gegenstände, schief in das Wasser getaucht, werden „gebrochen" wahrgenommen. Seneca (im 2. Jahrh. n. Chr.) berichtet dies von einem in's Wasser gesenkten Ruder und beruhigte sich damit, daß unser Auge täusche. Indessen dürften nicht alle Alten die Sache so leicht genommen haben und es ist sicher sehr zu bedauern, daß eine mit diesem Gegenstand verwandte Schrift von Archimedes „über einen unter Wasser gesehenen Ring" verloren gegangen ist. Auch Aristoteles (381 v. Chr.) spricht vom zerbrochen scheinenden Ruder unter Wasser und äußert sich in seiner Meteorologie: „Der Lichtstrahl wird durch Wasser, Luft und alle Körper, die eine glatte Oberfläche haben, gebrochen". Dieses letzte Wort deutet darauf, daß jener Philosoph vielleicht die „Brechung" des Lichts von dessen Zurückwerfung unterschied, obschon er einen zurückgeworfenen Lichtstrahl auch einen „gebrochenen" genannt haben könnte, was vor der Festigung der optischen Kunstsprache hie und da geschehen ist.

Sicher ist, daß Ptolemäus, im 2. Jahrh. v. Chr., folgende Thatsache genau kannte:

Wenn (Fig. 39) ein Lichtstrahl aus der Luft in das Wasser oder in einen Glaswürfel tritt, so verläßt er seine

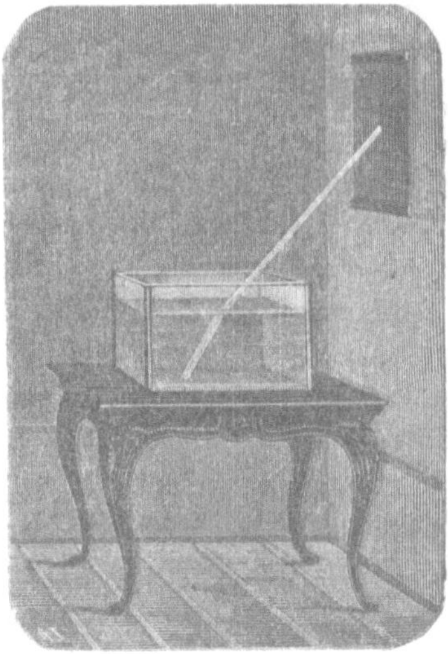

Fig. 39. Die Brechung des Lichtes.

bisherige Richtung und gewinnt in dem neuen durchsichtigen Stoffe oder in dem zweiten „Mittel" eine andere gerade Richtung, welche mit dem ursprünglichen Strahl einen Winkel bildet, derart, daß der letztere an der Grenzfläche beider Mittel „gebrochen" erscheint.

Denkt man sich da, wo der Lichtstrahl das neue Mittel trifft, eine Senkrechte oder ein „Loth" durch beide Mate=

rien gezogen, so heißt jener Winkel, den der einfallende Strahl mit dem „Einfallsloth“ macht, „Einfallswinkel“. Der Winkel, welchen der gebrochene Strahl mit dem „Einfallslothe“ bildet, wird „Brechungswinkel“ genannt. Diese beiden Winkel liegen — wie der arabische Optiker Alhazen um das Jahr 1100 betonte — stets in einerlei Ebene, d. i. in der „Brechungsebene“, welche auf der Fläche des brechenden Stoffes winkelrecht steht.

Der gebrochene Lichtstrahl kann dem Einfallslothe näher liegen als der einfallende oder es kann umgekehrt der Brechungswinkel größer als der Einfallswinkel sein. Im ersten Falle sagt man das Licht wird „nach“, „gegen“ oder „zu“ dem Einfallslothe gebrochen; im zweiten Falle heißt es, das Licht werde „vom“ Einfallslothe gebrochen.

Seit Ptolemäus bis gegen Ende des 16. Jahrhunderts glaubte man allgemein das Licht werde stets „zum“ Einfallslothe hingelenkt, wenn es aus einem dünneren in ein dichteres Mittel übergehe und das entgegengesetzte erfolge im umgekehrten Falle. Man nannte von zwei Stoffen jenen den „stärker brechenden“, in welchem die Lichtbrechung „zum“ Lothe erfolgte. Die dichteren Mittel galten also für die „stärker brechenden“. In den meisten Fällen ist dies auch wirklich so. Allein schon zu Keplers Zeiten bewies Harriot, daß Oliven-, Terpentin- und Steinöl das Licht kräftiger brechen als das Wasser, destillirter Essig, Wein, Weingeist und Salzwasser, obschon die letztgenannten Mittel dichter als jene sind. Es ergab sich etwas später, daß überhaupt die leicht brennbaren Substanzen das Licht stark brechen und Newton hat hierauf basirend schon vor 200 Jahren die Verbrennlichkeit des Diamantes vorausgesagt.

Als allgemein giltig hat sich gegen Ende des 17. Jahrhunderts herausgestellt: So oft Lichtstrahlen aus einem minder dichten Stoffe in einen dichteren von derselben materiellen Beschaffenheit — z. B. aus dünnerer Luft in dichtere — übertreten, werden sie „zum" Lothe gebrochen. Ebenso ist es mit Lichtstrahlen, welche aus einem leeren Raume in irgend eine durchsichtige Materie gelangen. Ueberhaupt heißt die „stärker brechende" Substanz die „optisch dichtere", wenn vielleicht auch ihre physikalische Dichte geringer als jene der zweiten, verschiedenen Materie ist. So z. B. ist Olivenöl „optisch dichter" als Salzwasser.

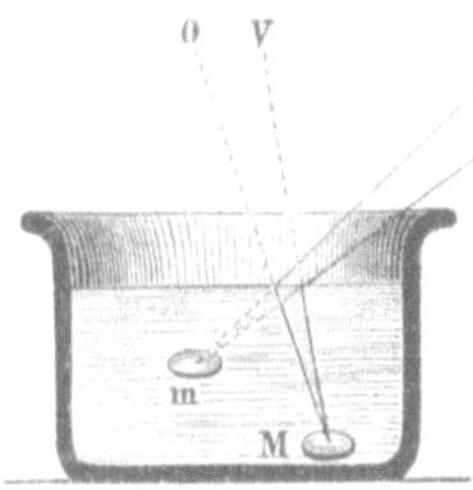

Fig. 40. „Die gehobene Münze."

Denken wir uns in einem Gefäße (Fig. 40) auf dem Boden eine Münze befestigt. Die von letzterer ausgehenden Lichtstrahlen werden bei ihrem Uebertritte aus dem Wasser in die Luft vom Lothe gebrochen. Wenn dann diese Lichtstrahlen in der Luft ein Auge treffen, so erblickt dieses die Münze in der Verlängerung der empfangenen Strahlen, mithin nicht mehr an ihrem wahren Ort. Zieht man von einem und demselben Punkte der Münze zwei Strahlen, so werden beide an der Stelle ihres Austrittes in die Luft gebrochen. Im Durchschnittspunkt ihrer Verlängerung ist der Ort für das „Brechungsbild" des Punktes jener Münze. Dieses „Brechungsbild" liegt höher als die Münze selbst. In ähnlicher Weise verhält es sich mit den übrigen Punkten der Münze und des ganzen Bodens: sie werden scheinbar gehoben, weil ihre Brechungsbilder höher liegen und dies um so mehr, je stärker brechend die Flüssigkeit im Vergleiche mit der Luft ist.

Nun ist klar, warum die reinen, das Licht stark brechenden Gewässer so „seicht" scheinen und wie gefährlich es für Nichtschwimmer sei, in denselben zu baden, ohne daß man vorher ihre wahre Tiefe untersucht.

Jetzt leuchtet auch ein, wieso (Fig. 10) eine auf dem Boden einer undurchsichtigen Tasse befestigte Münze zum Vorschein kommt, sobald man Wasser in die Tasse gießt — vorausgesetzt, das Auge habe früher eine Lage angenommen, bei der es das „gehobene Brechungsbild" wahrnehmen kann, d. h. bei der die gebrochenen Strahlen in das Auge kommen können. Dieß wird jedesmal statt haben, wenn man sich vor dem Eingießen des Wassers derart stellt, daß die geringste Verrückung des Auges die Münze in der noch wasserleeren Tasse sieht.

Auch das Brechungsbild des eingetauchten Ruderstückes wird gehoben und bildet folglich mit dem äußeren

Theil einen Bug — den „scheinbaren Bruch“ des Ruders.

Ein Taucher, welcher (Fig. 39) die aus der Luft in das Wasser gelangenden Lichtstrahlen empfängt, wird in der geradlinigen Verlängerung des gebrochenen Strahles sehen, mithin jenen Gegenstand, der ihm das Licht zusendet, höher. Sind wir aber nicht alle Taucher in dem Luftmeer? Und wird nicht das Licht der Himmelskörper, indem es (Fig. 41) durch immer dichter werdende

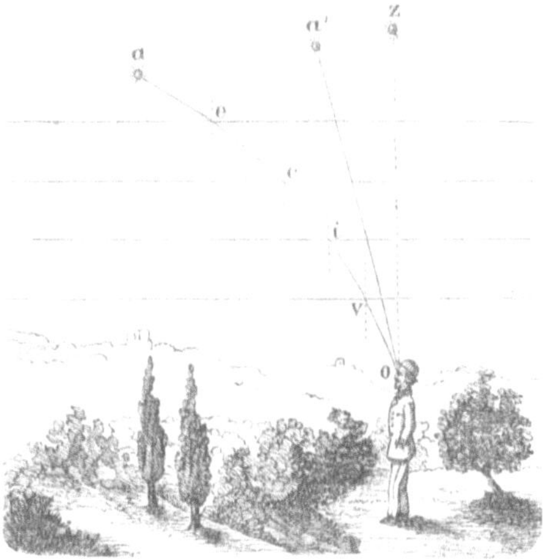

Fig. 41. Die astronomische Strahlenbrechung.

Luftschichten zu uns dringt, stets zum Loth gebrochen (S. 104)? Müssen wir also nicht Sonne, Mond und Sterne höher vom Horizont sehen als sie wirklich stehen? Dies ist so in die Augen springend, daß schon Kleomedes, ein Vorläufer des Ptolemäus, darauf aufmerksam machte und das Gleichniß mit dem durch Brechung gehobenen Boden u. dgl. m. brachte. Diese „astronomische Strahlenbrechung" ist so bedeutend, daß sie von den Sternkundigen bei der Bestimmung des wahren Ortes der Himmelskörper stets in Rechnung gezogen wird. Aehnliches geschieht bei Landesvermessungen in Hinsicht auf weit entfernte Bergesspitzen.

Ob die Brechung in dem neuen Mittel „zum" oder „vom" Loth erfolge, stets wächst der Brechungswinkel mit dem Einfallswinkel und umgekehrt: je kleiner der letztere ist, desto geringer erscheint auch jener, bis sie beide im Einfallsloth verschwinden. Senkrecht auf die zweite, durchsichtige Materie fallende Lichtstrahlen gehen ungebrochen durch; mit der Schiefe der Lichtstrahlen beginnt ihre „Brechung" oder „Refraction" nach welchem Gesetze?

Das ist eben eine Frage, welche einige Mathematiker seit dem Alterthum bis zu ihrer Lösung zu anfang des 17. Jahrhunderts in voller Arbeit erhalten hat. Einfach und schlicht ist das Reflexionsgesetz: die beiden dabei betheiligten Winkel sind einander gleich; sollte nun bei der Brechung — wo von einer Gleichheit des Einfalls- und Brechungswinkel keine Rede sein kann, weil ja dann gar keine Brechung statt hätte — sollte bei der Brechung nicht die Größe des Brechungswinkels in irgend einem einfachen, constanten Verhältnisse zum Maße des Einfallswinkels stehen?

Schon Ptolemäus (S. 101) hat, um je 10 Grade bis 80 Grad fortschreitend, die Einfallswinkel der Lichtstrahlen für Luft und Wasser, Luft und Glas, Wasser und

Glas sammt den entsprechenden Brechungswinkeln gemessen; er kam zu dem Schlusse: Zwischen dem Einfalls- und Brechungswinkel findet ein beständiges Verhältniß statt: so z. B. betrage der Brechungswinkel im Glase stets $\frac{2}{3}$ des Einfallswinkels aus der Luft — ein Satz, der jedoch nur bis zu 30 Graden des Einfallswinkels näherungsweise wahr ist.

Es ist unbegreiflich, wie jener Forscher aus den von ihm selbst gefundenen, werthvollen Zahlen den obigen Schluß ziehen konnte. Obwol der Araber Alhazen, welcher diese Messungen zu anfange des 12. Jahrhunderts wiederholte und bewährt fand, auf die Unrichtigkeit der unbedingt angenommenen Proportionalität zwischen dem Einfalls- und Brechungswinkel aufmerksam machte und obschon noch später (um 1270) Messungen von dem Polen Vitello erfolgten: so schlich sich dennoch jener falsche Satz des Ptolemäus in die Optik ein, wo er sich behauptete bis Kepler daran rüttelte (1604). Dieser Genius war nahe daran seinen riesigen Entdeckungen auch noch jene große des Brechungsgesetzes hinzuzufügen. Er fand nämlich, daß der Brechungswinkel höchstens bis zu 30 Graden des Einfallswinkels proportional wachse und daß von hier an das geometrische Verhältniß beider mächtig getrübt sei. Aus den vor ihm liegenden Brechungszahlen schloß er, das Verhältniß müsse auf irgend eine der trigonometrischen Linien der bei der Brechung betheiligten Winkel bezogen werden; er griff — nach einer anderen derselben (der Sekante) als nach der richtigen (S. 108). Mit Rührung liest man seine Schilderung dieser mühseligen, vergeblichen Entdeckungsarbeit; lebhaft malt er sein Schweben zwischen Furcht und Hoffnung: seine Freude, wie anfangs die beobachteten Zahlen mit den berechneten stimmen, seine Trauer, wie dies immer mehr aufhört — es war ihm nicht beschieden dieses Räthsel der Natur zu entwirren, Wilebrord Snellius war der Glückliche! Es geschah dies um das Jahr 1621. Allein auch dieser Forscher sollte nicht die Freude erleben, das von ihm entdeckte, hochwichtige, so schwierig blos zu legende Gesetz allgemein bekannt zu machen. Bevor noch sein Manuscript druckreif war, wurde er (1626) abgerufen von dem Schauplatz irdischen Strebens.

Wir wollen nun zusehen, wie das Brechungsgesetz des Snellius lautet: Man denke sich aus dem Einfallspunkte des Lichtstrahles eine Kreislinie gezogen, so wird dieselbe vom einfallenden und gebrochenen Strahl gleich lange Stücke abschneiden. Nun fälle man von den Endpunkten der letzteren auf das Einfallsloth Senkrechte, die in der Trigonometrie „Sinuse" heißen. Welche Größe der Einfalls- und Brechungswinkel immerhin haben mögen, das geometrische Verhältniß ihrer Sinuse gibt für je zwei Stoffe stets dieselbe Zahl, welche man den „Brechungsexponenten" oder „Brechungsindex" nennt. Gewöhnlich wird derselbe für die atmosphärische Luft und eine durchsichtige Materie durch genaue Versuche ermittelt und für den Gebrauch in Tabellen eingetragen. Aus diesen werthvollen Brechungszahlen kann man dann für jeden Einfallswinkel den Brechungswinkel für die in jenen Tafelwerken aufgereiheten Stoffe berechnen, was für die praktischen Optiker von großer Bedeutung ist.

Die tabellarische Zusammenstellung der Brechungsgrößen wurde selbst schon vor der Auffindung des Brechungsgesetzes von Vitello (um 1270 n. Chr.) versucht und gewiß hätte Ptolemäus seinen Irrthum hinsichtlich der Proportionalität der bei der Brechung in Betracht kommenden Winkel wahrgenommen, wenn er seine, die Brechung ausdrückenden Ziffern, in Reihen vor sich hingelegt hätte. Diese Musterung der Ptolemäus'schen Brechungswerthe übernahm eben Vitello und stellte die durch eigene Versuche aufgefundenen Zahlen daneben. Die Messungen beider Forscher sind so gut, daß sie sich nach Delambre's Berechnung dem Sinus-Gesetz der Brechung in befriedigender Weise fügen.

Snellius hatte das von ihm entdeckte Gesetz durch mühsame Versuche in einer ungedruckt gebliebenen Schrift aufgedeckt, er hatte die Wirren im Gebiete der Brechung zum ersehnten Ende geführt, ohne jedoch jenes folgenschwere Sinus-Gesetz auszusprechen. Hievon war er übrigens ziemlich weit entfernt, weil er der Meinung anhing, senkrecht durch einen durchsichtigen Stoff gehende Lichtstrahlen werden gebrochen, was mit jenem Gesetz nicht stimmen würde. Und dennoch enthält seine geometrische Ableitung jenes Sinus-Gesetz und läßt sich unschwer daraus ablesen: er selbst sprach sein Gesetz in einer geometrischen Form aus.

Es ist durch in der Wissenschaft beglaubigte Zeugen dargethan, daß Descartes bei seinem Aufenthalt in Holland höchst wahrscheinlich von der großartigen, durch Hortensius öffentlich vorgetragenen Entdeckung des Snellius gehört, ja daß er sogar in die Arbeit des Snellius Einblick bekommen habe. Thatsache ist, daß Descartes es war, welcher das Sinus-Gesetz der Brechung zuerst (1637) in seiner an populären Beispielen reichen und dadurch so faßlichen und interessanten Dioptrik in einem eigenthümlichen Gewande theoretisch ableitete. Obwol Arago vor Jahrzehnten in patriotischem Eifer für den Franzosen Descartes als den Entdecker des Brechungsgesetzes eine Lanze einlegte, so schreiben doch alle Wissenschaft treibenden Nationen — die Franzosen ausgenommen — dem Holländer Snellius die Ehre zu, das Zahlen-Räthsel der Brechung gelöst zu haben. Da Descartes nach der Unsitte jener Zeit keinerlei Quellen nannte, so kann man ihn nicht leicht einer directen Aneignung fremden, geistigen Eigenthums zeihen.

Kaum hatte Descartes das Brechungsgesetz nach einer erkünstelten Lehre abgeleitet und dann aber durch Versuchszahlen erhärtet, so folgten andere Begründungsweisen von den verschiedensten und achtbarsten Seiten, von welchen wir jedoch nur zwei erwähnen wollen: Newton meinte im Sinne der Emissionstheorie (S. 3) die Brechung erfolge „zum" Loth, weil die Anziehungskraft, welche der brechende Stoff auf die Lichttheilchen äußere, größer sei, als jene in dem ersten Mittel; Huyghens hingegen war der Ansicht, eine solche Brechung erfolge, wenn der Lichtäther in der neuen Materie eine geringere Elasticität als in der alten besitze, weshalb die Lichtwellen in jener eine solche Richtung gewännen, daß die Strahlen zum Lothe gebrochen werden. Er zeigte dies allgemein mathematisch und zog strenge den Schluß, daß dann jenes Sinus-Gesetz eintreten müsse. Bei der Brechung „vom" Loth machen beide Hypothesen die entgegengesetzten Annahmen. Wir werden späterhin sehen, daß die Wellentheorie eine wichtige Folgerung ihrer Behauptung auch durch das Experiment stützet.

Wenn das Glas die Lichtstrahlen von ihrer ursprünglichen Richtung durch die Brechung ablenkt: wie kommt es, daß man dennoch durch das Fensterglas alle Gegenstände richtig sieht?

Die Lichtstrahlen eines jeden Lichtpunktes (S Fig. 42) werden bei ihrem Eintritt in die Glasscheibe „*zum*“ Ein-

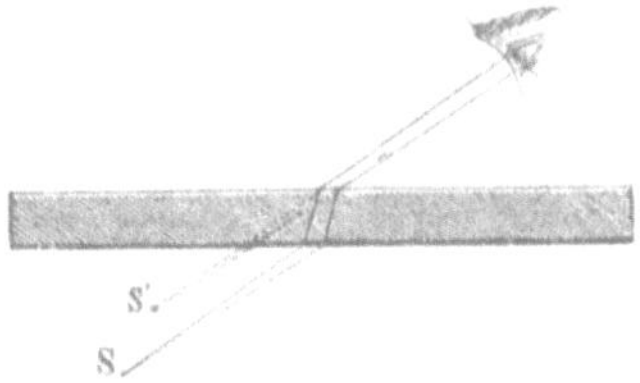

Fig. 42. Parallele Verschiebung eines Lichtpunktes.

fallsloth und bei ihrem Austritt auf der anderen Seite der Glastafel um eben so viel „*vom*“ Einfallsloth gebrochen; ihre Richtung ist also nach dieser *zweimaligen Brechung parallel* zu ihrem ursprünglichen Gange. Und da dies bei allen von den Gegenständen ausgesendeten und durch Glasscheiben dringenden Lichtstrahlen der Fall ist, so sieht man — wie schon *Maurolycus* i. J. 1575 nachgewiesen hat — die Bilder aller Gegenstände gleichmäßig, mithin unmerklich verschoben. So verhält es sich bei jedem durchsichtigen Stoffe, welcher von *parallelen* Ebenen begrenzt ist. Anders jedoch, wenn (Fig. 43) die Grenzebenen der durchsichtigen Materie einen Winkel einschließen oder ein „*Prisma*“ mit dreiseitiger Basis bilden. Man sieht (Fig. 43), daß dann die Lichtstrahlen vermöge der zweimaligen Brechung am Prisma, nämlich beim Eintritt „*zum*“ und beim Austritt „*vom*“ Loth, den Weg S a o v nehmen und daß ein von diesen Strahlen getroffenes Auge das Bild des Punktes S in s *gesenkt* erblickt. Der Winkel c, welchen die jene Lichtstrahlen aufnehmenden Ebenen des Prismas miteinander machen, heißt der „*brechende Winkel*" oder die „*brechende Kante*". *Je größer*

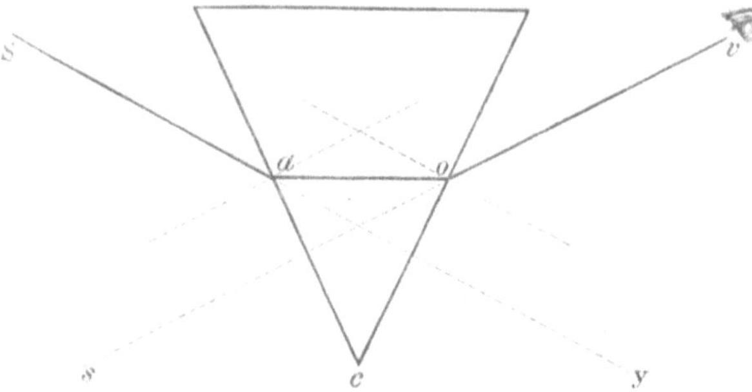

Fig. 43. Strahlengang im optischen Prisma.

diese ist, desto *bedeutender lenken* ihre Schenkelebenen die durch sie gehenden Lichtstrahlen von ihrer ursprünglichen Bahn ab; auch ist klar, daß bei einer Drehung des Prismas vor dem Auge, das Bild der Kante folge. Ueberdies erscheint das Bild des Lichtpunktes verändert und in herrlichen Farben prangend — doch hievon wollen wir erst später sprechen.

Wenn (Fig. 39) Lichtstrahlen aus Glas, Wasser oder (S. 103) anderen „*optisch dichteren*" Stoffen in die Luft übertreten, so werden sie „*vom*" Loth gebrochen. Hiebei *nähert* sich der gebrochene Strahl der Trennungsfläche beider Mittel um so mehr, je *bedeutender* der Einfallswinkel im Glas, Wasser u. dgl. ist. Erreicht nun dieser Einfallswinkel im Glas 42 Grad, im Wasser 48½ Grad, dann streift der gebrochene Strahl die Trennungsfläche beider Mittel. Wächst der Einfallswinkel noch weiter, so wird der einfallende Strahl gar nicht gebrochen, sondern an der Trennungsfläche beider Ebenen in das Glas, Wasser o. dgl. m. „regelmäßig zurückgeworfen". Bei der gewöhnlichen Spiegelung an durchsichtigen Materien tritt ein Theil der ankommenden Lichtstrahlen in jene Materie ein und nur ein Theil wird reflectirt, hier aber wird alles Licht, welches an die Trennungsflächen aus dem „optisch dichteren" Stoff gelangt, in diesen selbst zurückgeworfen, weshalb man hier von einer „vollkommnen Spiegelung", „gänzlichen Lichtzurückwerfung" oder „totalen Reflexion" spricht.

Man erzeugt die von Kepler (1604) entdeckte „gänzliche Spiegelung" sehr leicht mittelst eines rechtwinkeligen und gleichschenkeligen Glasprismas (P Fig. 44). Bei einem solchen treffen nämlich die von einem Gegenstande b h ausgehenden und durch die Katheten jenes Glasprismas nahezu senkrecht dringenden Lichtstrahlen die Hypothenuse so „schief", daß ihre Einfallswinkel den früher erwähnten „Grenzwinkel" der Brechung im Glase, d. i. 42 Grad übersteigen; sie werden daher an der Hypothenuse des Prismas „vollständig zurückgeworfen". Ein bei o befindliches Auge, welches diese „total reflectirten" Lichtstrahlen empfängt, wird in der Verlängerung derselben, d. i. in gerader Richtung ein verkehrtes und sehr helles Bild jenes Gegenstandes b h wahrnehmen. Derartige Spiegelbilder sind, wegen der völligen Lichtzurückwerfung, lichtkräftiger als die Bilder von Metallspiegeln. Man wendet daher bei mathematischen und physikalischen Präcisions-Instrumenten, wo es nur immer möglich ist, statt der ebenen Metallspiegelchen die „total reflectirenden" Glasprismen (Fig. 44) an und hat noch den Vortheil, daß sie sich leichter als jene putzen lassen und daß sie nicht so leicht verderben.

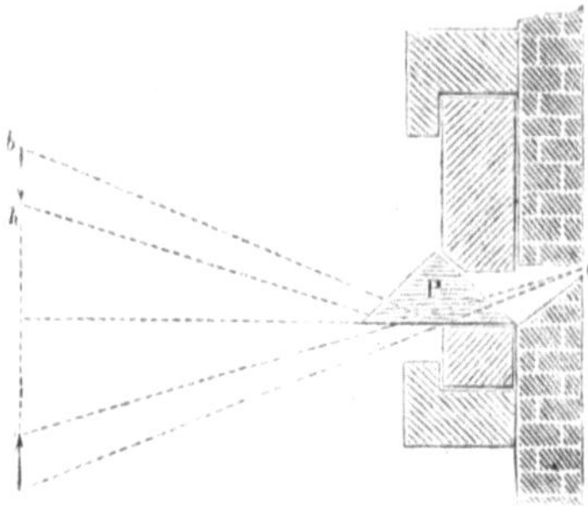

Fig. 44. Total spiegelndes Glasprisma.

Hat man (Fig. 44) dem Gegenstand eine verkehrte Lage ertheilt, so erblickt man durch ein spiegelndes Prisma das Bild aufrecht. Hierauf beruhen einige optische Verwandlungen. Man richtet ein Zimmer derart ein, daß dessen Decke und Boden sowie die angrenzenden Verzierungen in ganz gleicher Weise aussehen. Hierauf befestigt man (Fig. 45) an der Stubendecke einen Sessel und darauf irgend ein ausgestopftes Thier u. dgl.; alles in verkehrter Stellung.

Ein durch ein gewöhnliches Spiegelscheibchen in den so ausgestatteten Raum blickender Beobachter sieht auf dem in unserer Zeichnung leer stehenden Sessel einen Mann Platz nehmen. Sobald dieses geschehen ist, wird mittelst eines einfachen, rasch und dabei leise wirkenden Schiebwerkes

Fig. 15. Optische Metamorphosen mittelst eines spiegelnden Prismas.

jene Glasscheibe durch ein „spiegelndes Prisma“ (Fig. 44) unmerklich ersetzt — der Zuschauer erblickt dann plötzlich das aufrechte Bild eines ganz gleichen Sessels mit einem darauf befindlichen Thier. Derartige Metamorphosen haben ihrer Zeit in optischen Cabinetten nicht wenig Aufsehen gemacht und wurden mannigfach variirt; so z. B. war auf dem Sessel an der Decke eine Nachbildung der auf dem unteren Stuhl sitzenden Person befestigt, aber jene hatte irgend einen Thierkopf oder monströse Gliedmaßen u. dgl. m., so daß die durch das spiegelnde Prisma bewirkte Veränderung dem Orginale scheinbar thierische Körpertheile zubrachte u. dgl. m. — am überraschendsten war das augenblickliche Verschwinden der Person; dazu bedurfte es natürlich nur eines leeren, umgekehrten Sessels an der Decke und des schnellen Vorschiebens des spiegelnden Prismas.

Eine ernste, nicht unbedeutende Anwendung hat die gänzliche Spiegelung durch Wollaston vor 63 Jahren gefunden. Dieser Forscher ließ ein Glasprisma schleifen, dessen Grundfläche (Fig. 46) viereckig und so gestaltet war, daß der Winkel A . . . 90 Grad, C . . . 135 Grad, B und D je 67½ Grad betrug.

Treffen nun (Fig. 46) die von einem Lichtpunkte L ausgehenden Lichtstrahlen die Seite A B jenes Glasprismas nahezu senkrecht, so werden sie von den Glaswänden B C und C D „vollkommen zurückgeworfen“ und gelangen von da in ein über der Ecke D ruhendes Auge. Dieses erblickt daher bei E ein scharfes und reines Bild des Punktes L. Bei E befinden sich weißes Papier und die Spitze eines Bleistiftes, von welchen Lichtstrahlen direkt ins Sehorgan treten. Der Beobachter kann daher das deutliche Bild eines bei L befindlichen Gegenstandes auf dem Papiere nachzeichnen.

Da man auch bei der Dunkelkammer (S. 10) oder camera obscura, besonders in ihrer verbesserten Gestalt (siehe weiterhin), die Bilder nachzuzeichnen versuchte, diese Bilder aber zu Wollaston's Zeiten noch unvollkommen waren; so sann dieser Denker darauf, durch jenes Prisma (Fig. 46.) bessere Bilder für die Abnahme durch Zeichnung zu erzeugen, und er nannte sein Instrumentchen im Gegensatze zur „Dunkelkammer“ — die „helle Kammer“, „camera clara“ oder „camera lucida“, obwol das Prisma auch im Freien seine Dienste thut, und mit keinerlei Kammer etwas zu schaffen hat. Diese Bilder des „zweimal total spiegelnden“ Glases sind so rein, daß selbst Maler es versucht haben sollen, sich dessen zu bedienen. Thatsache ist, daß dieses spiegelnde Prisma bei Mikroskopen für das Nachzeichnen der wahrgenommenen Bilder eine wissenschaftliche Verwerthung gefunden hat, derart, daß Amici nicht weniger als sechs verschiedene Arten solcher „Hellkammern“ mit vielem Glück ausgeführt hat. Ja Laussedat hat vor 16 Jahren in der französischen Academie vorgetragen, wie man dieses Prisma, unter Heranziehung einer Wasserwage und eines den richtigen Abstand von einer Meßtischtafel angebenden Lothes, zu erdvermessenden Aufnahmen benützen könne.

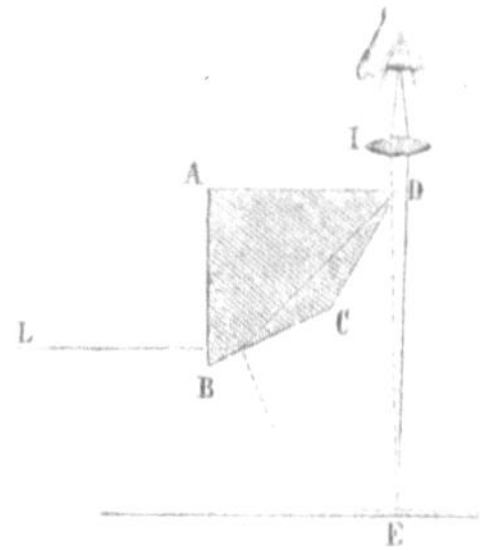

Fig. 46. Die sogenannte „helle Kammer“.

Zum Nachweise der „totalen Reflexion“ kann auch ein nur Luft enthaltendes cylindrisches Reagensgläschen dienen. Taucht man nämlich ein solches mit dem geschlossenen Ende in geneigter Lage unter Wasser und sieht es in schiefer Richtung an, so spiegelt es das Licht derart zurück, als ob es — mit Quecksilber gefüllt wäre. Dies rührt von der „vollkommnen Zurückwerfung“ des auf die Luft im Röhrchen sehr schräg fallenden Lichtes her — die Luft im Röhrchen spiegelt das Licht zurück. Diese „Luftspiegelung“ ereignet sich auch im Großen in der Natur und bewirkt höchst wunderbare Erscheinungen:

An sehr hellen Sommertagen erhitzt sich in den Ebenen Niederegyptens die Oberfläche der Erde so mächtig, daß die Dichte der Luftschichten bis zu einer gewissen Höhe, gegen ihren gewöhnlichen Zustand, von unten nach oben abnimmt. Es bricht sich dann ein jeder Lichtstrahl, welcher von einem Gegenstand (am Fig. 47) schräg gegen den Erdboden gerichtet ist, immerfort „vom“ Einfallsloth. Auf diese Weise wird sein Gang stets schiefer, bis er endlich in eine andere dünnere Luftschichte gar nicht mehr eintreten kann, sondern an einer Stelle (e Fig. 47) dieser dünnen Luftschichte „vollständig zurückgeworfen“ wird. Von jetzt ab erleidet der Lichtstrahl eine stets sich wiederholende Brechung „zum“ Einfallsloth derart, daß er im Ganzen den Weg a c i e v o zum Auge macht. Dieses erblickt dann in gerader Richtung ein Bild a′ des Punktes a.

Von einem tiefer liegenden Punkt (m Fig. 47) des Objectes gelangen nur noch schiefer gerichtete, bei e′

„total reflectirte" Lichtstrahlen m e' o in das Sehorgan, welches daher geradaus beim m' ein Bild des Punktes m sieht. Der Beobachter gewahrt in Folge dessen ein umgekehrtes „Spiegelbild" des Gegenstandes.

Fig. 47. Die Luftspiegelung in Niederegypten.

Da man gewöhnlich die natürlichen Spiegelbilder nur in einer Wasserfläche sieht und die Luftbilder, wegen der schwachen Luftbewegung, wellenartig schwanken, so glaubt der Wanderer in jenen Gegenden einen ersehnten See zu schauen. Die ermattete, nach Wasser lechzende französische Armee hatte bei ihrer Invasion in Egypten (1798) durch diese „Luftbilder" (S. 80) bittere Enttäuschungen zu erleiden und ihr Führer sah sich gezwungen, das Standrecht auf das strengste an einigen üben zu lassen, die sich, trotz der gegebenen Aufklärung und des daran geknüpften Verbotes, durch jene imaginären Bilder von dem vorgeschriebenen Wege der Truppen ableiten lassen wollten; er mußte so handeln, um der Zerstreuung und dem sicheren Untergang seiner Soldaten in der Wüste vorzubeugen.

Auch über dem Meere können zuweilen durch eine eigenthümliche Wärmevertheilung so abnorme Dichtenverhältnisse in den unteren Luftschichten entstehen, daß vermöge der „Luftspiegelung" doppelte oder mehrfache Bilder von Schiffen in der Luft schwebend wahrgenommen werden und zwar zu einer Zeit, wo jene Fahrzeuge des Wassers so sehr entfernt sind, daß sie selbst, wegen der Krümmung der Erde, noch lange nicht direct gesehen werden können. Die alten Sagen von „Gespensterschiffen", vom „fliegenden Holländer", sowie die prophetische Voranzeige von noch nicht in Sicht befindlichen Schiffen durch den in früheren Tagen so sehr bewunderten Leuchtthurmhüter auf Isle de France u. dgl. m. finden hiedurch ihre Erklärung.

Vermöge der Luftspiegelung über dem Meere, welche bei den Schiffsleuten „Seegesicht", „Erhebung", oder „Kimmung" heißt, gewahret man nicht selten die Bilder der noch unter dem Horizont befindlichen Seestädte ganz nahe und deutlich. Hieher gehört das berühmte Phänomen von Hastings aus dem J. 1798. Am 26. Juli jenes Jahres gegen 5 Uhr abends erblickte man vom Meeresufer der genannten englischen Stadt die nahe gerückten und zum Theil vergrößerten Luftgebilde der achtzig Kilometer entfernten französischen, sich weithin erstreckenden Meeresküsten und mit dem Fernrohr ließen sich die Fischerboote, die Farben der Flaggen u. dgl. m. unterscheiden. Diese Erscheinung währte nahezu eine Stunde.

Wem fallen hier nicht die „Luftschlösser der Fee Morgana" in der Meeresenge von Sicilien ein? Wenn auch die reizenden, längeren Beschreibungen der „Fata Morgana", wie sie aus älteren Zeiten von Kircher (1646), Schott (1657), Minasi (1773) und anderen zu uns gekommen sind, allzusehr den Stempel einer übertreibenden Phantasie an sich tragen; so ist doch festgestellt, daß daselbst Erscheinungen auftreten, die höchst wahrscheinlich auf der Luftspiegelung oder mindestens auf einer starken Strahlenbrechung beruhen. Uebrigens haben sowol Kircher (1636) als Schott (1633 und 1652) vergebens zu Messina und Rhegium die „Fata Morgana" abzuwarten vermocht; sie begnügten sich daher die Küsten daselbst zu untersuchen und meinten in den heißen Tagen führe der Wasserdunst die spiegelnden Kies- und Metallstückchen mit sich in die Höhe. Dadurch entstünden verschieden dichte Luftschichten, welche, beschattet von den Gebirgen, einen „Luftspiegel" für entfernte Gegenstände geben — eine mehr geistreiche als treffende Erklärung!

Die richtige Deutung solcher Erscheinungen wurde erst gegen Ende des abgelaufenen und zu Anfange unseres Jahrhunderts, unter Hereinziehung der Stahlenbrechung und gänzlichen Spiegelung an der Luft, von verschiedenen Forschern, besonders von Monge, gegeben und durch eigene Versuche mittelst stark erhitzter Luftschichten und verschieden geschichteter Flüssigkeiten glücklich erhärtet. Daran schließt sich dann eine mächtige Sammlung der hieher gehörenden Thatsachen und darunter auch solche, aus denen ersichtlich wird, daß die Natur von selbst zuweilen sehr weit entfernte Gegenden dem Beschauer in einem Grade zuspiegelt, was er weder mit seiner Einbildungskraft noch mit seinen riesigen Hohlspiegeln (S. 80) zu erzielen vermöchte!

Man hat auch die „Brockengespenster“ zu den Luftspiegelbildern zählen wollen; aber sie sind nur riesige, vom Nebel aufgefangene Schattenbilder der Beobachter selbst oder von anderen, im Originale noch nicht sichtbaren Personen. Solche Schattenbilder wurden, unter günstigen Umständen, von den Touristen des Harzes beim Besteigen des Brockens jedesmal dann beobachtet, wenn die Sonne im Auf- und Niedergehen begriffen war, was die mächtige Größe der Bilder zur Genüge begreiflich macht. Es gibt jedoch ähnliche Fälle, bei welchen wirkliche Spiegelbilder in den über Wasserflächen schwebenden Wolken, im Moment des Heraufkommens der Sonne, wahrgenommen werden. Die dichten Wasserdünste wirken dann wie ein trüber Spiegel — sieht man doch sein eigenes Bild und das einer Flamme, wenn man während eines dicken Nachtnebels das Fenster öffnet und eine brennende Kerze hinaushält! Daraus erklärt sich, daß Personen im Dunste eines Zimmers ihr Spiegelbild erblickt haben, was vor noch nicht lange verschwundenen Zeiten für ein sicheres Todeszeichen galt. Ich erinnere mich eines Mannes in meiner kleinen Vaterstadt, der während einer nebligen Herbstnacht mit der auf dem Lande heimischen, viereckigen Rahmenlaterne bewaffnet, erschrocken in seine Stube trat, behauptend, er habe sein Ich sich gegenüber, von kolosaler Größe mit einer großen Laterne gesehen; er müsse nun sterben — nach 24 Stunden war er in der That das Opfer seines Aberglaubens!

Und nun bekommen auch die für Märchen gehaltenen Berichte einiger Alten einen wissenschaftlichen Halt: Nach Pomponius Mela gebe es in Mauritanien am Atlas Gegenden, in welchen die Bewegungen der Menschen durch Berg-Gespenster nachgeahmt werden. Plinius erzählt von einem Lande in Scythien, wo Schafe und Menschen in der Luft erscheinen und der Armenier Haiton spricht von Orten am Obi, wohin niemand gelangen könne, wegen der großen Anzahl von Gespenstern, die sich jenseits des Flusses zeigen.

6. Die Bilder durch Linsen.

Was die Krummspiegel für die Reflexion des Lichtes leisten, das bieten bei der Lichtbrechung die von Krummflächen (Fig. 48 und 49) begrenzten durchsichtigen, in ihrer Dichte von der Luft verschiedenen Mittel oder die „optischen Linsen". Und wie wir von den Krummspiegeln nur die sphärischen als praktisch bewährt fanden, so zeigen sich in der Regel auch nur jene optischen Linsen zur Hervorrufung von Bildern und Beleuchtungen brauchbar, bei welchen wenigstens eine ihrer Flächen einen Kugelabschnitt bildet. Ja der Name „Linse" stammt sogar hievon, indem das Prototyp aller optischen Linsen, wir meinen die „biconvexe" oder „beiderseits erhabene Linse" (Fig. 48 und Fig. 49, Nr. 1) von zwei gleich oder ungleich gekrümmten Kugelabschnitten so begrenzt werden, daß sie vermöge ihres kantigen Durchschnittes und ihrer nach außen gekehrten, kugeligen Erhabenheit die Form jener bekannten Hülsenfrucht nachahmt, die sich einst zur Münze für das Recht der Erstgeburt aufzuschwingen verstand.

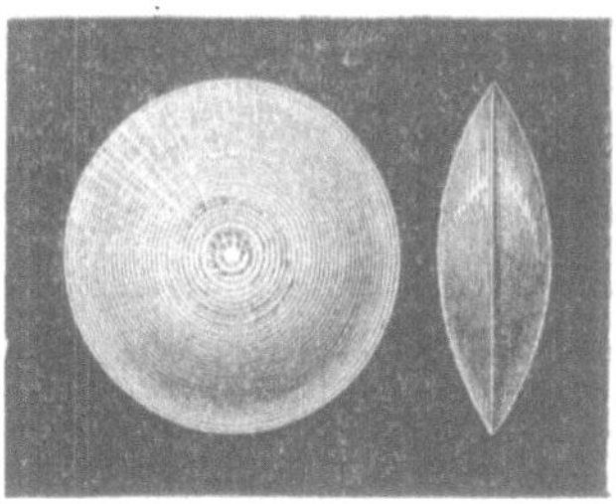

Fig. 48. Doppelt erhabene Linse.

Ist (Fig. 49, Nr. 2) bei einer Linse die eine Seite eben und nur die andere kugelig erhaben, so heißt sie „plan-convex".

Wenn (Fig. 49, Nr. 3) die eine Fläche nach außen sphärisch ausgehöhlt, die andere aber kugelig erhaben und stärker gekrümmt erscheint, so heißt eine solche Linse „concav-convex", „Mond" oder „Meniskus". Diese genannten drei sphärischen Linsen wirken wesentlich in gleicher

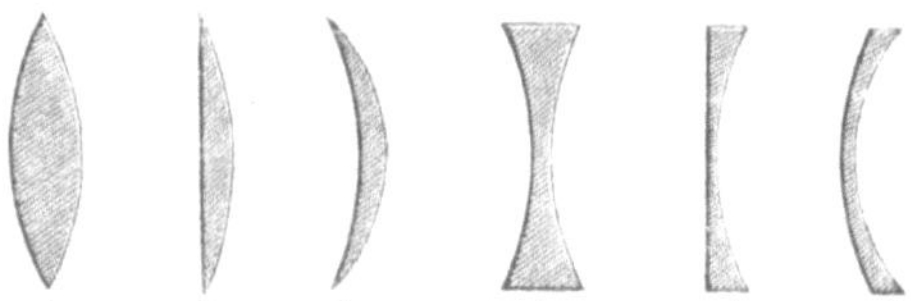

1. 2 3 4 5 6

Fig. 49. Die sechs Arten der Linsen.

Weise und ihr gemeinschaftliches Merkmal ist die größere Dicke in ihrer Mitte. Sie sammeln in den meisten Fällen die Lichtstrahlen und entsprechen in ihrer Wirkungsart den sphärischen Hohlspiegeln, mit dem Unterschiede, daß bei ihnen die Lichtstrahlen, sich brechend, durch ihre Materie dringen und also auf der dem Gegenstande entgegengesetzten Seite die Bilder entstehen, was fast immer für die Anwendung bequemer als die Bildlage der Hohlspiegel ist.

Das directe Gegentheil von jenen drei Linsen stellen (Fig. 49, Nr. 4, 5 und 6) die „biconcave", „plan-concave" und „convex-concave" Linse dar. Die zuletzt aufgezählte führt auch, im Vergleich mit jener in Nr. 3, den Namen „divergirender Meniskus". Das gemeinsame Kennzeichen der Hohllinsen ist, daß sie in ihrer

Mitte am dünnsten sind; sie entsprechen in ihrer Leistungsweise dem kugeligen Convexspiegel, zerstreuen mithin die durch sie gedrungenen, daher gebrochenen Lichtstrahlen und vermögen nur (S. 73) „negative" Bilder zu erzeugen, welche erst im Auge des Beobachters zu wahren Bildern werden.

Die Linsen gestaltet man gewöhnlich aus dem besten, reinsten, von Dichtenfehlern, d. i. „Wellen" oder „Schlieren" freien Glase, seltener aus Bergkrystall, in messingenen Formen, mittelst der verschiedenartigsten Schleif- und Polirmittel. Am schwierigsten ist die Herstellung sehr großer vorzüglicher Linsen. Da Luftbläschen im Glase nur lichtraubend sind und weiter nicht schaden, so duldet man sie bei größeren Linsen.

Für außerordentliche Fälle oder für Beleuchtungszwecke hat man auch hohle Glaslinsen versucht, welche mit Wasser, Terpentin, Schwefelkohlenstoff und anderen farblosen, das Licht mächtig brechenden Flüssigkeiten gefüllt waren.

Sehr kleine Linsen wurden auch dann und wann aus den das Licht stark brechenden Edelsteinen, wie Diamanten, Granaten, Saphiren u. dgl. m. verfertigt.

Da die „sphärischen Linsen" so viel Analoges mit Kugel-Hohlspiegeln bieten, so könnten wir ganz leicht unserem Leser ihre Herleitung zuweisen und ihm nur betonen, daß die wirklichen Bilder derselben stets „hinter" den Linsen auftreten, wenn bei den letztern „vorne" das heißt, wo die Objecte liegen; auch die Uebertragung der optischen Kunstsprache wäre ihm überlassen. Der Vollständigkeit wegen wollen wir jedoch in Kürze (S. 68 bis 94) nahezu wiederholen.

Jene Gerade, welche durch die Mitte beider Begrenzungsflächen einer Linse (Fig. 50) gedacht wird, heißt ihre „Axe“.

Der von dem Krümmungsmittelpunkte zu dem Auffallpunkte eines Lichtstrahles gezogene Kugelhalbmesser bildet das „Einfallsloth.“ Die Richtung des in die Linse eintretenden Strahles wird nach dem Sinus-Gesetz (S. 108) berechnet und dann gezeichnet; ebenso beim Austritt des Strahles jenseits der Linse.

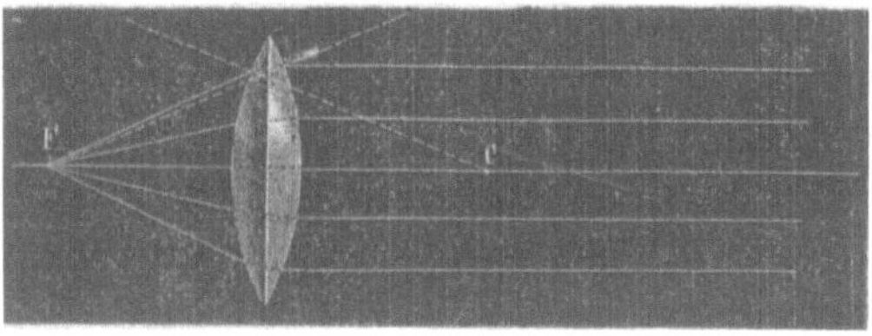

Fig. 50. „Brennpunkt“ der convexen Kugellinsen.

Fällt (Fig. 50) ein Lichtstrahl parallel zur Axe auf eine biconvexe Kugellinse, so wird er beim Eintritt in die Linse „zu“ dem einen Einfallslothe und beim Austritt „von“ dem anderen gebrochen und durchschneidet die Axe im Punkte F. Man sieht sogleich, welche Aehnlichkeit dieser Brechungsvorgang mit jenem in einem Prisma bietet.

Wenn (Fig. 50) bei einer sphärisch convexen Linse Lichtstrahlen nahe der Axe und der letzteren parallel auffallen, so vereinigen sie sich nach der Brechung hinter der Linse in einem und demselben auf der Axe liegenden Punkte F, welcher (S. 71) „Brennpunkt“ oder „Focus“ der Linse heißt. Sein Abstand vom Mittelpunkte der Linse wird „Brennweite“ genannt. Dieses „Sammeln“ der zur Axe nahen und parallen Lichtstrahlen in einem Punkte ergibt sich bei der regelrechten Berechnung und Construction der Brechung von selbst: es leuchtet aber auch

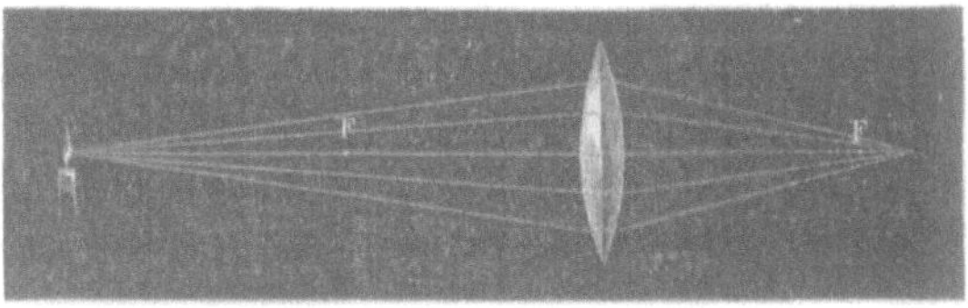

Fig. 51. „Bildweite“ der erhabenen Linse für einen Punkt.

ein, wenn man bedenkt, daß (Fig. 50) eine convexe Kugellinse sich so ansehen läßt, als beständc sie aus zwei Prismen (S. 112), die mit ihren Grundflächen aneinander stoßen und

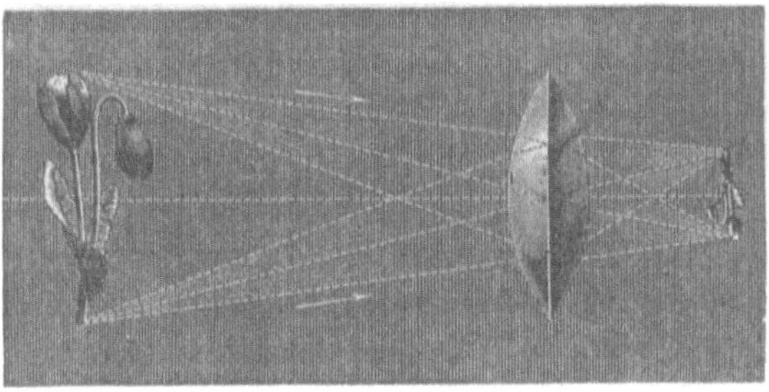

Fig. 52. „Bildweite“ der converen Linse für einen Gegenstand.

deren Seitenflächen sich gleichmäßig so ändern, daß jeder Punkt zu einem stumpferen Prisma gehört, welches gerade den ihn treffenden Strahl nach dem einen Punkte F hinbricht.

Befindet sich (Fig. 51) ein leuchtender Punkt oder (Fig. 52) ein heller Gegenstand vor der doppelten Brennweite einer convexen Linse, so erscheint in beiden Fällen ein wirkliches Bild hinter der Linse, außerhalb ihrer Brennweite, jedoch näher als die doppelte Brennweite. Das Bild des Gegenstandes (Fig. 52) kommt, weil die Nebenaxen sich kreuzen, verkehrt und überdies verkleinert;

Fig. 53. Das Auffangen des Bildes hinter der Linse.

es läßt sich (Fig. 53) mittelst eines weißen Schirmes abnehmen und vielen ersichtlich machen. Eine matt geschliffene oder mit Stärkekleister dünn überzogene Glastafel, ein angenäßter, weißer Leinwandschirm, ein wol gespanntes Paus- oder Seidenpapier, kurz ein durchscheinendes Auffangmittel gestattet, solche Bilder auch von rückwärts ersichtlich zu machen. In solcher Weise kann man mittelst convexer Linsen von einer Gegend ein Bild auf einer weißen Tafel erhalten (vergl. S. 77, Fig. 29), was sich besonders in einer Dunkelkammer recht gut macht. Hierauf beruhen die Bilder in der „verbesserten Dunkelkammer" Porta's und im Auge, wovon wir später mehr sprechen wollen.

Nur jene Lichtstrahlen, welche durch den mittleren Theil einer Linse gehen, durchschneiden sich in einem einzigen Punkte. Dies ist nicht mehr der Fall mit jenen Strahlen, welche näher beim Linsenrande durchdringen. In Folge dessen erblickt das Auge die Bilder der Punkte als kleine Kreise, weßhalb die Bilder der Gegenstände nicht mehr scharf und treu erscheinen.

Diese Undeutlichkeit der Bilder hat ihren letzten Grund in der Kugelgestalt der Linsen und heißt daher „Fehler wegen der Kugelgestalt der Linsen" oder ihre „sphärische Abweichung" (vergl. S. 78).

Um die in solcher Weise schädlichen Randstrahlen von den Linsen abzuhalten, bedeckt man die letzteren mit geschwärzten, undurchsichtigen Kreisringen, „Blendungen" oder „Diaphragmen". In Folge dessen können die Lichtstrahlen nur durch den mittleren, frei bleibenden Linsentheil, welcher dann die „Oeffnung der Linse" heißt, dringen. Je kleiner die Oeffnung und Krümmung einer Linse ist, desto deutlicher sind auch die von ihr erzeugten Bilder, aber auch desto lichtärmer, desto schwächer. Man muß daher mit der Anbringung der Blendungen und mit ihrer Breite Maaß zu halten verstehen. Eine Linse nennt man eine „aplanatische", wenn sie von der sphärischen Abweichung befreit ist.

Liegt der Gegenstand sehr ferne vor der doppelten Brennweite einer convexen Linse, so erscheint sein Bild jenseits der Linse, fast im Brennpunkte verkleinert und umgekehrt. Dies ist der Fall mit den Bildern der

der Himmelskörper, was beim Monde und der Sonne besonders auffällt. Das kreisrunde Sonnenbildchen bringt dann gleichzeitig das Wärmebildchen, welches die mächtigsten Verbrennungen in der kürzesten Frist zu erzielen vermag; weßhalb die Sammellinsen auch als „Brenngläser" verwendet werden — und dies seit den frühesten Zeiten.

Ob die bei den Nachgrabungen zu Ninive aufgefundenen Glaslinsen aus den ältesten Tagen stammen, müßte erst kritisch untersucht werden. Die Alten scheinen nur die „Brennkugeln" aus Krystall gekannt zu haben; nahezu sichergestellt ist, daß sie von den durch Linsen erzeugten wirklichen Bildern (S. 130) nichts wußten.

In den „Orphischen Gesängen" (wenigstens 600 v. Chr.) wird eines gewölbten Bergkrystalles gedacht, der auf Kienholz liegend, dieses mittelst sichtbar werdender Sonnenstrahlen entflammt, während der durchsichtige Körper selbst, zur mächtigen Verwunderung des Dichters, kalt bleibe.

In den „Wolken" des Aristophanes (im 4. Jahrh. v. Chr.) äußert Strepsiades, er wolle mit einem Brennstein seine Schuldverschreibung — hinter dem Rücken des Gerichtsschreibers — von der Wachstafel wegschmelzen: Sokrates belehret ihn, er meine wol mit dem „Brennkrystall", nach einigen Auslegern mit dem „Brennglas".

Plinius (im ersten Jahrh. n. Chr.) und der Kirchenvater Lactantius (um 300) gedenken der mit Wasser gefüllten Glaskugeln als anzündender Mittel.

Die strahlenbrechenden Kugeln lassen sich als biconvexe Linsen von sehr kurzer Brennweite betrachten und ihr Brennpunkt liegt bei den Glaskugeln einen halben Radius (vergl.

S. 71) und bei den Wasserkugeln doppelt so weit von ihrer Oberfläche — kein Wunder also, wenn sie einen Stoß Kienholz, auf dem sie ruhen, bei hellem Sonnenschein entzünden. Wie viele unerklärt gebliebene Schadenfeuer mögen in solcher Weise entstanden sein durch gewölbte, kugelförmige Glasflaschen, während sie mit Wasser gefüllt bei klarem Sonnenschein auf dem Fensterbret standen und die Vorhänge mit deren Focus zusammenfielen?

Da die mit Wasser gefüllten Glaskugeln das Licht im Focus an einer kleinen Stelle sammeln, so haben dies einige Handwerker schon frühzeitig zu ihrem Nutzen ausgebeutet — arbeitet nicht der Schuhmacher in dem so verstärkten Licht der berüchtigten „Schusterkerze" für die civilisirte Menschheit sein Hühneraugen bereitendes Product? Daß der Fußbekleider hinter seinem gläsernen Beleuchtungsballon einen sehr hellen Fleck und nicht ein Bild der Flamme erhält, daran ist die Abweichung seiner mit Wasser gefüllten Glaskugel von der idealen Linsengestalt, sowie die große Nähe seiner Kerze an der „Leuchtkugel" schuld; ja er selbst sucht das verzerrte Flammenbild zu vermeiden, weil dieses Licht zu stark wäre und weil ihm eine größere Lichtfläche angenehmer ist, damit er nicht immerfort sein Arbeitsstück verrücken müsse.

Auch die Physiker, Optiker und Mikroskopiker machen von diesem Beleuchtungs-Princip mittelst convexer „Beleuchtungslinsen", welch letztere zuweilen vereint mit dem das Licht concentrirenden Hohlspiegel (S. 82) wirken, den vielseitigsten Gebrauch.

Das Mittelalter kennt die „Brenngläser"; später

(1664) hat Hooke sogar Brennlinsen aus Eis angefertigt und ihm folgte Metius mit seinem „Brenneis".

Auch mit Zinnquecksilber belegte planconvexe Linsen ließ man als Zündmittel wirken; sie und ähnliche Verbindungen lassen sich, sowol, was ihre Bilder als den Focus betrifft, als eine Verbindung der Spiegel und Linsen betrachten; sie sind nicht so handlich wie die unbelegten Linsen.

Kleinere Brennlinsen kann man mit ihren Flächen, nach Regeln der Astronomie derart legen, daß sie zu einer genau bestimmten Zeit das Schießpulver eines kleinen Geschützes entzünden. Im Palais royal zu Paris tritt dies ein, sobald der Mittelpunkt der Sonne den Mittagskreis von Paris passirt. Da aber nicht die wahre, sondern die mittlere Sonnenzeit die richtige ist, so müßte eigentlich ein Sternkundiger jene Linse täglich nach einer Vorherberechnung derart legen, daß sie zur mittleren Mittagszeit das Schießpulver entzünde. Dies geschieht jedoch nicht, und es stellen nur Unkundige nach diesem Schuß ihre Uhr auf Mittag. Wir bringen zur Unterhaltung unserer Freunde ein Bild (Fig. 54), welches eine der heiteren Scenen zu schildern sucht, wie sie sich um jene „Mittags-Kanone" zu ereignen pflegen.

Bis auf Tschirnhausen's Zeiten vermochte man keine sehr großen Brennlinsen zu erzeugen und zog daher die mächtigen Brennspiegel (S. 81) vor, obschon die Brennlinsen in der Anwendung viel bequemer sind; warum?

Die größte gläserne Brennlinse, welche vor Tschirnhausen mittelst einer Schleifmühle angefertigt wurde, war 23½ Centim. breit, während Tschirnhausen auf einer von ihm in der Oberlausitz angelegten Schleifmühle Brennlinsen

Fig. 54. Brennlinse der „Mittags-Kanone“ im Palais royal zu Paris.

Fig. 55. Bernièr's große Brennlinse v. J. 1774.

von 87 Centim. Breite und 189 bis 378 Centim. Brennweite herstellen ließ (1691); es sollen ihm jedoch nur 4 Stück von diesen großen Linsen unbeschädigt geblieben sein; auch Parker verfertigte mächtige Brennlinsen aus Glas. Die Leistungen dieser Brennlinsen übertrafen noch weit die Brenn-Schmelz- und Verschlackungswirkungen der colossalen Brennspiegel (S. 85) sowol in Beziehung auf die Raschheit ihres Eintretens als auch hinsichtlich ihrer Intensität. Tschirnhausen verzeichnet eine hübsche Anzahl imponirender Brenn-, Schmelz-, Verdampfungs- und Verglasungsversuche, wobei sich einige auffallende, bis heute nicht befriedigend erklärte Thatsachen zeigten, und die bei späteren derartigen Versuchen eher vermehrt als vermindert wurden.

Die leichtere Handhabungsweise der Brennlinsen und der Nutzen, welchen man sich von ihnen für die Chemie versprach (S. 85), hatte die Folge, daß zu anfange des 18. Jahrhunderts Homberg und Geoffroy, dann nahezu 70 Jahre später einige namhafte Chemiker wie Cadet, Brisson, Macquer und Lavoisier mit mächtigen Brennlinsen Schmelz- und Verglasungsstudien machten. Da ihnen jedoch die colossalen Glaslinsen aus der alten Zeit zu schwer (80 Kilogramm und darüber) und zu dick, mithin zu sehr strahlenraubend waren: so wurden jene Forscher vom Staatsrath Trudain mit riesigen, hohlen, doppelterhabenen, von Bernier angefertigten Glaslinsen versehen (1774), welche anfangs mit Weingeist, später aber mit Terpentinöl gefüllt wurden. Die Leistung dieser Linsen überholte erklecklich die Tschirnhausen'schen Brenngläser.

Bei den meisten großen Brennlinsen wurde der erhaltene Strahlenkegel noch auf eine zweite, kleinere „Collectivlinse" geleitet, die erst den Focus verschaffte; es gab jedoch Gegner dieses Hilfsmittels, welche meinten, man verliere durch die Strahlenabsorption in diesen Hilfsgläsern mehr als man an stärkerer Concentration der Wärmestrahlen durch sie gewinne; ihr Erfinder Tschirnhausen wollte sie jedoch ungern vermissen, obwol seine Linsen biconvex und mithin kräftig sammelnd waren.

Anders geformte Brennlinsen als sphärisch-convexe kamen wol nie zur Anwendung und über die von Descartes (1637) vorgeschlagenen elliptischen und parabolischen Linsen lassen sich die für solche Spiegel (S. 79) geäußerten Bedenken noch mehr betonen. Cylindrische Halblinsen werden jedoch zuweilen zur Erzeugung einer lichtmächtigen Geraden benützt.

Da die großen Glaslinsen zu massig und daher eben so sehr strahlenraubend als gewichtig sind, so meinte Buffon schon vor 126 Jahren, daß es gut wäre mächtige Brennlinsen derart zu schleifen, daß nur die wirksamsten „Gürtel" oder „Zonen" (Fig. 56) daran vorkämen. Man verstand es aber bis auf die jüngere Zeit nicht, die Schwierigkeiten beim Poliren dieser Zonenlinsen zu überwinden. Condorcet schlug daher vierzig Jahre nach Buffon vor, solche Linsen aus den einzeln angefertigten Glasringen zusammen zu setzen, was Brewster 1811 wiederholte. Wir werden bald sehen (S. 143), wie wichtig dieses Princip für das Wesen der Leuchtthürme wurde. Brewster sprach ferner den Gedanken aus, eine größere Anzahl kleinerer Linsen, derart anzuordnen, daß sie in einem gemeinschaftlichen Punkte ihre Brennwirkung vereinigen könnten (vergl. S. 89), wobei ebene Spiegel, je nach den

Umständen, die parallelen Sonnenstrahlen auf die kleinen Linsen leiten würden. Die durch jene Spiegel zu befürchtende Unbequemlichkeit scheint der Annahme dieses Princips im Wege gestanden zu sein, obwol damit mehrere Vortheile verbunden wären. Wir deuten in dieser Richtung nur an: Kleinere Linsen lassen sich aus reinerem Glas leicht, daher billig herstellen und, wenn eine oder die andere beschädigt wird, leicht ersetzen; sie lassen sich auch nur theilweise benützen und der Fehler wegen der Kugelgestalt (S. 131) der Linsen ist dabei sehr vermindert.

Große massive Brennlinsen werden heutzutage überhaupt nicht mehr angefertigt; wol ist man auch jetzt noch bestrebt mit Aufopferung größere Glaslinsen anzufertigen, aber nicht mehr, um damit wie zu Tschirnhausen's Zeiten, Krebse und Fische in ihrem Element aufzusuchen und darin zu sieden, sondern um sie nach jenem unendlichen Raume forschend zu richten, wo seit ewigen Zeiten das Sternbild des Krebses und der Fische pranget.

Nähert sich der Gegenstand der doppelten Brennweite, so rückt auch das Bild jenseits der Linse vom Brennpunkte nach dem Grenzpunkte der doppelten Brennweite hin, bleibt aber immer verkleinert und umgekehrt.

Ist der Gegenstand in der doppelten Brennweite angelangt, so zeigt sich jenseits der Linse, ebenfalls in der doppelten Brennweite, ein Bild, welches ihm an Größe gleicht, aber umgekehrt ist.

Steht der Gegenstand innerhalb der doppelten Brennweite, jedoch vor dem Focus, so liegt das Bild jenseits der Linse, außerhalb der doppelten Brennweite, vergrößert und umgekehrt. Solche Bilder wurden ehedem mittelst trübweißer, unzusammenhängender Stoffe, wie Rauch, Nebel, Staubwolken u. dgl. m. (S. 130), ersichtlich gemacht und zur Täuschung bei Götter- und Geisterauffahrten (S. 80) benützt; sie fanden auch Anwendung bei der Zauberlaterne, bei den „Nebelbildern", beim Bildmikroskop; ferner als erstes, objectives Bild bei den Mikroskopen und Fernröhren u. dgl. m., wovon wir später Ausführlicheres hören werden.

Kommt der leuchtende Gegenstand in den Brennpunkt der convexen Linse (Fig. 50), dann erscheint gar kein Bild mehr, sondern die Lichtstrahlen treten jenseits der Linse in paralleler Richtung zur Linsenaxe und nahe der letzteren aus. Hierauf beruhet die Anwendung solcher Linsen zu Beleuchtungszwecken bei Erhellung feindlicher Lager (S. 92) und bei den älteren „Blendlaternen". Diese sollten ihren Besitzern den Weg erhellen und überdies den Entgegenkommenden dann zum Stillstehen bringen, wenn man ihm die durch Hohlspiegel und Convexlinsen parallel gemachten Lichtstrahlen in das Auge warf, indem man ihm einfach mit der „Blendlaterne" in das Gesicht leuchtete. Der üble Gebrauch, welcher hievon gemacht wurde, hatte den polizeilichen Verbot solcher Laternen zur Folge. Die Blendlaterne war eine gute Errungenschaft für die Räuberromane.

Es ist von selbst klar, daß bei dieser Beleuchtungsweise die entgegengesetzten Grundsätze von jenen verwirklicht werden, deren S. 133 erwähnt ist. Dort sind kleinere Objecte mit einem gesammelten Lichtkegel erhellt; hier werden große Räume mit parallel gemachten Lichtstrahlen nach Möglichkeit erleuchtet. Und daher die Anwendung der Convexlinsen bei Hafen- und Schiffsfeuern sowie, in noch größerem Maaßstabe, bei den „Leuchtthürmen".

Die Leuchtthürme werden meistens an Häfen, Einmündungen der Flüsse in das Meer und an gefährlichen Küstenstellen erbauet und haben die Aufgabe den Schiffern in der Nacht als Erkennungszeichen und Orientirungsmittel zu dienen. Dieselben werden ihren Zweck um so besser erfüllen, je weiter hinaus sie ihr Licht entsenden; mithin je höher und je vorzüglicher ihre Beleuchtungsvorrichtung angebracht ist.

Schon die Alten haben prachtvolle, als Merkmal für die Schiffer dienende Gebäude aus weißen Steinen errichtet; aber die äußeren, hohen Laternen dieser Häuser für die Nacht, also die Hauptsache, war im höchsten Grade unvollkommen. Wol loderten, sobald es finster geworden, mächtige Flammen vom höchsten Theile solcher Leucht-Paläste in die Höhe, aber (S. 70 u. S. 91) die Tragweite dieser Lichtquellen, war wegen der Divergenz der Strahlen keine ausgiebige, so daß eine größere Anzahl von Kerzen bei den späteren Leuchtthürmen dasselbe leisteten. Erst nachdem Argand seine luftziehende, und daher heller brennende Lampe erfunden hatte (1784) und Borda dieselbe sogleich unter Benützung der parabolischen Hohlspiegel (S. 85) auf den Leuchtthürmen der französischen Küsten anbrachte, wurde die Wirkung jener nächtlichen Lichtzeichen für die Schiffe erklecklich gesteigert und dies immer mehr, je weiter man im Lampenwesen kam. Den wichtigsten Fortschritt in das Leuchtthurmwesen brachte jedoch Fresnel, indem er die von der feuchten Seeluft so leicht erblindenden Hohlspiegel durch verbesserte „Zonenlinsen" (Fig. 56; vergl.

S. 140) ersetzte (1822). Die Krummflächen der gläsernen Ringe einer solchen Linse sind so berechnet, daß sie alle einen gemeinschaftlichen Brennpunkt besitzen (vergl. S. 140). Eine in diesem Focus angebrachte Leuchte wird daher ihre Strahlen in nahezu paralleler Richtung in die Ferne senden und nur durch die Auslöschungen oder Absorptionen in der Luft geschwächt werden (vergl. S. 91). Gewöhnliche convexe Glaslinsen lassen sich nicht so wirksam herstellen, weil sie nur „Oeffnungen" (S. 131) von 12 bis 15 Graden vertragen, während die Gürtellinsen Oeffnungen von mehr als 40 Grad gestatten und daher 9 mal mehr Licht durchlassen. Ueberdies sind sie unvergleichlich dünner im Glase, absorbiren also viel weniger Licht. Dazu kommt endlich noch, daß das nach auf- und abwärts fallende Licht durch zweckmäßig gestellte Planspiegel (Fig. 55.) oder seit jüngerer Zeit durch jalousienartig angebrachte (Fig. 56), total reflectirende Prismen zur Linsenaxe parallel in die Weite hinaus geworfen wird. Die Zonenlinsen lassen sich daher auch mit großem Vortheil für das Signalwesen der Eisenbahnen, der militärischen Lager u. dgl. m. benützen,

Fig. 56. Fresnel's Polyzonal-Linse.

und dies um so eher, als in den letzten Ausstellungen zu Paris (1867) und Wien (1873) Zonen-Laternen in jeder Größe und zu den billigsten Preisen vorhanden waren.

Um die Lichtstrahlen nach allen Seiten parallel zur Axe abschicken zu können, wird die Lichtquelle von mehreren solchen Zonenlinsen und vollkommen spiegelnden Prismen derart umschlossen (Fig. 57), daß dieses die Lichtstrahlen parallel in die Luft hinauswerfende Glassystem die Form einer Tonne erhält, die (Fig. 57) von einem Uhrwerk umgedreht und theilweise mit farbigen Gläsern oder auch undurchsichtigen Scheiben gedeckt werden kann, um die S. 91 erwähnten Erkennungszeichen für die Seefahrer hervorzurufen. Um die gläserne Gürtel-Tonne gegen Beschädigungen durch die Stürme und anschießenden Meeresvögel zu schützen, ist dieselbe in einer mit starkem Planglase versehenen, aus dicken Eisenstäben angefertigten Laterne untergebracht.

Das Licht für die Leuchthürme spenden entweder zweckmäßig eingerichtete Moderateur-Lampen oder elektrisch glühende Kohlen. Die letzteren werden in neuerer Zeit nicht mehr durch galvanische Batterien ins Leuchten versetzt, sondern durch gewaltige magneto-elektrische, mittelst Dampf bewegter Umschwungsmaschinen, deren Construction in der jüngeren Zeit durch Wilde (1866) und Ladd (1867) ebenso sehr vereinfacht, als ihre Leistung dadurch erhöhet wurde.

Bei nebelfreier Luft und unter Anwendung von 4 guten Oelflammen sendet ein Leuchtthurm erster Classe sein Licht in eine Entfernung von 7½ geographischen Meilen; ohne Linse und Spiegel müßte man für die gleiche

Leistung 4000 Lampen oder 24000 Kerzen anzünen (!). Die kleinste Zonen-Tonne leuchtet noch mit eine Oel-flamme auf Entfernungen von 1½ bis 3 geograyischen

Fig. 57. Polyzonal-Tonne eines Leuchtthurmes.

Meilen. Durch das elektrische Licht wird ihre Wirkung noch mehr gesteigert.

Während der Industrie-Ausstellung zu Paris, 1867, waren mehrere Leuchtthürme erster Größe daselbst zu sehen und allabendlich erglänzte wenigstens eine Zonen-Laterne im elektrischen Lichte, welches weit über Paris wegstrahlte. Aehnliches geschah in Wien, 1873.

Der berühmteste Leuchtthurm des Alterthums ward (300 v. Chr.) von Sostrates unter Ptolemäus Philadelphos auf der vor dem Hafen Alexandriens befindlichen Insel Pharos erbauet, wovon wol noch heute „Pharus" mit „Leuchte" gleichbedeutend ist. Auch der Leuchtthurm auf dem Koloß zu Rhodus war allgemein bekannt. Aus der großen Anzahl der neueren Leuchtthürme heben wir hervor jene zu Genua, Cordouan, Bellrock und Eddystone.

Der 36⅓ Meter hohe Leuchtthurm auf Bellrock (Glockenfelsen) an der Mündung des Tay in Schottland wurde im Jahre 1811 erbauet. Bei starkem Nebel reicht seine Leuchtkraft nicht aus und man muß mit Glockengeläute vor der gefährlichen Stelle warnen.

Eddystone ist eine von der heftigsten Brandung umbrauste kleine Felsenstelle im Canal la Manche, auf welcher seit 1700 bis 1774 viermal nach einander ein Leuchtthurm errichtet wurde. Der erste Leuchtthurm daselbst ward 1703 von einem Sturm niedergerissen, wobei sein Erbauer Winstarley umkam. Dieser Mann hatte auf dem Thurme seinen Wohnsitz genommen, um seine Behauptung, dieses Gebäude trotze jedem Orkan, zu erhärten. Seit Smeaton im Jahre 1774 den Pharus aus Quadersteinen 25⅓ Meter hoch nach einem kühnen Plane anlegte, hat er auch wirklich allen Angriffen der aufgeregten Elemente glücklich widerstanden. Lange Zeit leuchteten von Eddystone nur einige Kerzen, den Schiffer warnend, hinaus über diese gefürchtete, verderbenbringende Meeresstelle, bis die Fortschritte der Wissenschaft auch diese Laterne mit der stärkeren Leuchtkraft versah. Drei Wärter, welche, wegen der hier höchst gefährlichen Anfluth, nur einmal monatlich mit Lebensmitteln versehen werden und nur vier Wochen jährlich, als wolverdiente Vacanzen, auf dem Festlande zubringen dürfen, stecken hier allabendlich das freundliche Lichtsignal an — hat noch kein Dichter diese Männer besungen?

Rückt (Fig. 58) ein Lichtpunkt oder (Fig. 59, a b) ein beleuchteter Gegenstand in die Brennweite einer erhabenen Kugellinse, so sieht das durch diese Linse blickende Auge ein

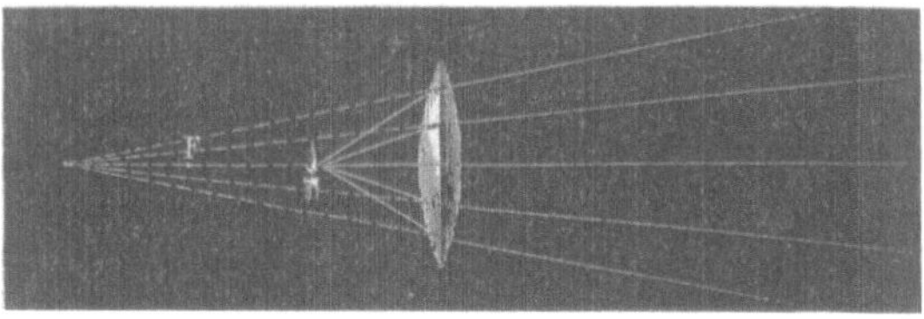

Fig. 58. Negatives Bild eines Punktes durch eine erhabene Linse.

nur subjectives Bild jenes Punktes oder Gegenstandes und zwar auf derselben Seite des Glases, auf welcher sich der lichtaussendende Punkt oder Gegenstand befinden. Dabei erscheint das Bild A B (Fig. 58) des Gegenstandes a b aufrecht, vergrößert und weiter entfernt von der Linse als das Object a b. Dieses Princip findet daher Anwendung bei einfachen Mikroskopen, ferner in den Guck=

kästen der sogenannten Pan- und Kosmoramen, welche auch in der Nacht dem Publicum gezeigt werden können, wenn

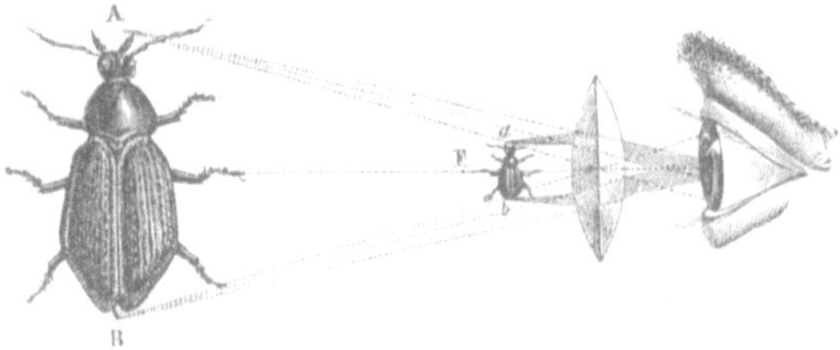

Fig. 59. Imaginäres Bild eines Gegenstandes mittelst einer Convexlinse.

die durch convexe Linsen zu betrachtenden Gemälde mit Lampenlicht erhellet werden.

Bei einem Rückblick auf die Bewegung des Gegenstandes und des zugehörigen Bildes in Hinsicht auf eine convexe Linse, zeigt sich, daß auch (vergl. S. 73) bei der Convexlinse zwischen dem Brennpunkte und der letzteren nie ein wirkliches Bild zu liegen kommt.

Die concaven Linsen (Fig. 49, Nr. 4, 5 und 6) sind in ihrem Baue den erhabenen Kugelgläsern geradezu entgegengesetzt, mithin auch in ihrer Wirkungsweise. In der That verlassen die parallel zur Axe einer solchen Linse eintretenden Lichtstrahlen das Glas in auseinander laufenden Richtungen derart, daß die letzteren durch die Linse zurück verlängert sich in einem Punkte treffen, welcher auf der Linsenaxe, nahe dem Glase liegt. Dieser Punkt heißt der „geometrische“ oder „imaginäre“ Brennpunkt der sphärischen Hohllinse.

Läßt man Sonnenstrahlen fast senkrecht auf eine der Flächen einer Hohllinse fallen, so erblickt man hinter der Linse einen dunkeln Fleck mit lichtem Reif. Der letztere ist das Ergebniß der Divergenz jener Sonnenstrahlen, welche durch das concave Kugelglas gedrungen sind — ein wirklicher Brennpunkt ist nirgends zu finden.

Das Bild a b (Fig. 60) eines Gegenstandes A B wird mittelst einer kugeligen Concavlinse von einem durch die Linse blickenden Auge aufrecht, verkleinert und näher als

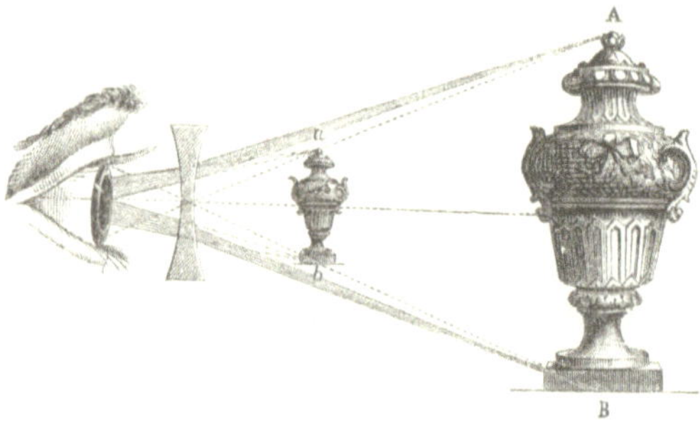

Fig. 60. Ideales Bild durch eine Hohllinse.

der Gegenstand wahrgenommen. Blickt man gleichzeitig mit dem zweiten Auge nach dem Gegenstand hin, so kann man den Größenunterschied zwischen dem Bild und Object beurtheilen. Durch eine gute Linse erscheint dann das Bild zwar im Vergleich mit dem Originale verkleinert, aber nicht verzerrt — was alle Verkleinerer wol beherzigen sollten.

7. Die farbigen Bilder.

> Wohne du ewiglich Eins, dort bei dem ewiglich Einen
> Farbe, du wechselnde, komm freundlich zum Menschen herab.
> „Licht und Farbe". – Schiller.

„Die Farbe"! Welche Welt liegt in diesem Wort! An welche Reize mahnt es! Wem fällt nicht sogleich der herrliche Regenbogen ein und die Farbenpracht der zu uns herüber gebrachten Organismen aus der Tropenzone? Fast wäre es für unmöglich zu halten, daß man über diesen Augenjubel zum Nachdenken gelange — aber stumpft sich nicht der höchste Reiz mit der Zeit ab? Denkt und spricht der Mensch nicht gerade am liebsten über das, was sein Erstaunen, seine Verwunderung hervorruft? In der That finden wir schon frühzeitig die Frage nach der Ursache der Farbe und (Seite 7) ihre Herleitung aus je einer anderen Mischung oder aus der verschiedenen gegenseitigen Lage von Licht und Finsterniß. Diese Ansicht, mannigfach abgeändert und variirt, zieht sich durch nahezu Zweijahrtausende bis gegen die zweite Hälfte des 17. Jahrhunderts. Um diese Zeit sprechen einige Forscher die Meinung aus, die Farben seien im Lichte selbst enthalten und entstünden daraus durch Brechung, wie man dies mittelst eines Glasprisma sehen könne.

Schon Seneca (im 2. Jahrh. n. Chr.) kannte das prächtige Farbenspiel des durch eine Glasecke gedrungenen Sonnenlichtes, und jener Philosoph erinnert sich dabei des

Regensbogens; aber er thut dies nur flüchtig, um bald darauf diese Farben für eine Sinnestäuschung zu erklären.

Im dreizehnten Jahrhundert hält der Pole Vitello die durch Glasprismen erzeugten Farben für einerlei mit jenen, welche am Regenbogen wahrgenommen werden.

Nach Kircher (im 17. Jahrh.) sollen gläserne Prismen im Oriente wegen ihrer Farbenhervorrufung zu den Kleinodien der Großen gezählt haben.

In der ersten Hälfte des 17. Jahrhunderts wußte man allgemein, daß aus einem Glasprisma (Fig. 43) die Lichtstrahlen gefärbt treten und eine größere Anzahl von Forschern war nahe daran, das Wesen und die Natur der Farbenerscheinungen richtig zu deuten, da kam zur rechten Zeit (1666) der rechte Mann — Newton. Dieser große Mathematiker wiederholte folgenden, in jenen Tagen berühmten, prismatischen Versuch: Er leitete durch eine kleine Oeffnung Sonnenstrahlen in ein verfinstertes Zimmer und es zeigte sich auf einem entfernten, weißen Schirm eine weiße, kreisrunde Lichtscheibe — das Sonnenbildchen (S. 14). Newton brachte dann in den Büschel der zu einander parallelen Strahlen (Fig. 62) ein wagrecht liegendes Glasprisma, dessen brechender Winkel abwärts gekehrt war; es erfolgte eine Ablenkung des Sonnenbildes nach oben (Fig. 43). Ueberdies erschien aber jetzt der kleine Lichtkreis als ein in die Länge gezogenes „Farbenbild", an welchem Newton später von unten nach oben unterschied: Roth, Orange, Gelb, Grün, Hell- oder Cyanblau, Dunkelblau oder Indigo und Violett.

Das lange Farbenbild war an den beiden Seiten gerade und genügend scharf begränzt; am oberen und unteren Ende verlief es jedoch undeutlich in's Dunkle, nahezu mit halben Kreislinien schließend.

Diese eigenthümliche Form des prismatischen Farbenbildes erregte in hohem Grade die Aufmerksamkeit und das Nachdenken Newton's. Wären alle Strahlen des Lichtes in gleichem Grade gebrochen — so sagte sich Newton — so müßte wol das Sonnenbildchen durch das Prisma auf der weißen Tafel verschoben (S. 112), aber seine Kreisfigur dürfte nicht geändert erscheinen. Nachdem er nach mannigfachen Ursachen für die lange Figur des „prismatischen Farbenbildes" gesucht und dieselben, nach ihrer Prüfung, wieder verworfen hatte, verblieb er endlich bei der wahren Erklärung:

Das weiße Sonnenlicht besteht aus unzähligen, verschiedenfarbigen, in ungleichem Grade brechbaren Theilen, in welche es bei seiner Brechung im Glasprisma zerlegt wird. Die unendlich vielen, kreisrunden Farbenbilder zwischen dem Roth und Violett fallen zum Theil übereinander und bewirken — wie man (Fig. 61) geometrisch nachweisen kann — die gerade Seitenbegrenzung, während die Endfarben mit halben Kreisen das Farbenbild schließen müssen und die Breite des Bildes gleich jener der Oeffnung sein soll, was auch thatsächlich der Fall ist.

Fig. 61. Erklärung der langen Form des Farbenbildes.

Grimaldi hatte schon ein Jahr vor Newton die längliche Gestalt des „prismatischen Farbenbildes" aus der verschiedenen Brechung der Lichtstrahlen mittelst des Glasprismas zu erklären gesucht — aber er meinte damit nicht andere Brechbarkeiten von Bestandtheilen des ungefärbten Sonnenlichtes, sondern nur daß die beiden Seiten eines Lichtstrahles verschieden gebrochen werden. In demselben Jahre hatte Boyle geäußert, die Farben werden durch die Brechung aus dem Lichte erzeugt. Allein Newton war es, der für diese Ansicht die bindendsten Versuche, Betrachtungen und Beweise brachte und zwar, ohne die Arbeiten seiner Vorläufer zu kennen. Es ist dargethan, daß Newton zu jener Zeit noch wenig gelesen hatte; auch würde er sicher bei seiner Gewissenhaftigkeit der Bestrebungen jener Männer gedacht haben.

Nachdem Newton zur Ueberzeugung gelangt war, die lange Form des prismatischen Farbenbildes beruhe auf der Zerlegung des weißen Lichtes in eine Anzahl von farbigen Strahlen, welchen je eine andere Größe der Brechung entspreche, wodurch sich das prismatische Farbenbild fächerartig in der Brechungsebene entfalte, änderte er seine beweisenden Versuche hiefür in so mannigfacher Weise ab, daß sie — wie Algarotti (1726) begeistert ausruft — „unter Newton's Händen zu wachsen schienen, wie Frühlingsblumen unter den Füßen der Dichter".

Newton begnügte sich nicht damit, die nach unmerklichen Abstufungen in einander übergehenden „prismatischen Farben" durch die Zerlegung mittelst eines Prisma hervorzurufen, er war auch darauf bedacht, aus der Vereinigung aller jener Farbenbilder im Brennpunkte einer Sammellinse (Fig. 62) das farblose Bildchen der Sonne wiederherzustellen und mittelst eines weißen Schirmes auf-

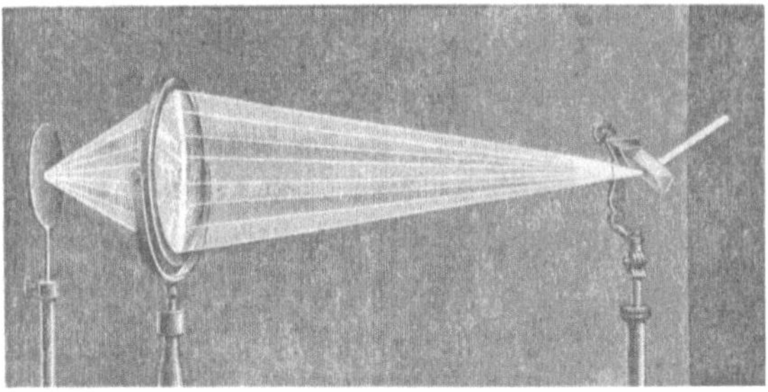

Fig. 62. Vereinigung der farbigen Strahlen mittelst Sammellinse zu weißem Lichte.

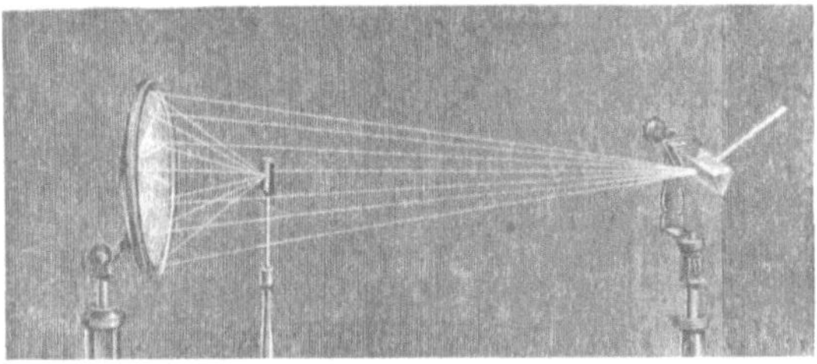

Fig. 63. Licht-Synthese mittelst eines Sammelspiegels.

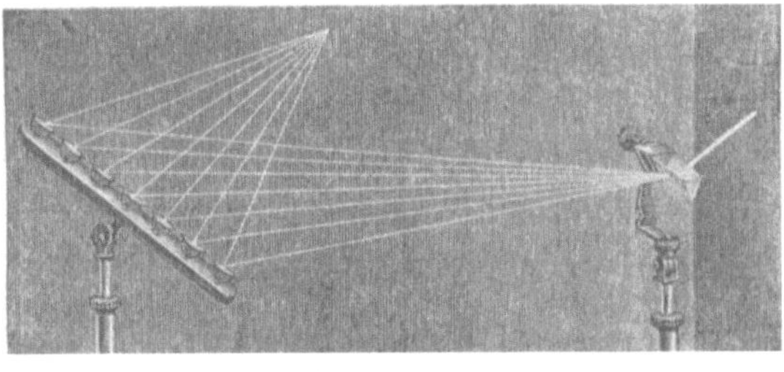

Fig. 64. Lichtzusammensetzung mittelst mehrerer Spiegelchen.

zufangen, was der Hauptsache nach gelang (vergl. S. 166) und sich ganz tadellos mittelst eines Hohlspiegels (Fig. 63) oder (S. 89) eines Fascettenspiegels (Fig. 64) bewirken läßt.

Um sich zu überzeugen, ob die einzelnen Farben des prismatischen Farbenbildes schon einfach oder noch zusammengesetzt seien, versah Newton den Schirm, auf welchen das Farbenbild fiel, mit einer kleinen Oeffnung, so daß nur Strahlen einer bestimmten Farbe, z. B. der rothen, durchgehen konnten. Diese letzteren fing er vermittelst eines Glasprismas auf. Durch dieses wurden dann jene isolirten Lichtstrahlen noch einmal nach oben abgelenkt; gaben aber dabei ein kreisrundes Bild und behielten ihre ursprüngliche Farbe. Daraus schloß Newton: die prismatischen Farben sind „einfaches" oder „homogenes Licht".

Läßt man zwei prismatische Farben, z. B. Roth und Violett, durch den Schirm und vereinigt sie mittelst einer Sammellinse, so zeigt sich im Brennpunkte der letzteren ein Purpurroth. Diese Farbe unterscheidet sich von dem Roth im Farbenbilde durch den eigenthümlichen Ton und dadurch, daß man sie mittelst eines Prismas wieder in ihre Bestandtheile zerlegen kann; sie ist also zusammengesetzt, gemischt oder heterogen und heißt „gemischtes Licht".

Hält man vermittelst eines Schirmes eine der prismatischen Farben zurück, während die übrigen, wie vorhin, durch den Schirm vollständig gehen, und vereinigt man diese durchgelassenen Farben mit Hilfe einer Sammellinse oder eines Hohlspiegels, so zeigt sich eine gemischte Farbe. Läßt man zu dieser Mischfarbe die zurückgehaltene Farbe durch den Sammelapparat treten, so wird sie in „Weiß" verwandelt. Solche zwei Farben, die zusammen Weiß geben, heißen „Ergänzungs- oder Complementärfarben". Dergleichen sind nach Helmholtz: Roth und Grünlichblau, Orange und Cyanblau, Gelb und Indigblau, Grünlichgelb und Violett. Das einfache Grün hat keinerlei einfache Ergänzungsfarbe, sondern ein Purpurroth.

Der brechende Winkel der Glasprismen für die Zerlegung des Lichtes in seine farbigen Bestandtheile soll wenigstens 60 Grade betragen. Ein Glasprisma mit einer kleinen, brechenden Kante, liefert ein Farbenbild oder, wie Newton letzteres nannte, ein „Spectrum", welches in der Mitte, vermöge aller aufeinander fallender prismatischer Farben (S. 154), weiß und nur an dem einen Rande gelb bis roth, am andern Ende aber blau bis violett gefärbt erscheint. Auch weiße Gegenstände, nach denen man durch ein Prisma hinsieht, geben sich, in Folge der in der Mitte zusammenkommenden Farben jeder Art, weiß, und bloß, nach der auf die Prismenkanten senkrechten Richtung, mit den äußersten Farben des Spektrums gesäumt.

Je schmaler das noch unzerlegte Lichtbündel und je größer der brechende Winkel eines oder mehrerer vereinigt wirkender Prismen ist und je weiter von letzteren das Spectrum aufgefangen wird, desto länger und entwickelter kommt das Farbenbild, weil dann seine Strahlen um so besser auseinandergehen, mithin für sich selbst auftreten.

Wir können uns heutzutage kaum eine schwache Vorstellung von dem Aufsehen machen, welches die von Newton aufgenommene und begründete neue Farbenlehre erregte. Seine „Optics„ (Quart. London 1704) ging rasch erobernd durch die damalige Welt der Wissenschaft und Redner vereint mit Dichtern, wie Fontenelle, Voltaire und Algarotti, arbeiteten ein Vierteljahrhundert nach dem Erscheinen jenes Buches für die Popularisirung der darin entwickelten Grundsätze.

So entschieden günstig auch vom Anfang her (1666) Newton's Lehre über die Zusammengesetztheit des farblosen Lichtes aufgenommen wurde; so fehlte es ihr dennoch seit ihrem ersten Auftreten bis heute nicht an Gegnern der verschiedensten Art und wir könnten hier eine stattliche Reihe von Namen, Jahreszahlen und gewürztem Streitmaterial anführen, wenn uns dies der knapp bemessene Raum gestattete. Wir begnügen uns daher nur zu erwähnen, daß unter den älteren wissenschaftlichen Widersachern der Newton'schen Farbentheorie Lucas aus Lüttich der bedeutendste war (1676), dessen Einwürfe Newton am gewichtigsten fand, aber stichhältig beseitigte. Interessant dürfte es vielleicht unserem Leser sein, zu vernehmen, daß auch Marat, der nachmals dem Dolche der Charlotte Corday erlag, zu den leidenschaftlichsten Bekämpfern Newton's gehörte (1780 und 1784).

In Deutschland fand die Newton'sche Chromatik bald allerseits die freundlichste Aufnahme, Pflege und Vertheidigung; später jedoch erwuchsen ihr in Göthe (1810), Schopenhauer (1816) und einigen Philosophen, wie Hegel und Schelling, angesehene und Macht habende Angreifer; wir kommen hierauf in einem anderen Theile dieser Blätter zurück.

Die Spitze der gegnerischen Waffe hatte Newton sogleich von vorne herein dadurch abgebrochen, daß er mathematisch untersuchte (1666), ob die lange Form des prismatischen Farbenbildes sich nicht durch die Brechungen in einem Prisma erklären ließe, ohne eine verschiedene Brechbarkeit der Farbe zugestehen zu müssen. Er kam zu dem Resultat, daß ohne letztere keine Abweichung von der Kreisform des Brechungsbildes auftreten könne, wenn die Winkel, unter welchen Lichtstrahlen in ein Prisma treten, so groß sind wie jene, unter welchen sie das Prisma verlassen. Daß dieser Fall statthabe, ist wie folgt, zu erkennen: Man dreht (Fig. 43) ein Prisma, dessen brechende Kante nach unten und wagrecht liegt, derart langsam um seine Axe, daß der brechende Winkel nach oben rückt. Das durch jenes Prisma erzeugte Lichtbildchen senkt sich dann etwas, bis es eine Weile ruhet; hierauf aber sich wieder hebt. Die Lage des Prismas, bei welcher das Bildchen stille hält, ist jene für die kleinste Ablenkung der Strahlen durch das Prisma; sie ist jedesmal vorhanden, wenn beim Prisma der Eintrittswinkel der Lichtstrahlen gleich ihrem Austrittswinkel ist. Bei dieser bestimmten, aus der Bewegung des Spectrums stets leicht zu findenden Stellung des Prismas experimentirte Newton mit senkrecht gegen die Prismenaxe gerichteten Sonnenstrahlen und erzielte so die einfachste Rechnung für seine Forschungen.

Noch andere Bedenken hinsichtlich der Reinheit und Dicke des Glases am Prisma, der Grenzen vom Licht und Finsterniß und eines etwaigen krummen Strahlenganges nach der Brechung führte sich Newton selbst entgegen und räumte sie auch weg, bevor er die Theilbarkeit des ungefärbten Lichtes aussprach.

Nachdem der englische, große Forscher die Spaltbarkeit des farblosen oder sogenannten „weißen" Lichtes dargethan hatte, war man gezwungen für jeden einzelnen farbigen Strahl einen eigenen Brechungsexponenten anzunehmen; es muß daher in praktischen Fällen mindestens für eine bestimmte Stelle einer jeden Hauptfarbe der Brechungsexponent gesucht werden. Spricht man jedoch im Allgemeinen vom Brechungsexponenten eines Stoffes, so meint man den „mittleren", d. i. bei älteren Messungen jenen des hellsten Theiles im Gelb des Spektrums eines Prismas, das aus der fraglichen Materie angefertigt worden ist.

Welches ist die Anzahl der verschiedenen Farben im Sonnenspectrum? Wer das genau beantworten könnte! Die prismatischen Farben fließen nach unendlichen Abstufungen in einander über und man muß sich begnügen nur einige Hauptfarben anzugeben. Bei einem kurzen prismatischen Farbenbilde lassen sich bloß Roth, Grün, Blau und Violett unterscheiden; an einem etwas längeren tritt zwischen das Roth und Grün Gelb. Bei einem ganz reinen, entwickelten Spectrum (S. 157) kann man noch Nuancen im Gelb, Grün und Blau auffassen. Newton selbst bemerkte anfänglich nur folgende fünf Hauptfarben im Sonnenspectrum: Roth, Gelb, Grün, Blau und Violett. Erst als er eine Vergleichung der prismatischen Farben mit der phrygischen Tonleiter — $1 : 9/8 : 6/5 : 4/3 : 3/2 : 5/3 : 16/9 : 2$ — anstrebte, fiel ihm zwischen dem Roth und Gelb das Orange und zwischen dem Hellblau und Violett das Dunkelblau oder Indigo auf. Die Länge der sieben Farben im Spectrum entspricht derjenigen der Saiten für die vorhingenannte Tonscala, welche das eigenthümliche hat, daß je zwei ihrer von beiden Enden der Reihe gleich weit abstehende Zahlenwerthe miteinander multiplicirt, stets das Product 2 liefern.

Obschon in der Newton'schen Vergleichung der Farbenleiter mit der früher erwähnten Tonart viel Willkürliches lag, so fehlte es ihr dennoch nicht an Beifall und Castel leitete (1725—1735) aus dieser Anschauung ein Farbenclavier ab, bei welchem die Folge gewisser Farben eine Farbenmusik hervorbringen sollte — was aber selbst bei dem besser construirten, auf ähnlichen Principien beruhenden, der jüngeren Zeit angehörenden Farbenspiel Ruete's nicht glückte.

Bei aller Aehnlichkeit zwischen Schall und Licht (S. 8) scheinen dennoch die Wirkungen beider auf einer verschiedenen Basis zu lagern. Schon frühzeitig wurde hervorgehoben, daß es in der Malerei vorzugsweise auf ein harmonisch wirkendes Nebeneinander der Farben ankomme, während bei der Musik die Nachfolge der Töne mindestens ebenso wichtig wie ihre gleichzeitige Combination sei. Dazu kommt dann noch der höhere Reichthum an Tonscalen und die verschiedene Fähigkeit des Ohres und des Auges die ihnen gebotenen Schall- und Farbentöne zu unterscheiden. Das Ohr ist in dieser Richtung dem Auge weit vor. Das letztere vermag in dem Sonnenspectrum nur im Grün und Blau Unterschiede wahrzunehmen, die einem halben Ton entsprechen, gegen die Enden des Farbenbildes fehlt ihm diese Empfindlichkeit, welche das Ohr durch mehrere Tonscalen bewahrt.

Die Gesetze der akustischen Consonanz und Dissonanz lassen sich aus bestimmten Zahlenverhältnissen ableiten, während jene der Farbenharmonie noch nicht sicher gestellt sind und bisher meist aus der Erfahrung, zum theil in sehr schwankender Weise, abgeleitet werden konnten. Nur so viel scheint sicher zu sein, daß bei Farbenzusammenstellungen, die gewählten Farben in der Reihe des Farbenbildes nicht zu nahe an einander liegen dürfen und daß sie am besten wirken, wenn sie in der Farbenscale fast gleichweit von einander abstehen. Hierauf führt Helmholtz (1855) die vortheilhafte Wirkung der öfteren Zusammenstellung von Roth, Grün und Violett bei den älteren italienischen Gemälden zurück und entkräftet die Ansicht Ungers (1852), daß diese Farbenharmonie den Duraccord geben, indem er nachweiset dieser wäre eigentlich Roth, Grün und Indigo.

Wenn es auch wahr ist, daß die alten italienischen Maler die Theorie der Musik für ihre Ausbildung hoch hielten; so ist damit noch nicht dargethan, daß sie dabei an directen Vergleichungen der Tonverbindungen mit ihrer Kunst dachten. Diese hatten bisher immer etwas Gezwungenes, selbst bei Drobisch, der es (1852) dahin brachte, daß bei seiner Parallele zwischen der Tonleiter und dem Spectrum die Enden der von ihm bestimmten Farben sehr gut mit ihren natürlichen Grenzen zusammenfallen. Allein er mußte, behufs dessen, die Verhältnisse in der Tonleiter durchweg zu einer gebrochenen Potenz erheben und das Spectrum willkürlich abschneiden, wodurch das Natürliche in der Vergleichung eingebüßt wurde.

Newton nahm (S. 160) seiner vergleichenden Ansicht mit der phrygischen Tonleiter zu liebe 7 Hauptfarben im gut entwickelten Sonnenspectrum an und hob daher das Indigo zwischen dem Hellblau und Violett hervor; Helmholtz macht aufmerksam, daß man mit gleichem Recht zwischen dem Orange und Gelb das Goldgelb, zwischen

Gelb und Grün — Gelbgrün und zwischen Grün und Blau — Blaugrün nennen müßte, so daß im Sonnenspectrum 10 Hauptfarben anzugeben wären. Und wenn hiedurch auch die schöne Vergleichung mit den sieben Haupttönen, mit der siebentheiligen indischen Gottheit Krischna, mit dem siebenstrahligen Gott der ältesten Chaldäer, mit dem siebensternigen Diadem auf antiken Abbildungen Apolls und anderen mystischen Sieben verloren geht; so ist dafür Schöneres gewonnen — die Wahrheit!

So mustergiltig auch Newton bei seiner Analyse des farblosen Lichtes beobachtet hatte, so war ihm doch Eines entgangen — die Abhängigkeit der Länge des Farbenbildes von der Materie des Prismas. Es scheint auf Newton's Geist wie ein Axiom gewirkt zu haben, daß die Auseinanderfaltung oder „die Zerstreuung der Farben", die „Dispersion" für gleiche, mittlere Brechungsexponenten (S. 160) verschiedener durchsichtiger Materien die nämliche sei oder, mit anderen Worten, daß die Farbenzerstreuung mit dem mittleren Brechungsexponenten der durchsichtigen Stoffe stets in demselben Verhältnisse wachse oder abnehme oder daß beide zu einander proportional seien — obwol man nahezu ein Jahrhundert später aus Newton's eigenen Versuchen, wie sie in seinen Schriften geschildert waren, das Gegentheil abzuleiten vermochte.

Kittet man, mittelst des durchsichtigen, farblosen Canadabalsams, Prismen aus verschiedenen, farblosen Glasarten mit ihren dreiseitigen Grundflächen derart aneinander, daß ihre gleich großen brechenden Kanten in einer Geraden liegen, so erhält man ein „Polyprisma".

Leitet man gleichzeitig auf jedes einzelne Prisma dieses zusammengesetzten Prismas ein gleich dünnes, farbloses Lichtbündel, so ergibt sich für jede Glassorte je ein anderes Spectrum. Diese Farbenbilder haben nicht nur von einander abweichende Längen, sondern auch die Breite ihrer Hauptfarbe ist eine verschiedene. Da zeigt sich nun, daß ein Prisma aus bleihältigem Glase, d. i. aus „Flintglas", ein viel ausgedehnteres Farbenbild liefert als ein Prisma aus „Crownglas", welches bleifrei ist und zu den farblosen kieselsauren Kali-Kalk-Glasarten gehört.

Für Flüssigkeiten werden zwei sehr dünne, ebene Glasplatten unter einem schiefen Winkel mit einander verbunden. Soll durch mehrere Flüssigkeiten das farblose Licht in Farben entfaltet werden, so wird jener gläserne Winkeltrog mittelst dreieckiger Glasplatten in einige Hohlprismen abgetheilt, welche je mit einer anderen, farblosen, flüssigen Materie angefüllt werden. Hiebei liefern der Schwefelkohlenstoff und das Terpentinöl viel breitere und entwickeltere Farbenbilder als das Wasser; löst man jedoch in letzterem Bleizucker, d. i. essigsaures Bleioxyd, auf, so wächst seine Farbenzerstreuung.

Bei den verschiedenen Gasarten ist die Brechung zu klein, als daß die Dispersion des Lichtes augenfällig auftreten könnte.

Die optischen Linsen lassen sich als Prismen mit gekrümmten Oberflächen betrachten. Durch Linsen erleidet daher das Licht eine mächtige Ablenkung und mithin eine starke Farbenzerstreuung. Die mittelst derselben hervorgebrachten Bilder erscheinen folglich an den Rändern gefärbt, wodurch sie an Reinheit und Schärfe verlieren. Dieser

Fehler heißt die „chromatische Abweichung" der Linsen. Dieselbe muß nach Möglichkeit weggeschaft werden, wenn die Linsen für die verschiedenen optischen Instrumente taugen sollen.

Es gibt eine Art Flintglas (S. 164), welches mit Crownglas nahezu denselben mittleren Brechungsexponenten hat, welches aber eine mächtigere Zerstreuung der Farben bewirkt. Ein Prisma aus obigem Flintglas, welches ein ebenso breites Spectrum wie ein Crownglasprisma erzeugen soll, muß einen kleineren brechenden Winkel als letzteres haben. Derselbe braucht z. B. nur 11 Grade zu sein, wenn jener des Prismas aus Crownglas 25 Grade beträgt. Legt man nun (Fig. 65) solche zwei Prismen derart aneinander, daß ihre brechenden Kanten eine entgegengesetzte Lage bekommen, so werden sie ein farbloses Bild hervorbringen. Die von dem Crownglasprisma K (Fig. 65) erzeugte Farbenzerstreuung wird nämlich von dem Flintprisma F aufgehoben, indem die farbenzerstreuende Wirkung des letzteren Prismas jener des ersteren gleich und entgegengesetzt ist. Beide Prismen zusammen bilden aber ein Prisma von kleinerem brechenden Winkel und bewirken daher eine Ablenkung des Lichtes, was bei so gelegten Prismen aus demselben Stoffe nicht möglich ist, indem dann das austretende weiße Licht dem eintretenden Strahl parallel, also der Ablenkungswinkel Null ist.

Auf ähnliche Art können auch Prismen, welche aus anderen durchsichtigen Stoffen analog zusammengesetzt sind, eine farblose Ablenkung des Lichtes erzeugen.

Ein doppeltes oder mehrfaches Prisma, welches die

Eigenschaft besitzt, die Lichtstrahlen abzulenken, ohne die Farben zu zerstreuen, heißt ein „*achromatisches Prisma*" (Fig. 65).

Hierauf beruhen die „*achromatischen Linsen*" (Fig. 66), durch welche die Bilder der Gegenstände frei von

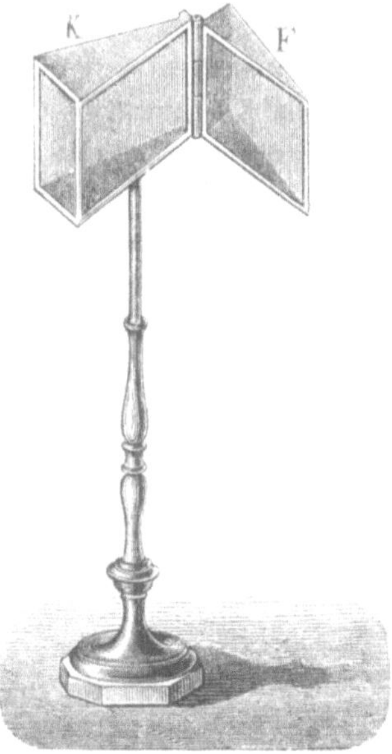

Fig. 65. Achromatische Prismen.

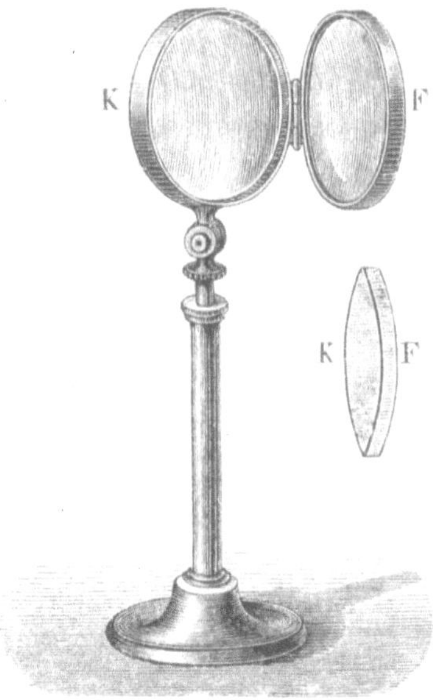

Fig. 66. Achromatische Linsen.

farbigen Rändern erscheinen. Legt man an eine *erhabene* Crownglaslinse K (Fig. 66) eine *hohle* Flintglaslinse F, so arbeiten sie in Beziehung auf die Farbenzerstreuung einander *entgegen*. Und weil das Flintglas überhaupt *viel stärker farbenzerstreuend* als das Crownglas wirkt, so kann die hohle Flintglaslinse die Farbenzerstreuung der Crownglaslinse aufheben, wenn sie auch das Licht schwächer als die letztere im entgegengesetzten Sinne ablenkt. Die Lichtstrahlen werden dann durch beide Linsen wie durch eine einzige Sammellinse von größerer Brennweite abgelenkt, ohne eine Farbenzerstreuung hervorzubringen, weßhalb die Bilder solcher Linsen frei von den in hohem Grade störenden, farbigen Säumen erscheinen.

Hinsichtlich der Achromasie der Linsen aus anderen durchsichtigen Stoffen verhält es sich ähnlich, wie mit der eben besprochenen, zusammengesetzten Linse.

Sieht man je durch die einzelnen Prismen oder Linsen einer offenen achromatischen Zusammenstellung (Fig. 65 und 66), so werden die entsprechenden Bilder mit farbigen Rändern wahrgenommen, welche aber verschwinden, wenn man die Achromatisirung jener Prismen und Linsen durch die leicht ausführbare Zusammenlegung ihrer Bestandtheile bewirkt. Die Achromasie einer solchen Doppelverbindung von Prismen und Linsen ist jedoch nur unvollkommen, weil (S. 164) die Farbenvertheilung in den Spectris ihrer Bestandtheile je eine andere ist. Streng genommen müßten nun neue Achromatisirungen folgen, indeß begnügt man sich in den meisten Fällen mit der einfachen, angenäherten Aufhebung der Farbenbänder um so eher, als durch Vermehrung der Gläser bei der zusammengesetzteren Achromatisirung, vermöge der Reflexionen an den vorderen Flächen der Linsen und vermöge der Lichtabsorption in ihrer Materie, an Licht zu bedeutend eingebüßt wird.

So wichtig die farblos wirkenden Prismen und Linsen

für die Herstellung trefflicher optischer Instrumente sind, ebenso interessant zeigt sich die Geschichte der Erfindung der Achromasie. Newton selbst wußte sehr wol, worauf es dabei ankäme: aber gehemmt durch einen falschen Grundsatz (S. 163), gab er jeden Gedanken an ihrer Möglichkeit auf, obwohl Oldenburg, Secretär der „royal Society of London“, in seinem Briefwechsel mit Newton geäußert hatte, man könnte vielleicht die Farbenzerstreuung der Linsen dadurch aufheben, daß irgend eine passende Flüssigkeit zwischen zwei oder mehrere Gläser eingeschlossen würde.

Angeregt durch das Muster, daß die menschlichen Augen die Bilder ohne farbige Ränder brächten, schlug Euler vor (1747), zwei mit Wasser oder anderen Flüssigkeiten gefüllte Glaslinsen (S. 139) so zu verbinden, daß sie achromatisch wirken möchten. Dollond ging alsbald an die Durchführung der von Euler aufgestellten Theorie, kam aber zu keinem günstigen Resultat. Durch diese Differenz jenes großen deutschen Mathematikers und des sehr geschickten englischen Optikers wurde der Schwede Klingenstierna auf diese hochwichtige Angelegenheit aufmerksam. Er bewies, daß bei einem Newton'schen Versuche die Lichtstrahlen gefärbt gewesen sein mußten, als sie zu einander parallel aus einem Parallelepiped traten, welches zur Hälfte aus Glas und zur Hälfte aus Wasser bestanden hatte, und daß Newton (S. 164) dem Wasser des Prismas essigsaures Bleioxyd oder Bleizucker zusetzen mußte, um jene Strahlen farblos zu erhalten.

War es nun möglich die Ablenkung aufzuheben und die prismatische Farbenerscheinung zu bewahren, so muß auch das Umgekehrte zu erreichen sein, nämlich die Farbenerscheinung fortzuschaffen und eine Ablenkung zu bewirken — so schloß Klingenstierna (1754) und drei Jahre später brachte Dollond achromatische Prismen und Linsen (S. 167) zu Stande.

Mehrere französische Mathematiker machten sich alsbald daran, die Principien der Achromasie für die praktischen Optiker ihrer Nation festzustellen; aber die achromatischen Gläser Dollond's blieben in jener Zeit unerreicht, indem es bei der Achromatisirung so sehr auf die Glassorten ankam, welche die Rechnung nicht speciell zu berücksichtigen vermochte, wol aber die Praxis des englischen Optikers — zeigte doch erst Zeiher (1763—1773), daß der Bleigehalt des Flintglases für dessen ausgiebigere Farbenzerstreuung maßgebend ist und nahezu weitere vier Jahrzehnte mußten ablaufen, ehe Fraunhofer in München auf den Hauptgrundsatz kam, welcher bei der Erzeugung eines streifenfreien, gleichmäßigen Flintglases zu befolgen ist. Der Satz des Flintglases schmilzt nämlich nur nach und nach, wobei sich schwerere, bleireichere Glasschichten nach unten hin lagern. Fraunhofer erkannte diesen Umstand und das Durcheinanderrühren der weichen Glasmasse beseitigte jenen Grundfehler.

Eine große Anzahl von Männern der deutschen, englischen und französischen Nation war der sicheren Erzeugung eines guten Flintglases auf der Spur — Fraunhofer hatte so einfach das Richtige gefunden. Sein Schüler Guinand übertrug die Kunst treffliches Flintglas zu erzeugen nach Choisy-le-Roy bei Paris. Dieses Laboratorium für Flintglas übernahm Bontemps von dem Sohne Guinand's und der neue Besitzer erzeugte bereits 1828 streisenfreie Flintglaslinsen von 29 bis 33 Centimeter Durchmesser. Durch Vermittlung der pariser Akademie gab Bontemps (1840) sein Geheimniß, gutes Flintglas anzufertigen, kund; es bestand in eigenthümlichen Bleioxyd-Glassätzen und jetzt wurde auch die Nothwendigkeit des früher erwähnten steten Umrührens der Glasmasse bekannt, was jedoch schon früher Prechtl aus Wien u. m. a. errathen hatten.

Im Jahre 1848 übersiedelte Bontemps nach Birmingham und verband sich daselbst mit dem Glasfabrikanten Chance, welche Firma gegenwärtig das billigste und dennoch gutes Flintglas liefert. Der jüngere Guinand und Guinand's Enkel, Feil, verfertigten in Frankreich treffliches Flintglas; das berühmteste Flintglas der Jetztzeit kommt jedoch aus der Schweiz von Daguet in Solothurn. Deutschland, die Geburtsstätte des besten Flintglases (S. 169), ist gezwungen seinen Hauptbedarf an diesem Glase aus England, Frankreich und der Schweiz zu decken.

Die schwierige Herstellung größerer, fehlerloser Flintglaslinsen brachte schon frühzeitig (1794) den Engländer Blair auf den Gedanken, achromatische Linsen mittelst verschiedener Flüssigkeiten (S. 139 und 168) herzustellen. Obwol seine eigenen, diesfälligen Versuche, sowie die seines Sohnes gelangen und obwol später auch Fresnel und Barlow günstige Resultate mit solchen Linsen erhielten, hat man doch nie häufig Anwendung von diesem Principe gemacht. Man fürchtet nämlich die Einflüsse der Temperatur und die dadurch bedingten ungleich großen Dichten der Füssigkeiten sowie krystallinische Ausscheidungen aus den Lösungen und daher Trübungen der Glaswände. Der jüngere Blair war bemüht, diese Einwürfe durch die Thatsache zu entkräften, daß er ein von seinem Vater angefertigtes Fernrohr, welches mit Flüssigkeiten gefüllte Linsen besaß, vorwies, bei welchem sich wol einige Kryställchen an den Wänden angesetzt hatten, die jedoch nicht weiter störten und dieses Rohr soll, nach glaubwürdigen Zeitgenossen unter allen Umständen, die Bilder von entfernten Gegenständen sehr wol und achromatisch gezeigt haben.

Nachdem Dollond endlich achromatische Linsen angefertigt hatte (1757), wollte dies Euler, von dem doch die erste Idee dazu ausgegangen war (S. 168), nicht glauben und es bedurfte der nachdrücklichsten und geachtetsten Zeugenschaften, bevor er sich wieder mit der Idee der Möglichkeit der Achromasie vertraut machte. Kaum war dies aber der Fall, so beschenkte er (1766 bis 1771) die Wissenschaft mit der wahren Theorie der Achromatisirung der Linsen. Obwol man später nachwies, daß schon Gregory (1697) auf die Achromasie des Auges hingedeutet habe und daß schon Oldenburg an die Achromatisirung der optischen Gläser gedacht habe (S. 168), so bleibt doch das Verdienst Euler's sowie Dollond's um die Lehre und Ausführung des Achromatismus unvergänglich. Ja der letztere hat sogar in dieser Richtung einen Rechtsspruch des englischen Parlamentes für sich. Nachdem nämlich Dollond's gelungene Versuche so viel Aufsehen gemacht hatten, trat ein Sohn des Edelmannes Chester More Hall aus der Grafschaft Essex auf und wies nach, daß sein Vater von 1722 bis 1733 mit der Herstellung achromatischer Linsen beschäftigt gewesen sei und daß derselbe 1729 die erste achromatische Linse zu Stande gebracht habe. Es scheint in der That so gewesen zu sein; ob aber Dollond von diesen Versuchen etwas erfahren habe, ob er wirklich bei dem einen für Hall arbeitenden Optiker die convexe Crownglaslinse und bei dem anderen die concave Flintglaslinse gesehen und Hall's Gedanken errathen habe, was jene getrennt arbeitenden Glasschleifer nicht vermochten — wer will dies beweisen? Thatsache ist, daß Hall von seiner Erfindung nicht früher etwas hatte laut werden lassen als — bis es zu spät war. Das Parlament sprach sich für Dollond aus.

8. Die Bilder in optischen Kästen.

Die Linsen erzeugen von den vor ihnen befindlichen Gegenständen wirkliche Bilder (S. 129). Porta benützte diese hinter den Linsen auftretenden Bilder, um seine Dunkelkammer (S. 10) mächtig zu verbessern (1558), indem er in die Oeffnung des Ladens eine gläserne Sammellinse einsetzte, wodurch die an einer weißen Wand aufgefangenen Bilder der äußeren Gegenstände deutlicher und lichtstärker entstanden. Man sieht die Ursache dieser Vervollkommnung der Bilder ein, indem man bedenkt, daß durch eine einfache Oeffnung nur dann scharfe Bilder erscheinen, wenn das Löchelchen sehr klein ist (S. 11), daß aber mit dieser Beschränkung des Lichteintrittes die Helligkeit der Bilder abnehmen muß. Eine erhabene Glaslinse hingegen sammelt die von jedem Punkte des Gegenstandes ausgehenden Lichtstrahlen wieder zu entsprechenden Punkten und kann dabei viel breiter als jene Oeffnung sein, mithin auch lichtkräftigere Bilder hervorrufen.

Das Aufsehen, welches die Porta'sche Erfindung vor mehr als 300 Jahren erregte, war kein geringes, was uns nicht wundern darf, da ja der Gebrauch der Sammellinsen zu jener Zeit sich fast nur auf die Brillen und auf die Brennwirkungen (S. 139) erstreckte. Selbst heute gewähren noch die Linsenbilder in der Dunkelkammer durch die Treue der Farben, Weichheit der Grenzen und Belebtheit der Figuren einen eigenthümlichen Reiz, so daß die Speculation an schönen und viel besuchten Aussichtspunkten, z. B. beim Rheinfall, am Meere in Ostende, beim Panorama in Karlsbad u. s. w., zum Vergnügen des Publicums Dunkelkammern errichtet hat. Die Sammellinse solcher Dunkelkammern befindet sich (Fig. 68) in ihrem obersten Theile und die Bilder fallen auf eine weiße, wagrechte Gypsplatte eines Tisches. Ein ober der Linse geneigter ebener Spiegel oder besser (S. 114) ein total reflektirendes Prisma wirft die von den Gegenständen auf sie fallenden Lichtstrahlen der Linse zu, welche dieselben zu den entsprechenden Bildern gestaltet. Durch langsame Drehung jenes Spiegels oder eines die Linsen und Spiegel vereinigenden Glaskörpers (Fig. 67) nach allen Gegenden des Horizontes, kommen (Fig. 68) zum Ergetzen der Jugend immer neue Bilder auf die weiße Tischplatte.

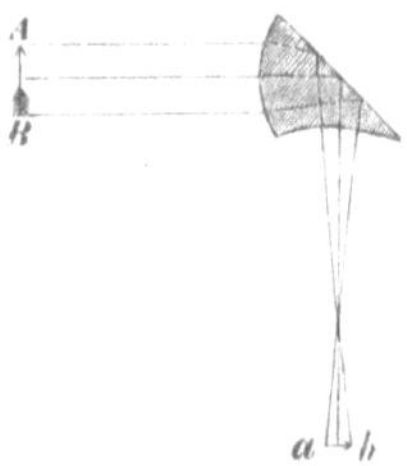

Fig. 67. Linsen und spiegelndes Prisma vereinigt für die Dunkelkammer mit horizontalen Bildern.

Man hat auch der in Fig. 67 und 68 abgebildeten Dunkelkammer die Form eines leicht transportabeln Zeltes gegeben, so daß die Besitzer mit ihrer Geld erwerbenden Dunkelkammer leicht von Ort zu Ort ziehen können.

Zur Uebersicht in Häfen, in einem Lager u. dgl. m. kann eine solche nach allen Seiten wendbare Dunkelkammer von Nutzen sein und Venedig ist vor etwa 15 Jahren auf der Hafenseite für militärische Zwecke mit einer guten Dunkelkammer versehen worden.

Fig. 68. Dunkelkammer mit Planspiegel und Linse oben in der Laterne und mit wagrecht liegenden Bildern.

Die erste tragbare Dunkelkammer in Form eines Kastens ließ der Engländer Hooke (1679) anfertigen. In dem vorderen Rohre eines solchen an der Innenseite geschwärzten Dunkelkastens (Fig. 69) ist eine Linsenverbindung angebracht, welche sich je nach der Entfernung der

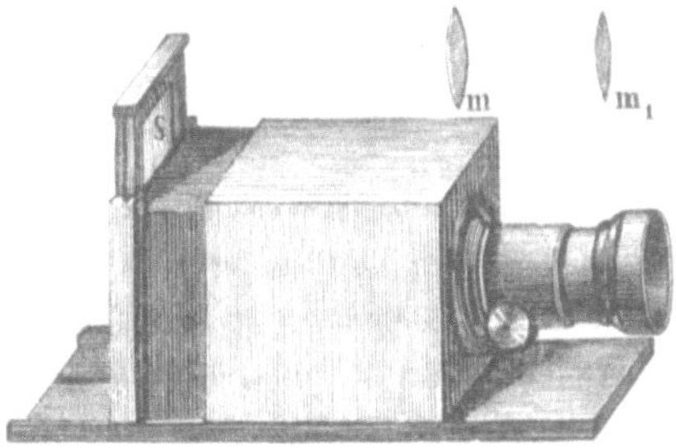

Fig. 69. Dunkelkammer in der Form eines tragbaren Kastens.

Gegenstände mittelst einer Schraube verstellen läßt, um auf eine durchscheinende matte Glastafel ein deutliches Bild werfen zu können, welches hier gesehen und nachgezeichnet werden kann. Der Wunsch, diese Bilder der transportabeln „camera obscura" festzuhalten, hat die Anregung zur „Photographie" gegeben.

Durch die Photographie werden die in den tragbaren Dunkelkammern zu Stande kommenden Bilder mittelst chemischer Mittel fixirt. Je getreuer jene Bilder sind, desto vollkommner gestaltet sich die photographische Abnahme — wird man sich daher wundern, daß die neueren Optiker aus allen Kräften bemüht waren und noch sind, achromatische und aplanatische Linsen (S. 166 und 131) für die Dunkelkammern anzufertigen, damit letztere Bilder bringen, welche den vor ihnen liegenden Gegenständen möglichst ähnlich erscheinen.

Weil die Linsen der Dunkelkammern die optischen Bilder „objectiv" bringen, so nennt man solche Linsen auch „Objective". Und da die Fortschaffung der sphärischen und chromatischen Abweichung an den Objecten Hand in Hand gehen, so versteht man jetzt unter einem „aplanatischen Objectiv" eine Linse, bei welcher beide Fehler beseitigt sind.

In den älteren Dunkelkästen wurde gegenüber der Linse ein ebener Spiegel unter 45 Graden geneigt, welcher die von den Objecten kommenden Lichtstrahlen nach einer in der Decke angebrachten durchscheinenden, wagrechten Wand warf, wo das Bild wahrgenommen und nachgezeichnet werden konnte. Wie bei allen derartigen Apparaten bedeckte der Zeichner, um das störende Seitenlicht abzuhalten, seinen Kopf und den hinteren Theil des Kastens mit einem dichten, schwarzen Tuche — was unser Leser zuweilen auch vom Photographen bei seiner tragbaren camera obscura ausführen gesehen haben wird. Der Photograph unternimmt jene Bedeckung, wenn er die scharfe Einstellung der matten, gläsernen Visirtafel (S. 177) genau beurtheilen will.

Die Bildweite einer jeden Linse ist nach dem Abstande des Gegenstandes von der Linse veränderlich (S. 142); die bildfangende Ebene einer Dunkelkammer wird daher stets nur für einen bestimmten Gegenstand, genauer genommen bloß für gewisse Theile des letzteren, richtig eingestellt werden können, zu welchem Behufe die Dunkelkästen mit Ausziehvorrichtungen sowol für die Visirtafel als für die Linsen (Fig. 69) versehen sind. Jedenfalls kann also nur auf ein Object scharf eingestellt werden, um ein deutliches Bild davon zu erzielen.

Wollaston hat (1809) statt des Dunkelkastens, behufs der Nachzeichnung einzelner Gegenstände, die totale Spiegelung benützt (S. 114). Der Gebrauch der camera lucida für das Nachzeichnen der Bilder ist etwas schwieriger als jener der Dunkelkammer und für ausgedehntere Objecte zeigt sich nur die letztere anwendbar. Bei der ersteren könnte man auch noch die Farbenzerstreuung fürchten, die jedoch dadurch vermieden ist, daß (Fig. 46) die Lichtstrahlen nahezu senkrecht durch die Grenzebenen solcher Prismen, also ungebrochen, mithin ohne Dispersion der Farben ein- und austreten.

Die camera lucida oder camera clara Wollaston's und Amici's darf nicht verwechselt werden mit einer gleichnamigen Kammer, die gegen Ende des vorigen Jahrhundertes angegeben wurde und welche darin bestand, daß bei den im Inneren mit einem geneigten, ebenen Spiegel versehenen tragbaren Dunkelkästen (S. 174) das horizontal liegende Bild nicht an einer durchscheinenden Ebene aufgefangen, sondern daß die letztere durch eine Linse ersetzt war, welche zum Betrachten des Bildes diente, wobei dieses lichtstärker als sonst erschien. Zum Nachzeichnen der Bilder eignete sich dieser nur wenig bekannt gewordene Apparat nicht.

Aehnlich der so eben besprochenen älteren camera clara ist der optische Kasten des vor einiger Zeit von Mauvillin construirten Grimassen-Apparates (Fig. 70) eingerichtet; die Objectiv-Linse L des letzteren ist absichtlich mit feinen, ungleichen Streifen und vielerlei Unregelmäßigkeiten versehen worden, damit diese schlechte fehlervolle Linse von der bei B liegenden Photographie ein Zerrbild erzeugen könne, welches dem durch die Linse A blickenden Auge mittelst des Planspiegels S zugeworfen wird. Die bei B eingeschobenen Vorbilder erhalten durch die Seitenspalte rechts ihre Beleuchtung. Ein Uhrwerk U verschiebt die Zerrlinse langsam um ihre Achse und sorgt so für die Mannigfaltigkeit der Grimassen in dem Linsenbilde. Soll eines der Zerrbilder andauern, so hemmt man das Uhrwerk, also auch die Linse. Dieser Kasten soll Belustigung verschaffen; jedenfalls kann er dazu dienen, grell die Folgen der Fehler im

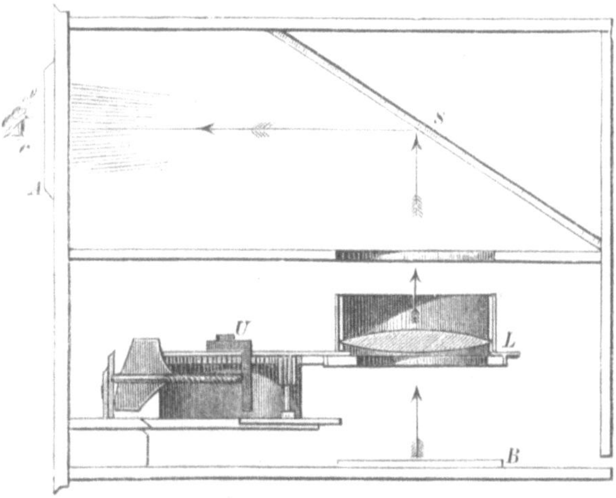

Fig. 70. Dunkelkasten mit Zerrbildern.

Linsenschliffe begreiflich zu machen; ebenso dürfte er vielleicht für Carricaturenzeichner und für das Ergründen der Aehnlichkeiten in den Familien=Physiognomien von einigem

Nutzen sein. Man kann den Grimassen-Kasten sehr einfach ersetzen, indem man durch den geschliffenen, linsenartigen Boden eines feineren weißen Trinkglases nach dem Gesichte seines Gegenübers oder nach einem Bilde hinsieht und den gläsernen Becher langsam um seine Axe dreht.

Porta brachte nahe und vor dem Brennpunkte der Linse seiner Dunkelkammer transparente Gemälde in umgekehrter Stellung an, ließ dieselben von der Sonne kräftig erhellen und fing die entsprechenden, aufrechten und vergrößerten Bilder mittels einer weißen Wand auf (S. 12). In solcher Weise führte er seinen Bewunderern Jagden, Schlachten, Todtengerippe und andere Schauerstücke vor — wer erkennt hier nicht das Princip der Zauberlaterne" (Fig. 71)?

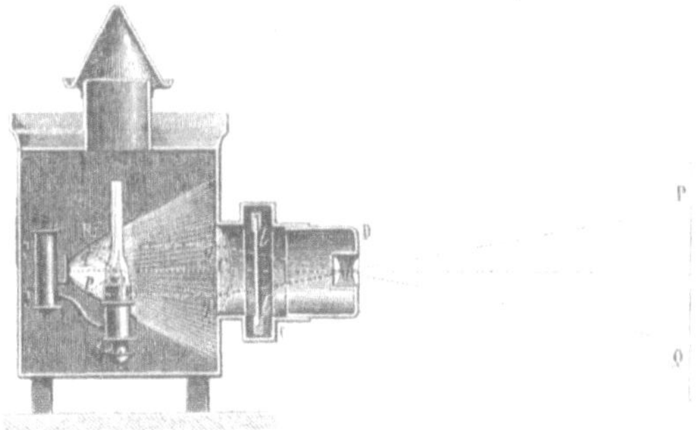

Fig. 71. Die „Laterna magica," „Hexenleuchte" oder „Zauberlaterne."

Es ist nicht bekannt, durch wen der Porta'schen Zauberstube die bequemere Form einer „leicht tragbaren Laterne" ertheilt worden ist. Nicht selten schreibt man diese Erfindung dem Kircher (1646) zu, er hat jedoch diesen zu seiner Zeit in Gebrauch kommenden optischen Kasten nur verbessert. Daß schon vor Kircher eine Art magischer Laterne — vielleicht nur mit Hohlspiegeln — bekannt war, geht aus einer interessanten Schilderung einer Geisterbeschwörung hervor, die uns der an Abendteuern so reiche Bildhauer Benvenuto Cellini (geb. 1500, gest. 1571) in seiner Selbstbiographie gibt und deren Nachlesung wir unseren Freunden in der Göthe'schen Uebersetzung angelegentlichst empfehlen.

Die Zauberlaterne (Fig. 71) besitzt vorne im Rohr eine als Sammelglas wirkende Linsenverbindung d, welche (S. 129) von den in verkehrter Lage eingeschobenen auf Glasscheiben befindlichen Glasmalereien 11 auf einer weißen Wand (P Q Fig. 71 und 72) aufrechte und vergrößerte optische Bilder wirft. Die durchscheinenden Glasgemälde werden möglichst kräftig, mittelst des Lichtes einer Oel-, Gas- oder elektrischen Lampe, erhellt, wobei (S. 90) der Leuchtspiegel R und (S. 142) die Beleuchtungslinse C sehr vortheilhaft mitwirken.

Wer weiß nicht, daß aus Nünberg magische Laternen von der verschiedensten Größe nach allen Theilen der Erde in Tausenden von Exemplaren versendet werden? Und wem hat nicht in seiner Jugend ein solcher parallelopipedischer Kasten aus dünnem Weißblech mit dem gedrückten blechernen Hohlspiegelchen, dem Oellämpchen, den dicken Linsen und den zugehörigen, bemalten Glasstreifen einige Abendstunden im Fluge und unter Freuden entführt? Wen hat nicht in seiner Kindheit das mit rothgemustertem Papier überzogene Behältniß des Ganzen freundlichst angesprochen? Und wer sollte ahnen, daß aus einem solchen (optischen

Fig. 72. Optische Bilder mittelst der Zauberlaterne.

Kasten den Leuten des 17. und zum Theil selbst des 18. Jahrhundertes Gespenster vorgeführt wurden, an welche sie allen Ernstes glaubten? Freilich waren da alle Theile des Apparates — besonders hinsichtlich der Beleuchtung, Linsen und Glasmalerei — sorgfältiger gearbeitet als bei dem heutigen, billigen, nur für die Unterhaltung der Jugend berechneten Fabriks-Product aus Nürnberg. Dazu kam noch, daß die schlauen Geisterbeschwörer — wie z. B. Schröpfer in Leipzig, der sich 1774 erschoß — von ihren Gläubigen tagelanges Fasten begehrten, ihnen dann vor dem Herüberrufen der Verstorbenen berauschende Getränke gaben und in der unheimlichen Dunkelstube narkotische Räucherungen vornahmen. Es ist daher begreiflich, daß dann der in dem enggezogenen Zauberzirkel und in seinem beschränkten Anschauungskreise Gebannte, die im aufsteigenden Rauche wallenden, aus der Zauberlaterne kommenden Bilder in seiner aufgeregten Phantasie für überirdische Erscheinungen nahm.

Wie weit man die Täuschung einer vorzüglichen Zauberlaterne treiben kann, hat Robertson mittelst seiner „Phantasmagorien" zu Paris im Pavillion de l'Échiquier und später in dem alten, nahe dem Vendome-Platz gelegenen Kapuzinerkloster bewiesen (1798). Die Wände der Kapelle dieses damals verödeten und verlassenen Gebäudes waren mit schwarzen Tapeten und daran haftenden Menschenknochen, Todtenkäuzchen u. dgl. m. versehen. Eine düster brennende Hängelampe diente eher dazu diesen Ort schauerlich zu machen als ihn zu erhellen — plötzlich erlosch auch dieses Zweifel-Licht und unter Regen, Blitz, Donner, Todtengeläute, Tam-Tam-Lärm, Uhugekrächze, schauerlichem Pfeifen, einem wüsten Luftzug u. s. w. erschien eine kleine kaum merkliche Figur. Diese schwoll, allmälig sich nähernd, zu einem Gespenst heran und colossal geworden, schien es als ob sie sich in den Zuschauerraum stürzen wollte — sie verschwand aber unerwartet. Darauf kam unversehens ein anderer Geist, der rasch bis in's Unmerkliche abnahm, um bald darauf zu einer anderen Erscheinung anzuwachsen.

Der Erfolg dieser mit aller Umsicht auf die mechanischen sowie optischen und psychologischen Behelfe in Scene gesetzten Vorstellungen war ein über alles Maaß gehender Die Zeitungen aus der damaligen revolutionären Zeit überbieten sich in den überschwänglichsten Schilderungen, und der talentvolle, geschickte Robertson scheint sich bei den hohen Eintritspreisen und dem Zudrange des Publikums nicht übel befunden zu haben.

Vor Beginn des Gespensterspuckes gab Robertson die in jenen Tagen überflüssige Versicherung, daß alles mit natürlichen Dingen zugehe; er hütete sich aber wol durch eine eigentliche Erklärung dieser optisch so interessanten Erscheinungen eine ihm gefährliche Concurrenz wach zu rufen; nichts destoweniger erwuchs ihm nach 4 Jahren ein Rivale, wenn auch nicht zu Paris, so doch in London und Edinburgh, wo Philipsthal (1802) ähnliche „Phantasmagorien" producirte.

Die Detail-Angaben hinsichtlich der Apparate für derartige Schauspiele fehlten einige Zeit, denn beiden Thaumaturgen glückte es, ihr Geheimniß zu bewahren. Man wußte nur, daß dabei eine Zauberlaterne betheiligt sei und daß diese unsichtbar und unhörbar dem Zuschauerraume

Fig. 73. Phantasmagorische Vorstellung im alten Capuzinerkloster zu Paris im Jahre 1798.

genähert und wieder von demselben entfernt werden müsse. Young hat dann die Grundsätze und Constructionsweise für solche magische Kästen angegeben; wir selbst wollen hier das Wesen der Mittel besprechen, welche Robertson beim Zustandebringen seiner „Phantasmagorien" anwendete:

Sobald durch Erlöschen oder Hinaufziehen der Lampen die tiefste Finsterniß im dunkel ausgeschlagenen Saal hergestellt war, wurde während des betäubendsten Lärms,

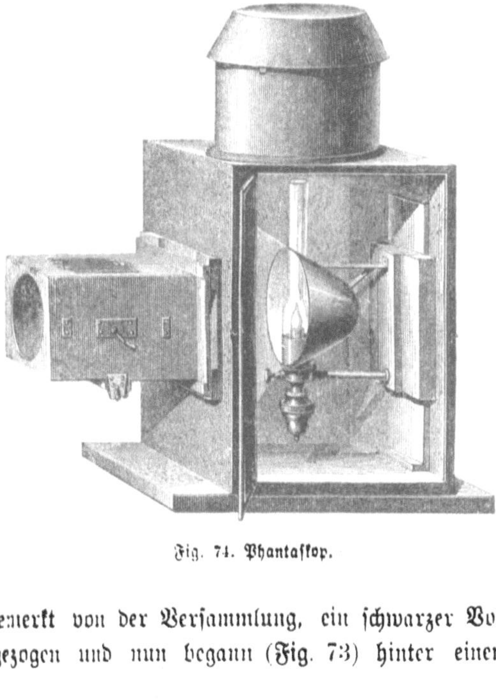

Fig. 74. Phantaskop.

unbemerkt von der Versammlung, ein schwarzer Vorhang aufgezogen und nun begann (Fig. 73) hinter einem die ganze Oeffnung der Bühne einnehmenden, weißen etwas angenäßten und daher durchscheinenden Leinwand-, Percail- oder Mousselinschirm das Spiel einer trefflichen Zauberlaterne. Dieses „Phantaskop" (Fig. 74) hatte einen schwarzen, hölzernen Kasten und stand auf einem schwarzen, mit Rädern versehenen Tisch.

Sollten die Erscheinungen auf der transparenten Wand verkleinert werden, dann wurde der magische Kasten der letzteren genähert; sollte das Gegentheil erfolgen, dann ließ man das Phantaskop auf seinem Wagentisch zurückfahren.

Eines der Fußräder an dem Gestelle der Zauberlaterne griff in ein höher angebrachtes Rädchen ein, welches die

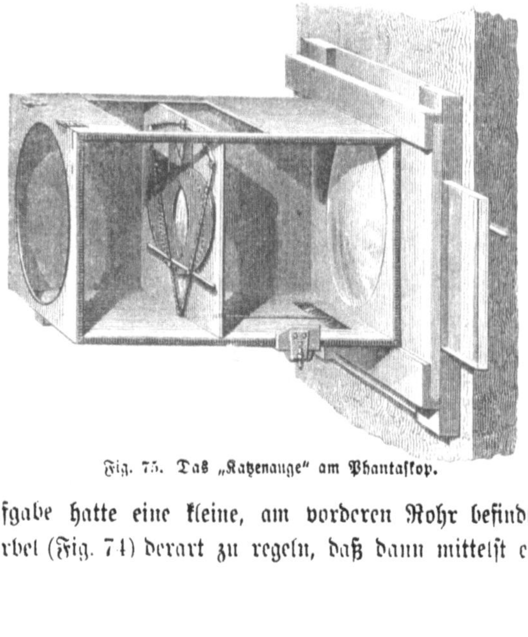

Fig. 75. Das „Katzenauge" am Phantaskop.

Aufgabe hatte eine kleine, am vorderen Rohr befindliche Kurbel (Fig. 74) derart zu regeln, daß dann mittelst eines

Schnurzuges, einer gespannten Feder (Fig. 75) und einer scherenartigen, aus zwei Halbmonden bestehenden Linsenbedeckung eine größere Oeffnung für das durchdringende Laternenlicht machte, wenn die Bilder an Größe zunahmen, d. i. wenn man den Zauberwagen von der wol gespannten Leinwand entfernte. Rollte man aber den optischen Kasten gegen das Publicum, dann schloß sich das „Katzenauge" (Fig. 75), wie Robertson dieses veränderliche Linsen-Diaphragma (S. 131) nannte, immer mehr und gleichzeitig schob sich eine hinter dem letzteren angebrachte bewegliche Objectiv-Linse von einer fixen halbkugeligen Glaslinse verhältnißmäßig so ab, daß stets die Bilder genau auf die durchscheinende Scheidewand fielen.

Die in der tiefsten Finsterniß weilenden Zuschauer — denen jedes Mittel zur Vergleichung der Distanzen entzogen war — nahmen das Wachsen der Bilder an Größe und Lichtstärke für eine Annäherung und ihr Kleiner- und Schwächerwerden für eine Entfernung der Erscheinungen — ein rasches Zufahren der Hexenleuchte gegen die durchscheinende Leinwand erschreckte daher nicht wenig das für den Moment, trotz aller Aufklärung, furchtsame Publicum; denn es schien als ob sich die Gespenster mit großer Hast in das Parterre stürzen wollten.

Um jedes Geräusch beim Hin- und Herfahren des Phantaskopes zu vermeiden, waren der Fußboden der Bühne und die Räder des Tisches mit Tuch überzogen und alle dabei betheiligten Personen liefen auf Socken.

Die Glasmalereien für das Phantaskop müssen selbstverständlich von der feinsten Art und die vom Bilde freien

Theile mit schwarzem, nicht durchscheinendem Firniß gedeckt sein. Gleichwol werden die vergrößerten Figuren auf der gesammten Leinwand Mißverhältnisse bringen, weil die kleinen, selbst vom besten Künstler unmöglich zu vermeidenden Fehler der durchscheinenden Firnißbilder auf dem Glase bei der Production mitwachsen. Schon Euler schlug daher für die besseren Zauberlaternen körperliche Objecte und lebende Personen vor, von welchen ein Sammelglas oder ein Hohlspiegel ein verkleinertes optisches Bild für die Linse der Zauberlaterne bieten sollte und Enslen hat in Berlin seit 1797 bis gegen 1833 derartige Phantasmagorien dem Publicum vorgeführt. Indessen haben solche Schaustellungen nur ein beschränktes Gebiet und werden neuerer Zeit in jeder Richtung weit übertroffen durch die Spiegelbilder sehr großer, geschliffener, feinster, farbloser und unbelegter Glasscheiben (Fig. 76), welche einen Theil der Bühne von den Zuschauern abschneiden. Die Gegenstände sowie die lebenden Personen werden an einen seitwärts befindlichen, vom Publicum nicht wahrnehmbaren Orte (Fig. 76) kräftigst mit dem Lichte einer elektrischen, Drummond'schen oder Magnesium-Lampe erhellt. Die von einer derartig mächtig beleuchteten Gruppe ausgehenden Lichtstrahlen fallen auf die reine, recht hohe, sehr breite, scheitelrechte und mit dem vorderen Bühnenrand einen spitzen Winkel bildende Glasscheibe (Fig. 76), werden von derselben zum großen Theile in den Zuschauerraum regelmäßig zurückgeworfen und bewirken in den Augen des Publicums (S. 73) subjective Spiegelbilder. Die Glasscheibe ist selbst dem Eingeweihten wegen des nur wenig zerstreuten Lichtes kaum sichtbar und wird von dem überraschten Zuseher gar nicht bemerkt.

Bei dieser Benützungsweise der Theaterspiegel können die Personen und Gegenstände, welche den Zuschauern erscheinen sollen, ihre natürlichen Stellungen und Lagen

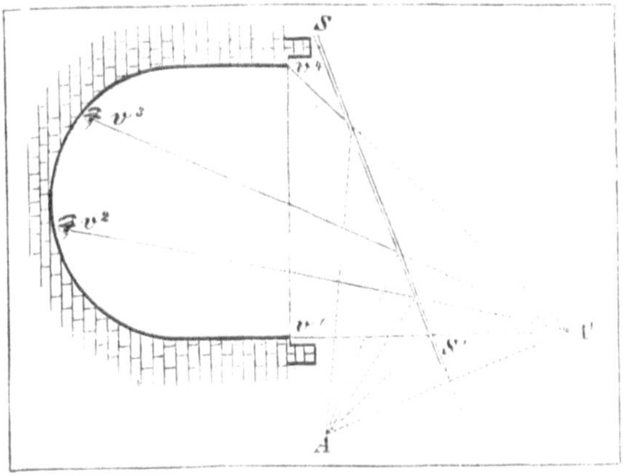

Fig. 76. Strahlengang für den Bühnenspiegel.

behalten, was bei der etwas älteren, unbequemen Einrichtung bezüglich der Bühnenspiegel nicht der Fall war (vergl. S. 199 sowie Fig. 78 und Fig. 79). Jene neuere Anordnungsart des Theaterspiegels beruhet eigentlich auf dem Principe des magischen Operguckers (S. 56) und bringt nur im Großen, was dort im Kleinen sich zeigt.

Die Anwendung der ebenen Spiegel zu magischen Zwecken ist schon eine alte (S. 61); es lag daher nahe die prächtigen und mächtigen Spiegelscheiben der neueren Industrie für Gespenstererscheinungen auf der Bühne auszubeuten.

Bemerkt man doch am Abend, wenn man in einem neueren Kaffeehause oder Verkaufsgewölbe Platz genommen hat, wie sich die erleuchteten, matten Glaskugeln der Lampen des inneren Raumes in den großen, feinen Fenster- und Thürscheiben der Reihe nach durch Spiegelung abbilden und daß man gleichwol die draußen vorübergehenden Leute noch wahrnimmt. Lag es daher nicht nahe dieses Princip für die Bühne aufzugreifen? In der That behauptet Robin in Paris, er habe schon gegen das Jahr 1846 die Durchsichtigkeit und die Spiegelung der besten Glasscheiben für Geistererscheinungen benützt; sicher ist, daß erst um das Jahr 1860 Pepper, der Leiter des für belehrende Unterhaltung geschaffenen polytechnischen Institutes zu London, den Bühnenspiegel in Aufnahme brachte und daß bald darauf einige pariser Theater, und später die Schauplätze anderer Großstädte folgten.

Wer bei den letzten Welt-Industrie-Ausstellungen die in einigen englischen, französischen und belgischen Fabriken gegossenen und dann geschliffenen Riesentafeln aus farblosem, feinstem Glas zu bewundern Gelegenheit hatte, wird leicht zugeben, daß selbst für die breitesten Bühnen, wenn nur die Geldopfer nicht gescheuet werden, die Herbeischaffung der für die Gespenstererscheinungen erforderlichen, gläsernen Großscheiben keine ernste Verlegenheit zu bereiten im Stande ist. Im Theater du Châtlet zu Paris wurden auf der Bühne längs einer Geraden 3 quadratische, unbelegte Spiegelscheiben aneinander gereiht, bei welchen je eine Seite 5 Meter maß.

Damit sich die Bilder recht hell geben, müssen der Zuschauerraum sowie der Bühnentheil möglichst verfinstert,

Fig. 77. Eine Geisterscene mittelst des Bühnenspiegels.

hingegen die abzuspiegelnden Gegenstände und Personen kräftigst beleuchtet werden, wobei, aus einem später klar werdenden Grunde, die rothen und gelben Farben, ferner das Weiß im Anzuge der Mimen besonders zu berücksichtigen sind.

Um die Täuschung zu erhöhen, ist das hinter der Glasscheibe befindliche Stück der Bühne mäßig beleuchtet und hier sind eine oder mehrere Schauspieler so beschäftigt, daß dieselben mit den Geistern, Gespenstern, Gnomen, Truden u. dgl. scheinbar zu thun bekommen — thatsächlich können sie von diesen Spiegelbildern nicht das mindeste bemerken, so daß ihnen bei der „Probe“ ihr Ort angewiesen und bezeichnet wird und man dann bemüht sein muß das Spiegelbild ebenfalls so zu produciren, daß keine Ungereimtheit entstehe. Demnach müssen auch die Personen und Objecte, welche erscheinen sollen, genau den Platz wieder einnehmen, welchen sie bei der Probe hatten. Die an der großen Glasscheibe abzubildenden Personen müssen alles (S. 38) in die linke Hand nehmen, was der Zuseher in der rechten Hand der Erscheinung wahrnehmen soll; so z. B. Waffen, Pocale u. dgl. m.

Die Spiele und Pantomimen werden so erdichtet, daß der naive Zuschauer zu dem Glauben kommt, den von ihm durch das Glas gesehenen, wirklichen Personen erscheinen die Gespenster und Geister plötzlich und verschwinden ihnen ebenso überraschend, was einfach durch schnelles Oeffnen oder Schließen des seitwärts von der Bühne befindlichen und daher den Zuschauern verborgenen Beleuchtungskastens bewerkstelliget wird — in Wahrheit bemerkt aber nur das Publicum die Erscheinungen. Und wenn der Zuschauer das Gespenst von dem auf der Bühne befindlichen Mitspieler durchbohren sieht und jenes (Fig. 77) gleichwol unbeschädigt, kalt und ruhig auf seinen Gegner zuschreitet, um ihn mit einer Umarmung zu erdrücken, so gewahrt der scheinbar entsetzte Mime — gar nichts. Ein Schlag mit dem Deckel vor die beleuchtende Linse (Fig. 78) und das Spiegelbild ist auch dem Publicum verschwunden; eine rasche Oeffnung jenes Deckels und das Gespenst ist wieder da.

In solcher Weise kommen und verschwinden mittelst des Bühnenspiegels die Götter, Halbgötter, Teufel der Mythen, Mährchen und Sagen aller Orten und Zeiten, die sogenannten „Schatten“ oder „Schemen“ der Abgeschiedenen u. dgl. m. mit ihren wechselnden Gestalten und Namen. Und weil der Spiegel durchsichtig und dabei der hinter jenem beschäftigte Acteur viel schwächer beleuchtet ist als die Vorbilder des Spiegels, so geben sich die Spiegelerscheinungen sogar lichtkräftiger und daher lebensvoller als die wirkliche Person, was zur optischen Täuschung nicht wenig beiträgt. Dazu gesellt sich noch der Betrug, welcher hiebei dem Gehöre gespielt wird. So versetzt z. B. das Ohr die seitswärts von der Bühne kommenden Trompetentöne nach dem vom Spiegel producirten Bilde eines blasenden Trompeters, das Geräusch einer Schnarre nach dem Bilde, welches die letztere rasch zu drehen scheint u. dgl. m.

Die Spielwaaren-Industrie hat bereits den mittelst des Bühnenspiegels erzeugten Geisterspuk in einem optischen Kasten zur Belehrung und Unterhaltung im Kleinen darzustellen versucht und dieser optische Apparat verdient gewiß die Förderung durch die für Aufklärung des Geistes Besorgten.

Nach einem etwas älteren, jetzt nicht mehr angewendeten Verfahren bezüglich des Bühnenspiegels, befanden sich (Fig. 78 und 79) die Personen und Sachen, welche erscheinen sollten, in einer offenen, dem Publicum nicht wahrnehmbaren Versenkung, wo sie kräftigst beleuchtet wurden. Die durchsichtigen Glastafeln wurden (Fig. 78 und 79) gegen die wirklichen Objecte und Personen zweckmäßig geneigt, wodurch auch die letzteren eine schiefe Lage bekommen mußten — wenn nicht die Spiegelbilder abweichend von der Lothrechten erscheinen sollten. Da aber die im Spiegel abzubildenden Acteure bei großer Schrägheit ihrer Körperaxe in eine zu unnatürliche Lage kamen (Fig. 79), so regulirte man die Schiefe des Spiegels, des

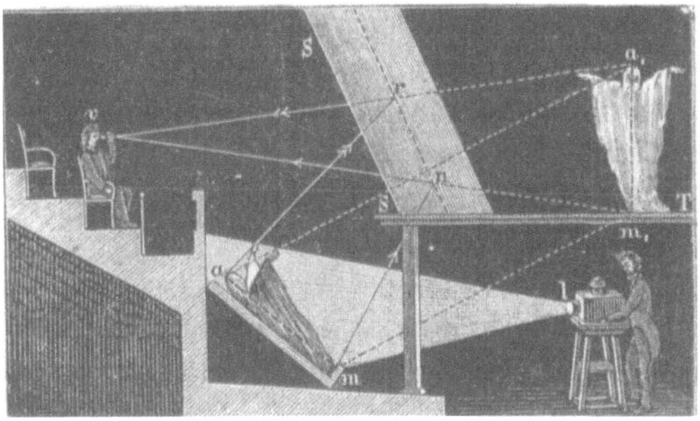

Fig. 78. Aeltere Methode bezüglich des Bühnenspiegels sammt Strahlengang des Lichtes.

Bühnenbodens und der Versenkung derart, daß die abzuspiegelnden Leute sich leicht bewegen konnten und daß gleichwol die Bilder scheitelrecht zu stehen schienen.

Obwol die Zeichnungen in Fig. 78 und 79 nur die

ältere Methode bezüglich des Bühnenspiegels illustriren, ist es doch leicht die Beleuchtungsweise des Objectes, sowie den Strahlengang u. s. w., auf das neuere, bereits besprochene Verfahren zu übertragen.

Mittelst der gläsernen Bühnenwand sammt Zugehör glückt es, die optischen Bilder wirklicher Gegenstände und Personen in ihrer natürlichen Größe plötzlich hervorzurufen und sie ebenso überraschend verschwinden zu lassen; mittelst des „Phantaskopes" (Fig. 73 und 74) kann man die optischen Erscheinungen (S. 191) in räthselhafter Weise rasch anwachsend und dem Publicum sich nähernd darstellen und dann die wieder klein gewordenen Figuren fast unmerklich in andere übergehend machen — sollte es nicht möglich sein die großen optischen Bilder eines Phantaskopes vor den Augen der Zuseher in andere zu verwandeln? Diese Frage beantwortet mit Ja der vor mehreren Jahrzehnten von Laschott erfundene und in England zuerst in Anwendung gebrachte „Nebelbilder-Apparat" (Fig 80). Derselbe besteht der Hauptsache nach aus zwei Zauberlaternen, welche (Fig. 73) auf dem vor ihnen befindlichen, transparenten, weißen Schirm ein gemeinschaftliches Feld für ihre Bilder haben. Sind (Fig. 80) die vorderen Linsenöffnungen beider Kästen theilweise verdeckt, so fallen die aus beiden Kästen kommenden, lichtschwachen Bilder in einander und erzeugen ein gemischtes, nebelhaftes Bild. Je mehr nun die an der Laterne A (Fig. 80) angebrachte Linse bedeckt und die vor dem Kasten B wirkende Linse frei gemacht wird, desto deutlicher tritt das von der letzteren zu Stande gebrachte Bild hervor und das verschwindende Bild zurück — bis endlich das sich kräftigende Bild

Fig. [illegible]9. Aelteres Verfahren für Geistererscheinungen im Theater mittelst großer, spiegelnder Glasscheiben.

scharf gezeichnet daliegt, wenn die Linse des einen Apparates gänzlich offen und jene der anderen Laterne vollständig verschlossen ist.

Für die Linsenverdeckung dienen (Fig. 80) undurchsichtige Kreisscheibchen oder sich übereinander legende Blechfahnen, welche mittelst Hebel oder Schrauben alternirend vor die

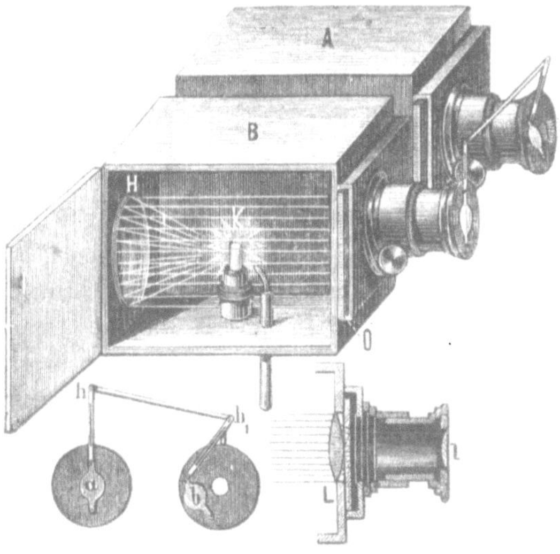

Fig. 80. Der Apparat für Nebelbilder.

Linsenöffnungen gebracht werden. Man kann auch, ohne Verschiebung des Objektives (S. 191), das Robertson'sche „Katzenauge" anwenden oder endlich kammartige blecherne Halbkreisscheiben, welche abwechselnd durch Drehen an einer Kurbel vor die Linsen rücken.

Um Bewegung in die optischen Bilder der Zauberlaterne zu bringen, stellt man zwei oder mehrere bemalte, zu einander passende Glasstreifen als Objekte für die Bilder hintereinander. Durch Hin- und Herziehen der hinteren Glasmalerei wird dann die gesuchte Bewegung der Bildtheile erzielt; so z. B. kann man die Glieder, Augen u. dgl. der Figuren verschieben, man kann einen Eisenbahnzug, ein Dampfschiff durch die Gegend fahren, Mühlräder umlaufen lassen u. s. w. Auch der Schneefall in einer Landschaft läßt sich nachahmen, indem man in einer offenen, sonst objectlosen Zauberlaterne einen langen, durchstochenen, schwarzen Papierstreifen aufwärts zieht. Je näher an einander die Löcher auf letzterem liegen, desto benachbarter kommen die Lichtflecke, welche hier wie dicht zu einander fallende Schneeflocken erscheinen. Die Nebelbilder wurden vor etwa 40 Jahren in Deutschland durch Döbler aus Wien bekannt, der ihre Darstellung besonders correct in allen größeren Theatern besorgte. Döbler verband mit seinem Nebelbilder-Apparat das „Chromatrop", welches das „Farben- und Linienspiel" hervorruft, d. i. ein reizendes, regelmäßiges, bewegtes Durcheinander von farbigen Krummlinien, bunten Lichtsternen, ein rascher Wechsel in einander verschlungener Kreisformen u. dgl. m. Bald schießen die herrlichsten, farbigen Strahlen aus einem gemeinsamen Mittelpunkte gegen den Umfang der Lichtzirkel, wo sie verschwinden, um ohne Ende, ohne Zahl, ohne Unterbrechung, unerschöpflich wieder aus dem Centrum hervorzustürzen; bald kehrt sich dieses Spiel um, und der Mittelpunkt scheint, unersättlich wie ein extremer Aesthetiker, alle von der Peripherie herkommenden, entzückend schönen Formen verschlingen zu wollen. Dann auf einmal (S. 191) bewegt sich das ganze Farben- und Linienspiel gegen die Zuschauer, als wollte es sie mit seinen

Herrlichkeiten und Zierden überschütten, weicht aber hierauf ebenso plötzlich zurück.

Die Ursache dieses an das Kaleidoskop (S. 51) mahnenden, aber viel ansprechenderen Farben- und Formenspiels, dieser einer Farbenmusik (S. 161) am nächsten kommenden Erscheinung ist wieder nur eine trefflich ausgeführte magische Laterne, bei welcher die sonst üblichen Glasgemälde durch kreisrunde, mit transparenten, farbige Krummlinien, Sternen u. dgl. m. bedeckten Glasscheibchen vertreten sind. Je zwei solcher Linienmalereien auf Glas liegen übereinander auf einem kreisförmigen Bette einer Holz- oder Blechschiene und lassen sich in entgegengesetzter Richtung drehen. Geschieht dies, dann kommen die farbigen Krummlinien und Formen in die mannigfachsten Lagen gegen einander und bewirken eine Anzahl von Combinationen, welche, von der Laterne vergrößert und erhellt, auf der durchscheinenden Wand das Publicum entzücken.

Der Nebelbilder-Apparat macht verschiedene Darstellungen möglich von einer und derselben Gegend, von einem und demselben Naturwunder, von einem und demselben monumentalen Gebäude, z. B. des Inneren einer berühmten Kirche u. dgl. m., wie sie unter verschiedenen Umständen, etwa zur Sommer- oder Winterzeit, bei Tage oder in der Nacht aussehen u. s. w. Zu diesem Behufe kommen die unter den geänderten Bedingungen aufgenommenen Glasmalereien, Photographien auf Glas u. dgl. m. abwechselnd in je eine der beiden Zauberlaternen (Fig 80), womit dann ihr Spiel (S. 200) beginnt. Weil in dieser Weise vielerlei Vorführungen desselben Gegenstandes vor einem größeren Publicum producirt werden können, so heißen solche auf der durchscheinenden Wand der Bühne wechselnde Bilder eines und desselben Objectes „Polyoramen“.

Die Polyoramen dürfen nicht mit den von Daguerre erfundenen „Dioramen“ verwechselt werden. Die letzteren bestehen (Fig. 81) aus Gemälden, welche für den Bühneneffect vor- und rückwärts auf Leinwand angefertigt sind und zwar derart, daß die letztere, ausschließlich von vorne beleuchtet, ein ganz anderes Bild gibt, als wenn sie nur von rückwärts kräftig erhellt wird. Meist kommt auch hier das Bild eines und desselben Gegenstandes unter geänderten Umständen zum Vorschein, z. B. (Fig. 81) der Vesuv im auffallenden Licht für den Tag, im durchgelassenen Licht für die Nacht. Bei den Daguerre'schen Dioramen entfällt mithin die magische Laterne und neue Bilder werden (Fig. 81) durch Abwickeln der bemalten Leinwandrolle erzielt. Derartige Dioramen sind im Kleinen, auf Papier ausgeführt, und in zusammenlegbaren Pappkästen untergebracht worden; sie haben mit Recht als belehrende Unterhaltung Eingang in die Jugendstuben gefunden. Da die Zauberlaternen Polyoramen bewirken können, so sind sie selbstverständlich auch für Dioramen tauglich.

Der Apparat für Nebelbilder („Dissolving views“) spielt in seinem Mutterlande, d. i. England, keine unbedeutende Rolle hinsichtlich des Lehr- und Bildungswesens. Bei der zweiten Industrie-Ausstellung zu London (1862) ist mir die große Anzahl von verschieden construirten Zauberlaternen aufgefallen. Die englischen Pädagogen haben es verstanden, die magische Laterne als Lehrmittel trefflich auszunützen. Die von den Engländern ihren Zauberlaternen beigegebenen Glasbilder behandeln Gegenstände aus allen Zwei-

Fig. 81. Daguerre's Diorama auf verschiebbarer Leinwand, ohne Zauberlaterne, i. J. 1822.

gen der Naturwissenschaften, Geographie und Geschichte. Die Zauberlaterne, sowie der Nebelbilderapparat werden mit Hilfe jener so bemalten Glasscheiben zum Universal-Demonstrations-Instrument, wenn andere Lehrmittel fehlen oder selbst neben diesen.

Um einen Begriff vom Umfange dieser Lehrmittel zu verschaffen, mögen einige Beispiele aus Griffin's Sammlung folgen: Bezüglich der Astronomie können 32 auf Glas gemalte Diagramme beigegeben werden. An 12 Stücken derselben sind Vorrichtungen angebracht (S. 204), mittelst deren man die wichtigsten Bewegungserscheinungen am Himmel nachahmen kann. Die anderen 20 Gläser zeigen die übrigen wichtigsten Erscheinungen am Himmel, bringen auch wol erklärende Figuren dazu. Die topographischen Bilder zählen nach Hunderten aus allen Theilen der Erde. Von geologischen Objecten sah ich 80 verschiedene, gut ausgeführte Glasgemälde.

Die Nebelbilder-Apparate werden in London auch an öffentlichen Unterhaltungsorten, z. B. im Polytechnicum, Kolosseum u. dgl. m. vielseitig zur Belehrung des Volkes benützt und das Publicum klatscht ebenso heftig in die Hände, wie in der goldenen Zeit der „Dissolving views", selbst wenn zuweilen die Bilder herzlich schlecht, verwaschen und fast unkenntlich ausfallen. Freilich versteht es der beigesellte Mentor durch den wohlgeschriebenen, zuweilen sehr witzigen Text und manchmal sogar durch Gesang den Inhalt recht schmackhaft zu machen.

Das an Figuren und Gemälden so reizend wechselnde Feld der Nebelbilder hat wahrscheinlich Brantner veranlaßt, seinen geistreichen, Hofkreise geißelnden Roman:

„Dissolving views“ zu nennen — sie sind auch ein gutes Lehrmittel.

Um von undurchscheinenden Gegenständen oder Gemälden mittelst der Zauberlaterne Bilder auf eine weiße Wand zu werfen, müssen die Objekte von vorne mittelst Spiegel oder Linsen beleuchtet werden. Krüß in Hamburg hat dem Megaskop in jüngerer Zeit (1867) eine sehr zweckmäßige Form (Fig. 82) ertheilt. Er beleuchtet in einem optischen Kasten die an der inneren Seite des Thür-

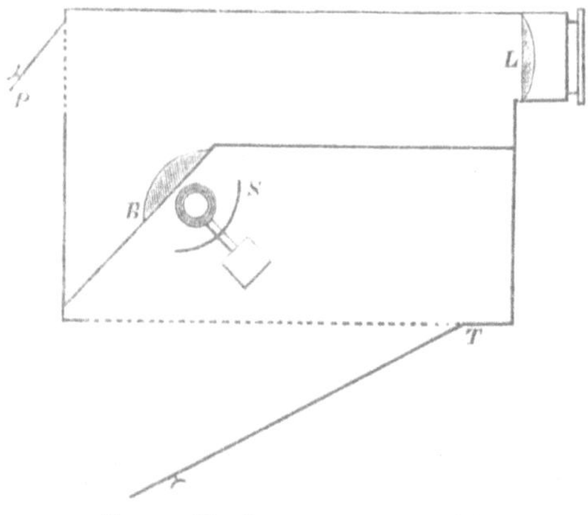

Fig. 82. Die Wundercamera von Krüß.

chens P angebrachten Gegenstände, wie Photographien, Gemälde, Muscheln u. dgl. m. mittelst einer Lampe, des zugehörigen Hohlspiegels S und der Linse B. Von den so kräftig erhellten Objecten erzeugt eine Linse L auf einer entfernten weißen Wand vergrößerte Bilder.

Man kann auch bei P eine Uhr aufhängen, und ſo an der Wand das Bild des Zifferblattes ſammt Zeigers erhalten, d. i. ein Zeitweiſer für die Nacht, was ſchon gegen Ende des 17. Jahrhunderts die älteren Freunde der magiſchen Laterne, jedoch mit complicirteren Mitteln, anſtrebten und erreichten.

Das Sehen.

1. Das unbewaffnete Auge.

Die vortrefflichste und wundervollste Dunkelkammer ist unser Auge. Es besteht im Wesentlichen aus einer Combination durchsichtiger Mittel, welche nahezu sphärisch begrenzt sind und welche, wie eine einzige Linse, von je einem äußeren Gegenstande ein kleines Bildchen auf ein System von Nervenenden werfen, wodurch dann das Sehen jenes Gegenstandes vermittelt wird.

Alle Theile des Auges liegen in einer festen Kapsel, welche durch einen von innen kommenden Druck nahe zu einer Kugel gespannt wird und welche, sammt ihrem Inhalte, der „Augapfel" heißt. Dieser ist in der knöchernen, fast kegelförmigen „Augenhöhle" auf lockerem Fettgewebe gebettet und mit Hilfe von sechs Muskeln nach beliebigen Seiten drehbar.

Gegen äußere Schädlichkeiten — grelles Licht, Staub, Insekten, Feuchtigkeiten u. dgl. m. — ist der Augapfel durch die Augenlider, Augenwimpern und Augenbrauen geschützt. Die Deckel oder „Lider" des Auges sind an ihrer Innenseite mit einer äußerst empfindlichen Schleimhaut, der „Bindehaut," überzogen, welche lose an dem Augapfel hängt. In Folge des unbewußten Blinzelns mit dem Lid werden unterhalb der Bindehaut über die äußere Seite des Auges eine fettige, eine schleimige und die Thränenflüssigkeit verbreitet, wodurch die Vorderfläche des Auges rein und glänzend erhalten wird.

Unterhalb der für die Physiognomik nicht unbedeutenden Augenbrauen und zwischen den nach oben und unten gebogenen Härchen der Augenwimpern guckt das Auge hinaus in die Welt, oder besser, die Welt scheint in das Auge hinein — durch die „Hornhaut", d. i. jene stärker gekrümmte, durchsichtige, harte Haut, welche in die „weiße", undurchsichtige, ebenfalls harte und den Augapfel umschließende Sehnenhaut übergeht.

Sehen wir jemandem in das Auge, so gewahren wir durch die Hornhaut des letzteren, ähnlich wie durch ein Uhrglas, die meist blau, graublau, grün, braungelb oder braun erscheinende Regenbogenhaut oder Iris, welche in der Mitte eine kreisförmige, für den Beschauer in der Regel finstere, und daher schwarze Lichtöffnung enthält — den „Augenstern" oder die „Pupille". Die Regenbogenhaut ist eine Abzweigung der an Blutgefäßen reichen „Aderhaut." Die letztere liegt concentrisch an der weißen Sehnenhaut und ist sowie die Iris an der gegen das Innere des Auges gewendeten Seite mit einem schwarzbraunen, das zerstreute Licht absorbirenden Pigmente überzogen.

Die Iris theilt den inneren Raum des Auges in eine vordere und in eine hintere Kammer. Die erstere und kleinere Abtheilung sehen wir im fremden Auge durch die Hornhaut. Sie enthält die klare, farblose „wässrige Feuchtigkeit," welche auch die Pupille erfüllt und die „Krystallinse" bespült. Diese letztere liegt schon in der hinteren Augenkammer und zwar unmittelbar an der Rückseite der Iris.

Die Krystallinse ist biconvex; sie wendet ihre weniger gekrümmte Fläche nach auswärts und besteht aus zarten, wasserklaren, schalenartigen, nach innen stets dichter werdenden Blättern, welche einen noch dichteren Kern einschließen.

Hinter der Krystallinse erfüllt ein dem geschmolzenen farblosen Glase ähnlicher, gallertartiger „Glaskörper", den noch übrigen Raum der hinteren Augenkammer. Der Glaskörper oder die Glasfeuchtigkeit wird von einer äußerst feinen, klaren „Glashaut" umschlossen, derart, daß sie nach vorne mit einer zweiten ähnlichen, die Krystallinse umgebenden, Glashaut verwachsen ist.

Zwischen der Glashaut des Glaskörpers und zwischen der Aderhaut findet man die „Netzhaut" oder „Retina," welche eine Ausbreitung des vom Gehirn kommenden Sehnerven ist. Dieser erscheint nicht etwa in der Mitte des Augenhintergrundes, sondern er durchdringt etwas näher der Nase mit seinen unzähligen Nervenröhrchen in schiefer Richtung alle Häute des Auges, und seine Eintrittstelle wird durch ein weißes Fleckchen merklich.

Die Netzhaut besteht aus mehreren mikroskopisch untersuchten, das Licht durchlassenden Lagen von Nervenelementen. Die äußerste Schicht der Netzhaut verläuft zu höchst feinen und zarten Nervenenden, welche cylindrisch wie „Stäbchen" oder konisch wie „Zapfen" gebildet sind. Diese nur durch Vergrößerungsgläser wahrnehmbaren Stäbchen und Zapfen bilden eine Mosaik, welche wahrscheinlich die Lichtempfindung vermittelt.

Dem Scheitel der Hornhaut gegenüber stehen nun zapfenartige Nervenenden und dies in sehr dichter Weise. Diese kleine scharfsichtige Stelle ist durch ihre gelbe Farbe kenntlich und heißt der „gelbe Fleck"; derselbe ist von allen andern Nervenschichten frei. Von den Grenzen des gelben Fleckes nach dem Umfange der Netzhaut hin, treten die Zapfen immer schütterer und dafür verhältnißmäßig die Stäbchen häufig auf. Allein auch diese zeigen sich immer weniger dicht gestellt, je näher man dem vorderen Rande der Netzhaut rückt, bis sie endlich vorne ganz verschwinden.

Die Hornhaut, die wässerige Flüssigkeit, die Krystallinse und der Glaskörper des Auges brechen das Licht etwas stärker als Wasser und nur wenig von einander abweichend. Die Krystallinse bricht das Licht am stärksten. Eine Gerade, welche durch den Mittelpunkt sowol der Hornhaut als des ganzen Auges geht, gibt die „Augenaxe"; ihre Länge beträgt nach Brücke 23 bis 26 Millimeter.

Die vorhin erwähnten, durchsichtigen Bestandtheile des Auges wirken zusammen wie eine erhabene Linse (S. 212). Dieselben brechen die Lichtstrahlen, welche von einem dem Auge nicht zu nahe stehenden Gegenstande ausgehen, nachdem sie durch die Hornhaut und Pupille in die zweite Kammer des Auges gelangt sind, derart, daß auf der Netzhaut ein umgekehrtes und verkleinertes Bild entsteht. Dieses Bildchen vermittelt die Lichtempfindung.

Schon dem Porta (1558) war die Aehnlichkeit zwischen der Dunkelkammer und dem Auge aufgefallen, aber er hielt sonderbarerweise dafür, daß die Krystalllinse das Bildchen auffange. Maurolycus erkannte (1575) die Aufgabe der Krystalllinse besser, indem er ihre Wirkung mit jener einer Glaslinse vergleicht; er meint jedoch, die durch die Augenlinse gedrungenen und nach der Augenaxe hin gebrochenen Lichtstrahlen treffen vor ihrer Vereinigung den Sehnerv, damit die Gegenstände aufrecht wahrgenommen werden könnten. Erst Kepler verfiel darauf (1602), daß vermöge der Gesammtwirkung der Augenmittel die optischen Bilder auf der Netzhaut verkehrt erscheinen, daß man aber die Gegenstände dennoch aufrecht sehe, weil die Seele den auf den untern Theil der Netzhaut fallenden Eindruck auf die höhern Punkte der Sache zurückverlege, eine Erklärung, die in anderer Form, wie folgt, lautet: Das Auge hat nicht vom Bilde selbst eine Empfindung, sondern bezieht jeden Eindruck nach außen längs jener Richtung zurück, in welcher der von jedem leuchtenden Punkte kommende Hauptstrahl die Netzhaut trifft, mithin die obern Punkte des Bildchens nach unten, und die untern nach oben.

Die Frage, wie so uns die Gegenstände trotz des verkehrten Netzhautbildchens aufrecht erscheinen, obwol sie von Kepler so klar und einfach beantwortet worden ist, tauchte dennoch immer wieder auf, wie uns dies die Legion der darüber handelnden Streitschriften darthut. Darunter gibt es sogar solche, welche das Vorhandensein des Netzhautbildchens läugnen. Und wie leicht hätten es jene Autoren gehabt, dieses Bildchen wahrzunehmen.

Schon Scheiner zeigte (1625) dasselbe an der abgeschabten Hinterwand eines frischen Ochsenauges. Noch leichter, wenn auch etwas undeutlicher, läßt sich dasselbe nachweisen an der von Natur pigmentlosen und daher durchscheinenden Hinterwand eines frischen Auges, welches von einem weißen Kaninchen stammt. Schärfer läßt sich das Netzhautbildchen sehn, wenn man wie Gerling (1839) bei dem herausgenommenen Thierauge die Elemente der Netzhaut entfernt und an deren Stelle ein Glas- oder Glimmerblättchen schiebt. Man kann auch das Ochsen- oder Thierauge in ein halbkugelförmiges Behältniß legen, damit es seine Form behält. Hierauf schneidet man oben eine Oeffnung, entfernt die Häute, schließt erstere mit einem Glasplättchen und sieht durch dieses auf das Netzhautbildchen hin. Als Original für diese Netzhautbildchen verwendet man eine Kerzenflamme, ein helles Fenster u. dgl. m., welche in passender Entfernung vom Auge liegen müssen.

Auch bei den zur Demonstration dienenden „künstlichen Augen" tritt an der matt durchscheinenden, die Netzhaut repräsentirenden Hinterwand ein umgekehrtes Bildchen auf. Diese künstlichen Augen sind eigentlich nichts anders als optische, mit Linsen versehene Dunkelkammern, bei welchen die äußere Form des Auges nachgeahmt wird. Das erste Lehrmittel dieser Art stammt von Hughens (1695); es kommt in den verschiedensten Varietäten vor. Läßt man durch ein solches künstliches Auge die Lichtstrahlen, wie sie von einem Planspiegel (S. 37, Fig. 12) in divergenter Richtung zurückgeworfen werden, gehen, so werden sie zu einem wirklichen Bilde an der Hinterwand des Auges vereinigt. Ein Gleiches geschieht auch auf der Netzhaut im natürlichen

Auge, welches dann das Bild dahin versetzt, woher die Lichtstrahlen zu kommen scheinen (S. 37).

So sorgsam und sinnreich auch die Optiker ein künstliches Auge einrichten mögen, immer bleibt er unvergleichlich weit hinter dem Meisterwerk der Natur, hinter dem wirklichen Auge zurück.

Betrachten wir z. B. an beiden die Iris. Im künstlichen Auge ist dieselbe entweder ein dünnes Hornplättchen oder irgend eine braun, blau oder graublau gefärbte steife Linsenblende (S. 131), nicht mehr und nicht weniger — wie ganz anders aber ist die Iris unseres Auges eingerichtet! Zunächst hat sie als Blende der Augenlinse (S. 214) zu dienen; die Weite ihrer Oeffnung ist aber je nach der Stärke des auf die Netzhaut geübten Lichtreizes von selbst veränderlich. Die in der Iris (S. 213) befindliche Pupille erweitert sich nämlich unwillkürlich bei schwacher, und verengt sich bei starker, die Nerven überreizender Beleuchtung. Dadurch kommt es, daß die Helligkeit der Bilder auf der Netzhaut regulirt wird, denn diese Bilder dürfen weder zu hell, noch zu lichtschwach sein, wenn ein deutliches Sehen der Gegenstände zu Stande kommen soll.

Wie ist die Iris eingerichtet, daß die Selbstregelung ihrer Pupille möglich wird? Darauf haben verschiedene Anatomen abweichend von einander geantwortet und es ist von jeher viel auf diesem Gebiete gestritten worden. Die Außenseite der Iris kann unser Leser an verschiedenen lebenden Augen studiren und sich in einer genauen Beschreibung der durch die Hornhaut sichtbaren Vorderseite dieses höchst interessanten Häutchens versuchen. Die Iris besteht aus zartem Bindegewebe, welches von vielen Blutgefäßen und Nerven durchflochten und überdies mit mikroskopischen Muskelfasern versorgt ist. Die hohe Feinheit der letzteren ist Ursache eines langen Haders unter den Zergliederern des Auges, indem die einen das Dasein solcher nur mikroskopisch wahrnehmbarer Fleischfasern verbürgten, die anderen es aber bekämpften. Ja noch heute ist der Streit nicht gänzlich beigelegt. Darüber sind jetzt wol alle Forscher einig, daß mikroskopische Muskelfasern in concentrischen Ringen den Pupillenrand auf ein Millimeter Breite umschließen, welche bei ihrer Zusammenziehung die Pupille verengen — ob aber die Erweiterung durch radiäre Muskelfasern hergestellt wird, ist noch nicht ausgemacht. Die verschiedenen Anatomen beschreiben je andere Fasersysteme, welche die Erweiterung des „Augensternes" oder der „Sehe" bewirken sollen; die Zukunft dürfte hierüber Gewißheit bringen. Wie dem auch immerhin sein mag, sicher ist, daß das Licht oder andere Reize der Netzhaut je nach der Stärke der Einwirkung auf die letztere einen Muskelfasermechanismus auslöset, welcher die Weite der Pupille entsprechend regelt. Diese von unserem Zuthun freie Vergrößerung oder Verkleinerung des Augensternes erfolgt nur langsam, wie wir dies erproben können, wenn wir im Finstern gegen das Auge einer Person mit einer Kerzenflamme rasch hinfahren, oder wenn wir, wie die das Auge untersuchenden Aerzte, das durch ein Fenster kommende Licht — mittelst schnellen Drehens der an der Schläfe seitwärts gelehnten Handfläche — einigemal abschneiden und wieder zulassen.

Nun ist die Wirkung der Blendlaterne (S. 142) klar, und warum wir Personen und Sachen nicht sogleich erkennen, wenn wir plötzlich aus dem Dunkeln in einen hell-erleuchteten Saal treten — die Pupille hat sich noch nicht genügend verengt. Vertauschen wir einen lichten Raum mit einem finstern, so unterscheiden wir auch da erst später die Objecte — die Pupille ist anfangs zu klein und muß sich erst erweitern. Bei zu schwachem Lichte nützt aber auch die möglichste Erweiterung und bei gar zu kräftiger Lichteinwirkung die stärkste Zusammenziehung nichts. In beiden Fällen wird das Sehen unmöglich; ihre Grenzen liegen weit aus einander und hängen zum Theil von der Gewohnheit ab. In dieser Richtung erzählt man von Leuten, welche lange Zeit im Finstern gefangen gehalten worden waren, zwar seltsame, jedoch glaubwürdige Thatsachen. Bei solchen Personen war die Iris bis auf einen sehr schmalen Rand erweitert, und sie konnten im Dunkeln noch Gegenstände unterscheiden, wo für uns alles Sehen längst aufgehört hat. Der Freiheit wiedergegeben, mußte man die Unglücklichen erst langsam wieder an das Licht gewöhnen. Um einen Begriff von dem weiten Spielraum der Irisbewegung zu geben, erinnern wir, daß man sowol beim Sonnenlichte, welches 12000 mal stärker, als auch beim Vollmondlichte, welches 25 mal schwächer als das Licht einer Wachskerze ist, noch lesen kann.

Auch in dem Auge der Thiere spielt die Selbstregulirung der Iris eine sehr bedeutende Rolle. Bei vielen Säugethieren, besonders bei der Katze und bei solchen, welche in der Nacht auf Raub ausgehen, hat die Pupille am Tage die Form einer lothrechten, schmalen, an beiden Längsenden zugespitzten Spalte (S. 191, Fig. 75). Während der Nacht und im Finstern erweitert sich diese linsenförmige

Sehe mächtig und wird nahezu kreisförmig, weshalb solche Geschöpfe in der Dunkelheit besser sehen als der Mensch. Mehrere Vogelarten und unter ihnen der Adler können ihre Pupille bis auf einen Punkt verkleinern und in Folge dessen direct nach der unverhüllten Sonne blicken! Hingegen sind die Eulen während des Tages bei weit geöffneter Pupille, durch den Ueberreiz des Lichtes, nahezu blind; sie suchen daher die dunkelsten Orte auf und erliegen leicht den ihnen am Tage nachstellenden Gegnern. Die Nacht ist, mit Hinblick auf ihre große Pupille, ihr Tag — spielt nicht eine kleine Bosheit mit, daß man die Eule als Symbol der Wissenschaft hat gelten lassen? Und paßt dieses Bild noch heute auf die nunmehr auch praktische Ziele und Tagesfragen verfolgende Minerva?

Außer den auf die Netzhaut ausgeübten Reizen vermögen auch noch mehrere narkotische Stoffe die Pupille zu erweitern, wenn jene — wie bei manchen Augenoperationen — in wässeriger Lösung mit der Bindehaut (S. 213) des Auges durch Eintröpfeln in die Augenwinkel in Berührung gebracht oder wenn sie vom Magen aus oder direct dem Blute mitgetheilt werden. In solcher Weise erweitert besonders die Belladonna und ihr Alkaloid, das Atropin, vermöge ihrer Einwirkung auf die inneren Augenmuskel mächtig die Pupille der Säugethiere und Amphibien, aber kaum merklich jene der Vögel. Der Giftlattich (lactuca virosa) verengt die Augensehe.

Woher kommt die Farbe der Iris? Wenn sich nicht nur an der Hinterseite der Iris, sondern auch in den vorderen Geweben ein schwarzbraunes Pigment (S. 213) ablagert, so erscheint die Regenbogenhaut, je nach der Dicke der Pigmentschichten, gelb, braun bis schwarz. Sind hingegen die vorderen Lagen der Iris pigmentfrei, so nimmt man sie — was weiterhin begreiflich wird — als ein trübes Mittel vor dem dunkeln Pigmente blau wahr. Die übrigen Farben-Combinationen der Regenbogenhaut ergeben sich aus den zwischen diesen beiden Extremen liegenden Fällen. Hieraus wird klar, warum die blauen Augen der Kinder zuweilen in späteren Jahren braun werden — es lagert sich dann in den vorderen Zellen ein braunes Pigment ab. Den „Albinos" oder „Kakerlaken" fehlt jede Pigmentschichte; es scheint bei ihnen das Blut der Gefäße durch, weshalb ihre Augen blaßroth aussehen. Und da solchen Augen das aufsaugende Schwarz für die störenden Lichtstrahlen fehlt, so sehen sie auch minder gut und scheuen das kräftige Licht.

Die zarte Iris und ihre Selbststeurung ist nur eines von den vielen, künstlich unerreichbaren Einrichtungen des Auges. Wohin wir auch immer in diesem herrlichen Linsenapparat unsere Aufmerksamkeit richten mögen, stets begegnen wir neuen Wundern. So z. B. hat man in früheren Tagen vermuthet, der Querschnitt des Sehnerven (S. 211), als die Eintrittsstelle der Netzhaut, werde wahrscheinlich am lichtempfindlichsten sein und man fand es daher etwas räthselhaft, daß er nicht dem Gipfel der Hornhaut geradezu gegenüber liege (S. 214). Da zeigte es sich bei einer Studie Mariotte's (1668), daß der Ort, wo der optische Nerv in das Auge tritt — blind sei. Man kann sich hievon in folgender Weise überzeugen: Man schließe das rechte Auge und sehe unverwandt (Fig 81) nach Punkt B. Hierauf entferne man unser dem Auge nahe gehaltenes

Buch langsam von dem ersteren; es wird sich bei einer Entfernung vom Auge, welche 4 mal so groß als AB ist, bald herausstellen, daß man Punkt A nicht mehr sieht — in diesem Augenblicke fällt, wie durch Schlüsse herauszubringen ist, das Bild des Punktes A auf die Eintrittsstelle des

Fig. 83. Aufsuchung des „blinden Fleckes“ im Auge.

Sehnerven. Bei weiterer Entfernung des Buches vom Auge vor- oder rückwärts kommt Punkt A wieder zum Vorschein. Wenn jetzt diese Figur umgekehrt wird, so läßt sich derselbe Versuch für das offene rechte Auge wiederholen.

Den von uns soeben aufgesuchten „blinden Fleck“ im Auge hat Edme Mariotte entdeckt (1668), als er die Sehverhältnisse auf der Eintrittsstelle des optischen Nerven ermitteln wollte. Noch in demselben Jahre wurde die Nachweisung des blinden Fleckes in der mannigfachsten Weise und nach größerem Maßstabe abgeändert, unter anderem auch derart, daß mit beiden offenen Augen — nach Picard — ein und derselbe oder — nach Mariotte zwei verschiedene Gegenstände verschwanden. Diese Versuche erregten so gewaltiges Aufsehen, daß Mariotte von dem Könige Englands ersucht wurde, die Versuche vor ihm anzustellen, was auch geschah (1668), und jener Regent soll nicht wenig erschrocken sein, sich so plötzlich, bei geöffneten Augen, mit Blindheit geschlagen zu sehen.

Die Entdeckung des blinden Fleckes gab Veranlassung zu neuen Untersuchungen der lichtsensibeln Schichten im Auge. Mariotte sagte nämlich, die Aderhaut (S. 213) und nicht die Netzhaut (S. 214) empfinde das Licht; jene sei im blinden Fleck nicht vorhanden und daher finde hier kein Sehen statt; wäre die Netzhaut lichtempfindend, dann müsse im blinden Fleck das kräftigste Sehen eintreten, weil dort die Netzhautfäden am dichtesten aneinander gereiht sind. Ueberdies sei die Netzhaut zu dick und halte das Licht nicht zurück, sondern lasse es durch. Ein mächtiger Streit über dieses Thema entbrannte und in langer Linie wurde auf beiden Seiten von angesehenen Kämpen gefochten. Gründe und Gegengründe der mannigfachsten Art wurden ins Feld geführt, und es wäre noch heute vom höchsten Interesse, dieselben zu vernehmen. Leider ist uns hier der Raum zu knapp bemessen, und wir erwähnen bloß, daß für die Lichtempfindung der Netzhaut daran erinnert wurde, die letztere bestehe aus lauter Nervenfäden, während die Aderhaut gerade damit nur höchst spärlich versehen sei; die Eintrittsstelle des Sehnerven sei nur durch den Ueberreiz (S. 219) des Lichtes blind oder, wie andere meinten, weil hier die Nerven mit empfindungslosen Sehnen maskirt seien.

Dieser wissenschaftliche Kampf hatte zur Folge, daß man sich in der That gezwungen sah, die lichtempfindlichen Schichten immer tiefer gegen die Aderhaut hin zu verlegen, bis man endlich in neuerer Zeit die an letztere grenzende Stäbchen- und Zapfenschicht (S. 214) dafür gelten ließ, jedoch erst dann, nachdem der nervöse Zusammenhang der letztern mit der Netzhaut von H. Müller (1855) aufgefunden worden war. Schon Treviranus hatte (1835) darauf aufmerksam gemacht, daß nur jene Schichten der Netzhaut, welche Nervenenden oder, wie er sie nannte, Nervenpapillen besäßen, das Licht empfänden; später wurde mittelst mikroskopischer Studien der Netzhautelemente und durch Ersichtlichmachung der Schatten der vorderen Netzhautgefäße geschlossen, die Nervenenden der äußersten Netzhautschichten seien die lichtempfindenden (H. Müller 1855 und Kölliker 1856). Daraus folgt dann, daß die von Stäbchen und Zapfen freie Eintrittsstelle des Sehnerven blind, daß hingegen der von Sömmering (1791) endeckte zapfenvolle gelbe Fleck die scharfsichtigste Stelle des Auges sein müßte.

Fällt das Netzhautbildchen auf den gelben Fleck, so sieht man den betreffenden Gegenstand „direct“ oder „fixirend,“ mithin am deutlichsten; entsteht jenes Bildchen aber auf der Netzhaut seitwärts von der lichtempfindlichen Stelle, so sieht man das Object nur „indirect“ und daher undeutlich. Fixirt man auf dieser Seite unseres Buches einen Buchstaben, so erscheint er am deutlichsten; die übrigen Schriftzeichen werden um so weniger scharf wahrgenommen, je mehr sie von jenem direct gesehenen Buchstaben abliegen. Das Sehfeld gleicht einer Zeichnung, in welcher bloß der Hauptgegenstand bis in's kleinste wiedergegeben, bei welcher aber die Umgebung um so sorgloser und flüchtiger skizzirt wird, je weiter sie von jenem wichtigsten Object entfernt ist. Diese wachsende Undeutlichkeit der vom gelben Fleck entfernteren Netzhautbilder rührt nicht nur von der objectiv geringeren Schärfe der Bilder, sondern auch davon her, weil (S. 215) die betreffenden Stellen der Netzhaut gegen die Peripherie der letzteren stets ärmer an Nervenenden und daher immer unempfindlicher werden. Die Empfindlichkeit der Netzhaut und des Sehnerven ist zum Sehen unbedingt nothwendig;

wird einer von jenen Nervenapparaten gelähmt, so ziehet dies Blindheit, den schwarzen Staar, nach sich, wenn auch die übrigen Theile des Auges in Ordnung sind. Der Sehnerv, obwol an seiner Eintrittsstelle in das Auge blind (S. 222), ist dennoch, als nervöse Leitung zum Gehirn, für das Zustandekommen der Sehempfindung ein Haupterforderniß. Eine fernere Grundbedingung des Sehens ist, daß alle durchsichtigen Mittel des Auges normal seien. Ist die Linse sehr trübe oder undurchsichtig geworden, so kann sie nur ein sehr undeutliches oder gar kein Netzhautbildchen erzeugen; die damit verbundene Krankheit des Auges heißt der graue Staar.

Weitere Forderungen für ein tadelloses Sehen sind, daß das Auge sowol von der chromatischen als sphärischen Abweichung frei sei. Was nun die erstere betrifft, so tritt eine Farbenzerstreuung beim gewöhnlichen Sehen, vermöge der zweckmäßigsten Stellung der durchsichtigen Stoffe des Auges gegen einander, nicht hervor, obwol das Auge — wie sich durch besondere Versuche zeigen läßt — im strengsten Sinne nicht achromatisch ist. Dessen ist zwar schon in Newton's Optik (1704) gedacht; Euler (1747 — 1754) hielt aber dennoch die Farbenzerstreuung im Auge für vollkommen aufgehoben (S. 168), und es fehlt selbst an Naturforschern der Neuzeit nicht, welche ein Gleiches zu behaupten suchen.

Von einer sphärischen Abweichung (S. 131) beim Auge kann, nach dem eigentlichen Begriffe derselben, keine Rede sein, weil die durchsichtigen Theile unseres Sehapparates, genau genommen, nicht sphärisch sind. Indessen zeigen sich die Fehler, welche zur Klasse der zuletzt genannten Abirrung gehören, durch die beste Form der Linse, durch die Krümmung der Netzhaut und durch die nur Centralstrahlen in das Auge einlassende Iris nach Möglichkeit vermieden; wir dürfen jedoch kaum verschweigen, daß unser Auge in dieser Beziehung mit einigen Fehlern behaftet ist, die wir weiterhin aufdecken wollen.

Das Bild irgend eines Gegenstandes entsteht in jedem unserer Augen — warum erblicken wir jenen nicht doppelt? Wer steht uns dafür, daß wir in unserer ersten Kindheit nicht wirklich jedes Ding zweifach sehen! Nach und nach ergibt sich uns, mit Hilfe der übrigen Sinne und besonders mittelst des Tastens, daß, wenn jedes Bild auf übereinstimmende oder correspondirende Stellen der Netzhaut fällt, die entsprechende Sache nur einmal vorhanden ist. Dies geschieht in der Regel, wenn die Visirlinien beider Augen nach demselben Punkte gerichtet sind; man bezieht dann beide Eindrücke auf einen und denselben Ort und sieht den in letzterem befindlichen Gegenstand einfach. Gewöhnlich liegen die correspondirenden Punkte, wenn sie nicht auf die Mitte der Netzhaut fallen, beide entweder rechts oder links von dieser Mitte in gleicher Weite ab, ausgenommen bei Schielenden oder sonst an den Augen Beschädigten, welche sich durch Gewohnheit die ihnen entsprechenden correspondirenden Stellen der Netzhaut verschaffen.

Drückt man mechanisch oder mittelst alkoholischer oder anderer Narkose das eine Auge etwas seitwärts, so fallen in Folge dessen die Bilder auf nicht correspondirende Stellen der Netzhaut und der Gegenstand erscheint uns doppelt.

Schon Kepler erklärte (1611) wesentlich in dieser

Weise das Einfachsehen mittelst zweier Augen; vor ihm hatte Porta (1593) gemeint wir sähen nie gleichzeitig mit beiden Augen, sondern stets nur mit einem Auge und daher das Einfachsehen der Objecte! So sonderbar diese Ansicht klingt, so fehlte es ihr dennoch weder in älteren noch in jüngeren Tagen an Vertheidigern. In noch früherer Zeit glaubte Galenus (113 n. Chr.) das Einfachsehen mit beiden Augen rühre aus der Vereinigung beider Sehnerven her; indessen wurde dagegen geltend gemacht, daß letztere sich ja nur kreuzen und dann wieder gesondert bis zum Gehirn fortlaufen, bis auf gewisse Fasern, welche an der Durchschnittsstelle von dem einen Sehnerv in den andern übergehen sollen; daß also erst in dem Gehirn die Einheit der Gegenstände durch unbewußt gemachte Verstandesschlüsse erkannt werde. Ueberdies könnten wir dann ja niemals ein Ding doppelt sehen, was öfter der Fall ist, als wir in unserer Unaufmerksamkeit ahnen. Dieser Einwurf gilt auch der Porta'schen Ansicht, als ob wir eigentlich alle einäugig in die Welt guckten.

Wozu haben wir aber zwei Augen? Hören wir darüber die beredete Antwort dessen, der ein Auge verloren hat! Außer dem Reserve-Zweck des zweiten Auges leistet es uns auch einige Dienste bei der Ermittlung mäßiger Entfernungen und der Körperlichkeit des Gesehenen. Ferner erscheint beiden Augen das Gesichtsfeld etwas heller und weiter als einem Auge.

Das Gesichtsfeld des Auges heißt jener Raum, welchen wir mit demselben auf einmal übersehen können. Das Sehfeld wächst mit der Weite der Pupille und wird in unserem Gesichte durch die nächste Umgebung des Auges

— Nase, Wangen, Rand der Augenbrauen — begrenzt. Mit beiden Augen, wenn sie nach der Ferne schauen, übersehen wir mehr als den halben Kreis des Horizontes, welche Größe sich noch durch die Augenbewegung etwas steigern läßt.

Warum gibt sich im Gesichtsfeld des Auges die unempfindliche Stelle der Netzhaut nicht durch einen finster-bleibenden Ort kund? Man könnte zunächst darauf antworten, die erwartete Lücke werde durch das zweite Auge ausgefüllt, wenn sich auch im Gesichtsfelde des einen Auges ein dunkler Fleck zeigen würde, was jedoch nicht der Fall ist.

Vielleicht kann die gefürchtete Lücke im Gesichtsfelde eines Auges nicht bemerkt werden, weil das letztere stets in rascher Bewegung ist? Wir werden in der That weiterhin ähnlichen Erscheinungen begegnen; wenn aber dies auch hier gälte, dann müßte ein dunkler Fleck im Gesichtsfelde auftreten, sobald wir das Auge durch Fixiren eines Objectes zur Ruhe bringen, was wieder nur bei sehr eigenthümlichen Versuchen (S. 223) glückt; wo liegt also die wahre Ursache der Ausfüllung des blinden Fleckes beim gewöhnlichen Sehen? Wir finden sie theils in der Unaufmerksamkeit beim indirecten Sehen (S. 225) und theils wieder darin, daß wir von der zartesten Jugend das richtige Sehen durch unbewußte Inductionsschlüsse erlernen und unausgesetzt einüben, mithin hier das im Gesichtsfelde Fehlende in unserer Vorstellung ergänzen.

Wie kommen wir zu dem Begriffe der Größe eines Gegenstandes? Es ist klar, daß diese Größe von der Ausdehnung des mosaikartigen Flächenbildes auf der Netzhaut bedingt sein wird. Die Größe des Netzhautbildchens hängt aber offenbar von dem Sehwinkel ab, d. i. von jenem Winkel, den die Randstrahlen des Gegenstandes miteinander im Auge einschließen. Der Sehwinkel und mit ihm das Netzhautbild wird desto kleiner, je kleiner der Gegenstand oder je weiter derselbe vom Auge entfernt ist.

Wir schließen auch unbewußt auf die Größe des Abstandes zweier Punkte, nach dem Sehwinkel, unter welchen wir jenen gewahren. Demnach hängt sowohl die scheinbare Größe der Dinge, als auch ihre scheinbare, gegenseitige Entfernung von der Mächtigkeit oder Kleinheit des Sehwinkels ab. Von selbst leuchtet jetzt ein, wieso das große Kreuz eines hohen Thurmes dem an seinem Fuße weilenden Beobachter so unbedeutend erscheint; wieso die sich von uns entfernenden Eisenbahnzüge, Vögel, Luftballone u. dgl. m. immer scheinbar kleiner werden.

Wenn wir längs einer ausgedehnten Allee hinsehen, kommt es uns vor, als ob die entfernten parallelen Baumreihen immer enger würden: es gibt sich nämlich hiebei der Abstand zweier einander gegenüberstehender Bäume unter einem desto kleineren Sehwinkel, je weiter sie vom Beobachter entfernt sind. Nun ist klar, warum bei gleich weiten und gleich hohen Gängen, wenn wir nach ihrer Länge hinsehen, die Seitenwände, der Boden und die Decke gegeneinander geneigt scheinen.

Die Gesichtswinkel dürfen nicht zu klein sein, wenn die Dinge oder ihre Abstände, welche unter jenen erscheinen, noch gesehen werden sollen. Infusorien sind der zu geringen Gesichtswinkel halber, dem freien Auge nicht sichtbar. Wegen der verschwindenden Sehwinkel der Abstände werden Wälder, Gärten und Wiesen von einem weit abliegenden Auge nur als dichte Masse wahrgenommen — wem fallen hier nicht die dichtgedrängten Sterne in der Milchstraße und die Sternwolken ein?

Bei normalen Augen und bei mäßiger Beleuchtung des Gegenstandes darf das Netzhautbildchen in der Länge und Breite nicht weniger als ein 1/40 Millimeter betragen, es muß somit wenigstens unter einem Winkel von einer halben Minute erscheinen. Indeß werden stark beleuchtete Gegenstände mit guten Augen noch unter sehr geringen und außerordentlich intensiv selbstleuchtende Körper, z B. die Fixsterne, sogar unter unmeßbar kleinen Winkeln gesehen. Die Farbe des Gegenstandes, die Beschaffenheit des Auges und noch mancherlei Umstände sind auf die letzte Grenze des Sehwinkels ebenfalls von Einfluß. Weiße Dinge wirken unter dem kleinsten Sehwinkel, dann folgen mit immer nothwendig größer werdenden Gesichtswinkeln gelbe, rothe und zuletzt blaue Gegenstände. Eigentlich hätte man also beim Eisenbahnwesen weißgelbe Signale statt der weißrothen einführen sollen; man ließ sich wahrscheinlich bei der Wahl der letzteren davon leiten, daß rothe Pigmente gesättigter zu haben sind und auch dem Weißen, besonders in der Entfernung, einen stärkeren Gegensatz bieten.

Die Wahrnehmung der Bewegung der Gegenstände ist durch die Bewegung ihrer Bilder auf der Netzhaut bedingt. Die Bewegung der Netzhautbildchen tritt ein, wenn sich der Gegenstand, oder das Auge, oder beide gleichzeitig verschieben. Hiebei kann es leicht kommen, daß wir nur eine scheinbare Bewegung sehen. Unser Urtheil hinsichtlich der wahren Größe, Entfernung und Bewegung hängt von vielerlei Umständen ab; wir kommen hierauf ausführlicher zurück.

Nicht nur die von der äußeren Helligkeit fortschreitenden Aetherwellen erregen im Auge Licht- und Farbenempfindungen, auch mechanische und elektrische Einwirkungen vermögen ein Gleiches; ein beliebiger, auf die eigentlichen Sehnerven ausgeübter Reiz, ruft ausschließlich Lichtempfindungen hervor. Und wenn die Durchschneidung des erkrankten optischen Nerven Schmerzen erregt, so rühren diese nicht von den eigentlichen Sehfasern, sondern von den ihnen beigemischten sensitiven Nervenfäden her. Die Hauptempfindungen bei jener traurigen Operation bleiben immer mächtige Massen Lichtes, die selbst noch einige Zeit nachher, obschon abgeschwächt, aufblitzen. Solche Lichterscheinungen sind nur subjectiv, zu denselben zählt eine sehr große Anzahl von Lichtwirkungen, welche in mannigfaltigen, von den Lichtwellen verschiedenen Reizen ihre Ursache haben.

Mit diesen subjectiven Lichtphänomenen darf man die entoptischen Seherscheinungen nicht verwechseln. Bei letzteren werden — unter gewissen natürlichen Umständen oder künstlichen Veranlassungen — die Schatten dunkler, in den durchsichtigen Augenmitteln enthaltenen Körperchen dem Auge selbst sichtbar. Es sind in dieser Beziehung besonders die sogenannten fliegenden Mücken erwähnenswerth, welche durch im Glaskörper schwebende, bewegliche Gebilde hervorgerufen werden. In ähnlicher Weise, wie man die entoptischen Erscheinungen veranstaltet, kann man auch, nach Purkinje, die Netzhautgefäße im eigenen Auge sichtbar machen. Die entoptischen Wahrnehmungen gehören noch zu den objectiven Lichterscheinungen.

Die subjektiven Lichtphänomene, obschon zum Theile frühzeitig bekannt, wurden doch erst auf Anregung Göthe's (1810) — besonders von Purkinje (1819—1825) und J. Müller (1826) — eingehend und vielseitig studirt. Die subjectiven Lichterscheinungen treten nur in jenem Auge auf, welches mechanisch oder elektrisch gereizt wird; ein beobachtendes Auge kann von jenen Lichterscheinungen nichts bemerken und der davon Betroffene ist nicht im Stande, mittelst derselben äußere Gegenstände zu sehen. Das Auge entwickelt kein objectives Licht und heutzutage müßten die Aerzte ein anderes Gutachten abgeben, als dies noch i. J. 1833 bei einer interessanten Gerichtsverhandlung geschah: Ein Mann hatte in stockfinsterer Nacht einen Schlag auf das Auge erhalten, so daß letzteres blitzähnlich erleuchtet wurde — bei diesem Lichte wollte der Geschlagene den Uebelthäter erkannt haben, was der hierüber amtlich befragte Medicinalrath Seiler für möglich erklärte; er berief sich hiebei auf Menschen, welche vermocht hatten im Dunkeln zu sehen und auf andere, welche im Finstern Lichtbilder im Sehorgan zurückbehielten, sowie endlich noch auf das Selbstleuchten der Thieraugen.

Was nun das nächtliche Sehen betrifft, so ist es allerdings eine objective Erscheinung, tritt aber nur bei sehr erweiterter Pupille ein; der unglückliche Caspar Hauser war hier allerdings ein gut gewähltes Beispiel, aber nicht im Sinne der objectiven Lichtentwicklung des Auges, um deren Nachweis es sich damals handelte, sondern gerade für das Gegentheil, da ja jener Knabe seine Jugend

1816—1828) in einem stets dunklen Raum zugebracht, mithin gewiß erweiterte Pupillen hatte.

Die nach dem Auslöschen einer Flamme im Finstern zurückbleibenden Lichtbilder, auf welche man sich in dem vorhin erwähnten Processe weiter stützte, sind nichts als subjective Gegenwirkungen der Sehfasern oder Nachbilder, von denen wir weiterhin mehr hören werden; sie beweisen gar nichts für das objective Eigenlicht des Auges.

Was endlich das Leuchten der Augen von Wölfen, Hunden, Katzen u. s. w. betrifft, so erhellen sich alle Thieraugen nur durch die Reflexion jenes Lichtes, welches neben dem Kopfe des Beobachters, von diesem unbemerkt, in das Auge der Thiere dringt und von dem Tapetum, d. i. von einer pigmentlosen, stark reflectirenden, faserigen Stelle im Hintergrunde des Thierauges in das Sehorgan des Beobachters zurückgeworfen wird. Der Farbenwechsel beim Augenleuchten rührt von den verschieden gefärbten Theilen der Netzhaut her, welche durch die Pupille des scheinbar selbstleuchtenden Auges gesehen werden.

Schon in den frühesten Zeiten wußte man von dem Augenleuchten der Thiere und doch kamen erst um d. J. 1810 Prevost und Gruithuisen, jeder für sich, auf die richtige Deutung desselben. Jetzt wird auch klar, wieso die Netzhaut des Albinos (S. 222) ihre Röthe einbüßt und schwarz erscheint, wenn wir von solchen Augen mittels eines undurchsichtigen und nur für die Pupille durchlöcherten Schirmes das zerstreute Licht abhalten.

In ähnlicher Weise verhält es sich damit, warum wir gewöhnlich die Pupille unseres Gegenübers in tiefster Schwärze erblicken. Wenn wir nämlich geradezu in das fremde Auge schauen, so schneiden wir mit unserem Kopfe den größten Theil jener Lichtstrahlen ab, welche in die fremde Pupille eindringen würden. Und da unsere Pupille selbst dunkel ist, gelangen auch von ihr keine Lichtstrahlen in das uns gegenüber befindliche Auge; es können daher von letzterem keine Lichtstrahlen nach unserm Auge reflectirt werden, weßhalb die Pupille eines uns gegenüber befindlichen Auges stets dunkel erscheint. Wenn wir jedoch — nach Brücke 1845 — in das fremde Auge den einfallenden Lichtstrahlen nahezu parallel blicken, so können wir das menschliche Auge, vermöge des reflectirten Lichtes, leuchten sehen.

Hierauf beruht der von Helmholtz (1851) erfundene Augenspiegel. Bei diesem werfen unbelegte, zwischen dem fremden und eigenen Auge schief gerichtete Glasplatten das von einer seitwärts stehenden Flamme kommende Licht in das zu erhellende Auge, von dessen Stäbchenschicht die eingedrungenen Lichtstrahlen derart reflectirt werden, daß sie bei ihrem Rückwege durch jene Glasplatten dringen und in das beobachtende Auge gelangen. Letzteres erblickt dann bei dieser Beleuchtung im fremden Auge die Netzhaut, welche wegen der vielen Blutgefäße roth und mannichfach verästelt erscheint. Mittelst des Augenspiegels läßt sich sogar das Bild der seitlichen Flamme auf der Netzhaut gewahren, womit die Existenz eines Netzhautbildchens (S. 216) selbst bei lebenden Personen dargethan ist. Der in seiner Form auf das mannigfachste abgeänderte Augenspiegel hat stets die Beleuchtung des fremden Auges zum Zwecke und dient in der ärztlichen Praxis zum Untersuchen der Netzhaut.

Wenn auch durch die neuere Wissenschaft festgestellt ist, daß kein Auge objectives Licht zu entwickeln vermag und daß in absoluter Finsterniß jedes Auge, wegen Mangel der zu reflectirenden Lichtstrahlen, für den fremden Beobachter dunkel bleibt; so ist damit keineswegs gesagt, daß sich die Augen durch erhöhete Affecte, mithin durch gesteigerten Blutzudrang nicht stärker beleben ließen. Wer hat nicht schon die Anecdoten von dem thierbändigenden Blick des Menschenauges gehört und wer kennt nicht die Augensprache und was sie zu sagen vermag! Freilich wirkt dabei auch die Umgebung des Auges mächtig mit. Allein, welcher Sinn vermag noch etwas Aehnliches? Das Auge ist dem Geiste nicht nur durch das dienstbar, was er ihm zuführt, sondern auch durch das, was er auf seinen Befehl nach außen signalisirt. Und wie schön und seelenhaft erglänzt das Auge dabei! Welche Bewegung und welchen Ausdruck nimmt es während der wechselvollen Auftritte und Scenen auf der Bühne des Lebens wie des Schauspiels an! Wie klein, wenn auch nicht entbehrlich, erscheinen dagegen die übrigen Sinne! Wie sehr entzücken der Plan und Bau des Auges ebenso sehr den Mechaniker wie den Optiker und wie unerreichbar ist ihrer Kunst die Leistung dieses optischen Meisterwerkes! Mit Freude stimmen sie in die dem Auge von den Dichtern gewidmeten Gesänge.

Und kannst du den Krystall mir nennen?
Ihm gleicht an Werth kein Edelstein;
Er leuchtet ohne je zu brennen,
Das ganze Weltall saugt er ein!

Schiller.

Und mit diesem wundervollen, herrlichen Krystall ist nicht der Mensch allein ausgestattet. Das Auge der Wirbelthiere ist der Hauptsache nach ebenso eingerichtet, wie das Menschenauge; aber es fehlt auch nicht an zweckmäßigen Modificationen, von denen wir einige hinsichtlich der Pupille bereits erwähnt haben (S. 221).

Die Augen vieler Vögel haben nebst den Lidern noch eine Blinzhaut zur Bedeckung. Die Vögel haben das schärfste Gesicht; die Augen der Raubvögel müssen sich wol sehr fernsichtig einstellen lassen, da sie ihre Beute schon aus sehr bedeutenden Höhen deutlich erkennen.

Die Augen der Schlangen und einiger Eidechsen haben keine Lider und von dem Blick der größeren Schlangen geht die Sage, daß er die kleinen Vögel so verwirrt, daß dieselben dem verderblichen Schlangenrachen wie bezaubert zueilen. Das Chamäleon kann gleichzeitig jedem seiner Augen eine verschiedene Richtung geben. Die Frösche und Kröten können ihre Augen tief in die Höhlung zurückziehen.

Die Fische und die meisten Tauchvögel besitzen große Augen mit kugeligen, stark lichtbrechenden Linsen, welche der flachen Hornhaut anliegen. Diese Augen erblicken nach mächtigen Wassertiefen hin ihre Opfer und es scheint, daß sie noch bei Strahlen sehen, die unsere Netzhaut nicht mehr zu erregen im Stande sind. Die Augen der Fische besitzen keine Lider und jene sind so wenig beweglich, daß dieselben nicht gleichzeitig nach einem Punkte gerichtet werden können.

Krebsartige Geschöpfe und viele Insekten haben musivisch zusammengesetzte Augen, welche in ihrer Höhle unbeweglich sind und am besten entwickelt bei den letztgenannten Thieren vorkommen. Die Wirkungsart solcher Facettenaugen wurde erst von J. Müller (1826) verstanden. Die äußere Seite der zusammengesetzten Augen hat die Form einer halben oder zweier Dritttheile einer Kugel, um deren Mittelpunkt ein kolbenförmiges Gebilde von Sehnerven liegt. Von letzteren gehen in der Richtung der Halbmesser die Fasern und treffen die kleinere Basis kegelförmiger, durch ein dunkles Pigment von einander geschiedener durchsichtiger Körper, deren größere sechs- oder vierseitige Grundflächen, die Elemente jener äußeren, hornhautartigen Kugeloberfläche ausmachen. Da viele der äußeren Facetten nach innen linsenartig vorspringen und — wie Gottsche (1852) gefunden hat — jeder durchsichtige Kegel eines Facettenauges von dem vor ihm liegenden Dinge ein Bild zu erzeugen vermag; so käme ein solches Bild auch für das Insect selbst zu Stande, wenn nur genügende viele lichtempfindliche Nervenenden hinter jedem Kegel lagern. Befände sich aber hinter jedem Kegel nur eine Nervenfaser, so würde das entstehende Bild aus so vielen Punkten zusammengesetzt sein, als eben Kegel wirksam sind, und es wäre diese eigenthümliche Einrichtung dadurch vortheilhaft, daß alle zur Kegelaxe parallel durchdringenden Lichtstrahlen auf dem einen Nervenpunkt vereinigt würden, um so die übrigen störenden Lichtstrahlen noch kräftiger abzuhalten, als dies durch die Pigmentscheiden allein geschehen kann. Jedenfalls entstehen also auch durch die Netzaugen der Insecten mosaikartige Bildchen auf den feinen Nervenenden und es paßt also selbst hier noch:

Kennst du das Bild auf zartem Grunde?
Es giebt sich selber Licht und Glanz. Schiller.

Ein einziges Musivauge enthält nicht selten 12 bis 60 Tausend jener Krystallkegel. Die Größe des Gesichtsfeldes solcher Augen wächst mit ihrer Wölbung, weil dann jener Winkel zunimmt, den die Axen der äußersten Kegel mit einander einschließen.

Viele Insecten haben außer dem zusammengesetzten Sehorgan nebenbei einfache Linsenaugen, die nur zur Wahrnehmung sehr naher Objecte vorhanden zu sein scheinen; andere Insecten, z. B. die Spinnen, tragen bloß linsenförmige Augen, welche ähnlich den Augen der Wirbelthiere gebaut sind.

Wie hoch stehen die Insecten über jene Thierformen, welche nicht Gestalten, sondern nur hell und dunkel zu unterscheiden vermögen. Letzteres geschieht mittels eines lichtempfindlichen Nerven, der am äußeren Ende mit durchsichtigen, und theilweise dunkel pigmentirten Decken versehen ist. Solche Augenpunkte besitzen viele niedere Thierorganismen, wie die Ringel- und Eingeweidewürmer, Seesterne, Seeigel, Quallen und Infusorien; ob aber die dunkeln, für Augen geltenden Punkte auch wirklich in allen Fällen die Lichtempfindung bezwecken? Hingegen ist sicher, daß sehr untergeordnete, durchsichtige Thierformen ohne pigmentirte Punkte und ohne nachweisbare Sehnerven eine Empfindlichkeit gegen das Licht äußern. Es ist wahrscheinlich, daß die Aetherwellen des objectiven Lichtes in den lichtempfindlichen Nerven Vibrationen erzeugen müssen, um die Lichtempfindung zu erzielen — wer kann aber schon heute Gewisses darüber berichten?

2. Die Brillen.

Es gibt kein optisches Geräthe, welches bekannter und verbreiteter wäre als die Brille. Man findet sie in der Stadt und auf dem Lande, im Palast wie in der Hütte; kein Stand verschließt ihr die Thüre, sie sitzt stolz auf der hohen Nase des Staatsmannes und Gelehrten, hilft aber auch dem bescheidenen Werkmann seine Arbeit wahrnehmen; sie drängt sich auf das Näschen des schelmischen Mädchens, zwickt sich als Monocle in die Augenumgebung des Stutzers, spielt als Lorgnette in der Hand der eleganten und galanten Dame — woher mag diese Popularität der Brille kommen? Während der Taube sein Hörrohr zu verbergen strebt und, wenn auch bisher vergebens, darauf sinnt, es mit Erfolg in seinen Dimensionen derart zu verkleinern, daß es sich irgendwo und irgendwie — etwa im Hut oder im Ohr selbst — verstecken ließe; suchen Alt und Jung mit der Brille zu glänzen, doch nicht, weil sie selbst glänzt? Beim Hörrohr vermeidet man ja gern das Auffallende des Glanzes. Vielleicht, weil die Brille nicht so plump wie das Hörrohr gebaut ist; vielleicht auch, weil sie nicht eigens wie das letztere ihre Wellenquelle zur besondern Thätigkeit auffordert? oder weil sie nicht, wie das Hörrohr, stets zu neuen Fragen zwingt? Vielleicht, weil sie dem edelsten Sinne wirklich hilft, und nicht wie das Hörrohr seinen Herrn oft im Stiche läßt? Oder weil die Brille in der Erfindung viel älter als das Rohr der Schwerhörigen ist, und weil wir sie bei den von uns verehrten Personen — Eltern, Lehrern, Magistraten — von Jugend an sehen? Allein da stehen wir vor einem logischen Zirkel: Warum nehmen aber unsere Alten die Brille in Affection und nicht das Hörrohr?

Die Antwort ist in den vorstehenden Fragen angedeutet. Die Brille leistet in der That mehr und verläßlicheres als das Hörrohr und verunstaltet den Träger so wenig, daß sie in der Einbildung sogar zur Zierde ihres Besitzers werden kann. Indeß hat auch hier der gesunde Geist des Volkes das Bessere erkannt und sein Witz reibt sich oft genug an den „Glasaugen“, an den „vier Augen“ u. dgl. m., ohne daß jedoch der sogenannte gemeine Mann die Brille von sich weiset, wenn er ihrer wirklich bedarf.

Der Erfinder der Brillen hat sich bis heute nicht mit Bestimmtheit ermitteln lassen und man weiß nur, daß die Brillen gegen Ende des 13. Jahrhunderts in Italien auftauchten und gegen 1370 auch in Deutschland bekannt wurden. Die hohlgeschliffenen Brillen für Kurzsichtige kamen noch später, obwol man aus einer undeutlichen Stelle im Plinius hat schließen wollen, Nero habe sich eines concav geschliffenen Smaragdes wie eines Augenglases bedient. Sicher ist, daß die Alten die vergrößernde Kraft der Wasserkugeln und Brenngläser beim feinen Steinschnitt benützten, jedoch in anderer Weise als dies bei der Brille geschieht; sie brachten nämlich jene durchsichtigen Mittel bis an das zu vergrößernde Object und hatten eigentlich ein einfaches Mikroskop.

Ihren Namen hat die Brille vermuthlich von Beryll, weil sie vielleicht anfangs aus grünem, beryllähnlichem Glase angefertigt wurde. Die Chinesen scheinen die Brillen, wie so vieles Andere, auf ihrem eigenen Culturwege gefunden zu haben; sie schleifen die Scheiben zu ihren Brillen theils convex, theils concav aus dem durchsichtigen Scha-chi oder Theestein, welcher die Farbe eines Theeaufgusses besitzt, und binden diese eigenthümlichen Linsen vor die Augen mittelst hinter den Ohren gelegter Seidenschnüre. Unter den südamerikanischen Alterthümern will man einen Kopf mit einer Brille erkannt haben; ob aber das vor den Augen jenes Kopfes befindliche Ding wirklich eine Brille ist? Gewiß würde man irre gehen, wenn man den Anachronismus einiger älterer Maler ernst nähme, die den heil. Hieronymus mit einer Brille darstellten, obschon er im 4. Jahrhundert, also lange vor Erfindung der Brillen, lebte.

Es scheint, daß man die Brillengläser anfänglich mittelst einer Fassung in der Hand hielt; später sollen sie an der Mütze befestigt und mittelst dieser vor die Augen gebracht worden sein. Gegen die Mitte des 15. Jahrhunderts klemmte man die Brillen mit Hilfe ihrer federnden Fassung an die Nase, was in neuerer Zeit in verbesserter Form wieder geschieht, welches Verfahren aber jenem nachsteht, bei welchem die Brillen mittelst der Gestelldrähte hinter den Ohren gehalten werden.

Interessant war auf der zweiten Londoner Weltausstellung (1862), sowol in Beziehung auf die äußere Form als auch in Hinsicht auf den Schliff der Augengläser, die historische Brillensammlung des Optikers J. Brahams. Die Brillen waren von ihrem ersten Bekanntwerden fortschreitend bis zum Jahre 1862 geordnet. Auch die Brillen großer Naturforscher z. B. Scheiner's, Newton's, Kitchener's, Herschel's u. A. m. hatte sich der Aussteller zu verschaffen gewußt. Man konnte also aus der Nummer der Brillen auf das Sehvermögen jener berühmten Männer zurückschließen.

Die Brillen, welche ursprünglich nur in ihrer Sehnoth von alten Leuten gebraucht wurden, kamen später bei den Spaniern in die Mode; zum Glück griff aber diese gefährliche Thorheit bei den übrigen Völkern nicht durch. Die Theorie der Brillen konnte selbstverständlich erst gegeben werden, nachdem das Wesen des Sehens klar geworden war. In der That glückte es erst dem Kepler (1604), die Leistung der Brillen in einer noch heute giltigen Weise verständlich zu machen. Um ihm zu folgen, müssen wir noch einiges über das deutliche Sehen in verschiedenen Entfernungen voraussenden.

Das Bild eines jeden Gegenstandes muß genau auf die Netzhaut fallen, wenn jener deutlich wahrgenommen werden soll. Da das Auge wie eine erhabene Linse wirkt, so wäre dies eigentlich nur für eine bestimmte Entfernung der Sachen vom Auge zu erwarten. Die Erfahrung zeigt aber, daß jedes Auge sich für verschiedene Entfernungen einrichte oder „accommodire", das heißt, es vermag für je andere Abstände des Objectes vom Auge ein deutliches Bild auf die Netzhaut zu bringen. Zeichnet man auf einer Glastafel einen Pfeil, so kann man willkürlich den Pfeil oder die hinter der Tafel befindlichen abliegenden Dinge deutlich sehen. Im ersteren Falle erscheinen die Gegenstände verschwommen, im zweiten der Pfeil. In ähnlicher Weise verhält es sich mit einer Schrift, die man durch einen vor letzterer befindlichen, etwas entfernten Flor ansieht. Man kann das Sehorgan nach Belieben auf die Fäden des Gewebes oder auf die Buchstaben scharf einstellen.

Wo liegt die Ursache dieses eigenthümlichen Adaptionsvermögens des Auges? Man kann sich wol denken, daß diese höchst wichtige Frage schon frühzeitig die Forscher beschäftigt hat, und wir könnten eine lange, lange Reihe Namen von Gelehrten und ihrer Meinungen über dieses Thema hieher stellen, wenn uns Raum dazu bliebe. Da dies jedoch nicht der Fall ist, so wollen wir uns nur kurz fassen:

Es gab einst Ansichten, nach welchen das Auge ein ganz eigenthümlicher, optischer Apparat wäre, welcher die Lichtstrahlen, gegen die gewöhnlichen Brechungsgesetze, gleichzeitig in einem Punkte vereinigte, gleichgiltig ob sie aus großer oder geringer Entfernung kämen, was, wie die letzten Beispiele zeigen, unrichtig ist; denn sonst müßten die Florfäden und die davon weiter abstehenden Buchstaben zugleich deutlich erscheinen.

Andere Denker glaubten, weil sich die Pupille beim Nahesehen verengt und beim Entferntsehen erweitert, so liege darin die Ursache der Accomodation; aber das Auge accommodirt noch immer in die Ferne, wenn man auch durch eine sehr enge Oeffnung, also durch eine künstliche enge Pupille sieht.

Man dachte ferner daran, ob sich vielleicht nicht die Krümmung der Hornhaut oder die Form des ganzen Augapfels ändere? oder ob sich nicht die Krystallinse im Auge verschiebe oder ihre Gestalt umforme! Nur der letzte Gedanke an eine Aenderung der Linsengestalt zeigte sich, durch die alle jene Meinungen begleitenden Versuche, als stichhaltig.

Der erste, welcher an eine Umformung der Linse bei der Accomodation des Auges dachte, war Descartes (1637); ihm folgten eine große Anzahl von Forschern, unter welchen wir aus der jüngeren Zeit besonders Langenbeck (1849), Cramer (1851) und Helmholtz (1853 bis 1855) hervorheben, welche sich von der Formänderung der Krystalllinse in folgender Weise überzeugten:

Bringt man eine Lampe vor das Auge und accommodirt letzteres auf die Flamme, so erblickt man, vermöge der Reflexion an der Hornhaut und an den beiden gekrümmten Flächen der Linse, je ein, also in Summa drei Bildchen jener Flamme. Beim Nahesehen werden nun die zu den Linsenbegrenzungen gehörigen Bildchen kleiner, mithin ist die Convexität der Linse größer geworden. Helmholtz hat jene drei Spiegelbildchen mittelst eines eigenen Instrumentes gemessen und gefunden: das Spiegelbildchen der Hornhaut ändert sich nicht, letztere bleibt also bei der Adaption des Auges unbetheiligt; hingegen läßt der Größenwechsel beider Spiegelbildchen der Krystallinse schließen, daß sich die letztere mit Hilfe eines eigenthümlichen, nur zum Theil erkannten Mechanismus, für das Sehen in der Nähe, an beiden Begrenzungsflächen mehr oder weniger wölbe, derart, daß in Folge dessen die Lichtstrahlen jedes von einem Punkte durch die Pupille dringenden Lichtkegels genau auf der Netzhaut wieder in einem Punkte vereinigt werden. Es versteht sich von selbst, daß bei dieser Formänderung der Scheitel der Krystallinse nach vorne rückt und mit ihr (S. 214) der Rand der Pupille. Bei jeder Accommodation des Auges auf einen Gegenstand kommt der deutlichst gezeichnete Punkt des letzteren stets auf die empfindlichste Stelle der Netzhaut, d. i. auf den gelben Fleck (S. 225) zu liegen.

So haben wir denn in dem Accommodations- oder Adjustirungsvermögen des Auges wieder eine Eigenschaft des letzteren erkannt, welche kein künstliches optisches Instrument in dieser Vollkommenheit zu erreichen vermag. Die Dunkelkammer gestattet zwar auch die auffangende Wand für das deutliche Bild zu adaptiren, entweder durch Bewegung der letzteren oder der Linse; aber durch gelegentliche Umformung der Linse hat dies bisher kein Optiker vermocht, ja nicht einmal versucht. Indeß hat selbst das Einrichtungsvermögen des Auges seine Grenze. Ein normales Auge nimmt einen Gegenstand nicht mehr deutlich wahr, wenn er demselben näher als 21 bis 26 Centimeter gebracht wird. Nur jene Gegenstände, welche sich außerhalb dieser Grenze befinden, unterscheidet man scharf. An dieser Grenze selbst sieht man den Gegenstand am deutlichsten. Die Entfernung von 21 bis 26 Centimeter heißt daher die Weite des deutlichen Sehens oder kurzweg die Sehweite. Bei manchen Personen ist jedoch die Sehweite viel geringer, bei andern bedeutend größer als die vorhin angegebene; erstere heißen **kurzsichtig**, letztere **weitsichtig**.

Weil kurzsichtige Augen eine Annäherung, weitsichtige aber eine Entfernung des in der Sehweite befindlichen Gegenstandes fordern, so müssen sich die Strahlen bei ersteren schon offenbar **vor**, bei letzterem erst **hinter** der Netzhaut vereinigen. Das kurzsichtige Auge wirkt also wie eine zu viel, das weitsichtige wie eine zu wenig erhabene Linse. Man muß daher jenem vermittelst eines hohl geschliffenen Glases, diesem aber vermittelst eines erhaben geformten Glases oder mit einer passenden **Brille** zu helfen suchen.

Mit dem höheren Alter kommt meistens — wahrscheinlich in Folge des sich verdichtenden Linsenkernes und des geschwächten Adaptionsmechanismus — die **Weitsichtigkeit**, obschon letztere sich auch bei jüngeren Landleuten, Jägern, Schiffern, kurz bei Menschen häufig findet, welche durch ihre Beschäftigung auf das Fernsehen angewiesen sind und deren Accommodationsvermögen hinsichtlich des Nahesehens aus Mangel an Uebung beschränkt ist.

Da der Weitsichtige convexe Linsen zu seiner Brille braucht, so sieht er die Bilder der Gegenstände vergrößert (S. 149) und heller, weil mit Hilfe der erhabenen Linse mehr Lichtstrahlen an die Pupille gelangen, als ohne dieselbe. Je weitsichtiger ein Auge ist, desto schärfer muß seine Brille, d. h. desto geringer muß die Brennweite und die am Glase eingeritzte Nummer der Linse sein. Die stärksten convexen Brillen brauchen die am grauen Staar Operirten, weil bei ihnen die wegen ihrer Trübheit aus dem Auge genommene Krystalllinse durch die Glaslinse der

Brille ersetzt wird. Da ein seiner Krystallinse beraubtes Auge nicht adjustiren kann (S. 245), so wird für dasselbe die Brille versuchsweise gewählt. Für Augen jedoch, welche accommodiren können, läßt sich die Brennweite berechnen, indem man die Entfernung, in welcher der Weitsichtige am deutlichsten sieht, mit dem Abstand, in welchem er durch die Brille am schärfsten sehen soll, multiplicirt und dieses Product durch den Unterschied beider Entfernungen dividirt. Für ein kurzsichtiges Auge gilt die nämliche Regel, man nimmt aber hiebei die Brennweite des Glases negativ, d. h. das Glas wird entsprechend concav gewählt.

Um für Jemand ein Brillenglas zu bestimmen, muß also die deutlichste Sehweite seines Auges gesucht werden. Obschon hiefür mannigfache Verfahrungsweisen und Instrumente (Optometer) vorgeschlagen und durchgeführt sind, geschieht dies dennoch gewöhnlich einfach, wenn auch minder genau, derart, daß man mißt, in welchem Abstande vom Auge eine mittelgroße Druckschrift am deutlichsten und leichtesten gelesen werden kann. Diese erhaltene Zahl wird der obigen Rechnung zu Grunde gelegt, und das Resultat um eine oder zwei Nummern vorsichtshalber vermehrt. Letzteres deshalb, weil eine schärfere Brille mit der Zeit immer das Auge anstrengt.

Da nicht selten bei ein und derselben Person je eines der Augen eine andere Sehweite besitzt, so soll letztere für jedes Auge besonders ermittelt werden: ebenso sollte für jene, welche nur bei künstlicher Beleuchtung eine Brille benützen, die Sehweite bei dem zu gebrauchenden Lichte gemessen und das Augenglas darnach genommen werden.

Die Kurzsichtigkeit hat ihre Ursachen theils in einer zu großen Brechkraft der durchsichtigen Stoffe des Auges, theils in einer Entwöhnung des Accommodationsapparates für die normale Sehweite; es verfallen ihr meistens jene, welche beim Lesen und Schreiben das Papier dem Auge zu nahe bringen. Die Hohllinsen zerstreuen (S. 150) die Lichtstrahlen, es erhalten daher die Kurzsichtigen durch ihre Brille weniger Licht als beim unbewaffneten Sehen; hingegen dringen mehr Lichtstrahlen in das freie kurzsichtige als in das normale Auge, weil jenes in der Nähe leichter adaptirt, mithin eine weitere Oeffnung der Pupille zuläßt. In der That lesen Kurzsichtige mit waffenlosen Augen ohne große Anstrengung im Dämmerlicht.

Weil mit dem höheren Alter die Augen weitsichtiger werden, so ist man allgemein der Ansicht, daß der Kurzsichtige in seinen späteren Jahren mit der Nummer seiner Brille zurückgehen, d. i. dieselbe erhöhen könne; es scheinen jedoch thatsächlich so viele Ausnahmen vorhanden zu sein, daß es an Anfechtungen jener Meinungen nicht fehlt.

Die Stecher, die Feder- oder Quetschbrillen gestatten, daß man die eine oder die andere ihrer Seiten dem Auge zuwenden darf; beide Flächen ihrer Linsen müssen daher gleiche Krümmungen haben. Wird jedoch, wie bei den Sattelbrillen mit Kopfspangen, immer die nämliche Seite nach dem Auge gekehrt, dann sind die Menisken (S. 126), deren Hohlflächen stets nach dem Auge hinliegen, vorzuziehen, weil sie auch das Sehen seitwärts befindlicher Gegenstände besser gestatten; solche von W o l l a s t o n (1812) vorgeschlagene Brillen heißen daher, mit Anspielung auf das seitliche

Sehen, periskopische; sie haben den Fehler einer allzustarken Spiegelung.

Das grelle Sonnenlicht, wie es von weißlichen Gebäuden, Pflastersteinen u. dergl. m. zurückgeworfen wird, überreizt die Netzhaut und wird dem Sehorgan schädlich. Empfindliche Augen bedürfen daher, gegen solche nachtheilige Einflüsse des übermächtigen Lichtes, eines Schutzes und man versieht sie deßhalb mit Brillen aus blauem oder schwärzlichem Glase. Letzteres, eine neuere Erfindung der Engländer, ist vorzuziehen. In früherer Zeit verwendete man zur Lichtabschwächung auch grünes Glas; man ist aber davon abgekommen, weil es das überkräftige Licht nicht so gut mildert wie das blaue oder schwärzliche Rauchglas oder „Londonsmoke"-Glas. Empfindliche, aber sonst normale Augen erhalten solche gefärbte Gläser, welche jedoch an beiden Seiten entweder vollkommen eben oder gekrümmt wie die Uhrgläser und wie letztere überall gleich dick sind. Solche dunkle Brillen finden beispielsweise auch als Schneebrillen Anwendung, um der gefährlich blendenden Einwirkung des Gletscherfirns zu entgehen. Den gleichen Dienst leisten zur Noth künstliche Pupillen, das sind vor die Augen gebundene Brettchen, welche sehr kleine Lichtöffnungen besitzen. Die Gläser der Staubbrillen für ein normales Auge müssen dünn und beiderseits eben oder uhrglasförmig gestaltet sein. Nur in diesem Sinne haben Conservirbrillen für geschwächte, aber sonst normale Augen eine Berechtigung; mit Brillen einem ganz regulären Auge beispringen wollen, damit es nicht anormal werde, ist ebenso lächerlich und gefährlich, als ob ein Gesunder Medicin nehmen würde, damit er nicht krank oder als ob ein Geradbeiniger auf Stelzen ginge, damit er nicht krumm werde.

Auch die Weit- und Kurzsichtigen können sich gegen das zu starke Licht blauer oder dunkler Brillen bedienen; aber diese sollen dann isochromatisch, d. i. solche sein, bei welchen die eigentliche Linse aus weißem Glase besteht, die aber mit einem überall gleichmäßig dicken blauen oder dunkelen Glase belegt sind. Denn wäre die Linse selbst aus blauem oder dunkelm Glase, so würden die ungleich dunkeln Färbungen an den verschieden dicken Stellen derselben dem Auge schädlich werden.

Das Auge muß genau durch die Mitte des ihm möglichst nahe gerückten Glases sehen, vorausgesetzt daß in dem Mittelpunkte der Figur des Glases auch dessen optischer Mittelpunkt liegt, es ist in dieser Richtung bei der Auswahl ovaler Brillen Vorsicht nöthig; ferner hat man darauf zu achten, daß die Augen nicht über die Gläser hinaussehen können. Auch die Einfassung der Brille ist in den oben angeführten Beziehungen nicht gleichgiltig und das aus Horn oder verschiedenen Drahtmaterien angefertigte Gestelle der Brille sollte eigentlich vorher, nach dem gegenseitigen Abstande der Pupillenmittelpunkte, bemessen werden. Ein gleiches gilt bei den Brillen ohne Randeinfassung.

Bei der Wahl einer Brille wird erforscht, mit welchen wo möglichst schwächeren Gläsern, man eine mäßig beleuchtete mittelgroße Druckschrift in der normalen Sehweite leicht und deutlich liest. Ein gleiches versucht man sodann hinsichtlich der großen Schrift entfernter Firmentafeln. Man thut hiebei gut, mehrere Brillen verschiedener Schärfe zu probiren, bis sich die passendsten Gläser finden. Nach jedem derartigen Versuche soll dem Auge Ruhe gegönnt werden, damit es sich von der Anstrengung beim Sehen durch die unpassenden Brillen erhole.

Da auch die Güte des Glases und seines Schliffes von hoher Wichtigkeit ist, deren Prüfung aber tiefere Sachkenntniß erfordert; so leuchtet ein, daß man sich beim Brillenerwerb an eine berühmte Firma wenden müsse.

Die Linsen aus Bergkrystall sind reiner, heller als jene aus Glas und heutzutage nicht viel theurer; sie verdienen daher eine Berücksichtigung um so mehr, als sie ihre Härte gegen das Zerritztwerden schützt und man sie daher ohne Futteral in die Tasche stecken kann. Um die Abreibung der Brillengläser zu verhüten, nehme man für dieselben lieber eine zusammenklappende Scheide- als eine Schiebkapsel.

Soll ich noch über die Vieldeutigkeit des Sinnes sprechen, die das Wort Brille in der Kunstsprache verschiedener Gewerbe und im figürlichen Ausdrucke mit der Zeit angenommen hat? oder soll ich noch der Drahtsiebbrillen gedenken, deren sich die Steinmetze, Eisendreher und mehrere Arbeiter zum Schutz gegen die verschiedenen Splitter bedienen? dann muß ich auch an die ellipsoïdischen Hohlschalen aus Horn oder Blech erinnern, welche den Schielenden vor die Augen gebunden werden, wodurch die letzteren gezwungen werden sollen durch die in der richtigen Sehaxe liegenden Löchelchen jener Schalen zu sehen. Dies wäre ganz gut, wenn die so Bebrillten es nicht vorzögen — um einer unangenehmen Anstrengung ihrer Augenmuskeln zu entgehen — stets nur mit einem Auge zu sehen, wodurch selbstverständlich das angestrebte Ziel und die darauf verwendeten Mühen verfehlt werden. Bei diesem einäugigen Sehen fällt uns auch das Monocle ein, vor dessen Gebrauch wir nachdrücklichst warnen, weil dadurch ungleiche Sehweiten beider Augen und eine ebenso lächerliche als unschöne Verzerrung der Physiognomie entspringen. Ueberhaupt ist die Frage, ob man eine Brille aufsetzen soll, eine sehr ernste Angelegenheit, die mit Sachverständigen reiflichst zu erwägen wäre, denn es ist nicht gleichgiltig, durch welche Brille man die Welt ansieht.

3. Gesichtstäuschungen.

Jene Frau hatte nicht so ganz Unrecht, als sie von ihrem Manne forderte, er solle ihr mehr als seinen Augen trauen; ja, es wäre ihr sogar leicht geworden, ihr paradoxes Begehren mit Scheingründen zu stützen. Machen uns nicht Spiegel, Linsen und darauf basirende optische Kästen verschiedenster Art — Stereoskope und Pseudoskope mit einbegriffen — einen Sehspuk vor? Betrügt nicht die Natur bei der Luftspiegelung und Fata Morgana das Auge? Treten nicht zuweilen plötzliche und vorübergehende Störungen im Sehorgan auf, wodurch es falsch oder unvollkommen sieht? Wir erinnern beispielsweise an das Halbsehen, bei welchem man von Personen, Dingen, geschriebenen Worten u. dgl. m. nur die rechte oder die linke Seite erblickt. Kommen nicht bei den krankhaften Illusionen und Hallucinationen des Gesichtes die lebhaftesten Phantasie-Lichtbilder, im Wachen und bei sonst klarem Verstande, vor? Und wie reich ist gerade dieses traurige Gebiet an interessanten Geschichten! Daran schließen sich die Bilder des Traumes, der Phantasien, Vorstellungen und Erinnerungen.

In allen diesen und anderen Fällen und überhaupt da, wo wir von einer Täuschung der Sinne zu sprechen pflegen, sind es eigentlich nicht die Sinne, welche betrogen werden oder betrügen, sondern es sind entweder äußere oder innere eigenthümliche Umstände vorhanden, welche uns zu Fehlschlüssen verführen. Die Organe der Sinne können nicht anders als gesetzmäßig wirken. Wenn z. B. der Trunkene vor herumspringenden Mäusen flüchtet, die ihn verfolgen, und wenn der Fieberkranke von Lichtkreisen, feurigen Rädern u. dgl. spricht, die ihn quälen; so erkennt der Denkende hierin sogleich die entoptischen Erscheinungen (S. 232), während den Betroffenen das richtige Urtheil hierüber fehlt.

Nicht selten ist es gewohnte Unaufmerksamkeit oder unaufmerksame Gewohnheit, die uns das Richtige übersehen läßt, wie z. B. bei dem Einfachsehen von Doppelbildern (S. 227), bei der Ausfüllung des blinden Fleckes (S. 229) u. dgl. m. Schaffen wir außerordentliche Umstände, so werden wir durch ihre Neuheit aufmerksam und mithin des Wahren inne; es entgeht uns in der Regel das Schwankende und Hüpfende im Gange der Menschen, wir erkennen dies aber sogleich in der Dunkelkammer an den umgekehrten, bewegten Bildern der vorüberkommenden Personen.

Beschauen wir eine Landschaft mit zwischen den Beinen oder zwischen Arm und Leib gestecktem Kopfe, so schreiben wir, wie Rood 1861 erklärte, den entfernten Gegenständen nicht mehr unbewußt jene Farben zu, welche sie gewöhnlich in unserer Nähe zeigen, sondern wir sehen die letzteren mit ihren durch die verschiedenen Entfernungen hervorgerufenen Unterschieden und Abstufungen. Diese erhöhete Mannigfaltigkeit der Farben, ihr stärkerer Glanz, wenn sie von nahen, ihre Ermattung, wenn sie von entfernteren Objecten ausgehen, erzeugen eben die Ueberraschung und den Reiz, welche bei jener seltenen Betrachtungsweise der Gegenden auftreten. Allerdings mag zu der gesteigerten Farbenpracht der näheren Objecte der reichere Blutzufluß gegen das Auge auch einiges beitragen.

Wie sehr wir unbewußt unser Urtheil mit dem eigentlichen Sehen verwechseln und Schlüsse der directen Wahrnehmung unterschieben, zeigt vor einem Hohlspiegel das umgekehrte Bild einer nur halb mit Wasser gefüllten Glasflasche. Im Bilde kommt jener Theil leer, der im Gegenstand voll ist, und umgekehrt. Die Ursache hievon liegt darin, weil wir nicht gewohnt sind in einem Gefäße die Luft unten und das Wasser oben zu sehen. Läßt man das Wasser aus der umgekehrten Flasche auslaufen, so füllt sich scheinbar das Bild der letzteren; sobald aber das Glas wasserfrei geworden ist, wird auch das Bild geleert wahrgenommen.

Die Größe entfernter Personen und Gegenstände beurtheilen wir nicht nach dem richtigen Sehwinkel, unter welchem sie uns erscheinen, sondern wie wir sie seit unserer Jugend in der Nähe abschätzen gelernt haben. So z. B. glauben wir, einen Mann in einer Entfernung von 30 Meter noch immer in seiner gewöhnlichen Größe zu sehen, obschon er jetzt mit Rücksicht auf den Gesichtswinkel viel kleiner ausschauen sollte. Dasselbe gilt auch von Bäumen, Häusern u. dgl. m. Daß wir aber die entfernten Personen und Sachen nicht direct in ihrer richtigen Größe sehen, sondern uns dieselben eigentlich nur in dieser vorstellen, ist dadurch bewiesen, weil uns ein Finger, den wir vor das Auge halten, alle jene Gegenstände verdeckt.

Wenn wir also die alltäglich vorkommenden Gegenstände

in kleineren, verschiedenen Entfernungen vom Auge dennoch in ihrer wahren Größe erblicken, so rührt dies von der mannigfachen Uebung her, vermöge welcher wir von Jugend an derartige Entfernungen unbewußt abschätzen und darnach die wahre Größe der Gegenstände, ebenfalls unbewußt, beurtheilen lernen. Sobald wir jedoch unter außerordentlichen Umständen, aus Mangel an Uebung, die Entfernung der Dinge nicht zu schätzen wissen, erscheinen die letzteren auch nicht mehr in ihrer wahren Größe. So sehen wir von einem Thurm die unten liegenden Gegenstände schon in solchen Entfernungen kleiner, in denen wir sie bei gewöhnlichen Umständen noch in ihrer wahren Größe erblickt hätten. Es wird nun von selbst klar, warum Shakespeare die schwindelnde Höhe des Kliffs bei Dover, wie folgt, anschaulich macht:

Die Krähn und Dohlen, die die Mitt' umflattern,
Sehn kaum wie Käfer aus — halbwegs hinab
Hängt einer, Fenchel sammelnd, — schrecklich Handwerk!
Mich dünkt, er scheint nicht größer, als sein Kopf.
Die Fischer, die am Strande gehn entlang,
Sind Mäusen gleich; das hohe Schiff am Anker,
Verjüngt zu seinem Boot; das Boot zum Tönnchen
Beinah zu klein dem Blick; — — — — — —

Bei sehr bedeutenden Entfernungen tritt nach jeder Richtung hin die Macht des Sehwinkels wieder vorherrschend (S. 230) auf. Es beeinträchtigen dann mehrerlei Umstände die Richtigkeit unserer Schätzung.

Beurtheilen wir die Größe der Gegenstände vorzüglich nach dem Gesichtswinkel, unter dem sie erscheinen, so täuschen wir uns über ihren wahren Abstand von uns. Hohe

Berge hält man, wegen des großen Gesichtswinkels, unter dem sie erscheinen, für näher, als es wirklich der Fall ist. In der Perspectivmalerei stellt man Gegenstände, welche recht ferne erscheinen sollen, sehr klein dar.

Nach der Erfahrung erscheint uns ein Gegenstand um so heller, je näher er unserm Auge steht; man hält daher umgekehrt einen Gegenstand für um so näher, je lichter er ist. Weiß getünchte Gebäude und mit Schnee bedeckte Berge scheinen uns daher näher zu sein, als dunkle. Die durch Nebelhüllen an Licht geschwächten Gegenstände sehen wir in die Ferne gerückt. Bei sehr durchsichtiger reiner Luft beurtheilen wir die Entfernung der Gegenstände zu gering, darum nehmen ungeübte Schützen bei klarer Luft das Wild für näher, als es wirklich ist, und Neulinge in den Alpen unterschätzen bei hellem Wetter den Abstand der Sennhütten von ihrem Auge. Es wird nun auch verständlich, warum wir in der Nacht ein Feuer für näher, als am Tage halten.

Recht helle Gegenstände erscheinen uns nicht nur näher, sondern auch vergrößert, wenn sie in der Ferne allseitig von Dunkelheit umgeben sind. Umgekehrt verhält es sich mit einem sehr dunkeln Gegenstande auf sehr lichtem Grunde. Diese Erscheinung heißt „Irradiation." Vermöge derselben sehen wir die beleuchtete Sichel des Mondes so, als ob sie zu einer größern Kugel gehören würde, als der dunkle Theil desselben. Wir erblicken die Fixsterne mit freiem Auge als Scheibchen, obwohl sie sich wegen des unmeßbar kleinen Sehwinkels als helle Punkte zeigen sollten. Entfernte Lichtlöcher, Lichtspalten, weiße Quadrate auf schwarzem Felde nehmen wir ausgedehnter, als sie es thatsächlich sind; nahe benachbarte lichte Stellen greifen daher über die schmalen, dunkeln Trennungsstreifen, weshalb ein feiner Draht im hellsten Sonnenlichte und ein Haar vor dem lichtesten Theil einer Leuchtflamme nicht wahrgenommen wird; nun ist auch klar, warum sich die scharfe Kante eines Lineals vor einem kräftigen Kerzenlichte zackig ergibt. Schon Kepler suchte (1604) die Ursache der Irradiation in einer mangelhaften Accomodation (S. 244), vermöge welcher dann statt der Bildpunkte „Zerstreuungskreise" auf der Netzhaut entstünden. Seitdem beschäftigte sich eine große Reihe von Forschern mit diesem Gegenstande, besonders Astronomen, welche sich bemühten, festzustellen, ob bei der Wahrnehmung der Himmelskörper Irradiation stattfinde. Vor 36 Jahren hat Plateau die Irradiation eingehend studirt und zu ihrer Erklärung einen von Descartes (1637) ausgesprochenen Gedanken weiter entwickelt. Nach Plateau (1838) rührt die Irradiation davon her, weil sich der Eindruck der in einem Punkte der Netzhaut zusammentreffenden Lichtstrahlen auf die nächsten um diese Stellen herumliegenden Theilchen verbreitet. Diese Ansicht wurde zuerst von Fechner (1840) sowie später mehrseitig entkräftet, und wieder Kepler's Meinung aufgenommen (siehe oben). Nach dem jetzigen Stand der Wissenschaft erklärt man die Irradiation daraus, weil selbst bei der vollkommensten Accommodation, wegen der Abweichungen im Auge, statt der Bildpunkte kleine Zerstreuungskreise oder, wegen der eigenthümlichen Gestalt des Auges, kleine Zerstreuungsellipsen auf der Netzhaut zu Stande kommen; das Licht auf der letzeren greift in Folge dessen über die idealen Grenzen des Bildes hinaus.

Wir haben soeben der eigenthümlichen Gestalt des Auges erwähnt. Nach Fliedner's Untersuchungen (1852) hat nämlich jedes Auge in einem bestimmten Querschnitte eine kürzere und in einem darauf senkrechten eine längere Brennweite. Das Auge braucht daher zum deutlichen Sehen in auf einander senkrechten Richtungen je einen andern Grad der Accommodation. In der That gewahrt man (S. 266, Fig. 87) bald die scheitelrechten, bald die wagrechten Geraden schärfer, wenn man unser Buch aus weiterem Abstande langsam dem Auge nähert. Die Nichtsymmetrie des Auges und die feuchten Tröpfchen auf seiner Hornhaut (S. 213) bewirken noch andere mannigfaltige Zerstreuungsfiguren, als jene, welche die Irradiation zur Folge haben. Wir erinnern in dieser Beziehung an die strahligen Formen der Sterne und entfernter Flammen, an die mehrfachen Bilder von Lichtlinien, sowie der Mondhörner u. dgl. mehr.

Je zahlreicher die Menge der zwischen dem Auge und Gegenstande befindlichen Körper ist, desto beträchtlicher erscheint uns der Abstand jenes Gegenstandes von unserem Auge. Ein am jenseitigen Ufer eines Flusses, Sees liegendes Schiff erblicken wir näher, wenn der Wasserspiegel von Kähnen, Booten, Jachten, Schiffen, Mühlen u. s. w. frei ist. Ebenso verhält es sich mit dem ganzen Ufer, daher man in solchen Fällen die Ausdehnung des Sees, die Breite des Flusses unterschätzt. Nun wird klar, warum wir ein in einer weiten offenen Ebene vereinzelt liegendes Gebäude näher glauben, als wenn zwischen demselben und dem Auge viele Bäume, Gebäude u. dgl. m. sich befinden.

Sonne und Mond erscheinen beim Auf- und Niedergehen, wegen der vielen zwischen ihnen und dem Auge befindlichen Gegenstände, entfernter als später, wo sie höher stehen. Aus demselben Grunde beurtheilen wir die halbe, hohle Himmelskugel als etwas abgeplattet, d. h. wir halten das blaue Krystallgewölbe nahe dem Horizont für entfernter von uns als dessen Scheitelpunkt. Wenn die Sonne oder der Mond hinter oder neben den Bäumen, Häusern u. s. w. auf- und niedergehen, so besitzen jene Weltkörper und die genannten irdischen Objecte nahezu denselben Sehwinkel. Indem wir aber wissen, daß Sonne und Mond entfernter sind, schreiben wir ihnen unbewußt eine bedeutendere Größe zu. Schon Ptolemäus (im 2. Jahrhunderte nach Chr.) erkannte dies richtig, wenn er es auch etwas unbestimmter aussprach. Seitdem ist diese Frage sehr oft in der vielseitigsten Weise erörtert und dadurch sehr bekannt geworden. Ptolemäus äußerte sich über dieselbe Materie an einem zweiten Orte seiner Schriften auch noch anders, nämlich, daß jene Vergrößerung des tief stehenden Mondes oder der Sonne von der durch die Dünste erzeugten Strahlenbrechung herrühre. Allerdings wirken die Nebel mächtig bei dieser Vergrößerung mit, aber nicht vermöge der bildhebenden Lichtbrechung, sondern hauptsächlich, weil sie dann verdunkelt und mithin mehr in die Ferne rücken (S. 259). Da aber hiebei der von ihnen gebotene optische Winkel nicht kleiner geworden ist, so schließen wir unbewußt, daß jene Himmelskörper beträchtlicher seien. Machen wir es doch mit der Abschätzung der Größe irdischer Berge nicht anders! Sie scheinen uns bei nebligem Wetter entfernter und ausgedehnter. Aus den entgegengesetzten Gründen unterschätzen wir die thatsächlich vorhandene Vergrößerung (S. 305) der uns nahe gebrachten Bilder in den kleineren Fernrohren. Nun ist auch verständlich, wie so dem für die Ferne eingestellten Auge eine vorübereilende Fliege wie ein Vogel vorkommt. Das Bild der Fliege entsteht nur undeutlich (S. 244) und, wegen der Nähe des Objectes, unter ausgiebigem Sehwinkel. Das für die weitere Entfernung adjustirte Auge versetzt das unbestimmte Bild mit der seinem Sehwinkel entsprechenden Ausdehnung in jenen Abstand, welcher der eben statthabenden Accommodation zugehört. Wir schließen daher — nach dem Gesetze der Analogie — auf einen vorüberfliegenden Vogel. Man erzählt von chinesischen Gemälden, auf welchen hinter einem Walde Riesen hervorzustürzen scheinen, die aber nicht größer gezeichnet seien, als die Personen des Vordergrundes; wir glauben dies gerne, da ja die Erklärung so einfach ist. Der Wald erzeugt die Vorstellung einer weitern Entfernung der hintern Figuren, mithin auch ihre Vergrößerung (vgl. S. 262).

Wird der Abstand der Dinge von unserm Auge allzugroß, dann zeigen sie sich alle in gleicher Entfernung. So erscheinen z. B. sämmtliche Himmelskörper — Sonne, Mond und Sterne — an der innern Fläche der hohlen halben Himmelskugel, obschon ihre wirklichen Entfernungen vom Auge, nach anderweitigen Betrachtungen, sehr verschieden sind.

Eine Bewegung läßt sich nur durch die Vergleichung der Lage der Körper gegen einander wahrnehmen, daher kann es auf das Auge dieselbe Wirkung haben, wenn ein Körper in einem ruhenden Raume seinen Ort ändert, oder wenn der Körper ruht und der Raum sich in entgegengesetzter Richtung verschiebt. Fährt man schnell in einem Kahne oder Schiffe stromabwärts, so scheinen sich die Ufer mit allen daran befindlichen Gegenständen stromaufwärts zu bewegen. Die großartigste scheinbare Bewegung giebt die tägliche Umdrehung sämmtlicher Gestirne, sowie der tägliche und jährliche Umlauf der Sonne um die Erde.

Fernere Exempel einer scheinbaren Bewegung: Die in drei auf einander senkrechten Drehaxen hängenden Barometer, Tintenzeuge, Lampen u. dgl. m. scheinen einem unerfahrenen Schiffspassagier zu schwanken, während sie thatsächlich lothrecht bleiben, und eigentlich nur die Reisenden sammt dem Schiffe hin und her geworfen werden. — Ein Körper, der bei unserer eigenen Bewegung seine Lage gegen uns unmerklich ändert, z. B. seiner großen Entfernung wegen, scheint in gerader Richtung mit uns fortzurücken. Der Mond eilt deßhalb in gerader Richtung mit demjenigen vorwärts, der ihn während des Laufens immerfort ansieht. — Hält man in einiger Entfernung vom Auge eine Glastafel oder eine Brille, und fährt damit z. B. von rechts nach links, so glauben wir, daß sich die dadurch gesehenen, weit entlegenen Gegenstände in derselben Richtung bewegen. — Nun wird von selbst einleuchten, warum es einem auf der Eisenbahn Fahrenden vorkommt, als ob die an dem Wege liegenden Felder in entgegengesetzter Richtung liefen, und warum die sehr fern stehenden Bäume, Häuser, Dörfer u. dgl. m. in der Richtung mit dem Fahrenden fortzuschreiten scheinen.

Wird es bei einer Bewegung zweifelhaft, welches Stück des Gesichtsfeldes in Bewegung sei, so ist man in der Regel geneigt, dessen kleinern Theil für bewegt zu halten.

Die wahre Bewegung muß man durch Verstandesschlüsse zu ermitteln suchen. Ob die Wagenreihe in der wir sitzen, oder der benachbarte Train auf der Eisenbahn in Bewegung geräth, können wir oft nur durch Vergleichung mit der stehenden Umgebung oder durch einen Blick auf die Räder des anderen Zuges herausbringen. Als ferneres Beispiel hiezu erinnern wir an die Gründe, welche für die Bewegung der Erde aufgeführt werden; wie kindisch erscheint uns heute der Fehlschluß der Gegner des Copernicus, daß die Vögel, wenn sie von ihrem Neste wegfliegen, dieses nicht mehr finden sollten, da es doch sehr schnell mit der Erde im Raume fortgeführt würde.

Wenn das Auge auf ungewöhnliche Weise bewegt wird, wie z. B. beim Tanze, durch Schiffsbewegungen, durch das Beschauen eines massigen Wasserfalls u. dgl. m., so entstehet eine Scheinbewegung der betrachteten Objecte oder „der Schwindel". Dieser wird aufgehoben durch scharfes Fixiren eines ruhenden oder mit uns bewegten Körpers. Die beiden Theile eines sich drehenden Paares können sich durch gegenseitiges, constantes Ansehen vor dem Eintreten des Schwindels schützen. Auch der Schwindel beim Hinabsehen in eine große Tiefe rührt von der unwillkürlichen Unruhe des Auges her.

Suchen wir nun die Irrthümer beim Augenmaß für kleinere und naheliegende Größen auf. Auch in diesem Falle halten wir eine getheilte Größe für ausgedehnter, als eine nicht unterbrochene (S. 261), wie uns dies die rechte Hälfte von Nr. 3 in Fig. 84 beweiset. Versucht man einäugig eine Linie auf's Gerathewol zu halbiren, so wird sich, bei der Prüfung mittelst Zirkel, ergeben, daß man, wenn das rechte Auge offen ist, das rechte Stück etwas länger gemacht hat. Entgegengesetzt verhält es sich, wenn nur das linke Auge gebraucht wurde; wir erkennen den Fehler schon durch das Umlegen des Papiers in Beziehung auf rechts und links. Einäugige theilen nicht nur

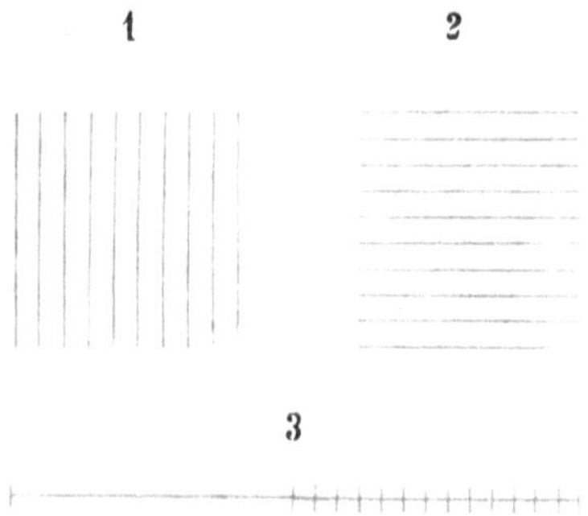

Fig. 84. Vergrößernde Wirkung der Theilung.

schlecht nach der Schätzung, sondern sie zielen auch gefehlt in der Nähe, weil ihnen (S. 242) die Convergenz der Augenaxen abgeht; sie schieben daher seitlich nicht sogleich einen Haken in den Ring, fädeln eine Nadel nur mit Noth ein, treffen nicht auf das erste mal mit dem Zeigefinger einen auf ein Glas hervorragend gelegten Papierstreifen u. dgl. m.

Der vergrößernde Einfluß der Theilung zeigt sich ferner an Nr. 1 und 2 der Fig. 84. Obschon nämlich beide Liniengruppen gleiche Quadrate bilden, erscheint dennoch Nr. 1 mehr in die Breite und Nr. 2 mehr in die Länge gezogen. Ein quergestreiftes Kleid läßt demnach eine kleine, dicke Dame etwas höher und schlanker erscheinen, wobei noch zu ihrer Vergrößerung ein sehr lichter Grund am Stoffe beitragen kann (S. 259). Möblirte Zimmer schätzen wir, wegen der Unterbrechungen, größer als leere und eine mit Mustern gemalte Mauer ausgedehnter als eine einfarbige. Auch getheilte Winkel geben sich beträchtlicher als gleiche unzerlegte.

In Fig. 84 wäre uns übrigens Nr. 1 noch breiter vorgekommen, wenn wir nicht überhaupt geneigt wären, die Lothrechten stets etwas größer zu nehmen: so z. B. halten wir unsern Cylinderhut für viel höher als breit, was nicht der Fall ist. Jedermann, wenn er vom Boden aufwärts an der Wand die Höhe eines ihm vorgehaltenen Cylinderhutes angeben soll, zeigt wenigstens um ein Drittel der Huthöhe mehr. Die kleinen Leute lieben also nicht ohne Grund ihren aufwärtsstrebenden Kopfcylinder!

Dieses vergrößernde Beurtheilen der oberen Theile üben wir auch an Schriftzeichen, welche aus 2 ähnlichen Hälften, wie in 3388SSXXZZ bestehen. Unser Leser stelle diese Buchseite auf den Kopf und er wird sogleich seinen früheren Sehfehler hinsichtlich der genannten Ziffern und Buchstaben wahrnehmen.

Die Unterbrechung macht auch unser Urtheil in Hinsicht auf die Richtung etwas unsicher, besonders wenn dabei nur kleine parallele Verschiebungen in's Spiel kommen. So z. B. wird man (Fig. 85, nach Helmholtz) leicht zur vereinzelten schiefen Linie die untere der Parallelen als Fortsetzung nehmen, während es doch die obere Gerade ist, wie man sich durch Anlegen eines Lineals überzeugen kann.

Den Parallelismus beurtheilen wir übrigens in der Regel richtig; genauer jedoch — nach Mach, 1861 — wenn die Parallelen loth- oder wagrecht, als wenn sie schief sind.

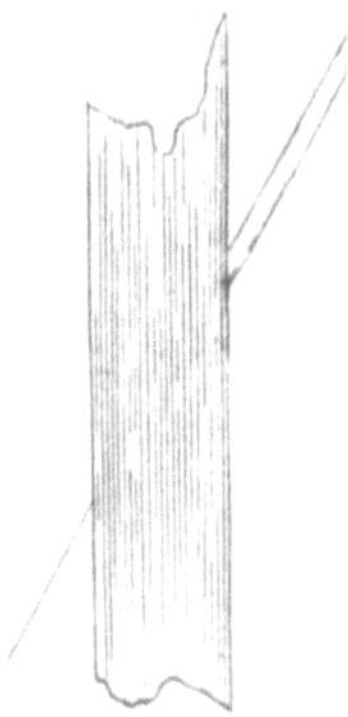

Fig. 85. Welche der Parallelen ist die Fortsetzung der unteren Schräglinie?

Werden (Fig. 86 und 87) Parallele durch andere Geraden schräg geschnitten, so scheinen je zwei derselben nach der Seite auseinander zu gehen, nach welcher die sie kreuzenden Geraden gegen einander laufen. Ueber die Ursache dieser, von Zöllner (1860) zuerst an einem Tapetenmuster (Fig. 86) entdeckten Thatsache sind sehr verschiedene Meinungen ausgesprochen worden. Wir werden jedenfalls zu jener falschen Schätzung durch die Schräglinien veranlaßt; denn blickt man nahezu parallel zur Ebene der Figuren 85 und 86, so tritt der täuschende Einfluß der Schnittlinien zurück, und der Parallelismus der langen Geraden hervor. — Die scheinbare Verschiebung der kleineren Querstriche an dem Zöllner'schen Muster (Fig. 86) hat in der Irradiation (S. 259) ihren Ursprung.

Wie sehr wir geneigt sind, uns von einer leitenden Linie zu einem Irrschluß verführen zu lassen, zeigt Figur 88. Der erste und dritte Kreisbogen von oben haben genau dieselbe Größe. Allein, indem unser Sehorgan der rechten Seitenlinie des unteren Ringstückes folgt und plötzlich bei einem Vorsprung bleiben muß, halten wir den zweiten Bogen von unten für ausgedehnter als den obersten. Und doch sind diese letzten zwei Bogen genau gleich und nur verschoben, was sich durch directe Messung zeigt, oder dadurch, daß man alle übrigen Linien verdeckt.

Wenn uns die Ausfüllung des blinden Fleckes (S. 229),

die Hallucinationen und Phantasien Gesichtserscheinungen bewirken, denen das äußere Object fehlt; so können ander-

Fig. 86. Die lotbrechten, schwarzen Parallelen scheinen nicht überall gleichweit von einander entfernt zu sein.

Fig. 87. Die scheitelrechten Parallelen erscheinen in der Mitte geknickt.

Fig. 88. Der 2. Bogen von unten kommt uns größer vor als der gleich lange erste Bogen von oben.

seits psychische Vertiefung oder Zerstreuung unsere Beobachtung so von der Umgebung abziehen, daß wir trotz unserer offenen und gesunden Augen nicht sehen. Es ist auch möglich, z. B. bei der Täuschung durch das „Changiren" der Taschenspieler, daß wir trotz unseres absichtlichen Aufmerkens die geschwinde Bewegung der geworfenen Körper nicht wahrnehmen; es ist dann der Lichteindruck auf unserer Netzhaut von so kurzer Dauer, daß sich keine Lichtempfindung zu entwickeln im Stande ist. Aus demselben Grunde sieht man auch eine vom Schusse getriebene Kugel nicht; hingegen bemerkt man die äußerst schnellen elektrischen Funken. Die Zeit, welche zur Erzeugung einer Lichtempfindung erforderlich ist, kann nämlich um so kürzer sein je kräftiger der Lichteindruck auftritt. Hiebei ist auch die Farbe in derselben Reihe maaßgebend, wie bei den Gesichtswinkeln (S. 231). Wenn man die zu rasch geworfenen dunkeln Körper nicht bemerkt, warum sehen wir die verzögerte Bewegung des Minutenzeigers unserer Uhren, der Sterne am Himmel u. dgl. m. nicht um so besser? Und doch ist bekannt, daß wir das zu langsame Fortrücken von Körpern direct gar nicht wahrnehmen, sondern erst nach längerer Zeit erschließen! Die Antwort hierauf gibt der Satz von dem zu geringen Sehwinkel (S. 231), der bei solch zaudernden Verschiebungen, für einen kleineren Zeittheil, Anwendung findet.

Ist eine kräftige Lichtempfindung einmal angeregt, so dauert sie noch eine kurze Zeit fort, wenn auch der Lichtspender bereits erloschen ist. Die Schwingungen der Nervenenden an der Netzhaut kommen nicht sogleich zur Ruhe. Wenn nun auf der Netzhaut des Auges Eindrücke in schneller Folge hervorgerufen werden, so verschmelzen sie, vermöge jener Dauer, die Lichtempfindungen zu einer einzigen; schwingt man z. B. die glühende Kohle eines Zündhölzchens hin und her, so gewahrt man leuchtende Bogen; wird hingegen die Lichtquelle nur langsam bewegt, so sieht man den hellen Punkt nur vereinzelt.

Hierauf beruhet die durch Paris im J. 1827 erfundene Wunderscheibe oder das „Thaumatrop". Malt man auf einer weißen Karte eine Rose und auf der zweiten Seite, etwas höher, einen mit seinen Füßen nach oben liegenden Schmetterling und kehrt die Karte, nachdem man die Rose angesehen hat, schnell um, so erblickt man, wegen der Nachdauer des Rosenbildes, den Schmetterling auf der Rose. Es gehört nicht viel Scharfsinn dazu, je zwei zusammengehörige Dinge derart getrennt darzustellen, und zum Ergötzen der Zuseher durch die „Thaumatropie" wieder vereinigen zu lassen. In der That beziehen auch schon längst unsere Bonnen eine größere Reihe solcher Wunderscheiben aus der Spielereihandlung, um ihre kleinen Schreier damit zu verblüffen. Die einfachste solcher Figuren ist das Kreuz.

Auf dem thaumatropischen Princip beruhen auch die von Prof. Stampfer in Wien im Jahre 1832 erfundenen „stroboskopischen Scheiben." Bei denselben ist an je einer Pappscheibe (Fig. 89) z. B. ein Mann in einigen Stellungen gezeichnet, welche er beim Sprung nach und nach annimmt. Zwischen zwei solchen Figuren ist eine Oeffnung angebracht. Wenn die Scheibe rotirt, so glaubt ein durch jene Oeffnungen blickendes Auge in einem gegenübergestellten Planspiegel den Mann springend zu sehen. Dies kommt daher, weil sich jede der Figuren auf der Netzhaut abbildet, und weil das entsprechende Netzhautbildchen noch nicht erloschen ist, wenn die anderen Spalten und daher auch Bilder sehr bald nachfolgen, wobei die Eindrücke der verschiedenen Bilder auf der Netzhaut zu jener Empfindung verschmelzen, welche man hätte, wenn die entsprechende Figur wirklich gesprungen wäre. Und so verhält es sich gleichfalls mit laufenden, kugelwerfenden

Fig. 89. Stroboskopische Scheiben nach Stampfer.

und vielerlei amüsanten Zeichnungen auf anderen, an den Stiel abwechselnd anzusteckenden Scheiben.

Gleichzeitig mit Stampfer hatte Plateau in Brüssel die nämliche Erfindung — Phänakistiskop Fig. 90 u. 91 — gemacht, worüber man sich nicht wundern wird, da sie ja durch das Thaumatrop vorbereitet war und mehr noch, wie

Stampfer aufmerksam machte, durch ähnliche Beobachtungen Faraday's (1831) an rotirenden Zahnrädern.

Fig. 90. Phänakistiskop nach Plateau.

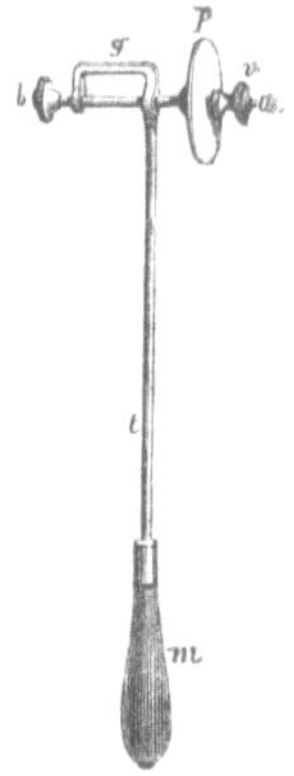

Fig. 91. Drehaxe und Handhabe zum Phänakistiskop.

Die Stampfer'schen Wunderscheiben haben seit ihrer Erfindung (1832) mannigfache Wandlungen durchgemacht, von welchen besonders jene Bestrebungen erwähnenswerth sind, welche dahin zielten, die Erscheinungen vielen Leuten auf einmal vorzuführen. Es gehören hieher die Verbindungen dieser Wunderscheiben mit der Zauberlaterne, und der vor zwei Jahren aus Amerika zu uns herübergekommenen „Wundercylinder". Dieser Apparat (Fig. 92) besteht aus einem etwa einen Fuß weiten, hohlen, sehr leicht drehbaren Blechcylinder, der am Umfange in gleichen Abständen schmale Schlitze besitzt. An der innern Seite des cylindrischen Mantels werden auf einem Papierbande gezeichnete Figuren so eingelegt, daß man dieselben durch jene Spalten der Cylinderwand erblickt. Das Licht fällt

Fig. 92. Amerikanische Wundertrommel.

in die oben offene Drehtrommel, welche bei mäßig rascher Rotation die darin aufgenommenen Bilder den durch die Schlitze blickenden Leuten in schneller Bewegung wahrzunehmen gestattet. Die hier angewendeten Bilderstreifen sind nach dem Princip der stroboskopischen Scheiben gezeichnet. Der Humor des für den Apparat beschäftigten Zeichners hat dafür gesorgt, daß er die Lacher auf seine Seite bekömmt, und die Gunst des Publicums ist ihm um so sicherer, als durch 18 einzulegende Bilderstreifen für eine reiche Abwechslung gesorgt ist. Bald sieht das Publikum einen Mohren, der, seines Kopfes müde, denselben seinem Nachbar leiht, und jetzt einen Läufer, der den Schlägen entrinnen will und umsomehr davon bekommt u. s. w. Uebrigens scheint Dädalus vor alten, alten Zeiten einen ähnlichen Apparat construirt zu haben, und auch Lucretius läßt sich vernehmen (Buch IV, Vers 772):

Wundre dich übrigens nicht, daß Bilder sich scheinen zu regen,
Scheinen nach Ordnung und Maß Glieder und Arme zu werfen.
— — — — — — — — — — — — — —
Nämlich: das eine verschwindet, dann kommt statt dessen ein anders;
Anders gestellt und nun scheint jenes Geberde zu ändern,
Denn es versteht sich, daß dies im schnellsten Momente geschehe.

Auch das Stereoskop wurde von Duboscq und von Shaw (1862) auf die stroboskopischen Erscheinungen angewendet, um dieselben körperlich, mithin täuschender hervorzurufen.

Stampfer suchte seine stroboskopischen Scheiben zur genauen Bestimmung der Dauer des Lichteindruckes auf die Netzhaut unter verschiedenen Umständen anzuwenden: ebenso empfahl Plateau dieses Princip zur scheinbaren Verlangsamung, mithin zur leichteren Ergründung schwingender Körper, und Müller (1846) zur Versinnlichung der Wellen-Theorie. Auf der Nachwirkung des Lichtes beruhen auch die Lissajous'schen Lichtfiguren bei senkrecht combinirten Schwingungen in getrennten Stäben, oder in demselben Stabe bei Wheatstone's Kaleidophon, sowie die wichtige thaumatropische Analyse von Lichterscheinungen bezüglich ihrer Intermission mit Hilfe rotirender Spiegel, z. B. bei den ausfließenden Wasserstrahlen, bei den Flammenbildern und vielerlei Apparaten König's in Paris*); ferner gehören hieher die subjective Richtigstellung der Zerrbilder

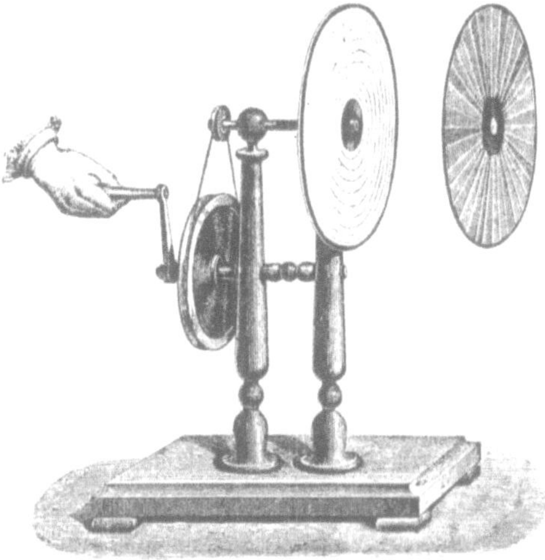

Fig. 93. Drehscheibe für die subjective Farbenzusammensetzung.

beim Anorthoskop von Plateau und endlich das subjective Zusammenfließen der Farben zu einer Mischfarbe bei rotirenden Farbenscheiben. Versetzt man nämlich (Fig. 93) eine kreisförmige Scheibe deren Oberfläche in zehn Kreisausschnitte (S. 163) getheilt ist, welche sich nahezu wie die verschiedenartigen Räume des Sonnenspectrums verhalten

*) Siehe hierüber in dieser Sammlung: „Die Naturkräfte": Radau, die Akustik.

und auch mit denselben Farben bemalt sind in sehr schnelle Umdrehung; so sieht man die Oberfläche fast weiß. Die von einem jeden Lichteindrucke herrührende Empfindung dauert einige Zeit fort, was dieselbe Wirkung hat, als ob die prismatischen Strahlen ungetrennt ins Auge kämen. Dieser Versuch kann also auch als Nachweis dienen, daß das weiße Licht wirklich aus den prismatischen farbigen Strahlen zusammengesetzt sei (S. 155). Die Scheibe erscheint eigentlich graulichweiß, weil selbst die feinsten, zur Bemalung der Sectoren verwendbaren Farbestoffe den Farben des Spectrums an Reinheit und Lebhaftigkeit weit nachstehen. Man kann jedoch mittelst schwingender Prismen dem Sonnenspectrum selbst eine rasche hin- und hergehende Bewegung ertheilen und durch das thaumathropische Princip ein reines Weiß bei der Farbenzusammensetzung erzielen.

Wie Figur 96 zeigt, lassen sich an der Drehscheibe verschiedene Farbenkreise befestigen und mithin durch die Thaumatropie die Mischfarben (S. 156) studiren. Dazu sind selbstverständlich auch die mannigfachsten Kreisel tauglich wenn sie mit passenden Farbenscheiben versehen werden. Goodchild hat (1860) Kreisel construirt, welche thaumatropische Figuren geben, die Decorateuren und Musterzeichnern zur Beachtung empfohlen werden.

Beleuchtet man einen rotirenden Farben- und Figurenkreisel mit dem hellen Funken einer kräftigen Verstärkungsflasche, so unterscheidet man die Farben der Figuren so scharf von einander, als ob die Scheibe in Ruhe wäre. Die Dauer des Funkens ist nämlich so kurz, daß während seines Leuchtens die Scheibe nur um ein unmerkliches Stück fortrückt. Aus demselben Grunde scheinen die heimeilenden

Vögel, sowie die Räder rasch fahrender Wagen ruhig, wenn sie vom elektrischen Riesenfunken des Blitzes beleuchtet werden. Unter gewöhnlichen Umständen kann man die Speichen eines schnelllaufenden Rades, wegen der Thaumatropie, von einander nicht unterscheiden. Wheatstone hat auch das thaumatropische Princip benützt (1833), um die Geschwindigkeit der Elektricität im Kupferdrahte zu bestimmen.

Beleuchtet man einen bewegten Körper, z. B. einen rotirenden, gemalten Stern (Fig. 93), mit einer Reihe rasch aufeinander folgender elektrischer Funken; so läßt jeder der letztern den bewegten Körper in einer neuen Lage sehen. Wegen der Nachdauer der Lichtwirkung erblickt man den Körper auch in seinen früheren Stellungen; es sind daher die Bilder des bewegten Körpers mehrfach vorhanden. Je schneller der Körper während dieser intermittirenden Beleuchtung fortrückt, desto weiter liegen diese vielfachen Bilder aus einander. Macht der Körper periodische Bewegungen, schwingt er z. B., so kann er beim intermittirenden Licht ruhig scheinen, wenn er bei jedem Aufblitzen des Lichts wieder an der ursprünglichen Stelle liegt. Deshalb scheinen auch die schwingenden Vorrichtungen eines magnetogalvanischen Inductionsapparates stillstehend, wenn sie vom elektrischen Funken des letztern beleuchtet werden.

Die Wirkung der Nachdauer der Lichtbilder zeigt sich noch einfacher als bei den Thaumatropen, wenn man einen Punkt einer hellen Fensterscheibe nur kurze Zeit fixirt, dann die Augen schließt oder nach einem dunkeln Hintergrund blickt; man erhält dann im ersten Augenblick ein positives Nachbild, bei welchem Licht und Dunkelheit wie bei dem Objecte vertheilt sind; dieses positive Nachbild hat, nach Fechner (1838), seine Ursache in der nachdauernden Erregung der empfindlichen Netzhauttheile. Mit der Ermüdung der letzteren geht das positive Nachbild, vermöge verminderter Reizempfindlichkeit, in ein negatives Nachbild über, bei welchem die hellen Stellen des Gegenstandes dunkel und die dunkeln hell erscheinen. Im negativen Nachbild eines Fensters z. B. glaubt man die Scheiben dunkel und die Fensterrahmen hell zu erblicken.

Die positiven Nachbilder lassen oft Details erkennen, welche man am Object, allzugroßer Lichtstärke halber, nicht leicht bemerkt. So z. B. unterscheidet man im positiven Nachbilde einer während des Ablöschens fixirten Flamme die mächtigere Helligkeit ihrer Ränder.

Mit der Verrückung des Auges erfolgt auch eine gleichgerichtete Verschiebung der Nachbilder, woraus sich vielerlei Bewegungen, welche solche subjective Bilder bei geschlossenen Augen annehmen, erklären.

Beiderlei Nachbilder wurden schon frühzeitig (1634) beschrieben und Kircher, der wissenschaftliche Probleme stets so interessant und heiter einzukleiden weiß, erzählt (1646), Bonacursius habe mit ihm gewettet, man könne im Finstern sehen, und jener habe Recht behalten, indem er zeigte, wie man in der Dunkelstube durch Anstarren der lichteinlassenden Oeffnungen und darin befindlichen Zeichnungen Nachbilder hervorrufe. Kircher war der Meinung, daß die Augen das Licht einsaugen, womit sie nachher ein vorgehaltenes Weißpapier bestrahlen; heute weiß man, daß ein Papierschirm zur Wahrnehmung der Nachbilder nicht nothwendig sei, daß beim Auge wol eine Zurückstrahlung des Lichtes (S. 235) und eine subjective Lichterscheinung vorkommen (S. 233), nicht aber in dem Sinne eines Phosphorescirens. Fast ein Jahrhundert später sprach Jurin (1734) aus, daß die Nachbilder ihre Ursache theils in der Nachdauer der Reizung, theils in einer neuen entgegengesetzten Thätigkeit der Netzhaut haben. Diese letztere Anschauung adoptirte Plateau (1833), während Fechner bei seiner oben angeführten Erklärung sich an Scherffer schloß, der schon 1765 für die Entstehung der negativen Bilder das Princip der Ermüdung angenommen und durch Buffon's frühere Beobachtungen 1743 belegt hatte.

Die Beweglichkeit der Augen, mithin der Mangel einer Fixirung des Objectes, verhindert das Zustandekommen von Netzhautbildern beim gewöhnlichen Sehen. Nicht selten ergeben sich die für das Auftreten von Nachbildern günstigen Umstände von selbst. So z. B. glaubte ein Freund von mir durch die Blätter seines Buches dessen Rückenschrift erkannt zu haben — mein Freund hatte nämlich zufällig ein nettes positives Nachbild erhalten, weil er vorher das Rückenschildchen des Buches unbewußt und kurze Zeit fixirte. So ging es auch jenem, der einst einen schwarzgekleideten Reiter auf einem weißen Rosse aus der Entfernung beobachtete und als dieser verschwunden war, einen weißen Reiter auf schwarzem Rosse sah. Daraus entnehmen wir, daß man zuweilen von den Nachbildern wie von „Gespenstern" überrascht wird, weshalb sie auch von einem älteren Beobachter — Darwin 1786 — „Augen-Spectra" benannt worden sind.

Sehen wir nach einem rothen Kreuz auf weißem Grunde längere Zeit hin, so erblicken wir, wenn das Kreuz rasch weggezogen wird, an dessen Stelle ein ganz gleiches Kreuz, aber in der „Ergänzungsfarbe", d. i. in dem gewählten Beispiele, grünlichblau (S. 157). Solche Farbenerscheinungen, die nur im subjectiven Zustande des Auges ihren Grund haben, heißen „subjective" oder physiologische" Farben. Auch hier findet das oben angewendete Princip der Ermüdung bei der Erklärung Anwendung. Jene Stelle der Netzhaut, auf welche die Figur zu liegen kommt, wird durch den längeren Anblick der Farbe überreizt und daher für die Empfindung dieser Farbe abgestumpft. Verschwindet nun der gefärbte Gegenstand, so herrscht auf kurze Zeit der Eindruck der noch übrigen Strahlen des dargebotenen weißen Lichtes, d. i. die Ergänzungsfarbe, vor.

Diese complementären Nachbilder sind die negativen Bilder der farbigen Objecte. Die positiven, d. i. mit dem Gegenstande einerlei Farbe zeigenden Nachbilder treten nur nach kurzer ursprünglicher Lichtwirkung auf und bald folgen dann auch hier, nach weißlichgrauen Zwischenbildern, die negativen, d. i. complementär gefärbten Nachbilder. Jetzt ist es auch klar, warum die grünen Brillen rothe Nachbilder hervorrufen, wenn sie abgelegt werden. Die gelblichen Nachbilder der Blaubrillen sind schwächer; wie wird es sich mit jenen der Londonsmoke-Brillen (S. 250) verhalten und worin besteht ihre Vorzüglichkeit? Warum ermatten die Farben der Gegenstände, wenn man sie lange anstarrt?

Sind auf einer weißen Scheibe eine Rose mit grünen Blumenblättern, rothen Pflanzenblättern und rothem Stengel gemalt, so erblicken wir dann auf einer herabgefallenen, weißen Tafel die Rose sammt Zugehör in ihren gewöhnlichen Farben, d. i. in den complementären Farben zu jenen.

Aus der nämlichen Ursache zeigen die runden Nachbilder der auf- oder untergehenden Sonne eine blaue, d. i. die complementäre Färbung zu dem Orange des erhaltenen Lichtes. Gewöhnlich ergeben sich mehrere solche Bilder, weil wir das Auge bei Betrachtung der Sonne nicht unverrückt halten.

Nach längerer, stärkerer Einwirkung des weißen Lichtes erscheint das Nachbild zuerst weiß und geht dann in Blau, Grün, Roth und nochmals Blau über. Die Ursache eines solchen „Abklingens" in subjective Farben, liegt in einer ungleichen Dauer der Nachwirkung der verschiedenen prismatischen Farben auf die Netzhaut.

Fällt kräftiges weißes Licht auf blaue Papierscheiben, welche mit rothen Herzen bemalt sind und schiebt man jene Scheibe hin und her, so schwanken jene Figuren auf der Scheibe. Dieses „Flattern der Herzen" scheint davon herzukommen, weil das Blau in der Dauer gegen das Roth zurückbleibt.

Die negativen ungefärbten Nachbilder, sowie jene mit den Complementärfarben, begründen die Lehre vom aufeinanderfolgenden oder successiven, subjectiven Contraste. Aehnliche, gleichzeitige oder „simultane" Contraste erzeugen verschiedene, gleichzeitig im Gesichtsfelde erscheinende Helligkeiten und Farben. Die Ergänzungsfarben heißen daher auch Contrastfarben, weil sie bei den subjectiven Erscheinungen durch den Gegensatz von Gereiztheit und Ruhe hervorgerufen werden. Dieselben sind von Helmholtz für die Hauptfarben genauer als früher bestimmt worden (S. 157).

Wird auf ein gelbes Papier ein weißes Papierstückchen gelegt, so erscheint letzteres indigoblau, d. i. mit der Ergänzungsfarbe zu jener des größeren Papiers. Begrenzen sich ein blaues und ein grünes Tuchstück, so zeigt sich der Rand des Blau etwas violett, weil sich hier das complementär auftretende Gelb zum Blau mischt. Zum Grün tritt an der Grenze das subjective Purpurroth, weshalb dieser Rand gelblich aussieht. Die soeben erwähnten subjectiven Farben beruhen vorherrschend auf dem successiven Contrast, obschon dieser Gegensatz simultan scheint; denn er wird vorzüglich durch die Bewegung der Augen hervorgerufen und erscheint mithin da, wo bereits die ursprüngliche Farbe die subjective erregt hat.

Der reine simultane Contrast tritt in einer auffälligen und interessanten Weise bei doppelter und verschiedener Beleuchtung der Gegenstände auf. Man bringe bei beginnender Dämmerung eine brennende Kerze ans Fenster und diesem gegenüber ein weißes Papier. Von einem vor dem letzteren gehaltenen Stäbchen erscheinen auf der weißen Fläche zwei Schatten. Der zum Dämmerlichte gehörige Schatten wird ausschließlich von dem rothgelben Kerzenlichte erhellt und sieht auch rothgelb aus. Der zweite Schatten wird nur vom Dämmerlichte beschienen; er ist mithin objectiv weiß, wird aber subjectiv blau wahrgenommen im Gegensatz zum weißrothgelben Grunde.

Das Orange-Licht der auf- und untergehenden Sonne und das zerstreute weiße Dämmerlicht bewirken auf ähnliche Art, daß sich die Schatten der Körper auf weißen Flächen blau zeigen. Ebenso begreift man von selbst, daß wenn in ein Zimmer einerseits durch eine Fensterscheibe grünes Licht und von einer andern Richtung weißes Licht gelangt, alle Schatten, welche in die blos von letzterem Lichte getroffenen Räume fallen, roth erscheinen. Nun erklären sich auch die farbigen Lichter und ihre reizende Wirkung in jenen Kirchen, Kapellen und Tempeln, welche von einigen Seiten farbig und von andern weiß erhellt werden.

Die Nebeneinanderstellung der Contrastfarben wirkt ästhetisch angenehm, weil beim wirklichen oder scheinbaren simultanen Contrast, wenn eine Farbe auf die Netzhaut direct wirkt, ohnedies auf der Nachbarstelle die complementäre Farbe hervorgerufen wird. Dieses Umschlagen in das Gegentheil kommt nicht etwa im Farbenreich allein vor, sondern wir haben demselben bereits auch auf einem anderen Gebiete des Sehens begegnet (Fig. 86 u. 87). Chevreul hat seit etwa 1838 das Feld der Farbencontraste studirt und die gegenseitige Beeinflussung nebeneinanderliegender Farben durch das Auftreten der subjectiven Farben eingehend behandelt und in seiner 1840 in's Deutsche übertragenen und seitdem ergänzten „Farbenharmonie" dargethan, welchen Nutzen die Praxis daraus ziehen könne bei der Ausschmückung der Zimmer, Auswahl und Zusammenstellung der Damen-Toilette und in allen Gebieten der Kunst und Industrie. Dabei hat Chevreul auch die Gesellung von Weiß, Schwarz und Grau zu den Farben-Combinationen wol erwogen, sowie die Mischung der Farben auf der Netzhaut. In jüngerer Zeit (1866) hat Brücke dem Kunstgewerbe in seiner „Physiologie der Farben" wichtige Aufschlüsse über die Natur, Wirkung und Zusammenstellung der Farben gegeben. Hier müssen wir auch der Farbenlehre von Bezold (1874) erwähnen.

Die ältere Geschichte der ehedem nur für regellos und zufällig gehaltenen subjectiven oder physiologischen Farben findet unser Leser in Göthe's Farbenlehre (1810). Die optischen Contrasterscheinungen jeder Art sind bis heute von einer großen Reihe von Forschern studirt worden und zwar von Plateau und Fechner mit so mächtigem Eifer und solcher Aufopferung, daß der erstere bleibend, der letztere vorübergehend erblindete. Fast 3 Jahre (1839 — 1843) mußte Fechner im Dunkeln zubringen, bevor er von seinem schweren Augenleiden einigermaßen genas und in den von ihm unter dem Namen Dr. Mises veröffentlichten Gedichten (1841) läßt uns „der schwarze Vogel" seine damalige traurige Stimmung ahnen.

Das Erlöschen des Augenlichtes, welches die beiden unermüdlichsten Erforscher der Contrastgesetze traf, mahnt umsomehr zur Vorsicht, zu häufigen und längeren Unterbrechungen bei diesen Studien, als es, nach der Schilderung der dabei Betheiligten, fast jedermann, der einmal auf dieses Gebiet gerathen, mit unerklärlicher Kraft anzieht, zum Uebermaaß fortreißt, und unsern verläßlichsten Sinn gefährdet; wir sagen „verläßlichsten Sinn", weil das Auge trotz aller von uns berührten Sehtäuschungen doch immer das größte Vertrauen verdient, vorausgesetzt, daß dessen Empfindung, wie jede Sinnesempfindung, vom Verstande gehörig überwacht, richtig gedeutet und so zur vertrauenswerthen Wahrnehmung erhoben wird. Es bleibt dann der „Augenzeuge" der sicherste und allzeit, sowie aller Orten, hat ein solcher den Vorzug vor einem Hör-, Riech- oder Tastzeugen. Wirken jedoch bei einer Wahrnehmung mehrere Sinne übereinstimmend, so ist das Zeugniß um so begründeter.

Licht und Farbe.

II. Theil.

Und das reine Licht des Tages
Bricht sich im krystallnen Strahl
Und den schönsten duft'gen Schleier
Webt der Farben heil'ge Zahl.

Körner.

Optische Instrumente.

1. Das Stereoskop.

Wer kennt nicht jenen wunderbar wirkenden optischen Kasten, das Stereoskop, mit seinen eingeschobenen Doppelbildern und seinem zweifachen Augenglase? Wer hat nicht schon selbst erfahren, wie mittelst dieses so einfachen Apparates die Doppelbilder zu einer einzigen plastischen Gestalt zu verschmelzen scheinen? Wer hat nicht schon in den wandernden Stereoskopen-Ausstellungen die herrlichen Wölbungen und den köstlichen Schmuck der berühmtesten Dome zu bewundern Gelegenheit gehabt? Sehen wir nicht im Stereoskop naturgetreu die Kunsttempel mit ihren plastischen Gestalten und Statuen, sowie das Innere der Gewerbehallen und Industrie-Paläste mit ihren Reichthümern und aufgespeicherten Schätzen? Zeigt es uns nicht lebensvoll die Plätze und Straßen weit berufener Städte und Ortschaften sammt ihren Denkmälern? Erblicken wir nicht in dem mit Recht so beliebten optischen Kasten die Gletscher mit ihren Firn- und Eismassen, mit ihren Eishöhlen, Eisklüften, Eistischen, mit ihren Rissen und Spalten? Und ebenso die Seen, Thäler, Schluchten, Wasserfälle, kurz die hohen Naturschönheiten der Gebirgswelt? Wen hat nicht die tiefe Wahrheit dieser stereoskopischen Schaustellungen entzückt und wer sammelt nicht auf Reisen die Doppel-Photographien der von ihm besuchten Gegenden, um sich später immer wieder die herrlichen Gegenstände der Fremde vom Stereoskope vorzaubern zu lassen?

Soll es unsere Wißbegierde nicht herausfordern, ein Instrument näher kennen zu lernen, das so Unglaubliches vollbringt? Wodurch und wieso entstehen die körperlichen Gebilde im Stereoskop? Ist doch schon unsere gewöhnliche Wahrnehmung der Körperlichkeit der Außenwelt räthselhaft genug. Täglich, stündlich, ja augenblicklich sehen wir Körper der verschiedensten Art in reichster Anzahl und dennoch ahnen wir kaum, welche Schwierigkeiten dem Denker entstehen, sobald er sich klar machen will, wie so man die Räumlichkeit eines Körpers wahrzunehmen im Stande sei, da doch auf der Netzhaut im Auge stets nur Flächenbildchen von den Körpern sich abmalen. Wird der Raum oder die Tiefendimension unmittelbar empfunden? oder kommen wir zu seiner Wahrnehmung durch unbewußte Erfahrungsschlüsse, welche sich aus der verschiedenen Empfindungsweise beim Tasten oder beim Sehen ergeben?

Für die letztere Ansicht sprechen die meisten Gründe. Es scheint, daß wir die ersten Begriffe von der Tiefendimension durch den Tastsinn bekommen, und daß wir dann in ähnlicher Weise die Räumlichkeit mit dem Blicke gleichsam nochmal durchtasten, wobei sich entweder das Auge oder der Kopf bewegen. Dazu kommt der unbewußte Schluß, den wir aus dem kleinerwerdenden Gesichtswinkel auf die Entfernung des Gegenstandes, also auf eine Tiefendimension.

ziehen und der verschiedene Grad der Anpassung (S. 244) für seine näheren und entfernteren Punkte. Ferner müssen wir bedenken, daß die Augenaxen für uns nahe liegende Gegenstände — und wir sprechen vorläufig nur von solchen — einen Winkel mit einander einschließen. In Folge dessen wird die Stellung eines jeden Auges eine andere, daher ein jedes der beiden Augen ein etwas

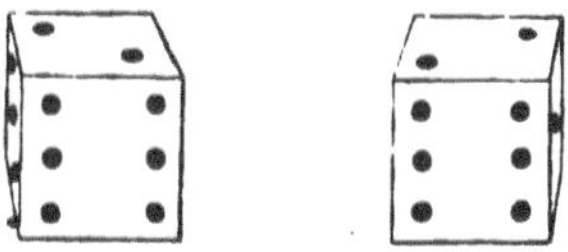

Fig. 94. Die beiden ungleichen Netzhautbildchen eines den Augen naheliegenden Körpers.

verschiedenes Bild von dem Gegenstande erhält. So z. B. bekommt das rechte Auge von einem innerhalb der deutlichen Sehweite stehenden Würfel ein Bild, wie in Fig. 94 rechts; das linke, wie in Fig. 94 links. Diese Abweichung der Bilder wächst mit der Größe des Augenaxenwinkels und indem diese etwas verschiedenen Bilder auf die correspondirenden Stellen der Netzhaut fallen, bewirken sie zusammen den Eindruck der Körperlichkeit.

Um sich hievon zu überzeugen, bringen wir in gleichem Abstande vor jedes unserer Augen jene Zeichnung (Fig. 94) eines Gegenstandes, die dem Bilde gleicht, welches es von dem Gegenstande erhalten haben würde. Sodann erzielen wir, mittelst Spiegel oder Prismen (Fig. 95), ein Zusammenfallen jener etwas von einander abweichenden Bilder; in Folge dessen wir, am Durchschnittspunkte beider Schaxen, den entsprechenden Körper zu erblicken glauben. Hierauf beruht das wolbekannte *Stereoskop* (Fig. 96), mit welchem Worte dahin angespielt ist, daß, mit Hilfe des diesen Namen führenden optischen Instrumentes, die Bilder *räumlich* erscheinen.

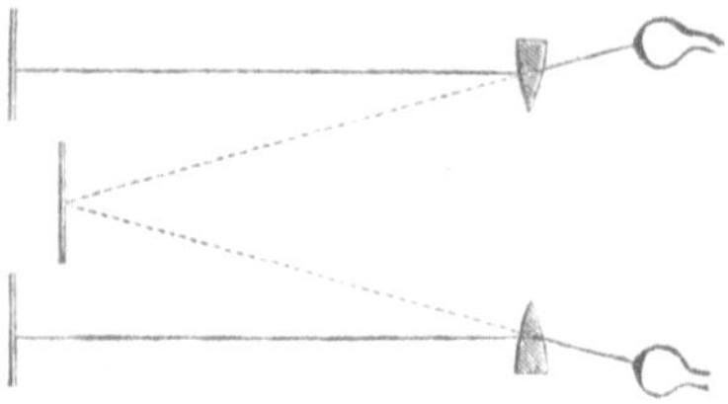

Fig. 95. Prismenwirkung im Stereoskop.

Bei dem Stereoskop werden die Bilder in der deutlichen Sehweite eingeschoben. Halbe Linsen (Fig. 95), welche mit ihrem Rande gegen einander gekehrt sind, wirken

Fig. 96. Die gewöhnlichste Form des Stereoskopes.

hier wie die vorhin erwähnten Prismen. Diese Linsenhälften sind in der Regel kreisförmig zugeschliffen und man sieht durch dieselben den scheinbaren Körper (S. 149) *vergrößert* und (Fig. 95) *näher*.

Wenn auch durch das Stereoskop nachgewiesen ist,

daß die Convergenz der Sehaxen und die dadurch bedingte kleine Verschiedenheit der Netzhautbildchen bei der Wahrnehmung des Räumlichen betheiligt ist; so folgt daraus noch nicht, daß jene zwei von einander abweichenden Netzhautbildchen zum Erkennen der Körperlichkeit mittelst der Augen unumgänglich nothwendig seien — wie wäre es denn sonst einem Einäugigen möglich, eine Räumlichkeit durch das Gesicht wahrzunehmen? Es ist zwar richtig, daß der Einäugige durch Bewegung des Kopfes immer andere Bilder auf der Netzhaut zu erstreben und dadurch unbewußt das fehlende zweite, etwas verschiedene Netzhautbildchen zu ersetzen sucht; aber es geschieht eben nur, damit er sich das Erkennen der Räumlichkeit erleichtere; unbedingt nothwendig ist die Unruhe seines Hauptes nicht, weil wir ja alle von entfernteren Gegenständen in jedem unserer Augen, wegen der als parallel anzunehmenden Augenaxen, ein gleiches Bild erhalten. Wir sehen daher in diesem Falle mit einem Auge nicht weniger als mit zweien. Zwischen der richtigen Zeichnung eines Körpers und dem Körper selbst machen dann unsere Augen keinen Unterschied. Die Körperlichkeit entfernterer Gegenstände muß man also durch Schlüsse herausbringen; das Gesicht allein kann darüber nicht entscheiden.

Von unserer zartesten Jugend lernen und üben wir die Wahrnehmung der Tiefendimensionen. Das Sprichwort: „Kinder greifen nach dem Monde" bekundet, wie unerfahren wir uns anfänglich dabei benahmen. Von hoher Wichtigkeit sind in dieser Beziehung die Berichte berühmter Augenärzte aus dem vorigen und dem laufenden Jahrhunderte über Blindgeborene, welchen in ihrem späteren

Alter durch glückliche Operationen das Sehvermögen errungen wurde. Leider versagt uns der knapp bemessene Raum die ebenso interessanten als lehrreichen Erzählungen von den ersten Sehwahrnehmungen und dem sich täglich steigernden Entzücken jener erwachsenen Sehzöglinge hieher zu setzen; es geht aus denselben auf das deutlichste hervor, daß nicht nur die Wahrnehmung der Räumlichkeit, sondern daß auch die genaue Unterscheidung der ebenen Formen und umsomehr der perspectivischen Malereien erst mit der Zeit erlernt werden müssen und daß dabei die von uns früher angeführten Momente (S. 241 und 242) maßgebend seien. Einer jener Sehendgewordenen sagte aus, alle von ihm gesehenen Dinge berührten anfänglich seine Augen, wie das was er betastete seine Haut. Einem andern galt anfänglich eine Kugel und eine Kreisscheibe als dasselbe, ebenso ein Würfel und ein Quadrat; ein Viereck unterschied er zwar von einem Kreis, jedoch erst durch einiges Nachdenken, wobei er von einem tastähnlichen Gefühl in den Fingerspitzen unterstützt wurde. Jener erste Operirte sah ursprünglich Gemälde für buntscheckige Flächen an und erst nach zwei Monaten kam ihm plötzlich eine bessere Auffassung derselben; aber jetzt mit einem Zuviel; denn er begriff nicht, wieso die perspectivisch dargestellten Gegenstände seinem Tastergebniß widersprachen. Noch schwieriger wäre vielleicht jenen Operirten das Erlernen des Sehens geworden, wenn sie vorher gänzlich blind gewesen wären. Alle konnten nämlich hell von dunkel und einige unter ihnen auch Roth, Gelb und Blau unterscheiden; obschon sie später die Farben ganz anders fanden, als sie sich dieselben vorgestellt hatten.

Wie wir soeben aus dem Zeugnisse jener verständigen Sehschüler entnommen haben, hatte also Molyneux Recht, als er die später vielseitig erwogene Frage aufstellte, ob ein Blindgeborner, der durch den Tastsinn eine Kugel von einem Würfel zu unterscheiden erlernt hätte, dieselben auch mittelst der Augen erkennen würde, sobald diese ihre Sehkraft bekämen. Der Fragende selbst und Locke (1709) antworteten darauf mit Nein, während später die Kant'sche Lehre, im Gegensatze hiezu, der Meinung war, der Raum sei eine angeborne Form unserer Anschauung. Der Philosoph Herbart und die meisten der neueren Naturforscher schließen sich, auf Thatsachen fußend, jener älteren Erwägung des Molyneux an.

Wie viel zu der Wahrnehmung des Räumlichen die Convergenz der Augenaxen und die dadurch bedingte theilweise Verschiedenheit der Netzhautbildchen beitrage, kann nicht genau von den andern Momenten abgeschieden werden; daß sie aber von Wichtigkeit sei, zeigt das Stereoskop. Schon Euklid (300 v. Chr.) kannte die kleine Verschiedenheit der beiden Netzhautbildchen eines dem Auge nahe gehaltenen Körpers und Leonardo da Vinci sprach es (1651) deutlich aus, daß eigentlich nur vom Auge entferntere Gegenstände körperlich dargestellt werden könnten. Wheatstone, über diese wichtige, wenn auch nur geringe Verschiedenheit der beiden Netzhautbildchen nachdenkend, suchte ihr Zusammenfallen mittelst ebener Spiegel und die daraus zu erwartende scheinbare Körperlichkeit zu bewirken, was ihm auch so wohl gelang, daß er schon 1833 die ersten Nachrichten von seinem Spiegel-Stereoskop und fünf Jahre später eine vollständige Theorie (S. 242) desselben geben konnte. Wheatstone's Lehre wurde vielseitig hart angefochten, weil er die räumliche Wahrnehmung ausschließlich von jener Verschiedenheit der Netzhautbildchen abhängig machte, was unseren Erfahrungen widerspricht; zugegeben wird jedoch von jedem Unbefangenen, daß die, jene Ungleichheit der Bildchen bewirkende Convergenz der Augenaxen bei den ersten Wahrnehmungen der tiefen Dimensionen sehr maßgebend und ihre Auffassung erleichternd sei, daß aber auch andere Momente mitwirken.

Wheatstone's Spiegel- und Prismenstereoskop drang nicht bis zum großen Publikum durch und selbst als Brewster (1843) jenes Zusammenfallen der beiden Bilder mittelst prismatischer Linsen erzielte (S. 243) und dadurch das Stereoskop handlicher machte, blieb dasselbe noch immer im engeren Kreise der Gelehrten. Erst als Brewster sieben Jahre später Paris besuchte und hier die Anfertigung der Linsen-Stereoskope dem Optiker Duboscq übertrug, schlug das wunderbare Instrument ein und zum zweiten Male (S. 51) hatte jener schottische Physiker das Glück, daß sein Name durch alle Länder ging, aber diesmal nachhaltiger, als bei Gelegenheit des Kaleidoskops; denn das Stereoskop wird wol alle Zeiten den einmal errungenen Platz behaupten.

Fast nach jeder Aufsehen erregenden Erfindung erheben sich Prioritätsansprüche und so waren sie auch hier zu erwarten; sie kamen von verschiedenen Seiten. Unparteiische sprechen jedoch dem genialen Wheatstone das Recht auf diese Erfindung zu, obwol man eine Doppelzeichnung von Chimenti aus dem 16. Jahrhundert aufgefunden hat, aus welcher man folgern wollte, das stereoskopische Princip sei schon damals bekannt gewesen. Helmholtz schließt aus einer Photographie jener Doppelbilder, der Künstler, mit seiner ersten Zeichnung unzufrieden, habe dieselbe etwas seitwärts von der ersten nochmals entworfen und es sei unwahrscheinlich, daß er beide Bilder angefertigt habe behufs einer Reliefwirkung, die sie allerdings mittelst des Stereoskopes geben.

Wer möchte es heute unternehmen, die proteusartigen Verwandlungen der äußern Form des Stereoskopes genau aufzählen zu wollen? Vermögen doch die unbewaffneten Augen, wenn auch etwas schwieriger und langsamer, das stereoskopische Zusammenfließen der beiden Zeichnungen zu bewirken! Noch leichter geschieht dies mit etwas verschobenen Brillen. Und welche Formen liegen zwischen dem zusammenlegbaren Taschen-Stereoskop und dem großen Revolver-Stereoskop. Das letztere gestattet, durch einfache Drehung, 50 Bilder nach einander in das Gesichtsfeld zu bringen.

Die Bilderobjecte waren anfangs aus der Stereometrie, Krystallographie, Astronomie gewählt, welchen Moser i. J. 1844, also schon vor dem ausgedehnteren Bekanntwerden des Stereoskops, Photographien auf Metallplatten zugesellte. Diese ersetzte Duboscq später mit großem Erfolge durch Doppelphotographien auf Papier oder Glas. Welche Ausdehnung die Anwendung solcher Lichtbilder genommen hat, leuchtet ein, wenn wir erinnern, daß hunderte von einheimischen und reisenden Photographen heutzutage damit beschäftigt sind, die Kunst- und Naturschätze unserer Erde für das Stereoskop in Lichtbildern aufzunehmen.

Sollen wir noch besonders erwähnen, daß die Linsen-stereoskope in Verbindung mit guten photographischen Bildern bei Pano- und Cosmoramen Eingang gefunden haben? Welch ein herrliches und treffliches Lehrmittel bietet das Stereoskop zur Natur-, Länder- und Völkerkunde! Die Schulen thäten gewiß wol, die Wände ihrer Lehrsäle — in der Augenhöhe der kleinsten Schüler — mit Stereoskopenkästen zu versehen, um durch verkörperte Scenerien den Unterricht aus der Naturgeschichte, Geoprapbie und Weltgeschichte in so anregender Weise zu illustriren.

Ebenso sollten die Garten- und Landhauseigenthümer auf dem freiesten Platze ihrer Besitzung das von Helmholtz (1857) erfundene Telestereoskop aufstellen. Bei diesem Apparate werden die zwei gemalten Bilder oder Photographien ersetzt durch große Planspiegel, welche parallel stehen zu zwei sich unter 90 Graden schneidenden kleineren ebenen Spiegeln. Diese letzteren bewirken das stereoskopische Zusammenfallen der Bilder. Die um ihre lothrechte Axe drehbaren Telestereoskope würden verdienen, daß sie die Kugelspiegel der Gärten (S. 95) verdrängen. Denn sie vermitteln eine richtigere und dabei eine räumlichere Anschauung der Gegend als die erhabenen Spiegel und als das freie Auge.

Bringt man nach Dove (1859) eine echte und eine falsche Banknote an den Bilderort im Stereoskope, so werden die abweichend nachgeahmten Stellen aus der Bildebene treten. Man hat demnach ein Mittel, Falsifikate von Schriften jeder Art, z. B. von Nachdruck u. dgl., zu entdecken.

Medaillen aus verschiedenen Metallen mit demselben

Stempel geprägt, werden hiebei ungleichartig zusammengepreßt, was man, nach Dove (1860), aus der gekrümmten Oberfläche ihres stereoskopischen Bildes erkennt.

Ersetzt man die Bilder beim Stereoskope durch weißes Papier, so erscheint dasselbe heller, wenn man es mit zwei Augen betrachtet, als blos mit einem Auge (vergl. S. 228).

Wenn man in ein Stereoskop an den Ort der Bilder verschieden gefärbte Papiere legt, so gewahrt man mit beiden Augen die entsprechende Mischfarbe, mithin weiß für je complementäre Farben. Mit diesen Versuchen wurde ein vieljähriges Räthsel der Wissenschaft, welches unter dem Namen „Wettstreit der Sehfelder" bekannt war, endgiltig gelöst. Wenn man nämlich mit dem einen Auge durch ein rothes, mit dem andern durch ein blaues Glas sieht; so scheint es, als ob diese beiden Farben im Sehfelde wechseln und es ist, als ob bald die eine, bald die andere Farbe das Feld behaupten würde; nur selten blitzt eine Mischfarbe auf. Diese Rivalität der Farben zeigt sich überhaupt, wenn vor jedes der beiden Augen je ein anders gefärbtes Glas oder je eine verschiedene Farbe gebracht wird und es ist über das Sehergebniß unter den Beobachtern dieses sonderbaren Farbenduells fast mehr gekämpft worden, als von den sich scheinbar befehdenden Farben selbst — welche bleibend zu einer Mischfarbe verschmelzen, sobald der Beobachter durch Fixirung eines Gegenstandes seine Augen zur Ruhe, mithin die Farben auf die correspondirenden Stellen seiner Netzhaut bringt. Diese einfache Schlichtung des Farben- und Gelehrtenkrieges erzielte Dove (1841), indem er das Stereoskop in der oben erwähnten, wenn auch etwas davon abweichenden Weise befragte und eine so entscheidende Antwort erhielt. Dieser Richterspruch des Stereoskops war aber wichtiger, als man im ersten Augenblicke meinen sollte. Wenn die correspondirenden Stellen der Netzhaut wirklich das Einfachsehen des Gegenstandes bewirken (S. 227), dann durfte kein Wettstreit der Farben, sondern ihre Mischung erfolgen. In der That haben auch die Anhänger des einäugigen Sehens (S. 228), z. B. Du Tour (1743), aus dem Wettstreit der Farben Kapital für ihre Hypothese geschlagen, ohne daß die Gegner der Thatsache des Farbenkampfes widersprechen konnten — bis Haldat (1806) es that, der stets eine Mischfarbe bei seinen Versuchen erhielt; er blieb jedoch — so angenehm seine Beobachtungen den Physiologen sein mußten — fast vereinzelt; die meisten Forscher sahen immer wieder nur die sich befehdenden Farben, bis das Stereoskop diesen Widerspruch aufhob. Brücke hat dann (1853) nach Haldat's Methode das Verschmelzen der streitenden Farben nachgewiesen, indem er mit dem einen Auge durch ein hochgelbes, mit dem andern Auge durch ein indigoblaues Glas einen Gegenstand fixirte, und jene eigenthümliche Beleuchtung erhielt, welche die Londonsmoke-Brille (S. 250) verschafft. Brücke zeigte durch jenes Visiren nach einem Object, daß für das Gelingen des Haldat'schen Versuches die nämlichen Bedingungen erfüllt werden müssen, welche (S. 227) für das Einfachsehen der Gegenstände gelten. Er knüpfte an das Ergebniß seiner Versuche die wichtige Bemerkung, daß die Londonsmoke-Gläser wahrscheinlich mit denselben Materien in Summa gefärbt seien, mit dem seine Gläser einzeln versetzt waren, nämlich das gelbe durch Kohle und Eisenoxyd und das blaue durch Kobalt. Hat unsere Industrie diesen Wink benützt? Die Engländer liefern immer noch ausschließlich die Londonsmoke-Brillen!

Das Stereoskop, indem es die verschiedenen Farben der beiden Sehfelder in eine einzige zusammenfließen läßt, zeigt diese eine Farbe — worauf Dove zuerst aufmerksam machte (1850) — glänzend und zwar unabhängig von dem eigenen Glanz der Farben. Stereoskopische Zeichnungen mit schwarzen Linien auf weißem Grunde in dem einen Bilde, und mit weißen Linien auf schwarzem Grunde in dem andern Bilde, erscheinen graphitglänzend, derart, als ob ein Graphitkörper auf einer Graphitebene läge; auch eine schwarze und eine weiße Ebene an den Ort der Bilder gebracht und stereoskopisch betrachtet, bewirken Graphitglanz. Diese und ähnliche Versuche leiteten Dove und später andere Forscher auf neue Theorien des Glanzes. Nach Oppel (1854) und Helmholtz (1856) ist der Glanz das Gesammtergebniß verschiedener Färbungen oder abweichender Helligkeitsgrade der Sehfelder in beiden Augen. Der Glanz beruht also eigentlich auf einer Ungleichheit, auf einer Disharmonie, was die Neider des Glanzes wol merken mögen! Was in beiden Netzhautbildern gleich gefärbt und gleich lichtstark auftritt, erscheint matt. Daß aber auch ein Einäugiger die Dinge glänzend sieht, rührt von seiner Beweglichkeit her (S. 244) — kann doch ein Einäugiger stereoskopisch sehen, wenn er am Apparat sein Auge rasch von einem Glase zum andern bringt!

Wenn das Licht, welches sich zum Glanz combinirt, selbst farbig und nicht farblos ist, wie jenes Licht, welches von nichtmetallischen Stoffen und gefärbten Flüssigkeiten regelmäßig gespiegelt wird; so entsteht der Metallglanz. Man überzeugt sich hievon wieder durch das Stereoskop; denn in diesem erglänzen gelbe und blaue Einlagen, durch ein violettes Glas gesehen, metallisch; die oben erwähnten weißen und schwarzen Zeichnungen durch ein rubinrothes Glas stereoskopisch beobachtet, zeigen Kupferglanz.

Sollten wir nicht noch eines netten Versuches von Dove erwähnen, wodurch ein Mensch den andern als Cyklopen erblickt? Der Leser lege seine Stirne an jene seines Freundes und je einer sieht beim andern, in Folge des stereoskopischen Principes, nur ein Auge, welches etwas vergrößert und ober der Nasenwurzel zu liegen scheint.

Wenn wir in ein Stereoskop das für das rechte Auge bestimmte stereometrische Bild nach links legen und das linke Bild nach rechts, so erblicken wir den scheinbaren Körper vertieft und glauben mithin sein Inneres zu sehen. Stereoskopenähnliche Instrumente, welche durch Kreuzung der Röhren oder durch zweckmäßige Verschiebung der Ocular-Prismen, die obenerwähnte optische Austauschung der Bilder bewirken, heißen Pseudoskope. Mit einem solchen Instrumente gewahrt man die Vertiefungen eines Körpers erhaben; hingegen die Erhabenheiten vertieft und es erscheinen daher Büsten als Hohlmasken, Statuen wie ihre Gußformen, Matrizen als Patrizen und Cameen als Gemmen oder Intaglios. Richten wir das von Wheatstone (1852) erfundene Pseudoskop nach den verschiedensten Gegenständen, so erhalten wir an ihnen eine Umkehrung des Reliefs, und dies zuweilen von höchst wunderlicher, ungewohnter Art, so, daß man kaum weiß, was daraus zu machen ist. Wir haben dann eine verkehrte Welt von ganz anderer Natur als jene naive, die uns als Knaben im Bilde ergetzte, sondern eine, die geeignet ist über wichtige Fragen der Wahrnehmung der Körperlichkeit, über die Bedeutung des Schlagschattens dabei, und über die Ursachen vieler Sehtäuschungen Aufschluß zu geben. Die Pseudoskopie umfaßt alle Erscheinungen, welche optisch die Dimensionen und Gestalt des gesehenen Gegenstandes ändert.

Als Pseudoskop verwendbar ist ein eigenthümliches, von Steinhauser erfundenes und in seinem Werkchen (1870) beschriebenes Stereoskop. Die Bilder für dasselbe können in beliebigen Dimensionen, also auch als stereoskopische Wandtafeln ausgeführt werden.

2. Das Fernrohr.

Man bewundert den Dampfwagen der Neuzeit, der uns mit großer Geschwindigkeit in die ersehnte Ferne führt; ich kenne ein Instrument aus älteren Tagen, welches die Ferne auf den eiligen Flügeln des Lichtes zu uns bringt — ich meine das Fernrohr. Es ist nicht mit Bestimmtheit herauszubringen, wem wir die wichtige Erfindung des Fernrohrs verdanken. Die über diesen Gegenstand hoch angeschwollene Streit-Literatur berechtigt nur zu dem Schlusse, daß wahrscheinlich gegen das Ende des sechzehnten Jahrhunderts der Holländer Zacharias Jansen und gleichzeitig, unabhängig vom ersteren, dessen Landsmann Lipperseim das Fernrohr erfunden haben. Gewisseres läßt sich darüber nicht sagen, obwol frühzeitig Forscher behufs dieser Angelegenheit durch Europa und besonders Holland wiederholt gezogen sind und das Material aus dunkeln Sagen, unverbürgten interessanten Anekdoten, Privatzeugnissen, amtlichen Protocollen, Bibliotheken und Archiven angehäuft haben. In welchen alten Zeiten und von wie vielen Männern wäre nach diesem gemischten Stoffe der Weitgucker nicht erfunden? Sogar Kinder von Brillenschleifern, welche im Spielen durch mehrere von einander entfernte Linsen den Hahn des Kirchthurmes näher und vergrößert erblickten, sollen bei der Erfindung des Fernrohres betheiligt gewesen sein.

Unbestreitbar ist, daß in Roger Baco's Schriften aus der Mitte des 13. Jahrhunderts und ebenso in Porta's „natürliche Magie" (1558) Stellen über Linsenverbindungen vorkommen, welche sich ohne weiteres auf das Fernrohr beziehen ließen. Bei einer strengeren Prüfung jener Aussprüche erkennt man jedoch darin nur allgemeine Betrachtungen über fernrohrartige Linsen-Combinationen, ohne die wirkliche Verkörperung dieser allerdings schönen Gedanken.

Man hat ferner auf ein altes Bild aus dem 13. Jahrhundert hingewiesen, in welchem der Astronom Ptolemäus dargestellt ist, wie er durch ein viermal zusammenschiebbares Rohr gegen den Himmel blickt, und sich weiter auf Baco berufen, der von Julius Cäsar erzählt, er habe die englischen Küsten durch ein Rohr besichtigt. Allein aus dem geht nur hervor, daß man in jener Zeit die Rohre zur Abblendung des störenden Seitenlichtes benützte; wo ist der Beweis, daß jene Rohre Gläser besaßen? Sollte sich ein so wichtiges Instrument wirklich allen Fachgenossen entzogen haben? Und wie wäre das plötzliche Aufsehen zu erklären, welches die Fernrohre allerorten in Europa erregten als sie gegen das Jahr 1608 und 1609 aus den Niederlanden her auftauchten?

Auch zu Galilei, Professor der Mathematik in Padua, waren um dieselbe Zeit Nachrichten von einem aus Holland stammenden Rohre gedrungen, welches entfernte Gegenstände scheinbar näher brächte, und in der kürzesten Zeit hatte Galilei das Fernrohr nacherfunden (1609).

Beim Galilei'schen, sowie beim holländischen Fernrohr (Fig. 97), sucht eine Linse o von erklecklicher Brennweite und weiter Oeffnung von einem entfernten großen Gegenstande hinter der Linse ein kleines umgekehrtes, wirkliches Bild zu erzeugen. Bevor dieses jedoch zu Stande kommt, bringt man in die Lichtstrahlen, welche jenes Bild geben sollen, eine Hohllinse o. Durch letztere werden die zu einem und demselben Lichtpunkte gehörigen Strahlen auseinandergehend gemacht. Gelangen dann diese divergirenden Lichtstrahlen in ein durch die Hohllinse blickendes Auge, so wird dieses in der deutlichen Sehweite ein geometrisches und aufrechtes Bild des entfernten Gegenstandes wahrnehmen. Durch diese Annäherung des Bildes wird der Sehwinkel, unter dem wir es gewahren, gesteigert; es wächst mithin auch die scheinbare Größe des dazu gehörigen Gegenstandes.

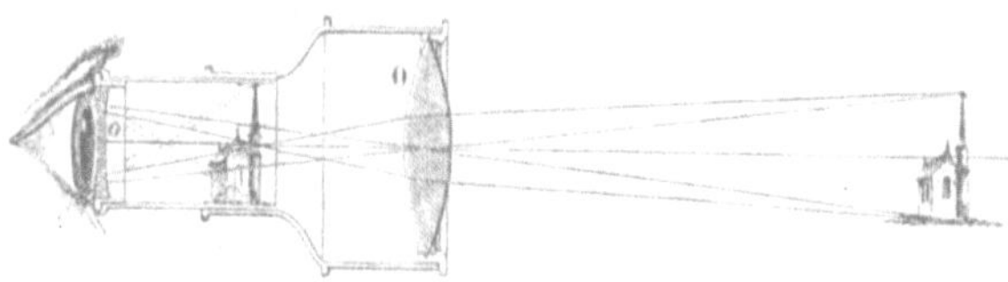

Fig. 97. Strahlengang im holländischen Fernrohr und jenem des Galilei.

Jene Linse o, welche das objective Bild zu erzeugen strebt, heißt das Objectiv (S. 178). Die Linse o, an welche das Auge gebracht wird, nennt man das Augenglas oder das Ocular. Das Objectiv liegt dem Gegenstande näher als das Ocular. Der Abstand des Oculars vom Objective muß beim holländischen Fernrohr den Unterschied der Brennweiten beider Gläser betragen.

So oft die Brennweite des Oculars in jener des Objectives enthalten ist, gerade so vielmal wird das Bild des Gegenstandes wachsen. Je mächtiger also die Brennweite des Objectives und je geringer jene des Oculars ist, desto mehr nimmt die vergrößernde Leistung des Fernrohres zu. Diese Vergrößerung ist linear, d. h. sie bezieht sich nur auf eine der drei Dimensionen des scheinbar wahrgenommenen Gegenstandes. Wenn man von der Vergrößerung eines optischen Instrumentes spricht, so meint man stets die lineare. Das Quadrat der Zahl, welche die lineare Vergrößerung des Fernrohrbildes ausdrückt, wäre die Vergrößerung nach der Fläche des letzteren. Von einer Vergrößerung nach dem Würfel jener Zahl sprechen nur die Marktschreier, da ja das räumliche Sehen nicht direct erfolgt (S. 293).

Das erste in einem Bleirohre gefaßte Fernglas Galilei's vergrößerte die Bilder der Gegenstände nur dreimal, das zweite achtmal und bald darauf verfertigte er eines, welches dreißigmal vergrößerte. Mit diesem Fernrohr gewahrte Galilei die Berge und Krater des Mondes und berechnete aus dem Schatten die Höhe der ersteren; sein Fernrohr löste auch einige Gegenden der Milchstraße und den Nebelfleck „die Krippe" in die einzelnen Sterne auf. Im Jahre 1610 erblickte Galilei nach und nach die vier Trabanten des Jupiters, welche er zu Ehren der zu Toscana herrschenden Dynastie die „Mediceischen Sterne" nannte. Im Juli desselben Jahres sah er den Ring des Saturnus, welchen er anfangs für Seitenstücke dieses Planeten nahm, weshalb er letzteren für dreitheilig ausgab. Einen Monat später fand er, daß die Sonne dunkle Flecken zeige, und schloß aus der Veränderung ihrer Lage auf eine

Umdrehung der Sonne. Mit der Veröffentlichung der Beobachtung hinsichtlich der Sonnenflecken eilten ihm jedoch Fabricius (1611) und Scheiner (1612) voraus. Noch war das Jahr 1610 nicht abgelaufen, und Galilei hatte auch die Lichtphasen der Venus entdeckt! Ist es ein Wunder, wenn endlich vor solchen Funden die Ungläubigen und Neidischen verstummten und sein Beiname Lynceus durchgriff, womit ihm das scharfe Auge des berühmten Argonauten zugesprochen wurde. Leider! klang diese Ehrenbezeichnung später sehr traurig; denn Galilei erblindete im Jahre 1639 in Folge 29 jähriger, anstrengender Durchmusterung des Himmels.

Beim Galilei'schen oder holländischen Fernrohr verlassen (Fig 97) die Hauptstrahlen divergirend das Ocular, weshalb nur wenige derselben durch die Pupille in's Auge kommen. Mit einem solchen Fernrohr läßt sich daher nur wenig auf einmal übersehen, d. h. es kann nur ein kleines Gesichtsfeld haben, welches um so geringer wird, je weiter man das Auge vom Ocular entfernt, weil dann noch weniger Strahlen in's Auge gelangen können. Der Augenpunkt ist daher möglichst nahe am Hohlglase. Es leuchtet ferner ein, daß das Gesichtsfeld abnimmt, je mehr die durch ein beliebiges optisches Instrument bewirkte Vergrößerung wächst. Das Gesichtsfeld des Galilei'schen Fernrohres war also theils durch seine Construction, theils durch die von demselben erreichte Vergrößerung beschränkt. Nichts desto weniger wurden mit diesem Fernrohr die großartigsten Entdeckungen am Himmel gemacht, bis es endlich durch das Sternrohr (Fig. 98) Kepler's verdrängt wurde.

Kepler der Große hatte in seiner Lehre von der

Lichtbrechung (1611) nicht nur die Wirkung des Galilei'schen Fernrohres richtig erklärt, sondern er brachte auch theoretisch eine neue Linsen-Combination, welche die Grundlage von viel wirksameren Fernrohren wurde. Scheiner führte nach diesem Vorschlag ein Fernrohr aus (1617) und veröffentlichte (1630) dessen Bauweise. Mit Recht heißt aber das Fernrohr nach seinem Erfinder das Kepler'sche. Bei einem derartigen Fernrohr erzeugt (Fig. 98) eine Linse von beträchtlicher Brennweite und weiter Oeffnung von einem entfernten großen Gegenstande hinter der Linse ein kleines umgekehrtes Bild b a. Dieses fällt innerhalb der kurzen Brennweite einer zweiten, erhabenen, kleineren Linse, und erscheint dem durch letztere sehenden Auge bei B'A' vergrößert und in Beziehung auf den Gegenstand umgekehrt.

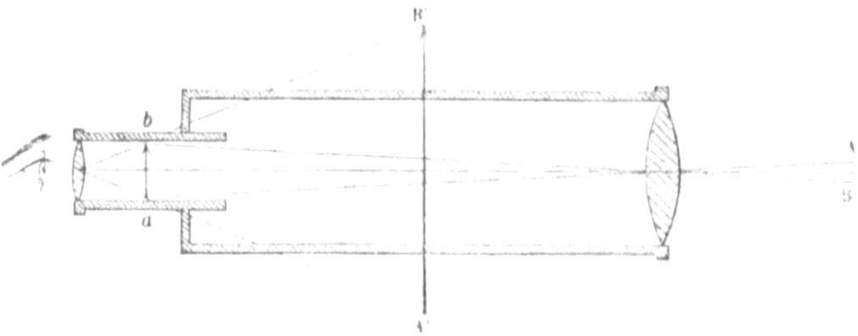

Fig. 98. Strahlengang im Fernrohr des Kepler.

Die vergrößernde Leistung des astronomischen Fernrohrs wird wie jene des holländischen berechnet (S. 306); seine Länge findet man nahebei, wenn zu der Brennweite des Objectives jene des Oculars summirt wird; das astronomische oder Kepler'sche Fernrohr ist also, unter gleichen

Umständen, etwas länger als das holländische Fernrohr, gewährt aber mehr Helligkeit und ein ausgedehnteres Gesichtsfeld (S. 228), weshalb es möglich wird, das Kepler'sche Sternrohr nach bedeutenderen Dimensionen mit sehr starken Vergrößerungen zu construiren. Für mäßige Vergrößerungen ist man jedoch bis heute bei dem compendiöseren Galilei'schen Fernrohr geblieben, besonders für Operngläser und Feldstecher, wo man die Bilder aufrecht haben will und auf bedeutende Vergrößerungen verzichtet.

Bei den astronomischen Beobachtungen stört die umgekehrte Lage der Bilder im Kepler'schen Sternrohr (Fig. 98) nicht: anders jedoch verhält es sich, wenn ein solches Rohr auf irdische Gegenstände gerichtet wird. Es hatte daher schon Kepler vorgeschlagen, das Bild mittelst einer dritten Linse umzukehren, was jedoch nach seinem Verfahren ein zu kleines Gesichtsfeld gäbe. Erst Rheita zeigte (1665), wie man mittelst vier, in einer gemeinschaftlichen Fassung liegender Linsen das Bild mit gutem Erfolg aufrecht erhalten könne. Ein solches „irdisches Ocular" wird jedem Sternrohr (Fig. 98) beigeschlossen. Man entfernt jedoch, wegen der Lichtschwächung durch die vielen Gläser, das irdische Ocular während der Beobachtungen am Himmel.

Die Vergrößerung der Bilder eines Fernrohres kann sowol durch Objective von größerer Brennweite als durch Oculare von geringerer Brennweite gesteigert werden. Es geschieht dies bei einem und denselben Fernrohre immer nur vermittelst des Ocularwechsels. Vor der Erfindung der Achromasie (S. 166) erreichte die Kürze der Brennweite der Oculare, der mächtigen Farbenzerstreuung halber, sehr bald eine Grenze und man mußte daher, für mächtige

Vergrößerungen, Objective mit sehr bedeutenden Brennweiten verwenden. In Folge dessen wurden die wirksamen astronomischen Fernrohre über hundert Meter lang, wodurch sie schwierig zu handhaben waren und sich auch vermöge ihres Gewichtes krümmten. Huyghens befestigte daher (1684) an einer hohen Stange, einem Giebel o. dgl. die langen Objectivgläser in einer kurzen, nach allen Seiten mittelst einer Schnur leicht beweglichen Röhre und beobachtete unten an der Erde mittelst eines passenden Oculares; ihm folgten in dieser Weise mit gutem Erfolg namhafte Astronomen in England. Noch vor 60 Jahren beobachteten die Brahminen zu Benares in Indien mittelst eines solchen Luftfernglases. Das Objectiv war auf einem 32 Meter hohen Obelisk befestigt und der Astronom nahm, je nach dem Stande des Sternes, dies- oder jenseits des Glases, höher oder niedriger seinen Posten auf einer halbkreisförmigen Treppe, in deren tiefstem Punkt der Fuß des Objectivträgers ruhte.

Auch im Kleinen fanden die Luftferngläser Nachahmung, indem das Objectiv und Ocular längs eines Spazierstockes für das Auge zurecht geschoben wurden.

Man war vor 200 Jahren der Meinung, daß der Hauptfehler der Fernrohre in der sphärischen Abweichung ihrer Linsen liege. Als aber Newton die chromatische Abirrung der Linsen erkannt hatte, verzweifelte er an einer möglichen Abhilfe (S. 168) und ließ alsbald die objectiven Bilder für die Fernrohre von Hohlspiegeln erzeugen (1668). Es wurden nun Spiegelfernrohre angefertigt und mit Recht bevorzugt, bis die Erfindung der Achromasie (S. 166) wieder die volle Kraft der Optiker dem Linsenfernrohre zuwendete (1757). Jetzt war es möglich geworden, kürzere Linsenfernrohre von bedeutender Leistung anzufertigen und nur für die allerwirksamsten Fernrohre concurrirten noch weiter die mächtigen Spiegelobjective mit den Linsen.

Seit dem Jahre 1812 gewannen die achromatischen Linsenfernrohre die Oberhand durch Reichenbach, Fraunhofer und ihre Nacheiferer in Deutschland, England und Frankreich. Es ist unmöglich hier alle mächtigen dioptrischen oder Linsenfernrohre zu beschreiben, welche die großen Optiker seit Beginn dieses Jahrhunderts bis heute in kunstvollster Weise angefertigt haben; wir wollen daher nur beispielsweise erwähnen, daß Fraunhofer seine größten Linsenfernrohre nach Pulkowa und Boston geliefert hat. Das Objectiv derselben besaß 37 Centimeter Oeffnung und 6.6 Meter Brennweite und durch Austausch der 15 Oculare vermochte man in der Vergrößerung von 148 bis 2000 fortzuschreiten. Das Bostoner Instrument übertraf das 4 mal größere Spiegelfernrohr von Rosse (S. 329). Der Preis eines solchen Fernrohres betrug freilich 84000 Mark, was nicht theuer ist, wenn man die vielen kostbaren Zugaben und die hohe Feinheit dieser großen Linsenfernrohre oder „Refractoren“ erwägt.

Wie werden große Fernrohre aufgestellt? Ein mittelgroßes Linsenfernrohr, d. i. ein Tubus oder ein Teleskop ruht je nach seiner Größe entweder auf einer in drei Füßen auslaufenden Messingsäule (S. 325) oder auf einem Pyramidalstativ mit 3 oder (Fig. 99) 4 Seiten. Jedes Fernrohr muß sich leicht heben und senken, ebenso ohne Mühe in wagrechter Richtung verschieben, mithin nach jedem Himmelspunkte richten lassen. Behufs der feineren Bewegungen um eine lothrechte und wagrechte Drehaxe ist für Mechanismen gesorgt, die nicht selten mittelst Kurbeln (Fig. 99) zu dirigiren sind. Das große Rohr muß in

Fig. 99. Tubus mit grober und sanfter allseitiger Bewegung.

jeder neuen Lage wol balancirt sein. Jedes vorzügliche Großfernrohr ist derart eingerichtet, daß die schwächste Person, während der Beobachtung sitzend, das riesige Instrument in entsprechender Weise bewegen kann. Alle zum

Lenken des Apparates gehörigen Handhaben oder Schraubenköpfe sind in der Nähe des Oculars angebracht.

Die großen Fernrohre stellt man an ihrem Bestimmungsort „parallactisch“ auf, d. i. man gibt der sonst lothrechten Axe eine mit der Weltaxe genau übereinstimmende Lage und läßt mittelst eines trefflichen Uhrwerkes das Rohr dem Himmelskörper so folgen, daß dieser unverändert an derselben Stelle im Fernrohre zu sehen ist. Foucault († 1868) hat das bewegende Werk solcher von Eichens in Paris construirten Großfernrohre vor zehn Jahren mit gelungenen isochronen Centrifugal-Regulatoren versehen. Es läßt sich jedoch nicht läugnen, daß auch die älteren Mechanismen von Fraunhofer, Plößl, Brunner u. a. m. ihren Zweck gut erfüllt haben.

Obwol die ersten achromatischen Fernrohre von England ausgegangen sind (S. 169), so besitzt doch Deutschland seit Beginn des laufenden Jahrhunderts das Uebergewicht in der Anfertigung von großen Refractoren und astronomischen Instrumenten; es mag aber auf seiner Hut sein, daß ihm dieser Zweig der wissenschaftlichen Technik von Frankreich nicht entwunden werde. Seit Foucault sich mit der Herstellung großer Objective beschäftigte, war Gefahr vorhanden. Und sie ist es noch, weil in Paris zwei Meister deutscher Abkunft (Eichens und Brunner) in kundiger und vorzüglicher Weise den Bau großer Refractoren betreiben.

Der größte Refractor ist bisher jener, welchen der Vicar Craig vor 25 Jahren zu Wandsworth mit Hilfe Gravatt's aufgestellt hat. Die optischen Theile dieses Riesenfernrohres stammen von Slatter; die Brennweite des Objectivs mißt 22 Meter; und dessen Oeffnung 6 Decimeter. Dieses colossale Fernrohr ist auf eisernen Schienen um einen Centralthurm nach allen Seiten sehr leicht beweglich; es soll vollkommen achromatisch und außerordentlich optisch kräftig sein. Den nächst großen Refractor mit einem Objectiv von 15 Meter Brennweite und einer Oeffnung von 55 Centimeter hat Porro construirt (1856). Trotz der enormen Größe dieser Fernrohre sind dennoch jene Refractoren berühmter, welche Fraunhofer und dessen Gesellschafter Merz zu München i. J. 1824 nach Dorpat und später nach Pulkowa geliefert haben. Diese Fernrohre wurden von Struve, der sich ihrer bei seinen so ansehnlichen Studien der doppelten und vielfachen Sterne bediente (1824 bis 1837), näher beschrieben. Die Linsen des Refractors zu Pulkowa kennen wir bereits (S. 311). Das Objectiv des Dorpater Refractors hatte eine Brennweite von 4½ Meter mit einer Oeffnung von 25 Centimeter; solche Refractoren hat Fraunhofer auch nach Berlin, nach mehreren Sternwarten Rußlands, Nordamerikas u. a. O. geliefert.

Die Schwierigkeit, große Objective für die mächtigen Standfernrohre anzufertigen, lag darin, daß bei ihrer Achromatisirung der Weitenmesser der passend vertieften Flintglaslinse dieselben Maaße bekommen mußte, wie jener des Crownglases. Nun sind aber beträchtliche Flintglasstücke nur höchst selten fehlerfrei und dabei sehr theuer. Da kam Littrow (1832) auf den glücklichen Gedanken, das Flintglas von der Crownglaslinse zu trennen und gegen das Auge zu rücken. Die Lichtstrahlen verlassen die Crownglaslinse convergirend. Je weiter beide Linsen von einander abstehen, desto kleiner kann das Flintglas genommen werden, um dennoch von allen Strahlen getroffen zu werden. Die Rechnung zeigt sogar, daß die so zu Stande kommenden farblosen Bilder schärfer und die Rohre kürzer sein müssen, als bei den unmittelbar benachbarten Linsen beider Glassorten. Die Ausführung dieses ideellen Fernrohres übernahm Plößl in Wien, der noch in demselben Jahre die ersten, später so beliebten, dialytischen Fernrohre anfertigte und dieselben in kleinem und großem Maßstabe lieferte. Noch früher war Blair bemüht gewesen, das Fernrohr mittelst Flüssigkeiten zu achromatisiren (S. 170).

Sollen wir nicht mit einigen Worten der Zugaben gedenken, welche die größeren Fernrohre begleiten? Da ist vor allem der „Sucher", d. i. ein kleines Linsenfernrohr, welches (Fig. 99 und 104) dem großen Fernrohre parallel liegt und welches das Auffinden der Beobachtungsobjecte am Himmel erleichtert, indem ein solches Suchen mit stark vergrößernden Instrumenten des zu geringen Gesichtsfeldes halber zu mühsam ist. Ferner folgen farbige oder dunkle „Sonnengläser" (S. 250), welche sich an dem Oculare anbringen lassen; dann erinnern wir an die „Fadenkreuze", die im Brennpunkte des Oculars ruhen und dazu dienen die Visirlinien zu bestimmen: sie bestehen aus zwei oder mehreren unter rechten Winkeln sich kreuzenden Spinnefäden oder sehr feinen Platindrähten. Diese Kreuze müssen deshalb äußerst dünn sein, weil sie sehr vergrößert erscheinen. Breithaupt ersetzte in jüngerer Zeit — nach älteren Vorschlägen — das Fadenkreuz durch zarte Glasplättchen, auf welchen die Kreuze und Netze sehr fein und genau radirt sind, und erzielt so mehrere praktische Vortheile. Solche Faden- oder Liniennetze können als „Mikrometer", d. i. zum Messen sehr kleiner Größen dienen, z. B. hinsichtlich der scheinbaren, gegenseitigen Entfernung der Doppelsterne, des scheinbaren Durchmessers der Planeten und der Sonne. Fernrohre mit Vorrichtungen, welche gestatten den scheinbaren Durchmesser der Sonne auf das genaueste anzugeben, heißen „Heliometer".

Wie mißt man die durch ein Fernrohr gebotene Vergrößerung? Die oberflächliche Abschätzung geringerer Vergrößerungen erzielt man durch das Lesen entfernter Schriftarten oder durch das Erkennen verschieden feiner Gruppen schwarzer paralleler Geraden auf einer entfernten weißen Probetafel. Um die Vergrößerung zu messen, sieht man mit dem einen Auge durch das Fernrohr nach einem entfernten, größere Intervalle zeigenden Maßstabe und gleichzeitig mit dem anderen freien Auge nach derselben Meßlatte; man erhält dann zwei sich deckende Bilder von verschiedener Größe und zählt, wie viele Abtheilungen der Meßlatte mit einer Abtheilung des Fernrohrbildes zusammenfallen. In gleicher Weise kann ein quantitatives Abschätzen vermittelst des Doppeltsehens nach einem Ziegeldache oder einer Stacketmauer erfolgen.

Die Prüfung der Deutlichkeit eines Fernrohres geschieht durch die Trennung der sonst nur als einfach wahrgenommenen doppelten oder mehrfachen Fixsterne, und zwar gibt es unter diesen einige, welche schon von kleineren Fernrohren aufgelöst werden können; hingegen andere, welche erst durch die allergrößten Refractoren von einander geschieden gesehen werden. Ein solches Auflösen der mehrfachen Sterne bietet ein vergleichendes Mittel für die Güte von Instrumenten, die durch Raum und Zeit von einander abstehen und ist weit vorzuziehen der ehemaligen, nebenbei aber noch immer vorzunehmenden Prüfungsweise durch Beobachtung der Schärfe der Planetenscheiben, der Streifen des Jupiters und Saturns, der Marsflecken u. dgl. m. Zur Erprobung der kleineren Fernrohre dienen, wie bereits erwähnt wurde, die leicht auflösbaren Doppelsterne, ferner das Erkennen von Druckschriften, je anders geformter Punkte, verschiedener Streifengruppen u. dgl. m. auf einer etwa 48 Meter entfernten, über einem Giebel angebrachten Probetafel. Die betreffenden Bilder müssen scharf begrenzt und farblos hervortreten. Damit letzteres geschehe, wird das an den Grenzen der wirklichen Bilder zerstreute Seitenlicht abgehalten durch Blendscheiben (S. 131), welche an die Bilderorte im Fernrohr einzuschieben sind. Dabei sollen die Linsen so beschaffen sein, daß man vom äußersten Rande des Objectives noch durch das Ocular sehen könne. Ueberdies müssen die Brennpunkte aller Linsen in die Fernrohraxe fallen, d. h. sie müssen „centrirt" sein. Dies ist dann der Fall, wenn beim Drehen des Fernrohres um seine Axe, die durch dasselbe erblickten Bilder ruhig bleiben. Auch die Vergleichung der Wahrnehmung mit einem ausgezeichneten, gleichartigen Fernrohre soll versucht werden.

Für das Aufsuchen der entferntesten Fixsterne oder für die „raumdurchdringende Kraft" eines großen Fernrohres ist dessen mächtige Lichtstärke maßgebend. Vermöge derselben erblicken wir Fixsterne, welche mit bloßem Auge nicht wahrnehmbar sind. Die Vergrößerung ist in dieser Beziehung verschwindend. Denn selbst bei den stärksten Vergrößerungen konnten bisher die Fixsterne immer nur als Punkte, d. i. ohne scheinbare Durchmesser wahrgenommen werden.

Fernrohre von großer Lichtstärke und bedeutendem Sehfelde können nur auf Kosten der Vergrößerung hergestellt werden. Sie dienen zum Aufsuchen lichtschwacher Gegenstände, z. B. der Kometen, und heißen „Kometensucher". Sie besitzen große Objectiv- und Ocularöffnungen und haben in der Regel nur eine 10 bis 15malige Vergrößerung, also auch nur eine geringe Länge. Hieher gehören auch die „Marine- oder Seefernröhre", um Schiffe, Ufergegenstände u. dgl. m. zu erspähen. Für derartige Fernrohre ist die dialytische Einrichtung (S. 315) besonders wichtig.

Die Größe des Gesichtsfeldes wird nach der Zeit bestimmt, die ein bekannter Stern braucht, um den Durchmesser des Gesichtsfeldes zu durchlaufen, oder man vergleicht das Feld mit dem scheinbaren Durchmesser der Sonne oder des Mondes.

Wenden wir uns nun etwas mehr zu den kleineren, achromatischen Fernrohren, d. i. zu den „Perspectiven". Nachdem das Linsenfernrohr durch John Dollond von seinen störenden Farbenrändern befreit worden war (1757), lieferte dieser auch die besten achromatischen Kleinfernrohre. Vierzig Jahre später fabricirten die Londoner Optiker Gregory und Wright leichte, kleine und billige achromatische Fernrohre, welche, so weit die Civilisation reichte, Absatz fanden. Die Instrumente dieser Optiker gestatteten nahezu eine deutsche Meile weit zu sehen, und durch jeweilige Verschiebung ihres Oculars konnte man Vergrößerungen von $1\frac{1}{2}$, $3\frac{1}{2}$, 6 und 8 erzielen. Als Concurrenten der genannten Optiker traten die Nachfolger Dollond's und dessen Eidam Ramsden auf. Sie machten die besonders von höheren Militairs gesuchten chromatischen Taschenfernrohre, „Feldstecher", noch kleiner, leichter und billiger und mit einer Vergrößerung von 2 bis 4. Noch im Jahre 1829 galten die englischen Kleinfernrohre als die besten. Um diese Zeit trat Plößl in Wien mit einem Feldstecher auf, welcher das englische Fabrikat weit an Helligkeit und Schärfe übertraf. Das Objektiv dieses Instrumentes hatte 2½ Centimeter Oeffnung, ein fixes und zwei bewegliche Oculare, revolverartig zum Verstellen eingerichtet, wodurch sich eine Vergrößerung von 4, 8 und 12 herstellen ließ. Bei der dritten Lage der Augenlinse und bei Fixirung des Rohres mittelst einer Ringschraube, ließen sich einige Doppelsterne getrennt wahrnehmen, und der Jupiter sammt seinen Begleitern präsentirte sich durch das Glas lichtkräftig und sehr deutlich.

In der Regel ist nur das Opernglas für beide Augen mit Doppelrohren versehen; es hat aber schon (S. 303) Lipperseim „binoculare" Fernrohre angefertigt (1608), gewöhnlich wird dies jedoch nur von Rheita (1645) erzählt. Die großen Doppelfernrohre haben bis heute nicht durchgegriffen, obwol sich durch die Entdeckung des Stereoskops in der Neuzeit der Wunsch nach binocularen Perspectiven wieder etwas regte, indem man sich von einem solchen Instrumente stereoskopisches Sehen versprach. Auf der letzten Pariser Weltausstellung (1867) hat daher der Optiker Beck aus London mittelgroße Doppelfernrohre vorgelegt.

Gewöhnlich schließen die durch ein monoculares Fernrohr blickenden Beobachter das freie Auge. Da aber hiedurch die Lider des bewaffneten Auges in eine, wenn auch nur schwache Spannung gerathen, so bedecke man das unbeschäftigte Auge lieber mit der Hand, mit einem Tuche oder suche auch das freie Auge offen zu behalten; es entsteht dadurch kein Nachtheil für die teleskopische Wahrnehmung und den S. 253 ausgesprochenen Befürchtungen hinsichtlich des Monocles wird dadurch vorgebeugt, daß man recht oft mit dem Anlegen der Augen am monocularen Instrumente abwechselt.

Brauchen wir unsere Leser noch daran zu erinnern, daß Kurzsichtige, um das objective Bild dem Auge näher zu bringen, das Ocular weiter hineinschieben müssen, und daß für das nämliche Auge bei wachsender Entfernung des leuchtenden Gegenstandes (S. 141) ein gleiches zu geschehen habe? Ist es nothwendig, zu erwähnen, daß sich sowol die einfachen, als doppelten Theatergläser zuweilen sehr stark bis zu einer kleinen Form zusammenschieben oder gar flach umlegen lassen, damit sie bequem in eine Kleider- oder Westentasche geschoben werden können? Ja man hat sogar zu letzterem Behufe sehr kurze, etwas flach gedrückte monoculare Ferngläschen aus einem Stücke, conisch abgestutzt, deren optische Leistung befriedigend ist.

Um compendiöse und dennoch recht wirksame Fernrohre zu bekommen, verkürzt man den Strahlengang des Lichtes mittelst ebener Spiegel wie beim Doppelwinkelrohr (S. 57), welches sich leicht mittelst passender Linsen zu einem gebrochenen Fernrohr umgestalten läßt, zu welcher Klasse von Fernrohren eigentlich auch die S. 179 erwähnte „klare Kammer" zählt. Mit großem Vortheil für die Lichtstärke lassen sich bei solchen gekürzten Fernrohren die Spiegel durch gänzlich zurückwerfende Prismen ersetzen (S. 114) und mit Linsenflächen, wie in Fig. 67, vereinigen. Hierauf beruhen die „Prismenfernrohre“ der Neuzeit, von welchen das durch Porro (1856) erdachte und von Hofmann in Paris construirte am bekanntesten sind. Diese Fernrohre werden nur einige Centimeter lang, vergrößern etwa 10 mal linear und können auch als „Distanzmesser“ dienen. Sind nämlich die Größe eines Gegenstandes und der Sehwinkel, unter dem er erscheint, bekannt; so läßt sich auf seine Entfernung schließen und ebenso, wenn durch ein Mikrometer die Größe des Bildes in einem Fernrohr und der entsprechende Sehwinkel gegeben sind. Dies ist nun auch bei den Prismenfernrohren der Fall; sie eignen sich daher für die Artillerie als Distanzmesser, für Reiter und überhaupt für militärische Zwecke.

Da nicht nur Convexlinsen, sondern auch Hohlspiegel (S. 75) wirkliche Bilder erzeugen, so ersetzte schon frühzeitig (1616) Zucchi das Linsenobjectiv des Fernrohres durch einen metallenen Hohlspiegel, den er mit einem concaven Augenglase combinirte (vergl. S. 304), wodurch er einen glücklichen Erfolg erzielte, was er jedoch erst in einem später (1652) gedruckten Werke bekannt gab. Inzwischen hatte Mersenne (1639), unabhängig von Zucchi, vorgeschlagen, sowol das Objectiv als das Ocular des Fernrohres durch hohle Spiegel vertreten zu lassen. Dieser Gedanke blieb ebenso, wie die Versuche des ersten Erfinders der Hohlspiegelfernrohre unbeachtet bis zum Jahre 1663. Um diese Zeit wurden die Forscher durch die Fehler der großen Linsenobjective, wieder auf die Hohlspiegel aufmerksam. Zunächst schlug Gregory (1663) vor, das von einem hohlen parabolischen Objectivspiegel M M (Fig. 100) erzeugte wirkliche Bild eines sehr entfernten Gegenstandes A B zwischen den Brenn- und Krümmungsmittelpunkt eines

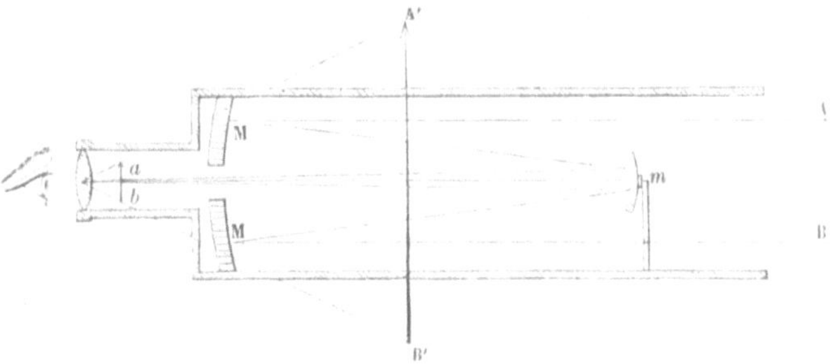

Fig. 100. Strahlengang im Gregory'schen Fernrohr.

kleinen elliptischen Hohlspiegels m fallen zu lassen. In Folge dessen entsteht ein zweites physisches Bild a b, welches größer als das vorige Bild ist und zu demselben eine umgekehrte, also zum Gegenstande aufrechte Lage hat. Dieses Bild wird mit einem in der Mitte des Objectivspiegels eingesetzten, convexen Oculare betrachtet, und erscheint daher dem Auge mehr vergrößert und in der nämlichen Stellung A' B', wie der Gegenstand.

Da Gregory selbst keine metallenen Hohlspiegel anfertigen, von anderen Leuten aber nur untaugliche erhalten konnte, so vermochte er nicht, seine Idee zu verkörpern. Dies that 5 Jahre später in abgeänderter Form Newton. Letzterer übergab jedoch sein katoptrisches oder Spiegelfernrohr erst 1671 der königlichen Gesellschaft zu London, wo es bald darauf (1672) nicht wenig Aufsehen erregte.

Weil beim Gregory'schen Fernrohr (Fig. 100) der mittlere, also (S. 131) gerade der am besten wirkende Theil des Hohlspiegels verloren geht, so suchte Newton denselben zu behalten: er construirte daher sein Fernrohr (Fig. 101)

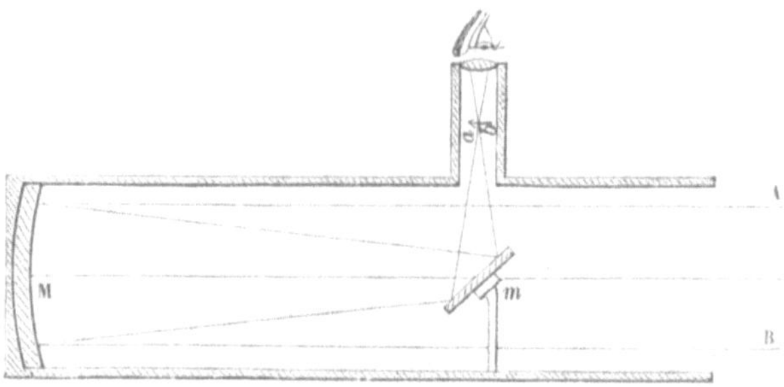

Fig. 101. Strahlenweg im Newton'schen Fernrohr.

derart, daß bei demselben jene Lichtstrahlen, welche mit Hilfe eines parabolischen Hohlspiegels von einem sehr weit abliegenden Objecte A B ein wirkliches Bild erzeugen möchten, noch vor dem Zustandekommen dieses Bildes von einem gegen die Axe des Rohres unter 45° geneigten ebenen Spiegeln seitwärts geworfen werden, wo sie sich zu einem Bilde a b vereinigen. Dieses Bild nimmt man hier mittelst eines convexen Oculars vergrößert und rechtwinklig zur natürlichen Lage wahr. Später ersetzte Newton das ebene Metallspiegelchen durch ein gänzlich zurückwerfendes Glasprisma (S. 114); auch schlug er vor, statt der so schwierig herzustellenden parabolischen Metallobjective, sphärische foliirte Glasspiegel anzuwenden.

Durch Newton angeregt schritt Hooke (1674) an die Ausführung des Gregory'schen Fernrohres (Fig. 100).

wobei er sich jedoch der leichter anzufertigenden hohlen Kugelspiegel mit gutem Erfolge bediente; er ertheilte diesem Fernrohre eine den Linsenfernrohren ähnliche äußere Form (Fig. 102) und versah es mit einer Schraube zum Regu-

Fig. 102. Aeußere Form des Gregory Hooke'schen Spiegelfernrohres.

liren des kleinen Spiegels. Cassegrain nahm, mit wenig Erfolg, beim Gregory'schen Fernrohr (Fig. 100) statt des Hohlspiegelchens ein kleines Convexspiegelchen, was er auch schon früher (1672) hinsichtlich des ebenen Spiegelchens beim Newton'schen Fernrohr vorgeschlagen hatte.

Trotz des Ansehens Newton's und Hooke's und trotz der Aufmerksamkeit, welche den von ihnen befürworteten Spiegelfernrohren zugewendet wurde, kamen sie doch erst ein Jahrfünfzig später in Aufnahme, als nämlich (S. 79) Hadley (1718), sowie gleichzeitig Molyneux und etwas später Hawksbee, Scarlet u. a. m. treffliche, parabolische Hohlspiegel zu gießen und zu poliren verstanden. Gegen 1730 wurden die Spiegelfernrohre der eben genannten Männer übertroffen durch jene des englischen Künstlers Short, welche er nach dem Gregory'schen Systeme construirte und von Jahr zu Jahr verbesserte. Er lieferte Fernrohre mit Spiegel-Objectiven von 3 Decimeter bis über 3½ Meter Brennweiten, welche eine Vergrößerung von 35 bis 1200 bewirkten und 280 bis 16000 Mark kosteten.

Die höchste Bedeutung sollten die Spiegelfernrohre erst erhalten durch F. W. Herschel, der ihre Größe immerfort steigerte. Anfänglich verließen Spiegelfernrohre seine Werkstätte von 6 Decimeter bis 6 Meter Brennweite, nach Newton's Weise eingerichtet. Mit einem solchen mächtigeren, 6 Meter Brennweite besitzenden Spiegelfernrohre oder „Reflector", dessen Vergrößerung bis auf 6000 gebracht werden konnte, machte Herschel seine schönsten und berühmtesten Entdeckungen am Himmel; es darf jedoch nicht verschwiegen werden, daß auch kleinere Reflectoren dabei verwendet waren, so z. B. fand er den Uranus mit einem Spiegel-Teleskop von 2 Meter Brennweite, weshalb Bode ein zwischen den Zwillingen und dem Luchs gelegenes

Sternbild mit „Herschel's Teleskop" benannte. Im Jahre 1781 versuchte Herschel einen Reflector von 9 Meter Brennweite mit einer Oeffnung von 1 Meter herzustellen. Obschon ihm dies zweimal mißglückte, wagte er sich dennoch 4 Jahre später — unterstützt durch Geldmittel von Georg III. — an die Herstellung eines Reflectors von 12 Meter Brennweite und $1^1/_2$ Meter Oeffnung. Nach mehrfach wiederholtem Umguß des Spiegels kam er 1789 mit seinem Riesen-Spiegelfernrohr glücklich zu Stande. Bei diesem „Reflector" (Fig. 103) ist der Hohlspiegel so

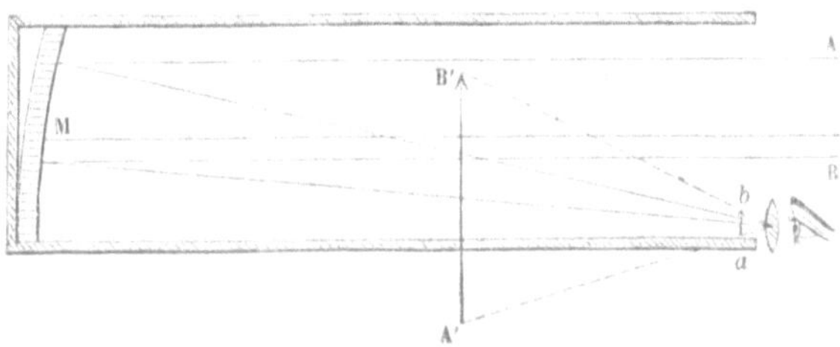

Fig. 103. Strahlenlauf im Herschel'schen Reflector.

gegen die Axe des Fernrohres geneigt, daß von dem weit abliegenden Gegenstand A B ein Bild b a am unteren Rande des Rohres entsteht, wo es dem durch ein convexes Ocular blickenden Auge bei B' A' in Bezug auf den Gegenstand umgekehrt und vergrößert erscheint. In solcher Weise war Herschel den lichtraubenden zweiten Spiegelchen der vorigen Reflectoren (Fig. 100 und 101) aus dem Wege gegangen und mittelst Neigung des Spiegelobjectives hatte er das Bildchen bis an den Rand des Rohres gebracht, so daß auch der durch den Kopf des Beobachters zu befürchtende Lichtverlust nach Möglichkeit entfiel. Daß hiebei der Beschauer des Sterns dem letzteren den Rücken zuwendet, ist nichts Auffallendes; bei dem gewöhnlichen Spiegel (S. 37) haben wir ja auch eine solche „front view“, wie der englische Kunstausdruck für diese von Herschel erdachte Einrichtungsweise der Großreflectoren lautet.

Die Lichtstärke des Herschel'schen Riesenreflectors war eine in jener Zeit unerhörte und der Sirius leuchtete darin mit blendendem Glanze. Die Vergrößerung bei diesem Fernrohr konnte von 250 bis 6400 gebracht werden, von welcher erstere meist für die Beobachtung der Planeten benützt wurde. Da der Spiegel während einer Nacht durch die Feuchtigkeit seine hohe Politur bald einbüßte, und Herschel dieselbe nicht wieder herstellte; so ist über große Entdeckungen mit diesem colossalen Fernrohr wenig zu berichten gewesen. Umsomehr beschäftigte sich das uneingeweihte Publicum mit der äußeren Einrichtung des mächtigen Spiegel-Instrumentes und übertrieb phantastisch seine Dimensionen. Bald sollte es so ausgedehnt gewesen sein, daß eine zahlreiche Gesellschaft darin frühstücken konnte, dann sollten gar Bälle darin abgehalten worden sein; wahr ist hievon nur, daß sich die Bälle des Himmels nach Tausenden darin gespiegelt haben, und daß zu Nebel geballte Sterne durch dasselbe entwirrt wurden.

Das Rohr, welches den großen Hohlspiegel umspannte, bestand aus dünnem Eisenblech, welches durch Reifen sein Gerippe erhielt. Der optische Riese konnte in wagrechter und lothrechter Richtung von einer einzigen Person bewegt werden und bot mit seinen Leitern, mit dem Takelwerk, den Galerien für die Beobachter, mit dem Aufzugskasten für die Gäste u. dgl. m. den Besuchern von Slough bei

Windsor einen imponirenden Anblick. An seiner Stelle steht heute der bescheidene Reflector von 6 Meter Brennweite, mit dem Herschel die meisten seiner großartigen, astronomischen Beobachtungen und Entdeckungen, besonders hinsichtlich der Nebelflecke, gemacht hat.

Mit dem 12 Meter Brennweite messenden Spiegelteleskop Herschel's hatten die Reflectoren Englands ihren Glanzpunkt erreicht und bald wurden sie durch die Refractoren Deutschlands, sowol in Beziehung auf den optischen als mechanischen Theil, überflügelt (S. 310). Wol folgten noch 6 bis 7½ Meter Brennweite zeigende Reflectoren zu Lilienthal von Schröter (1794), Ramage (1820), in jüngerer Zeit von Lassell u. a. m.; aber nur noch der Reflector des Lords Rosse in Parsonstown bei Dublin vermochte (1843) durch seine das Herschel'sche Großfernrohr noch überbietende Dimensionen, durch seine optische Leistung sowie durch die damit unternommenen Studien der planetarischen Nebel, die allgemeine Aufmerksamkeit auf sich zu ziehen. Dieses sowie die meisten größeren Reflectoren sind „Front view“ (S. 326) eingerichtet; kleinere Spiegelfernrohre können es nicht sein, weil der Kopf des Beobachters zu viel Licht wegnehmen würde (vgl. S. 325). Die Brennweite dieses größten Reflectors beträgt 16 Meter, dessen Oeffnung 1·8 Meter und die höchste Vergrößerung 6000. Das enorme Rohr hängt zwischen tüchtigen Mauern an starken Ketten und ist nur im Meridian beweglich. Dieser mächtige Reflector soll auf 240000 Mark gekommen sein, d. i. beiläufig das Fünffache der Kosten des Herschel'schen Groß-Reflectors.

In neuerer Zeit haben maßgebende Männer wieder

ihre Aufmerksamkeit den Hohlspiegelobjectiven zugewendet. Es ermuthigten dazu zwei wichtige Punkte. Eine Hauptfehlerquelle, nämlich die Farbenzerstreuung, ist bei den Reflectoren vermieden; ferner ist bei einem Spiegel nur eine Fläche zu schleifen, während bei der Linse zwei Flächen mit der Rechnung übereinstimmend herzustellen sind. Was noch von der Rückkehr zu den großen Reflectoren zurückschreckte, war der hohe Preis der Metallspiegel. Dieser Grund entfiel jedoch nach Erfindung der versilberten Glasspiegel (S. 43). Steinheil kam zuerst (1856) auf den Gedanken, zweckmäßig gestaltete versilberte Glasspiegel als Objective zu verwenden; ihm folgte bald Foucault in Paris (S. 79). Er formte anfänglich versilberte gläserne Hohlspiegel von sphärischer, elliptischer und zuletzt parabolischer Gestalt und zwar versuchsweise von kleinerem Durchmesser. Ein kleines Fernrohr (Fig. 104) mit einem solchen Spiegel von 60 Centimeter Brennweite und 10 Centimeter Oeffnung zeigte sehr scharf den Jupiter und seine Begleiter, den Saturn, sowie dessen Ringe und vermochte einige Doppelsterne aufzulösen. Später ging Faucault zu ausgedehnteren Spiegeln über. Sowol seine kleineren (Fig. 104) als größeren Reflectoren (Fig. 105) waren nach der Newton'schen Weise eingerichtet und besaßen statt des Planspiegelchens ein total reflectirendes Prisma. Der Beobachter besteigt eine leicht bewegliche Treppe, wenn er an das Ocular dieser Fernröhre gelangen will. Hinsichtlich der Objective verblieb Foucault bei der parabolischen Gestalt der Hohlspiegel. Der erste mächtigere Spiegel kam 1858 zu Stande. Er hatte 33 Centimeter Durchmesser und 2·25 Meter Brennweite. Der nächste maß 40 Centimeter Oeffnung und 2·5 Meter Brennweite. Die Vergleichung (S. 315) der Leistungen

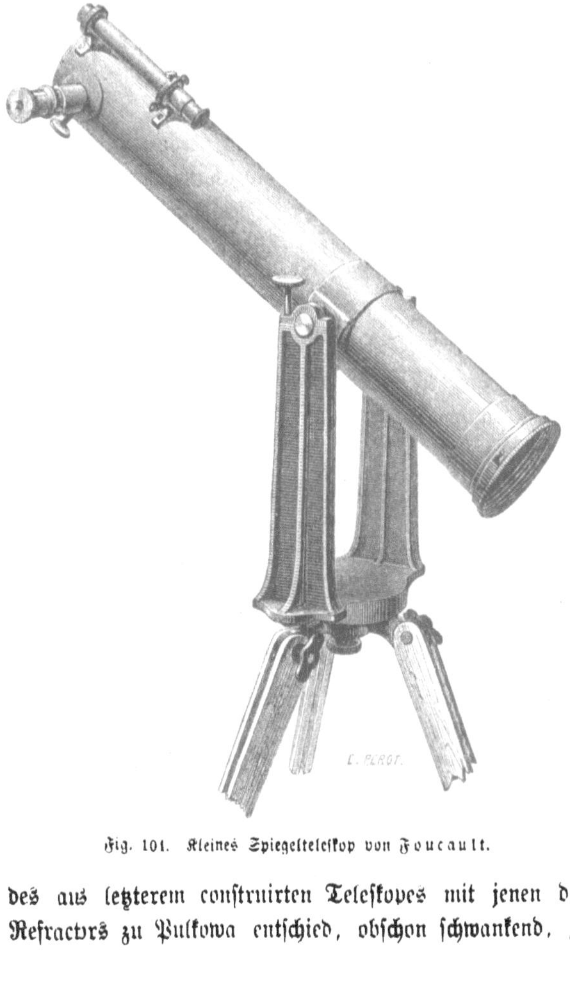

Fig. 101. Kleines Spiegelteleskop von Foucault.

des aus letzterem construirten Teleskopes mit jenen des Refractors zu Pulkowa entschied, obschon schwankend, zu

Gunsten der Refractoren. Foucault schritt nun mit Hilfe Eichens an die Herstellung eines mächtigeren Hohlspiegels aus versilbertem Glase von 78 Centimeter Durchmesser und 4·5 Meter Brennweite und verwendete diesen zu einem großen Fernrohre (Fig. 105), welches als eine glänzende Errungenschaft bezeichnet wurde und sich jetzt in Marseille befindet. Die hiebei von Foucault erworbenen Erfahrungen schienen darauf hinzudeuten, daß Teleskope mit großen versilberten, parabolischen Hohlspiegel-Objecten in optischer Beziehung mehr leisten, als die entsprechend großen Refractoren; nichts desto weniger waren 1867 auch Foucault und Eichens wieder zu den Refractoren zurückgekehrt (vergl. S. 312).

In jüngerer Zeit (1868) wurde ein Riesenfernrohr mit Metallspiegel von Grubbe in Dublin, unter Lord Rosse's Aufsicht, für Melbourne fertig; es hat die Cassegrain'sche Einrichtung, wird parallactisch aufgestellt (S. 312) und seine Mechanik ist so vorzüglich, daß es von einem Kinde umgedreht werden kann.

So haben wir denn das Fernrohr von seinem Auftauchen in Holland (S. 302) bis auf unsere Tage verfolgt. Wer ist im Stande alle die Veränderungen wiederzugeben, die es während dieser Zeit durchgemacht hat? Welcher Unterschied ist zwischen dem aus Nürnberg in Tausenden von Exemplaren jährlich auswandernden Fernglas mit seinen Pappröhren und zwischen den riesigen Präcisionsfernrohren der berühmtesten Sternwarten! Welche unschätzbaren Dienste hat das Fernrohr der Erd- und Himmelskunde geleistet! Wie sehr haben sich Form und Inhalt dieser Disciplinen umgewandelt, seit Galilei (S. 305) das

Fig. 105. Großes Spiegelfernrohr von Foucault.

erstemal sein Fernrohr nach dem Himmel richtete. In Holland war das Fernglas kaum etwas mehr gewesen als ein Mittel, die Neugierde zu befriedigen und dessen Erfinder daselbst wußten nur auf den Nutzen hinzudeuten, welchen der Tubus dem Kriegsdienste leisten werde; wie sehr wurde das Versprechen der wirklichen oder muthmaßlichen Erfinder des Fernrohres überflügelt! Damit fangen schon die Wunder des Fernrohres an, um nie aufzuhören.

Es verfließt kaum ein Jahr, ohne daß mindestens ein Planet oder Komet mit Hilfe des Fernrohres aufgefunden würde und nicht mehr sind jene Jahre merkwürdig, in denen dies geschieht, sondern jene, die ohne Entdeckung am Himmel bleiben.

Die mittlere Entfernung des Mondes von der Erde beträgt 51436 Meilen und die höchste bisher erreichte Vergrößerung durch das Fernrohr 6400. Die erste Zahl durch die zweite dividirt gibt nahezu 8. Der Mond ist uns also durch die Großfernrohre optisch auf 8 Meilen nahegerückt. In einer solchen Distanz kann man aber schon auf der Erde bei freier Aussicht mit bloßem Auge Gebirge unterscheiden; es muß daher auch hinsichtlich des Mondes möglich sein! In der That haben uns mehrere ausgezeichnete Forscher treffliche Gebirgskarten vom Monde geliefert und Plutarch aus Athen hatte Recht, als er aussprach, das „Gesicht des Mondes" rühre von dessen Bergen, Thälern und Klüften her. Ja selbst in den Photographien des Mondes kann man seine Gebirge im Allgemeinen erkennen. Einige Ringgebirge nahmen mit Großfernrohren ausgerüstete ältere Beobachter für künstliche Wälle; auch wollte Gruithuisen (1822) Straßen und größere Bauwerke auf dem Monde unterschieden haben. Obwol sich nun nicht läugnen läßt, daß sehr ausgedehnte Mondgegenstände, wie der Häusercomplex einer Stadt, bereits unter einem wirksamen Sehwinkel (S. 231) mittelst eines Großfernrohres erscheinen; so ist dennoch die von letzterem bisher gebotene Schärfe zu klein, um hierüber Bestimmtes auszusagen. Warten wir die Zukunft ab! Vielleicht wird Kepler's Phantasiegebilde von den Mondbewohnern noch zur Wahrheit!

Ist es bei den ausgiebigen Fortschritten der Fernsehkunst ein Wunder, wenn das wenig kritische Publicum eine im Jahre 1836 in Hamburg erschienene Scherzschrift für Ernst nahm, nach welcher Herschel der jüngere im Monde Menschen mit Fledermausflügeln, Amethystberge u. dgl. m. erblickt haben sollte. Wie sehr haben sich die Zeiten geändert! Die ersten astronomischen Entdeckungen Galilei's (S. 305) wurden mit Mißtrauen aufgenommen: alles sollte nur Sinnestäuschung sein. Seitdem aber ein Fund am Himmel den andern an Herrlichkeit, Größe und Neuheit überstieg, schien dem Laien nichts mehr unglaublich. In der That waren aber auch die Leistungen der Fernrohre überwältigend. Schranke um Schranke fiel. Kometen und Planeten, zum Theile mit Satelliten und Ringen, tauchten immer häufiger auf; eine beträchtliche Anzahl von Fixsternen zerfielen in zwei oder mehrere Sterne; Nebel zertheilten sich zu Sternhaufen und dies ohne Grenze, ohne Zahl, ohne Ende.

Du zählst nicht mehr, berechnest keine Zeit,
Und jeder Schritt ist Unermeßlichkeit.

Göthe.

3. Das Mikroskop.

Wenn uns das Fernrohr einen erweiterten Blick in die unmeßbar große Welt verschafft, so gestattet das **Mikroskop**, die Vorgänge im kleinsten Raume zu studiren. Schon die Alten kannten (S. 242) das **einfache Mikroskop** (Fig. 106), ohne jedoch dessen Wirkung zu verstehen, die wir hier erklären wollen: Bringt man ein sehr kleines Insekt (a b Fig. 106) dem Auge recht nahe, so wird dadurch

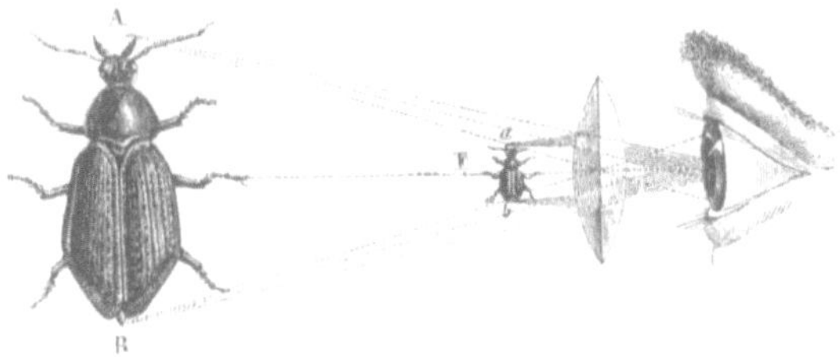

Fig. 106. Strahlengang beim einfachen Mikroskop.

der zugehörige Sehwinkel viel größer (S. 230). Da aber das Insekt oder ein anderer sehr kleiner Gegenstand sich nun innerhalb der deutlichen Sehweite befinden, so vermag man dieselben nur undeutlich wahrzunehmen (S. 246). Schiebt man aber eine Sammellinse zwischen das Object und das Auge derart, daß ersteres sich innerhalb der

Brennweite der Linse befindet, so erblickt das durch letztere sehende Auge auf der nämlichen Seite des Glases, auf welcher die Sache a b ihren Platz hat, ein vergrößertes und aufrechtes Bild A B derselben (vergl. S. 149).

Ist jenes Sammelglas (Fig. 106) von kurzer Brennweite, so läßt sich bewirken, indem man die Linse dem kleinen Dinge a b nähert oder von ihm entfernt, daß das Bild desselben in der Sehweite, also dem Auge deutlich erscheint.

Es gibt auch einfache Mikroskope, bei denen mehrere Sammellinsen wie eine einzige wirken; ferner hat man vorzügliche einfache Mikroskope aus Edelsteinen (S. 127), welche eine große brechende Kraft und ein verhältnißmäßig kleines Farbenzerstreuungsvermögen besitzen. Selbst kleine Glaskügelchen, frische Augen der Fische, z. B. der Aale, Wassertropfen, mit Wasser oder andern farblosen Flüssigkeiten gefüllte kleine Oeffnungen, im Nothfalle letztere allein, können ein einfaches Mikroskop vertreten.

Das einfache Mikroskop hat eine um so stärkere Vergrößerung, je kleiner die Brennweite der Linse, und je größer die Sehweite des Beobachters ist. Dividirt man die Zahl für die Sehweite durch jene für die Brennweite, so erhält man die „lineare Vergrößerung“, von welcher, sowie von den andern Vergrößerungsarten eines beliebigen Mikroskopes, dasselbe wie beim Fernrohr (S. 305) gilt.

Die Vergrößerung der einfachen Mikroskope geht gewöhnlich von 4 bis 200; sie kann aber durch weitere Verkleinerung der Linsen auf 700 und mittelst der Glas- oder Flüssigkeitstropfen bis auf 2000 und darüber gebracht werden. Bei solchen starken Vergrößerungen muß jedoch an Lichtstärke so viel geopfert werden, daß auf die Dauer das Auge des Beobachters gefährdet wird. In neuerer Zeit macht man von diesem Princip keine Anwendung und in früheren Tagen wurden für diese seltenen Fälle kräftig wirkende Beleuchtungsbehelfe benützt.

Die einfachen Mikroskope werden nicht selten sammt dem Objekte an gemeinschaftlicher Fassung vor dem Auge gehalten oder sie bekommen, um die Schwankungen des Bildes zu verhüten, ein einfaches Stativ nebst einem Objectivtischchen und einem Beleuchtungsspiegelchen (vergl. S. 343, Fig. 108). Jedes einfache Mikroskop, dessen Brennweite über einen Centimeter beträgt, heißt Loupe; dieselbe vergrößert höchstens 20 mal und besitzt nie einen Objecttisch. Die convexen Oculare der Fernrohre sind eigentlich Loupen.

Brauchen wir unseren Leser erst aufmerksam zu machen, daß die Loupen im gewöhnlichen Leben unter verschiedenen Formen Anwendung gefunden haben? Wir erinnern an die Loupen für's Lesen und Zeichnen mit größeren Brennweiten, für Uhrmacher in verschiedener Ausstattung, zum Zählen der Leinwandfäden, um die Dichte des Gewebes zu beurtheilen. Wer kennt nicht die 2- oder 3fachen, zuweilen mit Blendungen versehenen Loupen der Naturforscher zum Untersuchen der Pflanzentheile, zum Beobachten der Insekten u. s. w.

Die mehrlinsigen Loupen sind entweder Doppelloupen, Doublets, oder dreifache Loupen, Triplets, und gestatten höhere Vergrößerungen bei geringeren Convexitäten; sie können daher eine weitere Oeffnung erhalten und es läßt sich bei denselben die sphärische und die chromatische Abweichung viel kleiner machen. Plößl hat auf diese Weise schon vor etwa fünfzig Jahren aplanatische Loupen verfertigt aus zwei achromatischen Doppellinsen, welche 3 bis 16 mal vergrößerten; ähnliche Loupen existiren nunmehr auch von anderen Meistern.

Aelter und minder gut als die aplanatischen, mehrlinsigen Loupen sind die Cylinder-Loupen von Coddington, Brewster, Stanhope u. a. m. Diese mannigfach modificirten Vergrößerungsgläser bestehen aus einem kleinen, etwa 9 Millimeter langen Glascylinder, dessen beide Grundflächen Kugelsegmente von ungleichen Krümmungen sind, derart, daß die eine im Brennpunkte der andern liegt. Das Object wird an die weniger gekrümmte Fläche geklebt, und durch die andere betrachtet, wobei man das Ganze gegen das Licht hält. Weil die eine Grundfläche der Cylinderloupen beinahe bis zu einer der Länge des Cylinders gleichen Tiefe in Flüssigkeiten gesenkt werden kann: so taugt dieses Instrument recht gut zur Betrachtung von Objectchen, welche sich in Flüssigkeiten befinden.

Die Cylinderloupen gestatten keine Näherung oder Entfernung des Objectes an die Linse und mahnen durch diese Unvollkommenheit an die viel älteren „Floh- oder Mückengläser“. Dieselben bestanden aus einem etwa 2 bis 3 Centimeter langen Röhrchen, welches einerseits mit einer Linse geschlossen war, anderseits mit einem ebenen Glase, auf welches ein Floh, eine Mücke o. dgl. befestigt wurde. Der Gebrauch war leicht zu errathen. Hat doch vor 200 Jahren ein Dorfschulze in Tyrol ohne Anleitung durch ein solches Glas richtig geguckt und im Floh — den Teufel erkannt. Erst nach Aufklärung dieses Irrthums bekam der Eigenthümer jenes Glases, der wackere Scheiner, welcher auf der Durchreise in diesem Dorfe verblichen war, ein „ehrliches“ Begräbniß.

Aehnlich den „Flohgläsern“ waren etwas später die kleinen „Mikroskopbüchsen“ eingerichtet; sie besaßen ein geschlossenes, kurzes Glasröhrchen, welches mittelst der Linse behufs Einbringung von Insekten geöffnet werden konnte. Die Vergrößerung der Flohgläser und Mückenbüchschen belief sich in der Regel auf 9 bis 10; es sind aber auch Fälle vorgekommen, wo sie bis auf 30 gesteigert war.

Die Erfindung der Flohgläser fällt in die ersten Jahrzehnte des 17. Jahrhunderts, um welche Zeit man erst allgemein (vergl. S. 242) auf die vergrößernde Wirkung der Augengläser von kurzer Brennweite aufmerksam geworden war. Erst später suchte man durch die verschiedenartigsten Vorrichtungen, z. B. durch Schräubchen oder wie beim Zirkel, das Object der Linse zu nähern oder zu entfernen; man erhöhte ihre Vergrößerung durch Glaskügelchen bis auf 2560; man sorgte für Beleuchtungsvorrichtungen, Diaphragmen und zu Anfange des 17. Jahrhunderts war das einfache Mikroskop bereits so herangereift, daß viele, von tüchtigen Forschern damit gemachte Beobachtungen noch jetzt Werth haben, es kamen nun Stative sammt Objectivtischchen u. dgl. m. für das einfache Mikroskop und mancherlei Verbesserungen. Noch heute leisten die mit verschiedenartigen Fassungen oder simpeln Stativen versehenen einfachen Mikroskope bei vielen Studien auf allen Gebieten der Naturwissenschaft die trefflichsten Dienste.

Bis gegen das dritte Jahrzehent unseres Jahrhunderts sind die meisten wissenschaftlichen Forschungen auf dem Gebiete des kleinsten Raumes mit dem einfachen Mikroskope gemacht worden; wir erwähnen beispielsweise der berühmten mikroskopischen Arbeiten Swammerdam's (geb. 1637, gest. 1680), Leeuwenhoek's (geb. 1632, gest. 1723) u. a. m., sowie in neuerer Zeit (1827) R. Brown's.

Im dritten Jahrzehent unseres Jahrhunderts wich das einfache Vergrößerungsglas dem zusammengesetzten Mikroskope, welches zwar gleichzeitig mit dem Fernrohre höchst wahrscheinlich von Zacharias Jansen gegen Beginn des 17. Jahrhunderts erfunden worden war, aber nur selten für wissenschaftliche Zwecke angewendet wurde. Zu den wenigen, welche dies thaten, gehörte Hooke (1665). Erst nachdem die schwierige Achromatisirung des zusammengesetzten Mikroskopes gegen Ende des vorigen Jahrhunderts geglückt war und diese etwas später durchgegriffen hatte, kam, etwa nach dem ersten Viertel unseres Jahrhunderts, die Werthschätzung des zusammengesetzten Mikroskopes für die Zwecke der Forschung. Das zusammengesetzte Mikroskop (Fig. 107) beruht auf den nämlichen Principen, wie das Fernrohr, nur sind die Objective (b Fig. 107) von sehr kurzer Brennweite. Diese sehr kleinen Linsen erzeugen von einem mikroskopischen Objecte a, welches vor ihrem Brennpunkte, aber diesem sehr nahe liegt, jenseits der Linse ein umgekehrtes und ver-

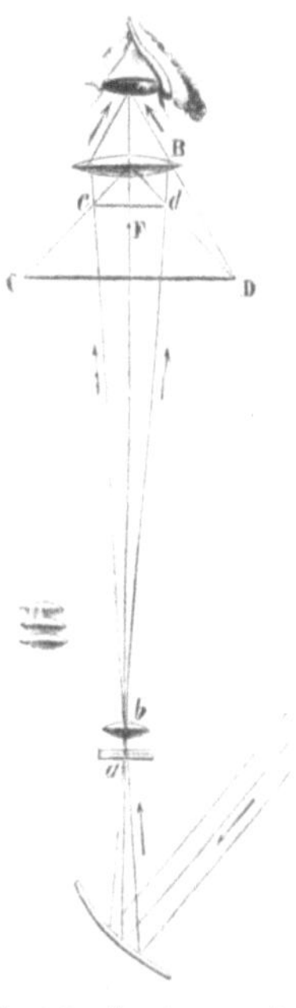

Fig. 107. Strahlengang im zusammengesetzten Mikroskop.

größertes Bild c d. Dieses mit einer Loupe B angesehen, erscheint dem Auge in der Sehweite bei C D noch größer und in Beziehung auf den Gegenstand umgekehrt.

Die ersten zusammengesetzten Mikroskope, dessen Erfindung ebenfalls (vergl. S. 302) den verschiedensten Personen zugeschrieben wird, hatte ursprünglich, wie das erste Fernrohr, ein hohlgeschliffenes Augenglas und bekam erst nach Jahren dafür, man weiß nicht sicher von wem, eine Loupe, so daß es ähnlich wie das astronomische Fernrohr (S. 307) gebaut ist — mit welchem wesentlichen Unterschied?

Wegen Kleinheit der Linsen war beim „Compositum“ (Fig. 105) die Achromatisirung viel schwieriger als beim Fernrohr, weshalb sie in der That erst gegen Ende des vorigen Jahrhunderts in Holland von Beedsnijder und etwas später (1807) von den Brüdern Deyl durchgeführt wurde. Allgemein bekannt ward jedoch erst die von Fraunhofer (1811) vorgenommene Achromatisirung des zusammengesetzten Mikroskopes. Allein noch immer war die sphärische Abweichung (S. 131) nicht weggeschaft; dies that Selligue, welcher (1824) von Chevalier in Paris mehrere achromatische Kleinlinsen zu einem einzigen aplanatischen Objective zusammensetzen ließ. Eine solche Combination gewährt mehr Deutlichkeit, eine gesteigerte Helligkeit und höhere Vergrößerungen der Bilder als ein einzelnes achromatisches Kleinobjectiv, indem nämlich hiebei die Vergrößerung auf mehrere Linsen vertheilt ist, daher jede derselben eine weitere Oeffnung erhalten, mithin schwächer gekrümmt sein kann. Es versteht sich von selbst, daß auch die Oculare achromatisirt werden.

Der glückliche Erfolg der aplanatischen Zusammenstellung Sellīgue's trieb sehr bald eine größere Anzahl von Optikern an, auf der so gebrochenen Bahn vorwärts zu schreiten, derart, daß gegen Ende der zwanziger Jahre unseres Jahrhunderts das zusammengesetzte Mikroskop für die wissenschaftliche Forschung gewonnen war. Um jene Zeit lieferten treffliche Mikroskope: Chevalier in Paris (1824), Amici in Modena (1827), Merz in München (1829), Plößl in Wien (1829), Schiek in Berlin (1830). Bald folgten dann in Paris Oberhäuser (1830), in London Roß (1832), Powell und Lealand (1834); später kamen Smith und Beck in London (1839), Nachet in Paris (1845), und einige Jahre darauf Robert in Barth. Diese Firmen führen großentheils noch heutzutage das Scepter auf dem Gebiete größerer zusammengesetzter Mikroskope und wir erwähnen nur noch, daß Oberhäuser durch seinen Eidam Hartnack in Paris einen würdigen Nachfolger bekommen hat, und daß seitdem in Deutschland mehrere tüchtige Verfertiger trefflicher Mikroskope erstanden sind. Die gewöhnliche Lage des Mikroskop-Körpers ist (Fig. 107 und 108) scheitelrecht. Da es aber bequemer ist, in wagrechter Richtung zu beobachten, so sind bei den englischen und manchen französischen Mikroskopen einfache Mechanismen vorhanden, um den Mikroskop-Körper aus der lothrechten bis zur wagrechten Lage zu neigen und in beliebiger Stellung zu befestigen, ohne daß Stabilität des Ganzen leidet. Amici biegt mittelst eines gänzlich zurückwerfenden Glasprisma's die vom Objecte kommenden Sehstrahlen nach horizontaler Richtung.

Wie groß auch der Unterschied in der äußern Einrichtung der Mikroskope verschiedener Meister sein mag, in Folgendem findet sich bei den bessern Instrumenten Uebereinstimmung: Schrauben für langsame und rasche Bewe-

Fig. 108. Aeußere Form und Gebrauchsweise des zusammengesetzten Mikroskopes.

gung des Mikroskop-Körpers, Möglichkeit den Objectentisch zu verschieben: Schrauben, um den graduirten Objectträger in seiner Ebene zu drehen und ihn so als Winkelmesser oder Goniometer zu verwenden. Die deutschen und französischen Mikroskope, indem sie an die geschickte Hand des Beobachters appelliren, sind in ihrem Baue viel einfacher (Fig. 108) als die englischen, welche fast alle feinern Bewegungen des Objectentisches u. dgl. m. mechanisch garantiren wollen.

Besonders wichtig sind die Beleuchtungsvorrichtungen. Den vollkommenen Instrumenten werden mehrere Beleuchtungsapparate beigegeben. Für durchscheinende oder transparente Objecte: Ebene Spiegel aus Glas oder Metall oder total reflectirende Prismen, um mit parallelen Strahlen zu erleuchten; sphärische Hohlspiegel aus Glas oder Metall für die Beleuchtung mit nicht parallelen Strahlen; Prismen, um ein schiefes Lichtbündel auf durchsichtige Objecte zu werfen. Zur Beleuchtung undurchsichtiger oder opaker Objekte: Beleuchtungslinsen und Beleuchtungsspiegel der verschiedensten Art.

Die lineare Vergrößerung eines zusammengesetzten Mikroskopes wird berechnet, indem man die von dem Objective bewirkte Vergrößerung multiplicirt mit jener, welche das Ocular erzeugt. Da wir die Vergrößerung des letzteren schon zu erschließen wissen (S. 336), so erwähnen wir nur noch, daß die vom Objective abhängige Vergrößerung proportional wächst mit der Kleinheit seiner Brennweite und mit der Annäherung des Gegenstandes an den Brennpunkt des mikroskopischen Objectives. Man findet demnach die Länge des zusammengesetzten Mikroskopes, wenn man zur Brennweite des Oculars die Bildweite des Objectives addirt.

Die Vergrößerung des zusammengesetzten Mikroskopes wächst also, je kleiner die Brennweite seines Objectives und Oculares ist und es wird nun verständlich, wie so bei einem und demselben Instrument durch Objectivenwechsel oder Ocularentausch verschiedene Vergrößerungen erzielt werden. Bei den meisten französischen und deutschen Mikroskopen wird für die Vergrößerung mehr der Objectivaustausch, bei den englischen vorherrschend der Wechsel des Oculars berücksichtigt.

Um die von einem zusammengesetzten Mikroskop hervorgerufene Vergrößerung zu messen, wird als Object ein Glasmikrometer (S. 315) gewählt und das Mikroskop so eingestellt, daß man ein deutliches Bild des Mikrometers sieht. Hierauf wirft man mittelst einer über dem Ocular angebrachten hellen Kammer (S. 118) das vergrößerte Bild des Mikrometers nach einem Millimeter-Maßstabe hin. Jetzt kann man urtheilen, über wie viele Unterabtheilungen des letzteren sich das Mikrometerbild erstreckt, und erhält dann (S. 315) die gesuchte Vergrößerung.

Ein derart projicirtes Bild läßt sich auch leicht nachzeichnen (S. 118, Fig. 46). Hartnack in Paris zeigte bei der pariser Weltausstellung (1867), daß sein stärkstes Objectiv, d. i. Nr. 18 mit seinem stärksten Ocular, d. i. Nr. VI eine lineare Vergrößerung von 5000 bewirkt, wobei sich die Bilder noch genügend hell und scharf ergaben. Freilich waren die angewendeten Objective Immersions- oder Stipplinsen, deren Wesen darin besteht, daß, nach Amici's Erfindung, die stärkeren Objective des zusammengesetzten Mikroskopes versenkt werden in einen auf dem Deckgläschen des Objectives gebrachten Tropfen von Mohnöl,

Wasser, Glycerin oder einer andern farblosen Flüssigkeit, deren Brechungsexponent jenem des Glases recht nahe liegt und wodurch eine größere Lichtstärke erzielt wird. Im Jahre 1867 hatten außer den englischen fast alle großen Mikroskopverfertiger das Immersionssystem für die stärksten Objective acceptirt. In jüngster Zeit ist man hievon wieder abgegangen.

Es ist ein gewöhnlicher Fehler der mit dem Mikroskop Unvertrauten, daß sie die Vergrößerung eines Mikroskopes allen andern Eigenschaften desselben voransetzen. Und doch sind dessen Gesichtsfeld, Helligkeit und Schärfe mindestens ebenso wichtige, wenn nicht noch höhere Forderungen als seine Vergrößerung.

Was zunächst das Gesichtsfeld betrifft, so wird dessen Größe bestimmt nach der Anzahl von Abtheilungen, welche man bei einem als Object eingesetzten Glasmikrometer auf einmal deutlich übersieht. Es ist von selbst klar, daß, je bedeutender die Vergrößerung ist, die ein Mikroskop leistet, desto kleiner wird dessen Sehfeld. Ebenso unschwer ist die Antwort, wie man mittelst eines Mikrometers die Größe des mikroskopischen Gegenstandes findet.

Ein gutes Mikroskop muß bei gewöhnlichem Tageslichte, bei einer Kerzen- oder Lampenflamme und bei einfarbigem Lichte, selbst bei 300facher Vergrößerung noch hinreichend helle Bilder geben.

Die Bilder der Objecte mit zarten Details müssen scharf begrenzt und ihre feinen Theile selbst bei mäßigen Vergrößerungen deutlich hervortreten. Die Eigenschaft eines Mikroskopes, die Grenzen des Bildes farbenrein und scharf zu bieten, heißt seine „definirende" Kraft, während sich seine „penetrirende“ Kraft auf die genaue, scharfe Wiedergabe der Einzelheiten im Bilde bezieht.

Prüfungsobjecte für die Mikroskope sind die Schuppen der Flügel von Schmetterlingen und der Kleidermotte, vorzüglich von Bombyx Mori, Lepisma saccharinum, und bei vorzüglichen Instrumenten von Hipparchia Janira fem.

Die Schuppen der soeben erwähnten Testobjecte erscheinen unter dem Mikroskope wie Federn mit Kiel und Bart; sie zeigen auf der Oberfläche bei geringerer Vergrößerung parallele Streifen oder Linien um so schärfer, in je höherem Grade die „Deutlichkeit“ dem Instrumente zukömmt.

An den Flügelschuppen selbst eines und desselben Exemplares der Schmetterlinge haben die Streifen und Linien einen sehr ungleichen Abstand. Dieselben können daher keine sichern Vergleichungsobjecte für Mikroskope abgeben.

Verläßliche Prüfungsgegenstände für Mikroskope sind Gruppen von Parallelen, welche durch äußerst kleine Zwischenräume von einander getrennt und auf Glas radirt sind. Nobert hat dieselben zuerst (1846) in Anwendung gebracht und fertigte sie auch in vorzüglicher Güte, während der nächtlichen Ruhe, an. Jede seiner Glasplatten enthielt in der Breite von einem halben Millimeter zehn verschiedene Gruppen. Der gegenseitige Abstand der einzelnen Geraden in der ersten Gruppe mißt zwei tausendtel Millimeter; in der vierten Gruppe zwei viertausendtel Millimeter. Je mehr man mit der Vergrößerung steigt, desto mehr werden die engeren Gruppen in ihre Parallelen aufgelöst.

Unübertrefflich feine Glasmikrometer vermögen seit

einigen Jahren die Engländer mit der „mikroskopischen Schreibmaschine“ von Peters zu liefern. Durch Combination vieler Hebel wird die Bewegung der schreibenden Hand zu einer Diamantspitze fortgeflanzt, welche am andern Ende des Hebelsystems befestigt ist, und hier die Bewegung in höchst verjüngtem Maßstabe auf Glas genau nachahmt. Die Verkleinerung kann bei diesem Apparate von 110 bis 6250 linear gebracht werden. Daß man diesen Apparat auch zur Anfertigung von gläsernen Probeplatten verwenden kann, ist von selbst klar. In der That waren in London i. J. 1862 mehrere auf solche Weise angefertigte Kleinschriften und Glasmikrometer unter vortrefflichen Mikroskopen ausgestellt. So z. B. war das Vaterunser auf 0·4 und ferner auf 0·002 eines Quadratmillimeters geschrieben, und mikroskopisch noch sehr gut zu lesen. Englische Rechner wollen herausgebracht haben, daß sich mit Peters' Maschine, unter Anwendung der höchsten Verkleinerung, die ganze Bibel auf 5 Quadratcentimeter einigemal abschreiben läßt. Die mikroskopischen Schriften der Peters'schen Maschine sind nicht etwa Curiosa, sondern sie bieten treffliche Objecte, um das optische Vermögen eines Mikroskopes zu prüfen. Mittelst einer solchen mikroskopischen Schreibemaschine versieht die englische Bank ihre Noten mit Mikrographien.

Die Scheidung der feinen Zwischenräume der Probeobjecte durch das Mikroskop mahnt an die ähnliche Leistung der Fernrohre (S. 316). In der That haben beide Instrumente analoge Aufgaben zu lösen; beide sollen Gegenstände oder Abstände, deren Sehwinkel sehr klein ist, unter einer gesteigerten, scheinbaren Größe zeigen; beide haben daher dasselbe Princip als Grundlage und beide besitzen verwandte Einrichtungen, Gebrauchs- und Prüfungsweisen, und wir können das, was wir über die verkleinerte Gestalt der Fernrohre, über revolverartig verschiebbare und bildumkehrenden Oculare, Diaphragmen, Fadenkreuze, über das Centrirtsein der Linsen, das Durchsehen mit einem Auge u. dgl. hinsichtlich des Fernrohres gesagt haben, auch hieher beziehen. Ja selbst catoptrische, einfache und zusammengesetzte Mikroskope hat es gegeben, d. i. solche, bei welchen statt der Linsen, kleine Hohlspiegel wirken (vergl. S. 320); sie sind aber seit Erfindung der aplanatischen Mikroskop-Objective (S. 341) kaum beachtet worden und waren eigentlich, mehrseitiger Mängel halber, nie recht in Gebrauch gekommen.

Bei aller Aehnlichkeit zwischen dem Principe des Fernrohres und zusammengesetzten Mikroskopes dürfen wir aber anderseits wieder ihre Unterschiede nicht außer Acht lassen. Das Fernrohr muß seine Objecte nehmen, wie sie ihm geboten werden, der Beobachter kann daran nichts ändern; sind sie lichtschwach, so kann er höchstens durch größere Oeffnungen der Linsen etwas nachhelfen; dem Mikroskope hingegen kann durch künstliche Beleuchtungsbehelfe (Fig. 107) beigesprungen werden. Der Mikroskopiker kann sich auch die Objecte aus allen Bereichen der Kunst und Natur beliebig zurecht legen; er kann sie zu seinen Absichten verschieden schneiden, bearbeiten, zweckmäßig zwischen Deckgläschen einschließen und aufbewahren. In der That ist der Bedarf des forschenden Mikroskopikers an feinen Messern, Nadeln, Scheeren, Pincetten, Schleifvorrichtungen u. dgl.; ferner an mikrochemischen Reagentien und Geräthschaften so groß, daß wir hier nicht einmal allen Zugehör des Mikroskopes aufzählen können.

Schon frühzeitig (1678) stellte Cherubin, nach dem Muster binocularer Fernrohre, ein Mikroskop für beide Augen her. Das Princip bestand einfach darin, daß zwei möglichst gleiche Mikroskope mit ihren Objectiven auf den zu beobachtenden Gegenstand gerichtet, und äußerlich mit einander zu einem Körper verbunden waren. In neuerer Zeit (vergl. S. 318) hat man es wieder versucht, binoculare Mikroskope zu construiren. Nach Erwägung und Verwerfung verschiedener Gedanken, verblieb man bei zwei Hauptmethoden: Jene, wo die beiden Bilder durch passende Spiegelung (Fig. 109), und eine andere, wo sie durch zweckmäßige Brechung in Prismen (Fig. 110) erzeugt werden. Das erste dieser Mittel wählte (1853) Ridell in Nordamerika und nach ihm (1854) Nachet in Paris.

Bei dem binoculären Mikroskop Nachet's ist über dem Objective ein gleichseitiges Glasprisma (Fig. 109) angebracht, welches eine Fläche gegen die Linse kehrt. Die vom Objective kommenden Lichtstrahlen gehen durch diese untere Fläche und gelangen an die beiden anderen Ebenen des Prismas, von welchen sie nach entgegengesetzten Seiten total reflectirt werden und in zwei Bündel gesondert aus dem Prisma treten. Um nun die beiden zu weit divergirenden Lichtbündel parallel zu machen, ist jedem derselben abermals ein total reflectirendes Glasprisma geboten, aus welchem dann die gespaltenen Lichtbündel zu den Ocularen geleitet werden.

Wenham in England schlug anfangs den zweiten der eben angedeuteten Wege ein. Man denke sich zwei gleiche

Crownglas-Prismen (Fig. 110), die mit ihren gleichen, brechenden Kanten aneinander stoßen. Ein Auge vor diesem Grenzpunkte wird dann, wenn es durch das Prisma blickt,

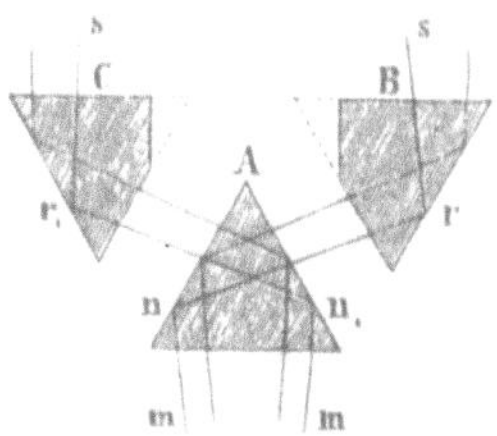

Fig. 109. Spiegelnde Glasprismen in dem binocularen Mikroskope von Nachet.

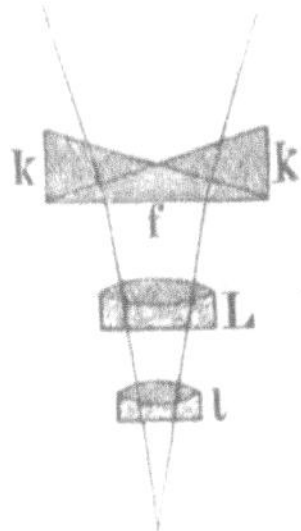

Fig. 110. Lichtbrechende Glasprismen in dem zweiästigen Mikroskope Wenham's.

zwei getrennte Bilder sehen. In den stumpfen Winkel der Crownglas-Prismen wird mit Canadabalsam ein Flintglasprisma anschließend eingefügt, welches beide Prismen achromatisirt und sie zugleich zu einem einzigen, die beiden gewünschten Bilder schaffenden Körper verbindet. Später hat auch Wenham ein zweimal total reflectirendes Prisma angewendet, um einen Theil der vom Objective kommenden Strahlen, in ein für das zweite Auge bestimmtes Rohr zu leiten.

Durch passende Zusammenstellung mehrerer solcher lichtzertheilender Prismen in einerlei Horizontalebene, kann man ein Lichtbündel auch in mehr als zwei Aeste zerlegen. Die allzugroße Verzweigung der Ocularröhren findet theils in der Lichtschwächung, theils in der Complicirtheit des

Apparates sehr bald eine Grenze; gewöhnlich dürften wohl nicht mehr als vier Aeste vorkommen.

Die multocularen Mikroskope haben zwar wissenschaftlich keinen hohen Werth; sie sind aber für Schulen schon deshalb zu empfehlen, weil mehrere Personen gleichzeitig das Object sehen können, man mithin Zeit erspart, und weil ferner der Demonstrator, gleichzeitig das Object sehend,

Fig. 111. Das Sonnen-Mikroskop.

auf dessen Merkwürdigkeiten leichter hindeuten kann, als wenn das Ansehen nach einander folgt.

Noch besser als das vielzweigige Mikroskop ist für die allgemeine Belehrung das Sonnenmikroskop (Fig. 111), welches auf folgendem Princip beruhet: Beleuchtet man einen vor der Objectivlinse eines zusammengesetzten Mikroskopes befindlichen durchsichtigen mikroskopischen Gegenstand sehr stark mittelst des Sonnenlichtes, so kann man das vergrößerte objective Bild auf einer weißen entfernten Wand auffangen und von Vielen zugleich beobachten lassen.

Bei dem Sonnenmikroskop (Fig. 111) leitet ein Heliostat (S. 65) die Sonnenstrahlen auf mehrere Beleuchtungslinsen (S. 133), durch welche jene in einem Punkte vereinigt werden. Nahe diesem hellsten Lichtpunkte wird der mikroskopische Gegenstand, zwischen zwei ausgeschnittenen Platten, von Spiralfedern festgehalten. Von diesem nun sehr hell beleuchteten Gegenstande erzeugt das aplanatische, mikroskopische Objectivglas (S. 141) auf einer weißen Wand ein stark vergrößertes Bild. Für undurchsichtige Gegenstände wird das Instrument selten angewendet. Soll dies jedoch geschehen, so werden die Objecte durch Hohlspiegel oder Linsen (S. 210, Fig. 82) auf jener Seite stark beleuchtet, welche der Objectiv-Linse zugekehrt ist. Im Uebrigen verhält sich dann alles wie vorhin.

Die lineare Vergrößerung eines solchen bildprojicirenden Mikroskopes wird berechnet wie jene, welche das Objectiv eines zusammengesetzten Mikroskopes bewirkt (S. 344). Je näher der Gegenstand dem Brennpunkte der Linse dadurch kommt, daß man letztere mit Hilfe eines Mechanismus gegen das Object rückt, desto ausgedehnter ergibt sich das Bild auf dem weißen Schirm, welchen man in einen weiteren Abstand dahin bringt, wo das Bild am deutlichsten erscheint. Ist die auffangende Wand unbeweglich, dann muß die Regelung der Bildschärfe am Apparate allein erfolgen.

Wenn beim objectiven Mikroskop (Fig. 111) der Gegenstand sehr nahe dem Brennpunkte des Objectivs und die bildfangende Ebene recht entfernt davon gestellt wird, so ist die Vergrößerung der mikroskopischen Bilder sehr bedeutend. Mit der Vergrößerung nimmt aber die Lichtstärke ab, daher die Nothwendigkeit einer äußerst kräftigen Beleuchtung.

Die Angabe der Vergrößerungszahl erfolgt für die auf einer Wand erzeugten Bilder gewöhnlich im Quadrate. Die mit dem Sonnenmikroskope herumreisenden Darsteller objectiver Mikroskopbilder geben in ihren Ankündigungen nicht selten die dritte Potenz der linearen Vergrößerung ihres Instrumentes an, wodurch sie dem Publicum sehr imponirende, bis in die Millionen gehende Zahlen bieten können, was eitle Charlatanerie ist (vergl. S. 305).

Weil die so bedeutende Vergrößerung, welche ein objectives Mikroskop (Fig. 111) verschafft, nur auf Kosten der Helligkeit und Schärfe der Bilder gesteigert werden kann: so ist ein solcher Apparat für wissenschaftliche Zwecke, höchstens für Voruntersuchungen tauglich; er dient daher meistens blos zur belehrenden Unterhaltung (S. 356). Die Prüfung eines solchen Mikroskopes geschieht mittelst der früher erwähnten Probe-Objecte (S. 347).

Das objective Mikroskop (Fig. 111) ist eigentlich eine magische Laterne mit sehr kurzem Objectiv und es können bei demselben (S. 182) verschiedene, aber jedenfalls sehr starke Lichtquellen, angewendet werden. Der Name des „Bild-Mikroskopes" richtet sich dann nach der Lichtquelle; so z. B. heißt es photoelektrisches Mikroskop, wenn (Fig. 112) zur Beleuchtung der Objecte das Licht galvanisch erglühender Kohlen dient. Mittelst des photoelektrischen Beleuchtungsapparates vermag man alle Experimente der Optik, wie mit Sonnenlicht anzustellen. Der elektrische Leuchter kann auch durch eine der constant brennenden

Magnesiumlampen ersetzt werden. Bei Gegenständen, die keine Hitze aushalten, läßt man vorher die Wärmestrahlen durch eine Alaunlösung absorbiren.

Fig. 112. Photoelektrisches Mikroskop.

Die für Gaslicht eingerichteten magischen Laternen lassen sich mit einem objectiven Mikroskop versehen, wodurch jener Apparat (S. 209) noch nützlicher erscheint.

Auch das zusammengesetzte Mikroskop wird zuweilen als Sonnenmikroskop zum Nachzeichnen der objectiven Bilder (vergl. S. 345) eingerichtet. Das Umbiegen der Strahlen geschieht durch ein total spiegelndes, rechtwinkliges Glasprisma (S. 114 und 174), wenn das Bild wagrecht projicirt werden soll.

Schon 1687 findet man die Zauberlaterne als Mikroskop erwähnt, um damit, unter Heranziehung des Sonnenlichtes mittelst Spiegels, die Bilder der Insecten zu vergrößern. Fünfzig Jahre später trifft man das Bildmikroskop (Fig. 111) unter dem Namen „Camera-obscura-Mikroskop". Fahrenheit besaß ein solches, welches Lieberkühn in Amsterdam nach dem i. J. 1736 daselbst erfolgten Tode Fahrenheit's gesehen, und bald darauf (1738) nachgeahmt hat. Da Lieberkühn dieses Instrument auf seinen Reisen vielseitig vorzeigte, so gilt er allgemein als dessen Erfinder, obwol er selbst sich nirgends in seinen Schriften dafür ausgibt.

Das Sonnenmikroskop liefert von Infusionsthierchen, von winzigen Insecten und ihren Organen, von Pflanzentheilen u. s. w. erstaunlich große Bilder, deren wahre lineare Dimensionen jedoch weit unter jenen stehen, welche Großsprecher anführen (S. 305 und 354).

Eines der schönsten Schauspiele erzielt man, wenn auf einen Glasstreifen ein Tröpfchen von Salzlösungen, z. B. des Salmiaks, des schwefelsauren Natrons o. dgl. gebracht und als Object in das Sonnen- oder Lampenmikroskop (Fig. 111 und 112) eingesetzt wird. In wenig Augenblicken beginnt der herrlichste Krystallisationsproceß in bildlicher Darstellung an der Wand.

So belehrend die Vorführung mikroskopischer Bilder mittelst des Sonnen- oder Lampenmikroskopes werden kann, so sehr muß man auf der Hut sein, wenn der von Ort zu Ort fahrende Demonstrator es mit seinem Geschäfte leicht nimmt, entweder, um Staunen zu erregen, oder weil er selbst keinen Fortschritt sucht. So kommt es denn nicht selten vor, daß ein solcher Mentor statt der Bilder von Infusorien solche von Larven verschiedener Insecten an die Wand wirft, oder, daß er das Wesen, Entstehen und Vorkommen der Infusorien so irrig vorträgt, daß die Zuhörer auch vor dem reinsten Wasser Abscheu bekommen — krystallklares Wasser ist aber immer thierchenfrei. Man kann wol auch hören, wie das Vorüberschießen der Infusorien an einander oder ihr Verenden für einen gegenseitigen Kampf erklärt und wie der Rückendorn des gemeinen Räderthieres für dessen Herz ausgegeben wird, welches dieses Thierchen frei und unverhüllt nach außen trage. Dabei sieht dann die gläubige Lauscherin ihren Begleiter vorwurfsvoll an, daß er es nicht auch so mache.

So haben wir denn gesehen, wie dieselben Gesetze der Brechung und Spiegelung, welche bei der Fata Morgana und mittelst der magischen Apparate unseren Augen Täuschungen bereiten, durch Menschengeist geregelt, die Grenzen des Sehens, nach dem Großen wie nach dem Kleinen hin, mächtig erweitern. Obwol die einfachen Vergrößerungsgläser schon seit alten Zeiten bekannt waren (S. 242) und die Erfindung des Compositums (Fig. 107) mit jener des Fernrohres zusammenfällt; so kam das Mikroskop doch erst später als das Fernrohr zur Anerkennung; Kepler gedenkt dessen gar nicht, während er das Fernrohr schon eingehend behandelt (1611). Lag vielleicht die Ursache dieser Vernachlässigung darin, weil die frühzeitigen, großartigen Entdeckungen mit dem Perspective (S. 305) die Aufmerksamkeit von dem Mikroskope ablenkten, und weil es nicht wie die Tuben nach dem erhabenen Himmel gerichtet, sondern nur auf irdische Kleinigkeiten eingestellt werden konnte? Auch die Achromatisirung des zusammengesetzten Mikroskopes glückte erst ein halbes Jahrhundert nach jener des Fernrohres (S. 309 und 341). Hingegen hatte das zusammengesetzte Mikroskop mit dem Fernrohr Holland als gemeinsame Geburtsstätte und wie das Teleskop (S. 305) bekam es erst in Italien die rechte Anwendung in der Wissenschaft und zwar durch Stelluti, der damit die Organe der Honigbiene studirte und bekannt machte (1625). Im letzten Drittel des 17. Jahrhunderts folgte dann die Veröffentlichung der mikroskopischen Beobachtungen von Hooke, Malpighi, Leeuwenhoek und Grew, wodurch man die hohe Bedeutung des Instrumentes für das Erkennen der Kleinwelt einsah. Die zuweilen verfehlten Wahrnehmungen und kühnen Hypothesen ließen wol dem Mikroskope in Linné († 1778) und seiner Schule mächtige Widersacher entstehen. Der hiedurch wachgerufene Gegensatz erzielte einen vorsichtigeren Gebrauch des Mikroskopes, welches endlich durchgriff und zwar zuerst in seiner einfachen und später in seiner zusammengesetzten Form (S. 340). Selbst heute wird das einfache Mikroskop bei den geringeren Vergrößerungen bis etwa 200 und überhaupt da benützt, wo es sich um Zergliederungen des Objectes handelt, obwol man zusammengesetzte Dissections-Mikroskope mit bildumkehrenden Ocularen besitzt.

Das Mikroskop hat sich bereits alle Gebiete der Natur

und ihrer Ausbeutung unterworfen. Es dient zur Bestimmung der kleinsten Krystallformen, zur Untersuchung der Gestein- und Bodenarten, von welchen sich einige als Infusorienlager erwiesen haben und Gegenstand der von Ehrenberg geschaffenen, i. J. 1855 erschienenen Mikrogeologie sind. Ein Cubik-Decimeter Polierschiefer enthält 2 1/3 Billionen kieselsaure Panzer einer Infusoriumsart „Gallionella" genannt. Andere solche Kleinthiere bilden mit ihren Ueberresten kohlensaure Kalke.

Das Mikroskop erschließt Form, Inhalt und Theile der Elemente der Pflanzen- und Thiergewebe oder ihrer Zellen, ferner der Algen und Schimmelpilze, d. i. der beiden Hauptgruppen kleinster Pflanzengebilde. Zu den ersteren zählen die ehedem für Infusorien gehaltenen Diatomeen mit ihren Kieselhüllen. Einige der winzigen Flechten sind selbstleuchtend. Die Bestandtheile des „Schwefelregens" hat das Mikroskop als Blüthenstaub von Erlen, Ulmen, Fichten, Kiefern und dgl. m. nachgewiesen.

Welche glückliche Anwendung haben nicht die feinere Anatomie und Physiologie von dem Vergrößerungsglase gemacht! Die Blutköperchen wurden mikroskopisch studirt, nicht minder das Gewebe des Fettes, der Knorpel und Knochen, das Gewächs der Haare, Schuppen und Federn u. s. w. Besondere Aufmerksamkeit erregte die mikroskopische Forschung hinsichtlich einiger Parasiten, wie der Finne und des sich daraus entwickelnden Bandwurmes, ferner der Trichinen; letztere werden mit einem 40 bis 100 mal vergrößernden Glase im Fleisch mancher kranken Schweine aufgefunden. In den Aufgüssen oder Infusionen vielerlei Substanzen erkennt man mit dem Mikroskope die „Infusorien", welche die verschiedensten Gestalten und Lebensformen bieten. Das nächtliche Glitzern, Funkeln und Leuchten des Meeres rührt von Kleinthierchen her, deren Hunderttausende in einem Wassertropfen ihr Element haben.

Bei einigen organischen Kleinformen — Monaden, Bacterien, Vibrionen — ist bisher nicht entschieden, ob sie dem mikroskopischen Pflanzen- oder Thierreich angehören; in früherer Zeit hielt man dieselben ohne weiteres für Infusorien. Die mächtigeren Mikroskope der neuesten Zeit dürften (S. 345) wol bald in diese zweifelhafte Angelegenheit Gewißheit bringen. Zu den Monaden rechnet man jene Kleinformen, welche einzeln fast farblos erscheinen, in mächtigen Haufen aber den rothen Schnee und den Blutregen geben.

Indem das Mikroskop Aufschluß über die kleinsten Formen der Natur verschafft, erhebt es sich zu einem maßgebenden Erkennungsmittel von Krankheitsursachen, von Verfälschungen der Waaren, und ist dadurch Aerzten, Chemikern, Kaufleuten, Gewerbetreibenden, kurz, einer ganzen Reihe von Ständen von großem Nutzen. Und wenn jemand auch nur zu seiner Unterhaltung ein Mikroskop erwirbt, so wird er gar bald von den in demselben aufgehenden Wundern weitergerissen; er wird sich nach einem lebenden oder literarischen Führer umsehen; er wird in steigendem Grade die organische Welt des Wassertropfens, die Wälder des Schimmels anstaunen; er wird immer weiter vordringen in der Formen- und Färbenmannigfaltigkeit der Kleinwelt; in kürzester Frist wird auch er, wie die für die Sternwelten Begeisterten, mit Göthe ausrufen:

Du zählst nicht mehr, berechnest keine Zeit
Und jeder Schritt ist Unermeßlichkeit.

Die Farbenlehre und ihre Anwendung.

1. Die Wellenlehre und ihre Geltung in der Optik.

Wir haben bereits vernommen (S. 4), daß in unserer Zeit nur die Wellenbewegung des Aethers als theoretische Grundlage für die Licht- und Farbenlehre sich bewährt hat. Und weil dies der Fall ist, müssen wir uns jetzt etwas näher mit dem Wesen der Wellenbewegung überhaupt, sowie mit jenem der Aetherwellen insbesondere, beschäftigen.

Schon in unseren Kindertagen haben wir die schönen Wasserwellen bewundert, welche entstehen, wenn man ein Steinchen in den spiegelglatten Teich wirft. Rings um die Stelle, wo der Körper die ruhige Wasserebene getroffen hat, bilden sich, in abwechselnder Folge, kreisförmige Wasserberge und Wasserthäler, welche nach außen hin fortschreiten und allmälig schwächer werden, je weiter sie vom Erregungsorte abliegen. Was ist die Ursache dieses lieblichen Spieles der sich verfolgenden Wassererhöhungen und Wasservertiefungen? Das Wasser hat an dem vom Steinchen getroffenen Orte einen Stoß erhalten; in Folge davon müssen hier dessen Theilchen etwas sinken. Zugleich pflanzt sich der Stoß von der vertieften Erregungsstelle, und zwar von unten nach oben, ringsum weiter, wodurch im ersten Augenblick, um den gesenkten Einfallsort, ein Wasserberg erscheint. Letzterer wird dann durch die Schwere abwärts gezogen, wobei dessen Theilchen, vermöge ihrer Trägheit, unterhalb ihrer ursprünglichen Gleichgewichtslage, das ist unterhalb des anfänglichen Wasserspiegels, herabsinken. Hiedurch wird im zweiten Augenblick der ringförmige Wasserberg in ein ringförmiges Wasserthal verwandelt. Durch die herabsinkenden Theilchen des zweiten, nunmehr muldenförmigen Ringes erzeugt sich seitlich, rund um letzteren, aus denselben Gründen wie oben, ein zweiter Wasserberg u. s. w. Auf solche Art verbreitet sich die Wirkung des ursprünglichen Stoßes auf immer größere Wassermengen, deren kreisförmige Erhöhungen und Vertiefungen also immer kleiner ausfallen müssen, je weiter sie vom Erregungsorte entfernt sind — bis sie endlich, in sehr weitem Abstande vom Einfallspunkte des Steinchens, als unmerklich verschwinden.

Aus dem hier Vorgetragenen ist ersichtlich, daß bei der Wellenbewegung des Wassers die Theilchen des letzteren eine auf- und niedergehende Bewegung durchmachen, und es läßt sich aus der regelmäßigen Wiederholung der Wellenerscheinung folgern, daß diese Bewegung der Wassertheilchen in periodischer Weise geschieht. Diese Bewegung der Wassertheilchen muß jedoch nicht geradlinig erfolgen. Die Gebrüder Weber haben (1825) die Wasserwellen, mittels eines langen aus Glastafeln gebildeten Troges (Fig. 113), Wellenrinne genannt, studirt. Das in diesem durchsichtigen Gefäße befindliche Wasser enthielt

Bernsteinpulver, welches im Wasser an beliebigen Stellen schwebt. Die Bewegungen der Bernsteinstäubchen gestatten einen Schluß auf die Bewegung der ihnen anliegenden Wassertheilchen. Nachdem die Wellen erregt worden waren,

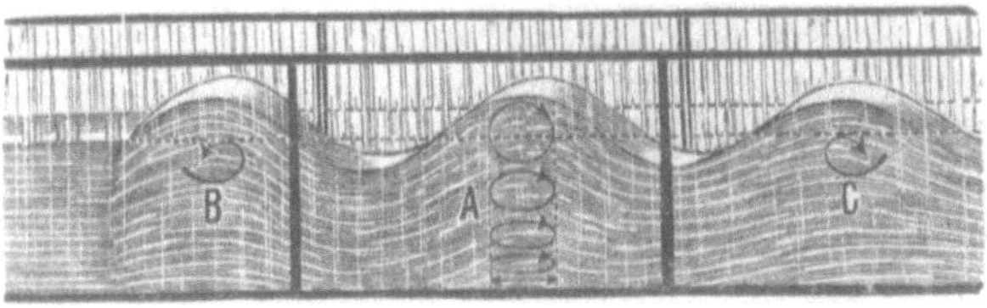

Fig. 113. Weber'sche Wellenrinne.

bemerkten die Gebrüder Weber, daß die Bernsteintheilchen, also auch die zugehörigen Wassertheilchen (Fig. 114) a, c, e u. s. w. nahe an der Oberfläche fast kreisförmige Bahnen in lothrechter Ebene zurücklegten.

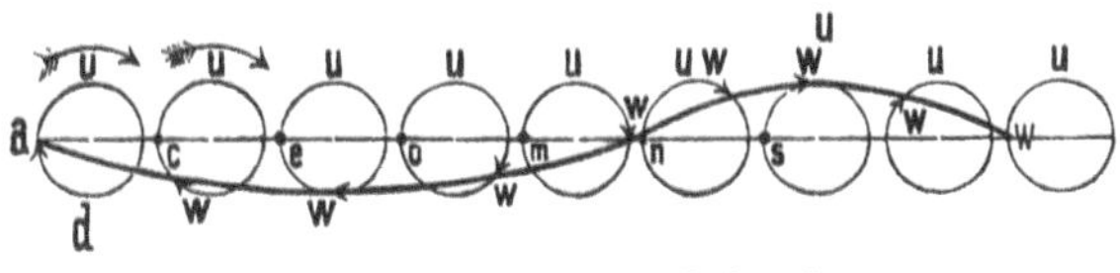

Fig. 114. Entstehung der Wasserwellen.

Hat z. B. das Theilchen a in der Zeiteinheit einen Kreislauf vollbracht, so haben die Theilchen c, e, o u. s. w. erst die Bögen cuw, euw, ouw d. i. 7/8, 6/8, 5/8 u. s. w. ihres Kreisweges beschrieben. Hiebei wurde angenommen, daß diese Theilchen in solchen Abständen von einander liegen, daß jedes rechts gelegene Theilchen um 1/8 der oben gedachten Zeiteinheit später seine Bewegung beginnt als das unmittelbare Nachbartheilchen zur Linken. Verbindet man (Fig. 114) die Oerter jener Theilchen, so zeigt sich, daß die Oberfläche des Wassers die Wellenform a w w w w . . . . . annehmen muß. Und weil die Wassertheilchen ihre Kreisbahn regelmäßig wiederholen, kehrt auch die Wellenform periodisch wieder.

Bei der Wellenbewegung geräth also nicht etwa die ursprünglich als ruhend angenommene Flüssigkeitsmasse ins Fließen, sondern es schreitet nur die Formänderung ihrer Oberfläche, als Folge der periodischen Bewegung der Flüssigkeitstheilchen (Fig. 114), fort. Man kann auf die bloße Formänderung der Oberfläche auch daraus schließen, daß ein auf dem wellenden Wasser schwimmendes Brettchen von den unter demselben hinziehenden Wasserbergen und Wasserthälern nur gehoben und gesenkt wird, ohne von seinem Platze merklich abzuweichen — vorausgesetzt wie oben, daß die Wellen in einer ruhenden Flüssigkeit erregt worden sind. An einer bestaubten Schiefertafel, die man lothrecht in das wellende Wasser hält, bildet sich die Form der Welle durch Wegnahme des Staubes ab.

Die eigenthümliche Ortsveränderung der Wassertheilchen, welche die Wellenform bewirkt (Fig. 114), hat eigentlich, wie wir S. 362 gesehen haben, ihre Ursache in dem gestörten Gleichgewicht bezüglich der Schwerkraft. Allein auch die gestörte elastische Kraft kann periodische Bewegungen der Theilchen eines Körpers hervorrufen, welche zur fortschreitenden Wellenform führen. Fassen wir zunächst (Fig. 115) ein Theilchen c eines elastischen Körpers ins Auge, welches durch eine äußere Kraft aus seiner Gleichgewichtslage von c nach o gebracht worden ist. Sobald jene äußere Kraft zu wirken aufgehört hat, kehrt das Theilchen, vermöge der elastischen Kraft, mit ungleichförmiger Beschleunigung nach seiner Ruhelage c zurück. Hier sollte es nun, mit Hinblick auf seine ursprüngliche Gleichgewichtslage, bleiben. Allein vermöge des Beharrungsgesetzes bewegt sich nunmehr das Theilchen über seine Gleichgewichtslage bis d hinaus, so, daß c d gleich c o wird.

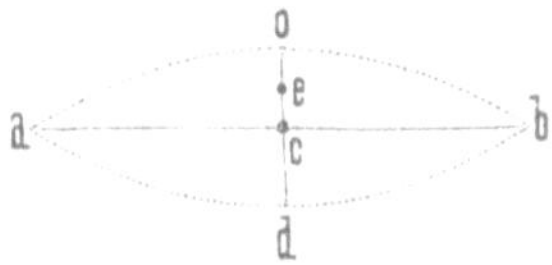

Fig. 115. Schwingung eines Punktes.

Auf dem Wege c d wirkt die elastische Kraft der Bewegung entgegen, daher dieselbe längs c d ungleichförmig verzögert wird, bis sie endlich in d vernichtet erscheint und der Punkt abermals von der elastischen Kraft in der Richtung d c zur Gleichgewichtslage zurückgeführt wird. Von hier muß sich nunmehr das Theilchen c wieder, vermöge der Trägheit, bis o bewegen u. s. w. u. s. w. In solcher Weise würde das Theilchen seine hin- und hergehende Bewegung ohne Ende wiederholen, wenn nicht die Gegenkräfte der Bewegungshindernisse vorhanden wären. Ein jeder solcher Hin- und Hergang (Fig. 115) von o nach d und wieder zurück nach o heißt eine Schwingung, Vibration oder Oscillation. Die zu einer Schwingung nothwendige Zeit nennt man Schwingungszeit oder Schwingungsdauer. Jede Entfernung e c (Fig. 115) eines schwingenden Theilchens von seiner Ruhelage wird Ausschlag oder Elongation und die größte Elongation c o die Schwingungsweite oder Amplitüde genannt. Jede ähnliche periodische Bewegung, wie z. B. jene des Pendels, heißt schwingende Bewegung. Beim Pendel bewirkt jedoch die Schwerkraft die Schwingungen, während bei einer gespannten Saite (Fig. 115) oder bei einer gespannten Stahlfeder u. dgl. die elastische Kraft die Schwingungen ihrer Theilchen hervorruft.

Denken wir uns nun (Fig. 116) eine Reihe materieller Theilchen oder Punkte, welche durch eine elastische Kraft

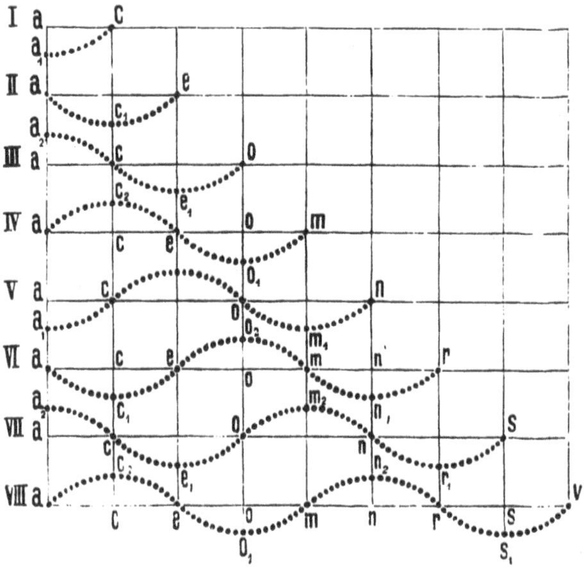

Fig. 116. Fortschreitende Schwingungen.

zusammengehalten werden, wie dies bei einem gespannten Seile od. dgl. der Fall ist. Nehmen wir nun an, das erste Theilchen a (Fig. 116) beginne eine Schwingung nach a_1, so werden auch die nach rechts liegenden Theilchen in ihrem Gleichgewichte gestört und derart in Schwingungen gerathen, daß jedes folgende Theilchen etwas später die Bewegungsweise des voran liegenden Theilchens nachahmt. Theilt man die Schwingungsdauer des Theilchens a das ist auch jene Zeit, welche vom Beginne der Schwingung des Theilchens a bis zum Anfange der Schwingung des Theilchens m (bei IV) verfließt, in vier gleiche Theile; so sieht man die dem ersten, zweiten, dritten und vierten Viertel jener in 4 gleiche Theile zerlegten Zeit entsprechende Figur der durch die elastische Kraft verbundenen Punktreihe, und dem entsprechend die Wellenbewegung, wie sie, unter gewissen Bedingungen, an einem schwach gespannten Seile oder an einer lose gespannten Saite, bei I, II, III und IV (Fig. 116) u. s. w., auftritt.

Weil zur Mittheilung der Bewegung Zeit erforderlich ist; so leuchtet ein, daß (Fig. 116 bei I) der Punkt a nach ein Viertel der ganzen Schwingungsdauer in a_1 angekommen sein wird, wenn das Theilchen c seine Schwingung eben erst beginnt.

Nach zwei Viertel oder ein Halb der ganzen Schwingungsdauer ist der Punkt a in seine ursprüngliche Lage zurückgekehrt und das Theilchen e beginnt eben seine erste Schwingung (Fig. 116 bei II).

Nach drei Viertel der ganzen Schwingungszeit ist das Theilchen a nach a_2 gekommen, c ist zu seiner Gleichgewichtslage zurückgekommen und o beginnt eben seine erste Schwingung (Fig. 116 bei III) u. s. w. u. s. w. Nachdem das Theilchen a zwei volle Schwingungen durchgemacht haben wird, ist gerade das Theilchen v daran seine erste Schwingung zu beginnen (Fig. 116 bei VIII).

Es hat sich also gezeigt, daß auch das gestörte

elastische Gleichgewicht zu fortschreitenden Schwingungen oder zur fortschreitenden Wellenform führt. Jede ganze Welle besteht (Fig. 116 bei VIII) aus dem Wellenberg ac_2e und dem Wellenthal eo_1m. Die Wasserwellen verbreiten sich von ihrem Entstehungspunkte in stets größer werdenden Kreisen. Man kann sich jedoch auch vorstellen, es werden in einem gleichmäßig elastischen und gleichförmig dichten Mittel, z. B. im Weltäther (Seite 4), die an Fig. 116 besprochenen Wellen erzeugt: dieselben schreiten dann nach allen Richtungen des Raumes in gleicher Weise und in immer wachsenden Kugeloberflächen fort. Jede Gerade, welche vom Ursprung einer Welle senkrecht zu ihrem Kreis- oder Kugelumfang gezogen wird, ist ein Wellenstrahl. Jedes Stück eines Wellenstrahles, welches von einer ganzen Welle begrenzt wird, heißt Wellenlänge (am bei VIII in Fig. 116). Dieselbe kann auch auf dem Strahl durch den Abstand der in ganz gleichen Schwingungszuständen sich befindenden Theilchen zweier auf einander folgender Berge oder Thäler gemessen werden (bei VIII Fig. 116 en oder os). Eine Reihe von Wellen, welche unmittelbar auf einander folgen, geben einen Wellenzug oder ein Wellensystem.

Bei den an der Fig. 116 besprochenen Wellen erfolgen die Schwingungen rechtwinklig zur Fortpflanzungsrichtung der Wellen oder senkrecht auf den Wellenstrahl — wir haben dann fortschreitende Querschwingungen d. h. fortschreitende Transversalschwingungen oder Transversalwellen d. h. Querwellen. Auch die Wasserwellen kann man insofern zu diesen zählen als die Wassertheilchen, wenn auch nahezu in Kreisbahnen (Fig. 114), im Ganzen doch lothrecht auf- und niedergehen, wobei die lothrechten Abstände der Wassertheilchen von der Ruhelinie mit den Wellenstrahlen rechte Winkel bilden.

Bei den fortschreitenden Transversalschwingungen haben wir wahrgenommen, daß die Theilchen der elastisch gedachten Geraden nicht gleichzeitig ihre Ruhelage verlassen und durch dieselbe auch nicht gleichzeitig gehen (S. 367); es gibt aber Fälle — z. B. bei einer kurzen, gespannten Saite, welche (Fig. 117) nach seitwärts gezupft oder gestrichen worden ist — bei welchen alle Theilchen gleichzeitig ihre senkrecht auf die elastische Gerade gerichteten Schwingungen beginnen, gleichzeitig durch ihre Gleichgewichtslage gehen, gleichzeitig ihre größten Schwingungsweiten erreichen — man hat dann stehende Transversalschwingungen oder stehende Querschwingungen.

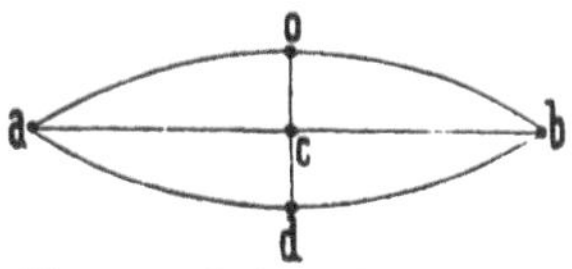

Fig. 117. Stehende Schwingungen.

Werfen wir nun einen Rückblick auf das Vernommene, so zeigt sich, daß die richtige und genaue Erklärung der Wellenbewegung deshalb so schwierig war, weil die letztere auf der direct nicht sichtbaren Bewegung der Theilchen der wellenwerfenden Körper beruht und gar leicht für eine fortschreitende Bewegung angesehen werden könnte, was sie keineswegs ist (S. 364). Wem fällt hier nicht jener unerfahrene Junge ein, der erstaunt mit der Anzeige nach Hause eilt, das Feldkorn laufe weg? Und doch hatte er sich nur von der wellenden Bewegung der im schwachen Winde hin- und herschwingenden Stängel täuschen lassen!

Jene Dichter, welche die „wogenden“ Aehren besingen, greifen sachlich richtiger als jene, welche die „dahinfließenden“ Fruchthalme bewundern.

Die schwingende Bewegung der Theilchen eines Stoffes bildet das Wesentliche der Wellenbewegung.

Man überträgt daher auch diesen Begriff auf solche Fälle, wo die Wellenform nicht unmittelbar in's Auge springt, wie dies z. B. bei den fortschreitenden Luftwellen, der Fall ist. Um diese kennen zu lernen, wollen wir vorläufig der Einfachheit halber annehmen, es dehne sich in regelmäßiger Aufeinanderfolge eine Kugel rasch aus und ziehe sich dann ebenso schnell wieder zusammen, derart, daß hiebei ihre Theilchen in der Richtung der Kugelhalbmesser, um eine kleine Größe, eilig hin= und herschwingen. Weil hier die Theilchen in der Längenrichtung der Kugelhalbmesser oder parallel zur Längenrichtung der gedachten elastischen Geraden schwingen, so nennt man solche Schwingungen Longitudinal= oder Längenschwingungen (vergl. S. 368). Und weil hiebei alle Theilchen gleichzeitig ihre Bewegung nach derselben Seite beginnen, gleichzeitig durch ihre ursprüngliche Ruhelage gehen und gleichzeitig ihre größten Abstände von der Gleichgewichtslage gewinnen, so hat man stehende Longitudinalschwingungen (vergl. S. 369). In Wirklichkeit geschieht dies z. B. mit den Theilchen der Luftsäule in den Blase=Instrumenten.

Denken wir uns nun, wie oben, eine Kugel mache in schneller Aufeinanderfolge stehende Längenschwingungen, so erhält bei der ersten, raschen Ausdehnung die angrenzende, hohle Kugelschichte einen Stoß. Durch diesen wird die Luft vorwärts geschoben und auch, weil die entfernteren Lufttheilchen nicht schnell genug ausweichen können, verdichtet. Die Theilchen dieser verdichteten Luftschichte stoßen an die noch ruhenden Theilchen der nächsten, umschließenden, kugelförmigen Luftschichte und theilen ihnen, wie beim Stoße elastischer Kugeln, ihre Bewegung mit, indem sie selbst zur Ruhe kommen. Hiedurch verdichtet sich die zweite äußere Luftschichte, welche wieder, ganz in der nämlichen Art, ihre Verdichtung nach und nach auf die dritte, vierte, fünfte Luftschichte u. s. w. überträgt. Es schreitet also die in der ersten Luftschichte bewirkte Verdichtung nach außen hin, von Luftschichte zu Luftschichte, weiter.

Zieht sich die Kugel, gleich nach ihrer Ausdehnung, schnell zusammen, so folgen ihr sogleich die Theilchen der ihr anliegenden Luftschichte; es entsteht also in der sie umgrenzenden, kugelförmigen Luftschale eine erste Verdünnung, welche sich unmittelbar an die erste Verdichtung anschließt und in derselben Richtung wie letztere fortschreitet derart, daß, ähnlich wie Berg und Thal bei den Wasser- und Seilwellen (Seite 363 und 366), hier die Verdichtungen und Verdünnungen sich fortpflanzen und daß auch hier, wie dort, jedes folgende Theilchen etwas später die Schwingungsweise des vorigen nachahmt. Der Hauptunterschied, verglichen mit den Transversalwellen (S. 368), ist: Hier schwingen die Theilchen längs der Kugelhalbmesser, während sie dort senkrecht auf den Kreis- oder Kugelhalbmessern ihre Bewegung vollbracht haben; man nennt daher diese längs der Halbmesser der kugelförmigen Luftschalen sich weiter pflanzenden Schwingungen — „fortschreitende Längen- oder Longitudinalschwingungen". Wir haben dieselben zunächst an der Luft als wellenfortpflanzendes Mittel kennen gelernt. Dieselben können aber auch in anderen gasförmigen, in tropfbar flüssigen und festen Körpern auftreten — stets ist bei ihnen die Verdichtung, was bei den Transversalwellen (S. 368) der Wellenberg ist; selbstverständlich entspricht dann ihre Verdünnung dem Wellenthal der Querwellen (Fig. 118). Sowol bei

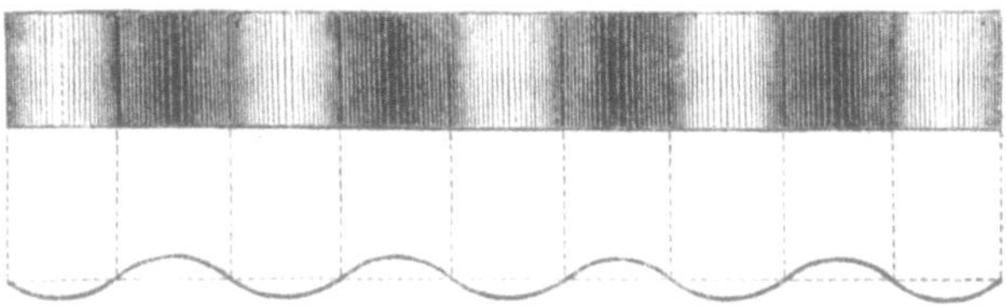

Fig. 118. Longitudinalwellen, verglichen mit Transversalwellen.

den Transversal- als Longitudinalwellen ist die Dauer, in welcher ein Theilchen eine Schwingung vollkommen durchmacht, gleich jener Zeit, in welcher die Bewegung um die Länge einer ganzen Welle fortschreitet. Auch ergibt sich (Fig. 116) leicht, daß alle Theilchen, die auf einem Strahle um eine oder mehrere ganze Wellenlängen von einander entfernt liegen, zur selben Zeit genau denselben Schwingungszustand besitzen. Hingegen befinden sich jene Theilchen gleichzeitig in geradezu entgegengesetzten Schwingungszuständen, welche um eine halbe oder um eine ungerade Anzahl halber Wellenlängen von einander abstehen.

Die Fortpflanzungsgeschwindigkeit der Wellen ist in

gleichförmig elastischen und gleichförmig dichten Stoffen ebenfalls gleichmäßig. Dieselbe ist bei den Wasserwellen (S. 363) unabhängig von der Elasticität und Dichte der Flüssigkeit, bei allen anderen Wellen jedoch wächst sie mit der Elasticität des Mittels und nimmt mit der Dichte des letzteren ab.

Wir haben hier nur die ersten Grundlehren bezüglich der Wellenbewegung beibringen können. Die Schwierigkeiten derselben lassen sich durch verschiedene, versinnlichende Wellen-Apparate erleichtern; davon beruhen auch einige auf dem thaumatropischen Princip (S. 274).

Die nächste Anwendung, welche die Wellenlehre findet, ist das Gebiet des Schalles. Die Theilchen der tönenden Körper beschreiben stehende Schwingungen, welche entweder — wie meist bei den Saiteninstrumenten — transversale oder — wie bei den Blaseinstrumenten — longitudinale sein können. Wie dieselben auch beschaffen sein mögen, stets erzeugen sie in der Luft fortschreitende Längenwellen (S. 371), welche den Schall zum Ohre fortpflanzen. Je mehr Schallwellen in der Zeiteinheit das Gehörorgan gleichmäßig treffen, einen desto höheren Ton empfindet dieses. Jene regelmäßige Schallwahrnehmung, welche man Ton nennt, beruhet also im Wesentlichen auf der Schwingungszahl bezüglich der Zeiteinheit oder auf der Schnelligkeit der Schwingungen des tönenden, mithin auch des schallfortpflanzenden Mittels. Die Tonhöhe oder die Schwingungszahl ist direct proportional der Fortpflanzungsgeschwindigkeit der Wellen und steht im umgekehrten Verhältnisse mit der Wellenlänge, d. h., wenn ein Schallmittel den Ton 2, 3 . . . mal schneller verpflanzt oder wenn die Wellenlängen 2, 3 . . . mal kürzer ist, dann ist die Tonhöhe auch 2, 3 . . . mal größer. Wenn also verschieden hohe Töne in demselben Mittel mit gleicher Geschwindigkeit fortgepflanzt werden, so haben sie ungleiche Wellenlängen und zwar gehört zum so viel mal höheren Ton die so viel mal kürzere Wellenlänge.

Was der Ton für das Ohr, ist die Farbe für das Auge (S. 8), wenn man die Wellenbewegung des Aethers als Grundursache der Licht- und Farbenerscheinungen annimmt, wozu man durch gewisse Thatsachen, auf welche wir später stoßen werden, gezwungen ist.

Erfolgen die Schwingungen der Aethertheilchen bei der Fortpflanzung des Lichtes, ebenso wie die Vibrationen der Lufttheilchen bei der gewöhnlichen Schallverbreitung, longitudinal? Eine gewisse Gruppe von Haupterscheinungen der Lichtfortpflanzung möchte wol die Annahme einer den Luft-Schallwellen ähnlichen Verbreitung der Aetherwellen gestatten; dagegen fordern andere Lichterscheinungen, die wir weiterhin antreffen werden, daß wir voraussetzen, die Aetherwellen seien transversale (S. 368).

Je mehr Aetherschwingungen das Auge in derselben Zeit empfängt, einen desto höheren, gegen das Violett im Sonnen-Spectrum gelegenen Farbenton empfindet es. Das wahre Wesen der einfachen Farbe ist also die Schwingungszahl der bewegten Aethertheilchen. Diese Schwingungszahl ist (S. 373) geradezu proportional der Fortpflanzungsgeschwindigkeit der Wellen und umgekehrt im Verhältniß mit der Wellenlänge. Da nun in einem und demselben, nach jeder Seite gleichförmig elastischen und gleichmäßig dichten Mittel — z. B. im freien Aether, im Aether zwischen den Theilchen der freien Luft u. dgl. m. — die Fortpflanzungsgeschwindigkeit der Aetherwellen gleich bleibt, so ist dann die Schwingungszahl der bewegten Aetherpunkte oder die Farbe — wie beim Schalle die Tonhöhe — so vielmal höher als die Wellenlänge kleiner ist. In dem gleichbleibenden Fortpflanzungsmittel des einfach farbigen Lichtes kann also auch die Wellenlänge — so gut wie die Schwingungszahl — als Ausdruck für die Farbenhöhe gesetzt werden.

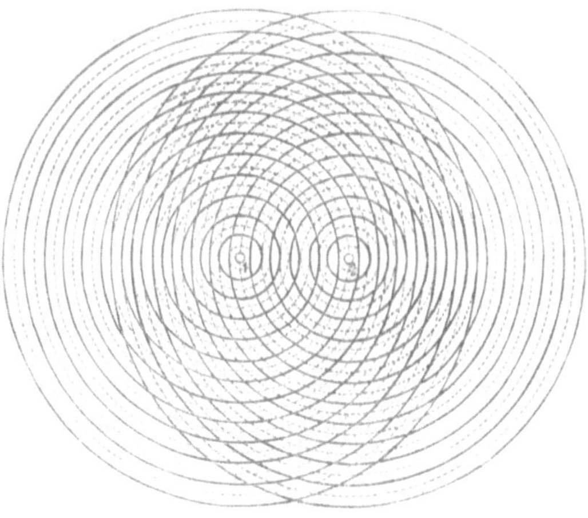

Fig. 119. Interferenz der Wellen.

Wenn wir auf die Oberfläche von Quecksilber, welches in einer Glastasse enthalten ist, an zwei einander sehr nahe liegenden Stellen, Quecksilber tropfen lassen, so werden (Fig. 119) zwei Wellensysteme erzeugt, welche sich mannig=

fach durchkreuzen. Nehmen wir an, daß die beiden Wellensysteme gleich seien, so werden auch jene Stellen, wo zwei Wellenberge mit ihren gleichen Höhen zusammenfallen, (Fig. 119, wo sich die ausgezogenen Kreislinien schneiden) einen doppelt hohen Wall geben. Wo zwei Thäler von gleicher Tiefe sich durchschneiden (Fig. 119, wo sich die punktirten Kreislinien schneiden) wird eine doppelte Vertiefung auftreten. An den Punkten, wo je ein Rücken eines Wellenzuges auf ein Thal des anderen trifft, wird Ebenheit entstehen (Fig. 119, wo sich die ausgezogenen und punktirten Kreislinien schneiden).

Sind, ganz allgemein genommen, mehrere übereinander lagernde ungleiche Wellensysteme vorhanden, so wird jedes schwingende Theilchen, welches gleichzeitig von den verschiedenen Wellensystemen ergriffen wird, einen Ausschlag machen, welcher der Summe aller Ausschläge gleich ist, die es von den einzelnen Wellensystemen erhalten hat. In dieser Summe sind die Schwingungsweiten in den Bergen positiv, jene in den Thälern aber negativ zu rechnen.

Wo also Wellen (Fig. 120) gleichzeitig unter sehr

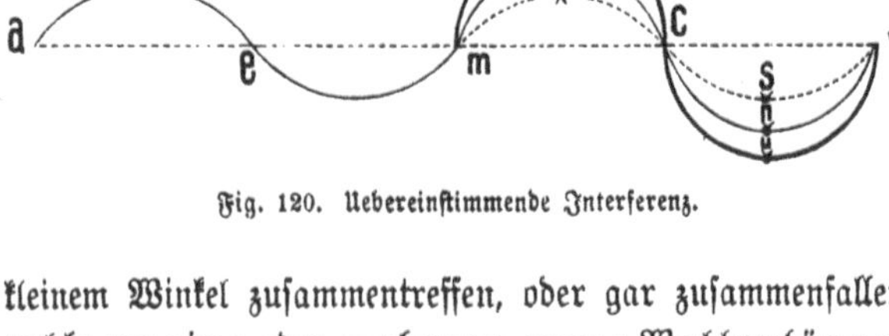

Fig. 120. Uebereinstimmende Interferenz.

kleinem Winkel zusammentreffen, oder gar zusammenfallen, welche um eine oder mehrere ganze Wellenlängen von einander verschieden sind, da wird das von den Wellen getroffene Theilchen, jedenfalls eine verstärkte Bewegung machen (S. 376). Demgemäß wird an solchen Stellen ein verstärkter Wellenberg oder ein vertieftes Wellenthal auftreten, jenachdem Berge oder Thäler zur Deckung kamen. In Fig. 120 ist die verstärkte Welle o c u die resultirende Welle jener schwächeren bei w n und u s. —

Wo hingegen (Fig. 121) je zwei Wellen gleichzeitig unter sehr kleinem Winkel sich schneiden, oder wo sie zusammenfallen, so, daß sie um eine halbe oder um eine ungerade Anzahl halber Wellenlängen von einander

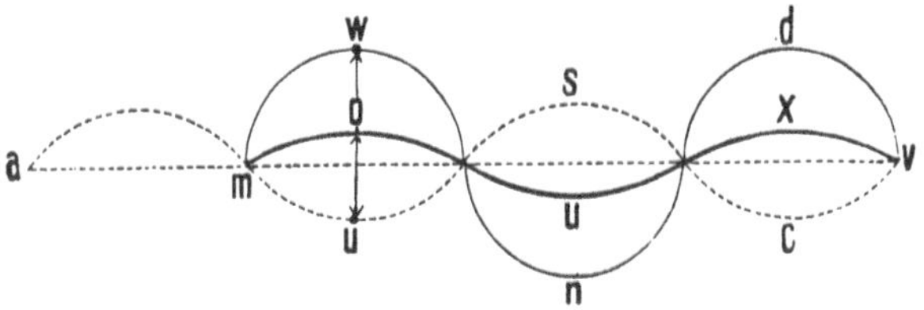

Fig. 121. Entgegengesetzte Interferenz.

verschieden sind, da wird jedenfalls eine Verminderung in der Wellenbewegung sich zeigen, welche bei gleichen Wellensystemen bis auf Null kommen kann, d. h. in letzterem Falle decken sich Berg und Thal der Wellen, deren Theilchen kommen zur Ruhe, weil sie sich in entgegengesetzten Schwingungszuständen befinden (S. 372). In Fig. 121 ist der schwächere Wellenzug o u x das Ergebniß der beiden stärkeren w n d und u s c.

Jedes Aufeinanderwirken von zusammentreffenden Wellenzügen heißt Interferenz der Wellen. Bei derselben findet für die resultirenden Schwingungen der von mehreren Wellenzügen ergriffenen Theilchen der aus der Mechanik bekannte Satz vom Bewegungsparallelogramm volle Anwendung; die vorhin besprochenen Interferenzen sind nur Sonderfälle dieses allgemeinen Ausdruckes, wobei angenommen ist, die noch nicht zusammengesetzten Bewegungen der Theilchen fallen längs einer Geraden derart, daß die Componenten entweder einen Winkel von 0 oder von 180 Graden bilden.

Bei der Interferenz der Wellen schreitet (Fig. 119) jedes System in dem Mittel, nach der Durchkreuzung, ungestört weiter, woraus sich ergibt, daß nur an den Zusammentreffstellen der Wellen jene resultirende Bewegung der Theilchen erfolgt, daß aber da, wo die Wellen wieder vereinzelt auftreten, alles sich so verhält, als ob sie ganz allein da wären.

Werden also in 2 einander sehr nahe liegenden Punkten eines Mittels gleichzeitig Wellensysteme erregt (Fig. 119), so werden sich auf jedem Strahle zwei Wellenzüge nahezu über einander lagern (Fig. 120 und Fig. 121), für welche man, nach dem Interferenzgesetze, d. i. nach dem Gesetze der zusammengesetzten Bewegung bezüglich der Schwingungen ihrer Theilchen, eine einzige, resultirende Welle wird finden können. Umgekehrt wird man eine Welle in mehrere untergeordnete Wellen, nach dem Gesetze der zerlegten Bewegungen, auflösen können.

Vermöge der Interferenz der Wellen wird dort, wo ein Wellenberg mit einem Wellenthal, welches gerade so tief als jener hoch ist, zusammentrifft, Ruhe der betreffenden Theilchen eintreten d. h. bei den Wasserwellen würden solche Stellen eben erscheinen; bei den Schall=

wellen wird an solchen Orten der Schall erlöschen d. h. es wird hier stille sein und bei den Aetherwellen des Lichtes wird an solchen Punkten Finsterniß herrschen. In der That bestätigen eigene Experimente, auf die wir bezüglich des Lichtes später etwas näher eingehen werden, diese Schlüsse.

Die Zusammensetzung der Wellen leitet auf das eben so wichtige wie fruchtbare Huyghens'sche Prinzip (1690). Wir wissen, daß bei den Wellenzügen jedes von der Bewegung später ergriffene Theilchen die Schwingung des ersten Theilchens nachahmt (S. 367); es läßt sich also jedes Theilchen, in Beziehung auf seine noch ruhenden Nachbartheilchen, so betrachten als ob es für dieselben das erste Theilchen wäre. Wenn wir uns nun vorstellen, es sei (Fig. 122) die Wellenbewegung vom Mittelpunkte c

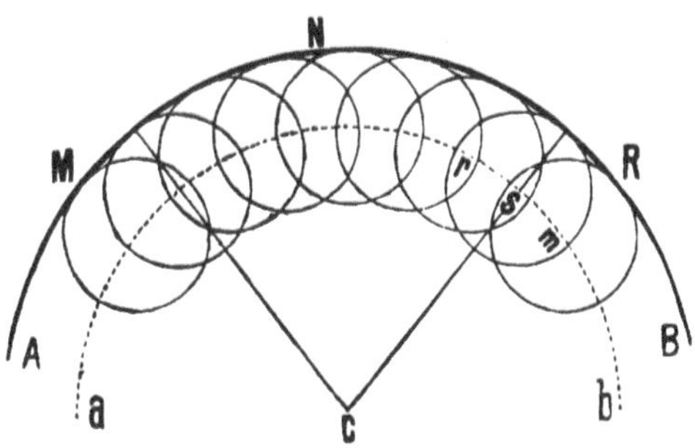

Fig. 122. Resultirende Hauptwelle.

ausgegangen und in Kugelschalen bis a b gekommen, so können wir, nach dem eben Gehörten, hier in a b die Theilchen m, s, r . . . . . . als neue Mittelpunkte von unendlich vielen, unmeßbar kleinen Kugelwellen annehmen.

Aus dem Zusammenwirken dieser Elementarwellen wird sich — mit Hinblick auf die oben besprochene Zusammensetzung oder Interferenz der Wellen — die einzige, alle Elementarwellen umschließende Hauptwelle A B als resultirende Welle ergeben. Die Welle a b ist also, wenn wir die Elementarwellen bezüglich der neuen Wellenmittelpunkte m, s, r . . . annehmen, in jeder Beziehung genau so bis A B fortgeschritten, als wenn sie sich geradezu, d. h. ohne Elementarwellen, von dem anfänglichen Erzeugungspunkte c des ganzen Hauptwellensystems bis A B fortgepflanzt hätte.

Diese zwei wesentlich verschiedenen Vorstellungsweisen bezüglich der Wellenfortpflanzung führen hier zu demselben Ergebniß, weil angenommen wurde, die Wellenbewegung schreite in demselben Mittel ohne Störung fort. Wenn dies der Fall ist, können besondere Wirkungen der Elementarwellen nicht auftreten. Anders verhält es sich jedoch, wenn die Nachbarwellen der Elementarwellen durch ein Hinderniß aufgehoben werden. Denken wir uns (Fig. 123) das Fortschreiten der Hauptwelle durch ein Brettchen gehemmt, welches eine sehr schmale Spalte besitzt. Durch letztere kann sich dann nur ein Theil der Hauptwelle direct fortpflanzen. Allein an den Rändern der Spalte werden nun neue Wellen oder die Elementarwellen auftreten, welche seitlich zur Hauptwelle fortschreiten und sich hier in ihrer Gesammtwirkung, wenn auch schwächer als die Hauptwelle, äußern. Diese seitliche Verbreitung und Gesammtwirkung der Elementarwellen, heißt ihre Beugung, Inflexion oder Diffraction und wir werden später nochmals hierauf zurückkommen.

Die Beugung der Wellen läßt sich nur mit Hilfe der Elementarwellen erklären. Und so gibt es sehr viele

Fälle, wo jene zweite, naturgetreuere Anschauungsweise, welche, bezüglich der Fortpflanzung der Wellen, die Elementarwellen berücksichtigt, zu Grunde gelegt werden muß.

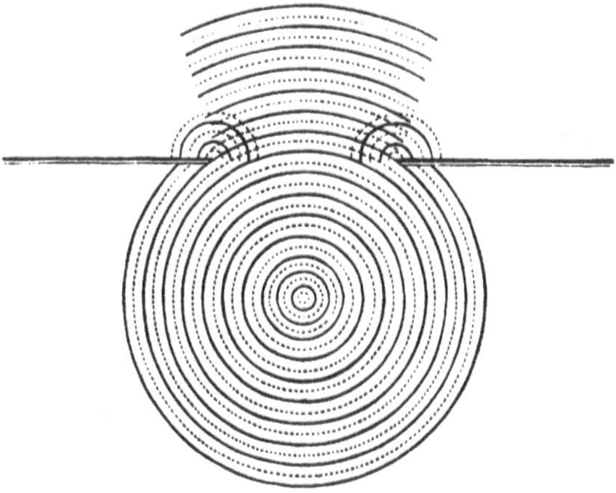

Fig. 123. Beugung der Wellen.

Dies wird stets dann eintreten, wenn der Einfluß eines jeden Theilchens auf die durch Elasticität verbundenen Nachbartheilchen besonders zu berücksichtigen ist.

Auch die Zurückwerfung und Brechung der Schall- und Lichtstrahlen kann nur unter Zuhilfenahme von Elementarwellen und einer sie umschließenden Hauptwelle aus der Wellenlehre abgeleitet werden. Dabei zeigt sich, daß die Brechung in dem neuen Mittel zum Loth eintreten muß (S. 102), wenn die Wellenfortpflanzung hier langsamer als im alten Mittel erfolgt. Umgekehrt verhält es sich bei der Brechung vom Loth. Der Brechungsexponent (S. 108) ist demnach gleich dem

Verhältniß der Fortpflanzungsgeschwindigkeit im ersten Mittel zu jener im zweiten. In stärker brechenden Stoffen schreiten Schall und Licht weniger schnell vorwärts als in schwächer brechenden Materien; wir werden später andeuten, wie diese nachgewiesene Wahrheit als Stütze der Wellenlehre des Lichtes dienen kann.

Um verstehen zu können, wie so das Licht in einem neuen Mittel langsamer oder schneller fortschreitet als im alten, haben die Physiker verschiedene Voraussetzungen bezüglich des inneren Baues der Stoffe gemacht. Nach der allgemein geltenden Vorstellung besteht jede Materie aus unveränderlichen, kleinsten Stofftheilchen, welche Atome heißen und welche in Abständen auseinander gehalten sind, die, im Vergleich zu ihrer eigenen Größe, sehr bedeutend sind. So vielerlei chemische Stoffe es gibt, so viele verschiedene Arten von Atomen müssen wir auch annehmen. Eine Gruppe gleich- oder verschiedenartiger Atome, welche durch die chemische Anziehungskraft verbunden gedacht werden, geben ein Molekül. Innerhalb der verhältnißmäßig sehr weiten Räume zwischen den Atomen und zwischen den Molekülen stellen wir uns jenen außerordentlich feinen und höchst elastischen Stoff ausgebreitet vor, welcher Aether (S. 4) genannt wird und welcher die Atome sowie die Moleküle atmosphärenartig umgibt. Dieser Aether wirkt sowol auf die Körperatome als Körpermoleküle anziehend, hingegen auf seine eigenen, einzelnen Theilchen abstoßend, derart, daß die Dichte der Aetherhüllen, welche um je ein Atom und um je eine Atomengruppe, d. i., um je ein Molekül gespannt sind, von außen nach innen wächst. Dieser in den verhältnißmäßig sehr großen Zwischenräumen der Körper enthaltene Aether ist kein anderer als jener, den man als allgemein verbreiteten Weltäther voraussetzt (S. 4); man denkt sich jedoch seine Dichte in den Zwischenräumen der verschiedenen Materien durch die Anziehung der Theilchen der letzteren in mannigfacher Art verändert, mithin auch seine specifische Elasticität d. i. den Quotienten aus seiner absoluten Elasticität durch dessen Dichte.

Im freien Aether des Weltalls und nahezu auch in jenem der atmosphärischen Luft sowie der Gasarten pflanzen sich die verschiedenen, einfachen Farben des Spectrums mit gleicher Geschwindigkeit fort. Dies ist jedoch bei dem in den Zwischenräumen der Körper ausgespannten Aether nicht der Fall. Hier können nämlich die Aetherteilchen, wenn sie mittels der von außen eindringenden Aetherwellen, zu ihren Querschwingungen (S. 366) angeregt werden, nicht mehr frei ausweichen; es entsteht also ein gewisser Widerstand gegen die ankommenden Aetherwellen, wodurch deren Geschwindigkeit im neuen Mittel verlangsamt und folglich eine Brechung zum Loth erfolgt. Bei dieser Brechung erleiden jedoch die längeren Wellen einen kleineren Widerstand als die kürzeren, folglich können sich jene rascher als letztere bewegen d. h. es werden z. B. die rothen Strahlen bei ihrem Gange durch Prismen weniger aus ihrer ursprünglichen Richtung gebracht als die violetten, woraus sich die Farbenzerstreuung oder Dispersion (S. 163) erklärt.

Diese Abhängigkeit der Fortpflanzungsgeschwindigkeit

der Wellen von ihrer Länge findet nur statt bei Querwellen und da nur, wenn die Wellenlängen so außerordentlich klein sind, daß sie einen mit den Zwischenräumen der kleinsten Stofftheilchen oder mit der größten Schwingungsweite der Aethertheilchen vergleichbaren Werth besitzen, wie dies bei den Aetherwellen der Fall ist. Die Longitudinalwellen haben eine Fortpflanzungsgeschwindigkeit, welche stets von der Wellenlänge unabhängig ist und welche sich nur nach der specifischen Elasticität (S. 383) richtet. Dasselbe kann man von Transversalwellen nachweisen, deren Länge gegen die Zwischenräume der Körpermoleküle unmeßbar groß ist.

Die Erklärung der Farbenzerstreuung zwingt also zur Annahme von Querschwingungen hinsichtlich der Aetherwellen. Da aber das Auftreten von fortschreitenden Querschwingungen nur möglich ist, wo die kleinsten Theilchen eine bestimmte Gleichgewichtslage haben, so gleicht der Aether, bezüglich der Richtung der zwischen seinen Theilchen gedachten elastischen Kräfte, einem festen Körper.

In Folge der elastischen Kräfte können weder in tropfbaren noch ausdehnsam flüssigen Stoffen fortschreitende Querschwingungen auftreten, wenn jedoch die Schwerkraft, wie bei den Wasserwellen, die Ursache der Schwingungen ist; so sind ebenfalls eine Art fortschreitender Querschwingungen oder Transversalwellen möglich (S. 369).

Fassen wir zum Schlusse das Wesentlichste bezüglich der Aetherwellen zusammen: Ein leuchtender Punkt regt die Wellenbewegung im freien Aether nach allen Richtungen gleichmäßig an, wobei die Aethertheilchen senkrecht auf den Richtungen der mit den Halbmessern der kugelförmigen Wellen zusammenfallenden Strahlen schwingen. Die Schwingungszahl in der Zeiteinheit bezüglich der bewegten Aethertheilchen oder die Dauer einer Schwingung ist das eigentliche Merkmal der Farbe und jene Schwingungszahl ist so vielmal größer, als die Fortpflanzungsgeschwindigkeit der Aetherwelle wächst oder die Wellenlänge kleiner wird.

2. Die Farbenempfindung.

Die Farbenwahrnehmungen sind Empfindungen, welche auf den Nervenenden der Netzhaut durch äußere oder innere Reize (S. 232) hervorgerufen werden. Rührt die Farbenerregung im Auge von äußeren Schwingungen des Aethers her (S. 8), so ist im Farbenbilde (S. 153) des Sonnenlichtes die Wellenlänge des äußersten Violett am kleinsten, jene des äußersten Roth am größten. Jeder einfachen Farbe entspricht ihre eigene Wellenbewegung. Schwarz oder Finsterniß ist ruhender Aether. Ob aber die Empfindung der zusammengesetzten Farben (S. 156) und des Weiß auf einer gemischten Wellenbewegung beruhen, welche stets ein und dieselben Nervenenden erregen, ist bisher, nach der höhern Rechnung, wenig wahrscheinlich, wol aber lassen sich nach Young (1807) die Empfindungen der Mischfarben und des Weiß auf drei Grundempfindungen zurückführen. Hiernach würde das Auge drei Arten von Nervenfasern — höchst wahrscheinlich in den Zapfen (M. Schultze) — besitzen, welche je vorzugsweise für das Roth, Grün und Violett gestimmt wären. Das einfache Roth erregt kräftig die für Roth empfindlichen Nervenfasern, schwach die zwei anderen. Aehnlich verhält es sich mit den beiden übrigen, wenn sie durch Grün oder Violett gereizt werden. Das einfache Gelb bewegt vorzüglich die für Roth und Grün gestimmten Fasern; das einfache Blau die grün und violett empfindenden und das Weiß alle drei Faserarten in gleichem Grade. Ist eine dieser Faserarten unempfindlich, so erklärt sich daraus die „Farbenblindheit".

Die Farbenblindheit? Nun ja! Es ist nämlich im vorigen Jahrhundert und vielleicht auch schon früher bekannt geworden, daß es Personen gibt, welche nicht alle Farben von einander unterscheiden können. Weil der Chemiker Dalton mit einem solchen Sehfehler behaftet und er der erste war, welcher ihn eingehend untersuchte; so hat man die mangelhafte Farbenwahrnehmung auch mit „Daltonismus" bezeichnen wollen, mit Recht haben aber die englischen Naturforscher diese ewige Mahnung an den fehlerhaften Farbensinn ihres berühmten Landsmannes zurückgewiesen.

Seebeck hat das beschränkte Erkennen der Farben an 12 Personen studirt (1837). „Blinde reden nicht gut über Farben." Dessen eingedenk, hat Seebeck es vorgezogen, den zu prüfenden Leuten 300 verschieden gefärbte Papiere, Gläser, Stickwollproben u. dgl. vorzulegen, mit der Bitte, sie nach ihrer Farbenähnlichkeit zu ordnen. Auf diese Art kam Seebeck zu dem Schlusse, daß zwei Hauptgruppen von Farbenblinden bestehen: die erste derselben unterscheidet im Sonnenspectrum nur zwei Farben, die sie fast zutreffend mit Blau und Roth bezeichnet. Die hieher gehörenden Individuen erkennen alle Uebergänge vom Violett zum Roth. Helmholtz meint, daß vielleicht in den Augen solcher Personen die grünempfindenden Nervenenden gelähmt seien. Die zweite Hauptklasse der von einem mangelhaften

Farbensinn Betroffenen faßt im Farbenbilde des Sonnenlichtes das Roth, Orange, Gelb und Grün unter der Benennung „Gelb" zusammen, das Grünblau nennt sie „Grau", alles übrige „Blau". Nach tiefer gehenden Untersuchungen von Helmholtz und Maxwell scheint es, daß die Leute dieser Hauptgruppe das Grün, Violett und ihre Mischung das Blau empfinden, und daß bei ihnen die rothempfindenden Nerven erlahmt seien. Zu diesen „Rothblinden" gehörte Dalton.

Seebeck hat auch die 4 Abtheilungen Farbenblinder Purkinje's seinen beiden Hauptgattungen Farbenblinder untergeordnet. So vorzüglich indeß Seebeck's Verfahren seiner Zeit war, so läßt sich doch nicht verkennen, daß bei jenem Zusammenlegen der Stoffe nach ihrer Farbenähnlichkeit ebensosehr der eigentliche Ton als die Sättigung und Helligkeit der Farbe das Urtheil der Ordnenden bestimmen könne. Man unterscheidet nämlich an den verschiedenen Tönen der Farben je eine andere Wellenlänge, ferner je andere Mengen von beigemischtem Weiß, d. i. vielerlei „Abstufungen der Sättigung" und mannigfaltige Quantitäten der gesättigten Farbe, d. i. „verschiedene Helligkeitsgrade" derart, daß jede Einwirkung einer Farbe von ihrem specifischen Tone, ihrer Sättigung und ihrer Lichtstärke, mithin von drei veränderlichen Größen abhängt, die sich auch durch variable Mengen „dreier Grundfarben" ersetzen lassen, zu denen man von jeher gern Roth, Gelb und Blau erkor und aus welchen, nach Newton's Vorgehen, systematisch Farbentafeln, Farbenkreise, Farbendreiecke, Farbenpyramiden, Farbenkugeln nach mathematisch-physikalischen Principen construirt wurden. Bei den geometrischen Figuren der Farbensystematik erscheinen alle möglichen Farbenübergänge mit gleicher Lichtstärke, bei den stereometrischen wird bei den Farben-Nuancen auch die verschiedene Lichtintensität beachtet.

Für das normale Auge lassen sich demnach stets, statt einer Farbe, drei andere Grundfarben denken, welche ganz die nämliche Empfindung wie jene hervorrufen; für das farbenblinde Auge hingegen nimmt man an, daß jede Farbe, welche es erkennt, aus zwei statt aus drei Grundfarben bestehe, was sich durch die Farbenmischung mittelst rotirender Farbenkreisel bestätigen läßt. Die letzteren, passend eingerichtet, eignen sich daher besser als Seebeck's Vorgehen bei der Ergründung der Art der Farbenblindheit.

In dem Santonin, d. i. dem wirksamen Bestandtheile des Wurmsamens oder besser der Blüthenknöspchen der Artemisiaarten, besitzen wir ein Mittel, jedes mustergiltige Auge vorübergehend violettblind zu machen. Man nimmt zu diesem Behufe 7 bis 14 Decigramm santoninsaures Natron ein; aber nicht mehr, weil sonst Gefahr droht! Nach etwa einer viertel Stunde beginnt der keineswegs angenehme Santoninrausch. Man sieht dann nicht mehr das Violett im Sonnenspectrum und hat, der Hauptsache nach, wie bei den zuletzt erwähnten stehenden Farbentäuschungen, ein Farbensystem mit nur zwei Grundfarben; gelbe und violette Mischfarben werden nicht unterschieden; weiße Gegenstände erscheinen grüngelb, der blaue Himmel und blaue Zeuge grün, krapprothe Stoffe broncefarbig u. dgl. m.

Alle bisher genauer untersuchten Fälle von Farbenblindheit scheinen also die Young'sche Ansicht über die

Farbenempfindung (S. 386) zu bestätigen; von einigen nicht kritisch beobachteten Farbenblinden aus früherer Zeit wird zwar berichtet, daß sie nur schwarz und weiß, richtiger wohl dunkel und hell zu unterscheiden wußten — waren bei ihnen vielleicht zweierlei Hauptfasern der Netzhaut unempfindlich? Dann nannten sie die von ihnen gesehene Farbe vielleicht weiß!

Die Personen, welche gewisse Mischfarben verwechseln, sind häufiger als man sonst glaubte; in England scheinen sie besonders dicht gesäet, es kommt daselbst auf je achtzehn normal Sehende ein Farbenblinder; auch waren bisher die meisten Farbenblinden blauäugig, etwa weil überhaupt in jenen Gegenden, wo die Untersuchten herstammten, das blaue Auge vorherrscht? Das schöne Geschlecht soll mit der stehenden Farbenverwechslung weniger behaftet sein, dafür tauscht es seine Farbe um so häufiger mit der Mode. Wie vorsichtig war übrigens hier die Natur! Wie leicht hätte es sich ereignen können, daß statt eines zarten Roth ein liebliches Gelb auf die Wange gebracht worden wäre. Uebrigens, möchte man bei mancher Farbenzusammenstellung an der Damentoilette zuweilen an Farbenblindheit der Tonangeberin glauben — wer weiß, ob nicht das plumpe Männervolk seinen Sehfehler leichter eingesteht als die zartere Menschenhälfte?

Mit der Farbenblindheit sind nicht selten mehrere Glieder derselben Familie behaftet und sie erscheint in der Regel angeboren, indessen treten auch Fälle auf, welche durch Kopf- oder Augenverletzungen erworben wurden.

Die Häufigkeit der Farbenblindheit hat in England bereits Erwägungen wachgerufen, ob nicht die Signalwächter beim Eisenbahn- und Schiffswesen hinsichtlich ihrer Erkennung der Farben zu prüfen seien. Da aber mit dem Lichtwechsel der Beleuchtung auch die Leichtigkeit oder Schwierigkeit der Farbenunterscheidung für gesunde Augen ebenfalls sehr verschieden ausfällt; so legt man in jüngerer Zeit den Schwerpunkt der Verkehrszeichen nicht mehr auf ihre Farbe, sondern auf ihre Form, sowie auf die Art und Anzahl ihrer Bewegungen.

Wenn die Verwechslung der Farben durch einen für letztere theilweise Blinden die traurigsten Folgen haben könnte, so fehlt es andrerseits nicht an lustigen Situationen und komischen Auftritten, welche durch die Farbenblindheit, so lange sie von ihren Trägern nicht erkannt war, hervorgerufen wurden; es wundert uns, daß sich die Lustspieldichter einen so neuen Stoff für eine heitere, an Mißverständnissen reiche Scene haben entgehen lassen. Hier einige kurze Beispiele aus der Geschichte der Farbenblinden Englands. Einer derselben, Harris, konnte nicht begreifen, warum die Leute „rother" Strumpf sagen, u. dgl. m., da doch Strumpf die Sache genügend bezeichnet. Harris unterschied die Formen scharf und es wurmten ihn daher die auf Farben Bezug nehmenden Eigenschaftswörter derart, daß er endlich seinen und seiner beiden Brüder Sehfehler entdeckte. Ein anderer, Scott, nimmt es sehr übel, daß sein zukünftiger Schwiegersohn einen Tag vor der Hochzeit Trauer anlege, während dieser thatsächlich den hochrothen Mantel der Rechtsgelehrten trägt. Ein Officier wählt statt des rothen Tuches ein grünes, und reitet in der noch nie gesehenen, neuen grünen Uniform zum rothen Regiment. Ein Schneider ergänzt ein schwarzes Seidenkleid mit rothem Stoff, den er für tiefschwarz hält; ein Maler, der sich von seiner Frau die Farben bestimmen läßt — Tizian war es aber nicht.

Ob das weitere Erforschen der Farbenblindheit für oder gegen die Young'sche Ansicht über die Farbenempfindung entscheiden wird, sicher werden durch das dabei gewonnene Material die Theorien der Farbenmischung neue Leit- und Haltpunkte gewinnen. Uebrigens hätte selbst die gestürzte Emanationshypothese die Mischfarben leichter mit dreierlei, als mit einerlei Empfindungsfasern erklärt; denn sie nahm an, daß je andere Körper die Lichttheilchen der farbigen Strahlen in verschiedenem Grade anziehen, und daß den Lichttheilchen große Trägheit zukomme. Die Theilchen, deren Trägheit am bedeutendsten ist, erregen die Empfindung der rothen; jene mit der kleinsten Trägheit die Empfindung der violetten Farbe; den Zwischenwerthen der Trägheit der Theilchen entsprechen die Zwischenfarben.

3. Die Spectral-Analyse.

Um dieselbe Zeit, in welcher Newton das Licht der Sonne in seine farbigen Bestandtheile zerlegte (S. 152), vereinte er die Himmelskörper durch das alles umschlingende Band der Schwerkraft, ohne ahnen zu können, daß seine lichtzertheilenden Prismen einst nach 200 Jahren auch die theilweise Gleichheit der Materien auf den Weltkugeln verrathen werden. Und doch ist es so! Wenn man nämlich mittelst einer sehr schmalen Lichtspalte und einer dazu

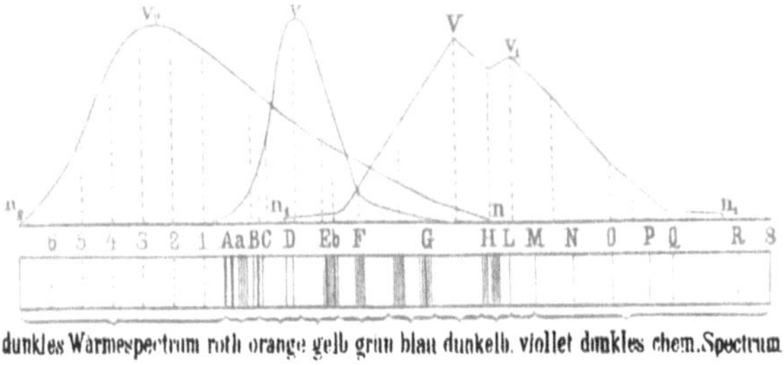

Fig. 124. Fraunhofer's Farbenbild mit den Dunkellinien.

parallelen, großwinkeligen Flintglaskante, ein reines, gut entwickeltes, rechteckiges Farbenbild erzeugt; so erscheint dieses (Fig. 124) von sehr vielen, unregelmäßig vertheilten, zur Spalte parallelen, dunkeln Geraden durchsetzt. Schon

Wollaston hatte zwei solche, zur Längenrichtung des Spectrums senkrechte Dunkellinien, zwischen dem Grün und Blau, bemerkt (1802); aber erst Fraunhofer verfolgte (1814 bis 1817) diese höchst auffallende, von ihm selbständig entdeckte Erscheinung, weßhalb jene Dunkellinien die „Fraunhofer'schen" heißen. Die nächst wichtige Anwendung, welche der berühmte Optiker von diesen schwarzen, unter gleichen Umständen, unveränderlich liegenden Streifen machte, bestand darin, daß er die auffallendsten derselben mit Buchstaben (A bis H Fig. 124) benannte und dadurch ein Mittel schuf, gewisse Stellen im Spectrum leicht aufzufinden, was in vielen Fällen, z. B. (S. 159) bei der Aufsuchung des Brechungsexponenten eines durchsichtigen Stoffes bezüglich einer Spectralfarbe, im höchsten Grade erwünscht ist.

Von den merkwürdigsten Fraunhofer'schen Geraden liegen A im Dunkelroth, B und C im helleren Roth, D am Uebergang vom Orange zum Gelb, E im Grün, F zwischen Grün und Blau, G im Dunkelblau und H im Violett; ferner sind noch zu erwähnen die mehrfachen Linien a und b, erstere im mittleren Roth, letztere im Grün. Außer diesen gibt es noch andere scheinbar einfache Dunkellinien, welche sich durch Vergrößerung oder Vermehrung der Prismen in einige einfache zerlegen lassen; hieher gehört z. B. die D-Linie, welche sich, je nach der Leistungsfähigkeit der angewendeten Prismen, in 2 bis 9 Geraden, nebst einem noch weiter aufzulösenden Nebelbande, spaltet. Man hat in der eben angedeuteten Weise über 3000 Dunkellinien zu zählen vermocht, wobei die Pracht des sehr entwickelten Spectrums entzückend war.

Da eigentlich jeder Lichtstrahl mittelst des Prismas ein Farbenbild gibt; so werden, bei Anwendung eines Bündels paralleler Strahlen, die Farbenbilder sich theilweise decken. Dies wird um so weniger der Fall, mithin das Gesammtfarbenbild um so reiner und entwickelter sein, je schmaler die Lichtspalte ist, in je größerer Entfernung vom Prisma das Spectrum aufgefangen wird, je größer die brechende Kante des Prismas ist (60 Grade und darüber) oder je mehr Prismen man anwendet. Letztere können auch aus dünnen, reinen und möglichst ebenen Glasstücken gebildet und mit Schwefelkohlenstoff gefüllt sein.

Man kann auch, wie es Fraunhofer zuerst that, ein achromatisches, stärker vergrößerndes Fernrohr auf die Lichtspalte so richten, daß letztere scharf erscheint. Bringt man dann das Prisma passend zwischen beide, so zeigen sich die Dunkellinien zahlreich und genau. Es kann zwar bei diesem Verfahren immer nur ein Theil des Spectrums übersehen werden, es bleibt jedoch nichts destoweniger für das Studium und die Anwendung der Dunkellinien vortrefflich und enthält eigentlich das Princip der Spectroskope (S. 410).

Um das Vorhandensein der Fraunhofer'schen Dunkellinien im Sonnen-Spectrum zu erklären, läßt sich zurückschließen, daß entweder dem Sonnenlicht die jenen Dunkelstreifen entsprechenden einfachen Farben fehlen oder daß letztere auf ihrem Gange von der Sonne bis zum Prisma absorbirt werden; es wird sich weiterhin zeigen, daß die zweite Annahme die richtige ist.

Es wurde bereits angedeutet (S. 394), daß unter

gleichen Umständen die Fraunhofer'schen Dunkellinien eine unveränderliche Lage besitzen, welch' letztere bei Bestimmung des Brechungsverhältnisses eines durchsichtigen Mittels bezüglich der einfachen Farben erwünschte Dienste leistet. Eine noch tiefer gehende Bedeutung sollten die Fraunhofer'schen Linien in unserer Zeit erhalten. Läßt man in einer sehr heißen und wenig leuchtenden Flamme ein Metall oder ein Salz desselben verflüchtigen, so erscheinen in dem zugehörenden Spectrum helle Geraden. Dieselben haben eine, den Fraunhofer'schen Streifen gleiche, und für ein jedes Metall stets bestimmte Lage; sie bilden daher ein Erkennungsmittel für das Metall und heißen „charakteristische" oder „Leitlinien". Bei diesen Versuchen zeigen sich die Flammen von den verflüchtigten Theilchen, je nach der Natur des Metalles, anders gefärbt und die entsprechenden prismatischen Farbenbilder bieten in der Regel kein zusammenhängendes Ganze, sondern nur isolirte gefärbte Geraden. Der glühende Natriumdampf z. B. vom Chlornatrium oder Kochsalz färbt die Flamme gelb und gibt an der Stelle D (Fig. 124) eine lichtkräftige brandgelbe Gerade, welche von Spuren eines gelben Lichtes umgeben ist.

Die Leitlinien haben immer jene Farbe, welche der Region des darüber erzeugten, Fraunhofer'schen Spectrums entspricht; also (Fig. 124) für das Lithium zwischen B und C eine rothe Gerade; zwischen C und D, näher an letztere eine schwach leuchtende gelbe Linie. Die Lithiumflamme zeigt sich karmoisinroth.

Sowie bei der Lithiumflamme zwei Leitlinien in dessen Spectrum auftreten, so gibt es andere Stoffe, bei deren

Verdampfung in einer sehr heißen, wenig leuchtenden Flamme viele Leitlinien erscheinen, von welchen die hervorstechendsten mit den Buchstaben des griechischen, kleinen Alphabetes bezeichnet werden, und zwar derart, daß α die empfindlichste und bezeichnendste Linie benennt, dann kommen β, γ, δ .... für die folgenden Grade der Wichtigkeit hinsichtlich der Leitlinien.

Wir werden von dieser Benennungsweise der Leitlinien fürderhin Gebrauch machen und zwar sogleich beim Kalium. Die in der Hitze flüchtigen Verbindungen dieses Metalls bewirken vom Gelb bis Blau ein lichtschwaches, jedoch fast zusammenhängendes Spectrum mit 3 Leitlinien, von welchen die stärkste, also die α-Linie mit der A-Linie im Roth zusammenfällt, die schwächere β-Linie liegt etwas vor H im Violett und erst bei der stärksten Verflüchtigungshitze erscheint die dritte Linie an dem Orte der B-Linie im Roth. Die Kaliumflamme selbst ist hell violett.

Das Spectrum des Strontiums besitzt 8 Linien im Hellroth und Orange und eine im Blau. Von diesen Linien sind nur folgende 4 leitend: α orange, β und γ roth und letztere mit C zusammenfallend, δ blau zwischen F und G. Die Strontiumflamme ist purpurroth.

Das Farbenbild des Calciums besteht aus 9 breiten Geraden, von welchen nur 2 zur Erkennung dienen: Ein rothorangenes Band α zwischen C und D, ferner ein breiter, grüner Streifen zwischen D und E. Die Calciumflamme ist röthlichgelb.

Die Linien des Barium-Spectrums liegen vom Hellroth bis zum Grünblau und ihre Anzahl ist mindestens 15; charakteristisch sind jedoch nur 3 grüne und zwar:

α zwischen E und b, β hinter b, γ vor E. Die Bariumflamme ist grün.

Die hellen Linien, welche der von einem Metalle zum andern überspringende elektrische Funke im Spectrum erzeugt, fallen nach Kirchhoff mit jenen zusammen, welche für dieselben Metalle im Flammenspectrum auftreten; die elektrischen Funken reißen also glühende Metalltheilchen mit sich fort.

Bringt man in eine möglichst heiße, wenig leuchtende Flamme ein Gemenge verflüchtigbarer Metalle oder ihrer Salze, so zeigt sich ein Spectrum, welches der Uebereinanderlagerung oder Superposition der den einzelnen Metallen zugehörigen Farbenbilder entspricht. Hierauf beruht die von Kirchhoff und Bunsen (1860) erfundene, äußerst empfindliche Spectral-Analyse, vermöge welcher man im Stande ist, die Bestandtheile zusammengesetzter Materien aus dem Anblick des Spectrums ihrer Flammen qualitativ anzugeben.

Die Hauptbedingung für die Spectral-Analyse ist zunächst, daß die zu untersuchenden Stoffe in einer sehr heißen Wärmequelle sich verflüchtigen lassen. Da Weingeist- oder gewöhnliche Gasflammen für die meisten Fälle zu wenig heiß sind, so bedient man sich für die vorhin besprochenen und noch bei einigen anderen Metallen des von Bunsen (1857) erdachten Brenners (Fig. 125), bei welchem Leuchtgas durch einen Kautschuckschlauch s und eine feine, dreifach gespaltene Oeffnung in das Messingrohr R strömt. In dieses Rohr fließt aber auch durch die unteren Seitenöffnungen atmosphärische Luft und mithin ihr Sauerstoff in größerer Menge derart, daß in der entsprechenden

Flamme — vermöge des im Rohre bewirkten, starken Luftzuges, der noch durch das Aufsatz-Rohr a erhöhet werden kann — eine vollständige Verbrennung der Bestandtheile des Gases eintritt. In Folge hievon erhält die Flamme eine

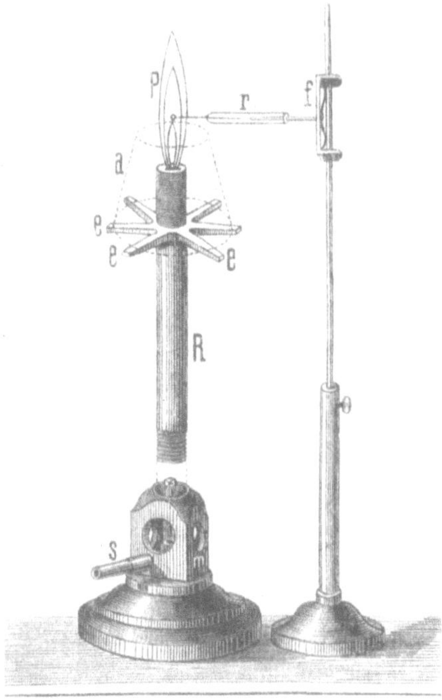

Fig. 125. Leuchtgasbrenner von Bunsen.

hohe Temperatur und ein nur sehr schwach, blau leuchtendes Licht, welches ein nur kaum wahrnehmbares Spectrum gibt, wogegen das Streifen- oder Linienspectrum der in dieser Flamme glühend verdampfenden Stoffe übermächtig hervorsticht. Noch viel wirksamer als die Flamme beim Bunsen'schen Brenner (Fig. 125) ist jene des in eigenthümlicher Weise zum Verbrennen gebrachten Knallgases, wobei sich je 2 Raumtheile Wasserstoff mit einem Raumtheile Sauerstoff, unter sehr hohem Hitzegrad, zu Wasser verbinden. Da Knallgas, in größerer Menge angezündet, eine gefährliche Explosion gibt, so dürfen nur sehr kleine Mengen desselben auf einmal zur Verbrennung kommen. Dies wird dadurch erzielt, daß man die beiden Gase in concentrisch von einander getrennten Röhren aus ihren gesonderten Behältern zu einen gemeinsamen Brenner derart leitet, daß der Sauerstoff in die Mitte des brennenden Wasserstoffes tritt. Jede der beiden Gasröhren hat ihren eigenen Hahn, um den Zufluß beider Gase regeln zu können. Der Wasserstoff kann bei dieser Sauerstofflampe auch durch Leuchtgas ersetzt werden. Die etwas umständlich herzustellende Knallgasflamme findet nur in besonderen Fällen der Spectral-Analyse Anwendung.

Die Träger der in solchen sehr heißen Flammen zu verflüchtigenden Stoffe — für die Seite 397 angeführten Metalle eignen sich am besten ihre Verbindungen mit Chlor — sind dünne Platindrähte, welche in Glasröhrchen eingeschmolzen und an einem Stativ (Fig. 125) verschiebbar sind. Die Materien werden entweder in ein Oehr des Drahtes eingeschmolzen oder auf ein Löffelchen desselben gebracht. Platin wird deßhalb zum Stoffträger gewählt, weil es selbst in der größten Hitze nicht flüchtig wird.

Es werden sich vielleicht unserem Leser bezüglich der oben (S. 397) besprochenen Spectral-Analyse zwei Fragen aufdrängen. Die eine Frage, wie es komme, daß bei den verschiedensten Salzen eines und desselben Metalles stets nur die Leitlinien des Metalles allein auftreten und nicht auch jene für die übrigen Bestandtheile der Metallverbindungen? Diese allerdings anfangs befremdende Erscheinung erklärt sich jedoch leicht, wenn man erwägt, daß nach der Zersetzung der in die Flamme gebrachten Verbindungen die Hitze wol zum Glühendmachen der Metalldämpfe, nicht aber der übrigen, flüchtigen Bestandtheile genügt. Wo jedoch durch noch höhere Hitzegrade irgend eine Verbindung in die einfachen Stoffe sich auflöst und wo die letzteren alle verdampfen und zugleich erglühen, da erscheinen auch die Leitlinien aller dieser verschiedenen, glühenden Dämpfe oder glühenden Gase jener einfachen Stoffe. Dagegen kann es wieder — nach Mitscherlich 1864 — gelingen, daß chemische Verbindungen, deren Dämpfe unzersetzt erglühen, ihr eigenes Spectrum und nicht jenes ihrer Elemente zeigen.

Die zweite Frage könnte sich darauf beziehen, warum man nicht die verschiedenen Farben der mit glühenden Metalldämpfen erfüllten Flammen (S. 397) als Erkennungsmittel für die Metalle erfasse? Man hat dies in der That versucht. Allein die verschiedenen Flammenfärbungen bleiben stets nur ein unsicheres Merkmal, weil z. B. die Verschiedenheit des Roth der Lithium- und Strontiumflamme nicht so auffällig ist, um als sicheres Kennzeichen dienen zu können; weil ferner kleinere Beimengungen anderer Metalle zu schwach sind, um die Färbung der Flamme merklich abzuändern. Im Linienspectrum der Flammen dagegen verrathen sich selbst sehr geringe Zugaben anderer Metalle.

Wie hoch die Empfindlichkeit der Spectral-Analyse

ist, haben Bunsen und Kirchhoff (1860) gezeigt; sie ließen nämlich in einem geräumigen Zimmer aus der größten Entfernung von der Bunsen'schen Lampe (Fig. 399) 3 Milligramm chlorsaures Natron mit Milchzucker verpuffen. Schon nach einigen Minuten färbte sich die Flamme gelblich und im Spectrum trat die Natrium-Linie sehr deutlich hervor. Jene Experimentatoren berechneten aus dem Gewichte des verpufften Salzes und aus der Menge der im Zimmer vorhandenen Luft, daß mittels der Spectral-Analyse weniger als ein dreimillionstel Milligramm Natrium sehr deutlich nachgewiesen werden konnte (!). Durch die viel höhere Hitze des electrischen Funkens läßt sich ein vierzig millionstel Milligramm Natrium durch seine Spectrallinien noch ersichtlich machen. Diese erstaunliche spectral-analytische Empfindlichkeit der Natrium-Reaction hat gelehrt, daß in der Atmosphäre das Kochsalz, wenn auch in feinster Vertheilung und in geringster Menge, fast stets vorhanden ist. Es ist daher nahezu unmöglich, andere Materien so rein zu halten, daß sie in der Spectral-Analyse die Natrium-Linie nicht geben. Das Zuschlagen eines Buches, das Abstauben eines Möbels u. dgl. m. verräth sich sogleich durch die Natrium-Reaction, woraus auf das Vorhandensein feinster Kochsalztheilchen im Staube geschlossen werden darf. Mittels der Spectral-Analyse folgt auf die Reaction des Natriums an Empfindlichkeit jene des Lithiums, indem weniger als einhunderttausendstel Milligramm des kohlensauren Lithions noch das deutliche Erscheinen der zugehörigen Leitlinien (S. 396) bewirken.

Die wunderbar feine Spürkraft der Spectral-Analyse führte Kirchhoff und Bunsen (1861) auf die

Entdeckung der neuen Metalle Rubidium und Cäsium. Diese Stoffe kommen besonders in vielen Mineralwässern vor. Das Cäsium hat seinen Namen von der lateinischen Benennung der blauen, und das Rubidium von jener, der rothen Leitlinien; diese neuen Metalle sollten nicht vereinzelt bleiben; es gesellten sich zu ihnen das von Crookes (1861) vermöge der Spectral=Analyse in dem Rückstande der Bleikammern erspähte, bleiähnliche Thallium mit grüner Leitlinie und das von Reich und Richter (1863) im unreinen Chlorzink aufgefundene zinnähnliche Indium, dem 2 blaue Leitlinien im Spectrum entsprechen; noch ähnliche Entdeckungen kommen höchst wahrscheinlich nach.

Da die verschiedenen Verbindungen desselben Metalles immer dasselbe Linien=Spectrum zeigen und da, beim Vorhandensein mehrer Metalle, die entsprechenden, sich nicht deckenden Leitlinien im Spectrum auftreten; so bietet die Spectral=Analyse eine so außerordentlich bequeme Handhabe, die in einer Verbindung vorhandenen Metalle ebenso sicher wie schnell zu erkennen.

Bringt man z. B. etwas mit Salzsäure angefeuchtete Cigarrenasche in die Bunsen'sche Flamme (S. 399), so verrathen die Leitlinien des Spectrums das Vorhandensein von Natrium, Kalium, Lithium und Calcium — ein Ergebniß zu dem das gewöhnliche analytische Verfahren mindestens einige Tage brauchen würde.

Je mehr Prismen zur Spectral=Analyse verwendet werden, desto deutlicher treten die Leitlinien auseinander (S. 395), desto verläßlicher ist das Verfahren; ferner je mehr Materie in der Flamme in glühenden Dampf sich verwandelt und je heißer letztere ist, desto lichtkräftiger treten die Spectral-Linien auf. Der Ort, wo die Leitlinien im Spectrum liegen, ist von der Höhe der Flammenhitze unabhängig, dagegen wird die Lichtstärke jener Erkennungs-Linien allerdings von dem Hitzegrad der Wärmequelle beeinflußt, derart, daß bei gesteigerter Hitze noch neue charakteristische Linien erscheinen, welche bei einer tieferen Temperatur, wegen ihrer Lichtschwäche, noch nicht wahrgenommen werden konnten. Ja für die glühende Verflüchtigung der specifisch schwereren Metalle — bisher war nur von den verhältnißmäßig weniger dichten d. i. von den alkalischen und einigen erdalkalischen Metallen die Rede — reicht die Hitze des bequemen Bunsen'schen Brenners nicht mehr aus und man muß daher für etwa $^4/_5$ der bisher bekannten Metalle zur heißeren Flamme des Knallgases (S. 400) und weiters meist zu der von dem elektrischen Strom bewirkten Hitze (vergl. S. 398) Zuflucht nehmen. Dies kann in verschiedener Weise geschehen. Man kann in den etwas ausgehöhlten positiven Kohlenpol einer mächtigen galvanischen Batterie die glühend zu verflüchtigenden Metallstückchen einlegen und dann die beiden Kohlenpole so weit auseinanderziehen bis die glühenden Metalldünste einen leuchtenden Bogen liefern, welcher mittels der Prismen analysirt wird. Da jedoch die zu diesem Verfahren erforderliche kräftige Batterie viel Unbequemlichkeiten bietet, so zieht man gewöhnlich vor, die einander sehr nahe gerückten Pole einer elektrischen Influenz-Maschine oder eines starken Funken-Inductors mit den zu untersuchenden Metallen zu bewaffnen oder die nicht flüchtigen Platinpole mit den entsprechenden

Lösungen ihrer Salze zu bestreichen. Die große Hitze des elektrischen Funkens bewirkt die glühende Verdampfung — bei den Salzen vorher auch ihre entsprechende Zerlegung — der spectral-analytisch zu untersuchenden Stoffe.

Die Linien-Spectra des elektrischen Funkens wurden schon frühzeitig (1817) von Wollaston und Fraunhofer und seitdem fortlaufend von Vielen beobachtet; noch genauer geschah dies seit Erfindung der Spectral-Analyse und die entsprechenden Leitlinien sind nahezu für alle Metalle bestimmt; ausgenommen ist das Platin, welches sich bisher in keiner Weise verflüchtigen ließ.

Gleichzeitig mit der glühenden Verflüchtigung der Metalle mittels des elektrischen Funkens werden auch die Theilchen der Luft glühend und es erscheint daher das zur glühenden Luft gehörende Farbenbild, dessen Streifen jedoch viel lichtschwächer als jene Linien sind, welche den Metallen entsprechen. Bringt man die elektrischen Pole einander recht nahe, so sticht das den leuchtenden Metalldämpfen eigenthümliche Linien-Spectrum so sehr gegen das lichtschwache Luftspectrum hervor, daß letzteres kaum wahrgenommen wird.

Um das Spectrum der glühenden Luft und überhaupt von glühenden Gasen relativ lichtkräftiger zu erhalten, wird man also die elektrischen Pole recht weit auseinander bringen und dieselben in den meisten Fällen aus dem nicht verflüchtigbaren Platin anfertigen. Uebrigens ist die Erhitzung sehr weit auseinander liegender elektrischer Pole so gering, daß dann auch andere Metalle nicht verflüchtigt werden. Um auch minder kräftige elektrische Funken, bei sehr entfernten Polen, durch Gase leiten zu können, müssen letztere in verdünntem Zustande in Glasröhren so abgeschlossen sein, daß sie die leichte Durchleitung der Elektricität gestatten. Dies ist der Fall bei den Geißler'schen Röhren, das sind beliebig geformte, dünngeblasene Glasröhren, in welchen die Luft, ein Gas oder ein Dampf gewöhnlich in äußerst verdünntem Zustand enthalten ist und durch welche — mittels luftdicht eingeschmolzener, dünner, von einander entfernter Platinpole — ein elektrischer Funke gesendet werden kann.

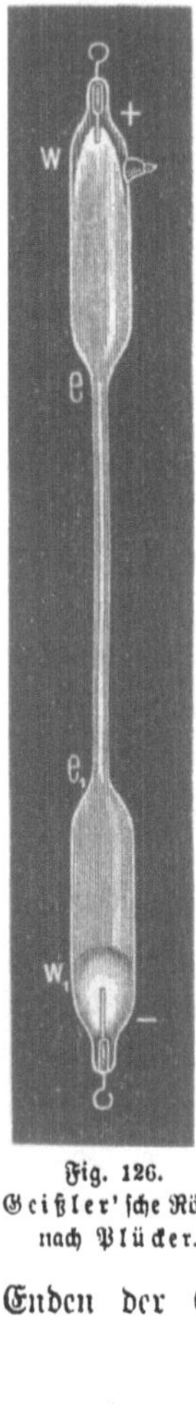

Fig. 126. Geißler'sche Röhre nach Plücker.

Behufs der spectral-analytischen Untersuchung der glühenden Gase hat Plücker zuerst (1859) die Geißler'schen Röhren so anfertigen lassen, daß die in denselben erglühenden Gase und Dämpfe dem analysirenden Prisma je eine hellleuchtende Gerade darboten. Zu diesem Zwecke sammelte er das schwache Licht der glühenden Gase in einer sehr engen, geraden Röhre (Fig. 126) aus farblosem Glase; es zeigte sich hiebei, daß die Farbe der glühenden Gase und Dämpfe, je nach Verschiedenheit ihrer Materie, eine andere und bezeichnende ist, welche schon durch sehr geringe Beimengungen anderer Gase oder Dämpfe abgeändert wird. Die Farbe dieses Lichtes der glühenden Gas- und Dampftheilchen erscheint in den viel weiteren, ausgebauchten Enden der Glasröhre jedenfalls schwächer, nicht selten aber ganz anders als in dem sehr verengten Theile des Rohres; so z. B. zeigt sich der sehr verdünnte, glühende Wasserstoff im engen Theile des Glasrohres purpurroth, im weiten aber nur röthlich; das glühende Chlorgas gibt im engen Theile des Rohres ein grünes, im weiten ein röthlich violettes Licht u. s. w.

Nach Plücker und Hittorf (1863) sowie nach Wüllner (1868) entspricht jedem gasförmigen Stoffe ein eigenes Spectrum; es zeigen jedoch dieselben unter verschiedenen Umständen — z. B. bei sehr abweichenden Dichten oder weit auseinander liegenden Temperaturen d. i. bei verschieden starken elektrischen Entladungen — zwei- oder dreierlei Spectra, welche Spectra der 1. 2. und 3. Ordnung heißen. Man sucht die Ursache hievon in einer Umordnung (Allotropie) oder in der Zusammengesetztheit der Stoffe. Bei 2 bis 3 Millimeter Druck erscheint für Wasserstoff das Spectrum, wie es Plücker zuerst beschrieben hat und welches jetzt zur 2. Ordnung zählt; es zeigt drei Linien und zwar: α im Roth zusammenfallend mit C, β grünblau und F deckend, γ etwas hinter G blauviolett; in höchst verdünntem Wasserstoff tritt jedoch die grünblaue Gerade β allein auf, und das Licht selbst ist grünlich. Dagegen strahlen Wasserstoff und andere Gase sowie Dämpfe im Zustand hoher Dichtigkeit und höchster Temperatur weißes Licht aus und geben continuirliche Spectra, deren Farben weder von dunkeln noch von hellen Linien durchsetzt sind. In verdünnten Zuständen und unter anderen Umständen sind jedoch auch bei den übrigen Gasen, wie bereits auch angedeutet, mehrlei Linienspectra beobachtet worden und es sind in dieser Beziehung die Stickstoffspectra mindestens zu erwähnen, wenn wir hier auch nicht näher darauf eingehen können.

Sollten bei einer so großen Angelegenheit, wie die Spectral-Analyse eine ist, nicht Prioritätsansprüche erhoben worden sein? Gewiß! Und dies um so mehr, als wir eine ganze Seite dieses Buches mit glänzenden Namen bedecken könnten, deren Träger die Spectra verschiedener Lichtquellen seit Fraunhofer studirt haben und welche zuweilen hart an das Princip der Spectral-Analyse streiften. Allein da erst Kirchhoff und Bunsen das allgemeine Gesetz bezüglich der Spectral-Analyse theoretisch und experimentell aufstellten (1860), dem sich sowol die große Menge der von ihnen methodisch gefundenen neuen als auch die zerstreuten älteren, hierher gehörenden Thatsachen systematisch unterordneten; so gelten sie mit Recht als die wahren Erfinder der Spectral-Analyse.

Um die Linien-Spectra einer größeren Zuhörerschaft in der Dunkelstube vorzuführen, bedient man sich (Fig. 127) des Projections-Apparates von Duboscq (vgl. S. 355). Das Metall oder dessen Salze — am besten die Chloride — werden auf dem elektrisch positiven, unteren, ausgehöhlten Kohlencylinder der elektrischen Lampe verflüchtigt oder in manchen Fällen die Kohlenspitzen mit der Salzlösung getränkt. Die von einem Hohlspiegel und einer planconvexen Sammel-Linse parallel gemachten Lichtstrahlen fallen durch eine lothrechte Spalte auf eine biconvexe, achromatische Linse, welche so weit entfernt wird, bis die Spalte auf dem Auffangsschirm scharf erscheint. Jetzt stellt man nahe hinter der Linse das Flintglasprisma so auf, daß die brechende Kante parallel zur Spalte gerichtet ist — und man erblickt das

Linien=Spectrum. Ein Spiegel S bringt hiebei das abgelenkte Spectrum auf die weiße Wand. Um das etwaige Seitenlicht abzuhalten und die Erscheinung deutlicher zu gestalten, schiebt man noch zwischen die Linse und das Prisma

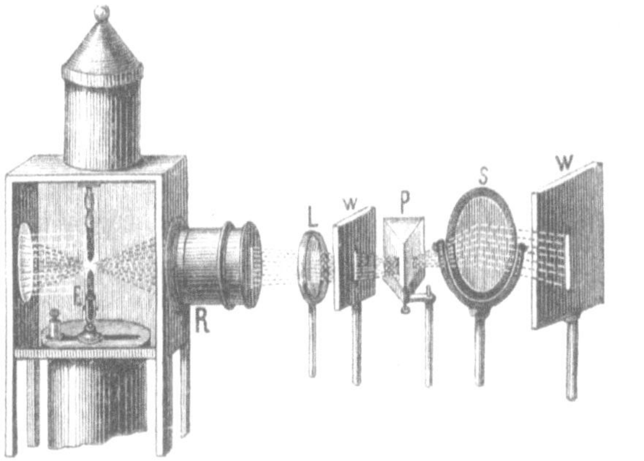

Fig. 127. Projections=Apparat von Duboscq.

einen mit schmaler Spalte versehenen schwarzen Schirm. Je mehr Prismen man verwendet, desto reiner und länger wird das Spectrum (S. 395). Bei diesen Versuchen müssen selbstverständlich die eigenthümlich zubereiteten Kohlenpole, für je andere Stoffe, durch noch ungebrauchte und möglichst chemisch reine Kohlenstäbchen ersetzt werden. In ähnlicher Weise läßt sich beim Hydro=Oxygengaslicht die obige Anordnung für den gleichen Zweck durchführen, was sich besonders empfiehlt, wenn die Kohlenpole nicht genügend rein zu haben sind. Noch mag hier erinnert werden, daß überhaupt bei gar vielen optischen Versuchen, besonders wenn sie einem Publikum gezeigt werden sollen, derartige Lampen die trefflichsten Dienste leisten, indem sie oft das nicht immer zu Gebote stehende Sonnenlicht ersetzen können.

Die hohe Wichtigkeit der Spectral-Analyse macht es wünschenswerth, Spectral-Apparate oder Spectroskope zu besitzen, welche ohne Dunkelzimmer von jeder beliebigen Lichtquelle das zugehörige Spectrum in bequemer Weise zu erzeugen und zu beobachten gestatten. Ein jedes Spec-

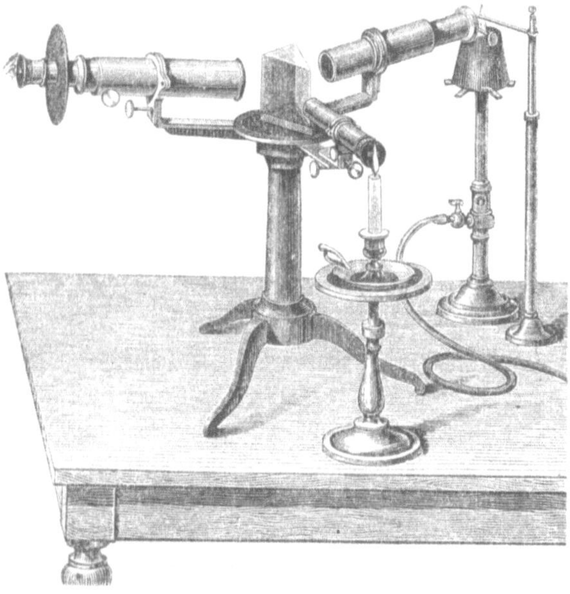

Fig. 128. Spectroskop nach Kirchhoff und Bunsen.

troskop besteht aus einem Rohre (Fig. 128, rechts), welches vorne mit einer, in ihrer Weite veränderlichen, lichteinlassenden Spalte versehen ist. Durch letztere dringt das

Licht bis zu mindestens einem Prisma. Beim Austritte aus diesem wird das so erzeugte Spectrum mit freiem Auge, oder (Fig. 128, links) mittelst eines vergrößernden Fernrohres betrachtet. Die Spectroskope lassen die mannigfachsten Constructionen und Formen zu.

Das rechte und mittlere Rohr unseres Spectroskopes (Fig. 128) sind an den Enden, welche gegen das Prisma liegen, je mit einer achromatischen Linse geschlossen, in deren Brennpunkt die lichteinlassende Spalte und beziehungsweise eine mikroskopische Scala sich befindet, in Folge dessen die Strahlen von den Linsen parallel auf das Prisma fallen (S. 142).

Die mikrometrische Scala des mittleren Rohres enthält eine etwa 15 mal photographisch verkleinerte Millimetertheilung auf einem in Stanniol gefaßten Glasplättchen derart, daß die Theilstriche und zugehörigen Ziffer farblos und durchsichtig, die Intervalle aber schwarz und undurchsichtig sind. Beleuchtet man nun (Fig. 128) diese wagrecht liegende Theilung von außen mit einer Kerzenflamme, so können — bei richtiger Einstellung aller Theile des Apparates — die aus dem Scalenrohr parallel austretenden Strahlen auf jene Ebene des Prismas fallen, welche dem Beobachtungsrohr zugewendet ist. Von hier werden dann diese Strahlen so zurückgeworfen, daß sie gleichzeitig mit den Spectralstrahlen durch das Beobachtungsrohr in das Auge gelangen. Das Beobachtungs- und Skalenrohr sind um den Träger des Apparates in wagrechter Ebene verstellbar, so, daß man jeden beliebigen Theil des Spectrums und die Skala in die Mitte des Gesichtsfeldes des Beobachtungsrohres bringen kann. Es läßt sich daher leicht richten, daß das Bild der Theilung über dem Spectrum mit einem gewissen Theilstrich bei einer bestimmten, fixen Linie — z. B. der D-Linie — steht, wonach sich dann die Lage der anderen merkwürdigen Stellen im Spectrum, mittels der auf dunkelm Grund hell erscheinenden und bezifferten Theilstriche, angeben lassen.

Spectroskope, welche den Abstand der fixen Linien durch entsprechende Winkelwerthe genau zu messen gestatten, heißen Spectrometer; sie werden ebenfalls in verschiedener Art construirt und dieselben dienen auch zur Bestimmung des Brechungsexponenten (S. 160).

Sowol die mikrometrische Skala als auch die spectrometrische Einrichtung eines Spectroskopes ermöglichen aus den in der Zeit nacheinander gemachten Beobachtungen die Vergleichung zweier oder mehrer Spectra hinsichtlich

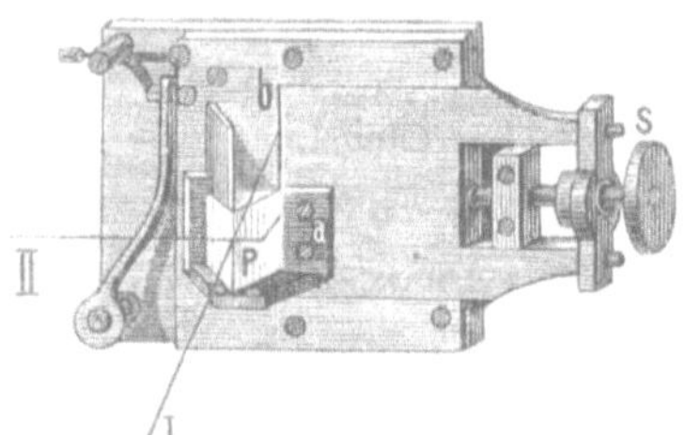

Fig. 129. Vergleichungs-Prisma.

der Lage ihrer Linien, z. B. bezüglich des Zusammenfallens derselben. Einfacher jedoch und gleichzeitig gestaltet sich die Vergleichung zweier Spectra, wenn man (Fig. 129) vor der unteren Hälfte der lothrechten, lichteinlassenden Spalte ein kleines spiegelndes Prisma (S. 114) stellt, welches die von einer seitwärts befindlichen Lichtquelle II kommenden Strahlen durch jene untere Hälfte der Spalte zum unteren Theil des brechenden Prismas im Spectroskop leitet, während die Lichtquelle I direkt ihre Strahlen durch die obere Hälfte der scheitelrechten Lichtspalte zu einer höherliegenden Stelle desselben brechenden Prismas sendet. Durch seitliches Verschieben der Lichtquelle II kann man es dahin bringen, daß das eine Spectrum genau über dem zweiten liegt. Ein kleiner Schirm oberhalb des Reflexionsprismas verhindert die Strahlen der zweiten Lichtquelle in die obere Hälfte der Spalte zu treten. Es versteht sich von selbst, daß man mittels eines Spectroskopes, welches vor seiner Spalte ein solches total reflectirendes Prisma besitzt, auch das Licht der Sonne oder eines anderen Weltkörpers (I) gleichzeitig mit künstlichem Licht (II) in das Spaltenrohr leiten und die entsprechenden Spectra mit einander vergleichen kann.

Von großem Nutzen ist ein solches Vergleichsprisma p (Fig. 129), wenn man über eine oder mehrere Linien eines Spectrums, welches von einer zu untersuchenden und daher in der Wärme- und Lichtquelle I glühend verdampften Metallverbindung im Zweifel wäre. Man verdampft dann in der heißen Flamme II ein flüssiges Salz jenes Metalles, von dem man vermuthet, es sei auch in jener fraglichen ersten Materie vorhanden. Ist dies wirklich der Fall, dann müssen — weil gleiche Umstände vorhanden sind — alle Linien der beiden Farbenbilder genau zusammenfallen.

Je schmäler die lichteinlassende Spalte ist, desto entwickelter, schärfer oder deutlicher wird das Spectrum sein (S. 395), aber auch desto lichtärmer. Die Weite der Spalte läßt sich daher der Stärke der Lichtquelle, mittels feiner Schrauben, anpassen.

Das Eintreten fremden Lichtes in das Spectroskop wird durch entsprechende Verkleidung, Gehäuse, durch Bedecken mit schwarzem Tuch, schwarzem Sammt u. dgl. verhindert. Alle Röhren, Hüllen u. s. w. der Spectroskope sind im Innern geschwärzt, um das etwa eingedrungene Seitenlicht zu absorbiren.

Die Spectroskope leisten der Naturwissenschaft als bequemes Mittel bei der Analyse hinsichtlich der Zusammengesetzheit des Lichtes und mittelbar auch der Materien die wesentlichsten Dienste. In Beziehung auf die Chemie erinnern wir, daß die Grundstoffe, sowie die Bestandtheile vieler zusammengesetzter Körper — z. B. vieler Farbstoffe, der Gesteine und Mineralwässer u. s. w. — spectralanalytisch durchforscht sind und daß bei der Beobachtung des chemischen Processes hinsichtlich des Bessemer Gußstahles das Spectroskop von ausschlagender Wichtigkeit ist. In der Physik dient das Spektroskop zur Untersuchung bezüglich der Einfachheit der Farbe einer beliebigen Lichtquelle es bringt Aufschluß über die stattfindenden Absorptionen jeder Art (S. 429), sowie über die Natur der lichtspendenden Meteore und Himmelskörper (S. 416) u. s. w.

In der Physiologie kann — nach Valentin 1863 — das Spectroskop zu einigen Untersuchungen über die Aufsaugung, die Lymphbewegung, den Blutlauf, die Absonderungen, die Ernährung und die Gewebe dienen. Valentin hat dargethan, wie nützlich das Spectralisiren dem Gerichtsarzt bei der Ermittelung einiger Gifte, sowie durch Beachtung der charakteristischen dunkeln Blutbänder im Grün des Spectrums werden könne.

Diese Studien sind in neuerer Zeit mehrseitig, besonders von Hoppe-Seyler, mit Glück fortgesetzt worden.

4. Spectral-Analyse der Himmelskörper.

Das Spionirtalent der optischen Prismen erstreckt sich nicht blos auf das irdische, sondern auch -- wie vorhin erwähnt worden ist (S. 414) -- auf das aus dem Weltall zu uns dringende Licht.

Behufs der Beobachtung der Spectra der Himmelskörper hat man den Spectroskopen die Form der Fernrohre ertheilt und sie werden auch wie diese gebraucht, d. h. wenn man durch dieselben nach der Lichtquelle hinsieht, so liegen letztere, die Spalte und das Auge in einer Geraden; sie sind also besonders bequem für das Einvisiren der Lichtquelle, was bei den Winkel-Spectroskopen (Fig. 128) seine Schwierigkeiten hat, indem man bei denselben die Lichtquelle nicht vor sich, sondern zur Seite und in vielen Fällen fast im Rücken hat. Amici scheint zuerst an ein gerades Spectroskop gedacht zu haben (1863).

Die Spectroskope zum directen Sehen beruhen darauf, daß die aus dem Prisma tretenden Strahlen entweder durch Reflexion an einem zweckmäßig gelegten Spiegel oder an der Hypothenuse eines Prismas (S. 114) oder durch nochmalige Brechung in ihre ursprüngliche Richtung gebracht werden. Im letzteren Falle soll ein zerstreutes Lichtbündel ohne vollständige Aufhebung der Zerstreuung parallel zur ursprünglichen Richtung abgelenkt werden. Diese Forderung ist jener der Achromasie (S. 168) entgegengesetzt und, in ähnlicher Weise wie dort, durch zweckmäßige Zusammenlegung von Prismen aus Crown- und Flintglas zu erreichen.

So z. B. liegen (Fig. 130) die stark zerstreuenden Flint-

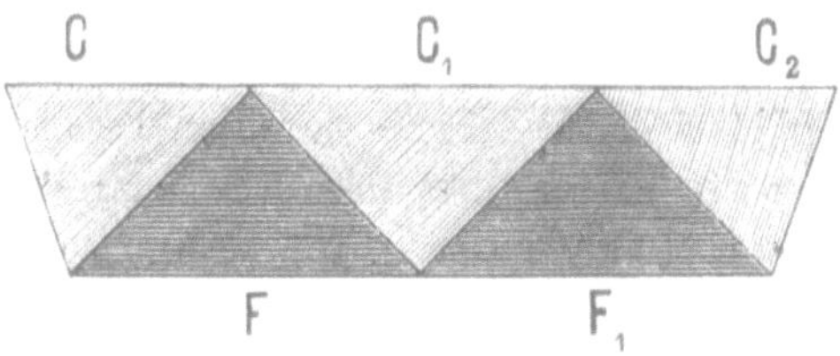

Fig. 130. Flint- und Crownglasprismen verbunden, um die Ablenkung der zerstreuten Strahlen zu verhindern.

glasprismen F mit ihren brechenden Winkeln nach oben, während die brechenden Kanten der weniger zerstreuungskräftigen Crownglasprismen C nach unten, also jenen entgegengesetzt wirkend, gerichtet sind. Beiderlei Prismen — es können zusammen 3, 5, 7, sein — sind so berechnet und aneinander gelegt, daß sie im ganzen wol eine Farbenzerstreuung, aber keine Ablenkung der Strahlen hervorrufen.

Diese Prismen-Zusammenstellung hat vor dem anderen, vorhin erwähnten Princip in der Praxis den Sieg errungen, obwol anfangs (1863) beide Methoden versucht worden sind. Die Spectroskope zum Directsehen lassen sich, wie die Fernrohre, zusammenschieben; sie eignen sich daher zu Taschen-Spectroskopen. Man hat solche Miniatur-

Spectroskope, die man bequem in der Westentasche unterbringen kann.

Das gerade Spectroskop wird für astronomische Zwecke, statt des Oculars, an ein mächtiges Fernrohr befestigt und mittelst einer Schraube so gestellt, daß das im Brennpunkt des Objectives entstehende Bildchen des Himmelskörpers (S. 307) genau auf die Ebene der Spectroskop-Spalte fällt und so für die Licht-Analyse den zu beobachtenden Gegenstand gibt; man hat dann ein Tele-Spectroskop.

Für die lichtkräftige Sonne dienen vielprismige Spectroskope theils um das blendende Licht durch die große Lichtzerstreuung abzuschwächen, theils auch, um das Spectrum möglichst zu entwickeln, d. h. die Farben und Dunkellinien recht weit auseinander zu bringen und sie deutlich zu trennen. Die Spectroskope für das Studium der Sonne sind in mannigfachster Weise construirt worden; sie sind entweder zum winkeligen (Fig. 128) oder geraden Durchsehen (Fig. 130) eingerichtet und sind manchesmal sogar aus beiderlei Spectroskop-Prismen zusammengesetzt worden. Man hat auch mehrere Prismen so angeordnet, daß die Brechung 360 Grade beträgt, wenn die Strahlen in's Auge gelangen. Unter sonst gleichen Umständen wird hier die größte Deutlichkeit im Spectrum auftreten, es geht aber dabei viel Licht verloren.

Zur spectroskopischen Beobachtung der Planeten, Monde, Kometen, Fixsterne, Sternhaufen und Stern-Nebel können nur wenig zerstreuende Prismen — etwa ein aus 3 Prismen bestehendes gerades Spectroskop — benützt werden, weil sonst das ohnehin nicht starke Licht zu sehr geschwächt würde. Weil die Fixsterne nur als Lichtpunkte erscheinen, so müssen sie, mittels cylinderisch geformter Linsen, zu einer feinen Lichtlinie ausgedehnt werden; die Spectroskop-Spalte ist dann eigentlich überflüssig.

Sowol bei den Sonnen= als Sternspectroskopen ist ein Vergleichsprisma nothwendig (S. 412) und sie lassen sich auch, wie z. B. jenes in Fig. 129, zum vergleichenden Studium der Spectra irdischer Stoffe verwenden.

In ähnlicher Weise wie bei den Tele=Spectroskopen, läßt sich auch ein kleines, chromatisches Prismensystem (Fig. 130) mit gerader Durchsicht mit dem Mikroskop verbinden; man hat dann ein Mikro=Spectroskop.

Ausgerüstet mit Tele=Spectroskopen, können wir nun zur Analyse des Lichtes der Himmelskörper schreiten und zwar zunächst bezüglich der Sonne; wir wollen gleich sehen, wie es hiebei zugeht: Die weißglühenden festen und tropfbar flüssigen Körper und ebenso die weißglühenden Gase im Zustande hoher Verdichtung geben ein linienfreies, d. i. continuirliches Spectrum (S. 407).

Läßt man solches Licht durch eine wenig heiße Weingeistflamme gehen, in der man Chlornatrium, d. i. Kochsalz, verflüchtigt; so wird die gelbe Linie D in die dunkle Fraunhofer'sche Linie D (Fig. 124) verwandelt. Ebenso werden die charakteristischen Geraden anderer Metalle in die gleichliegenden Fraunhofer'schen dunkeln Linien umgesetzt, wenn das kräftige Licht weißglühender fester, tropfbar flüssiger oder verdichteter gasförmiger Körper durch eine weniger heiße Flamme dringt, welche die Metalle verflüchtigt. Und weil hiebei die sonst hellen Linien der Flammen=Spectra dunkel, und die sonst dunkleren Partien derselben hell erscheinen, so nennt man das ganze Phänomen nach Kirchhoff 1859 die „Umkehrung der Flammen-Spectra".

Eine solche Umkehrung tritt auch ein, wenn man sehr kräftiges directes Sonnenlicht durch eine Flamme, in welcher Natrium, Kalium, Calcium und andere Metalle verdampft werden, gehen läßt.

Die Umkehrung der hellen Linien in dunkle läßt sich ableiten aus folgendem Naturgesetze: Gase und Dünste schwächen mittels Absorption jenes Licht, welches sie selbst im glühenden Zustand aussenden, während sie für alle anderen, einfach farbigen Strahlen vollkommen durchsichtig sind. Dieses Absorptionsvermögen ändert sich nicht merklich innerhalb weiter Temperaturgrenzen, während im Gegentheil die Stärke des von ihnen ausgestrahlten Lichtes, wenn sie glühen, mit ihrer Temperatur schnell zu- oder abnimmt. Wenn man nun eine Lichtquelle, welche ein continuirliches Spectrum gibt, durch Gas- oder Dampfumhüllungen spectralisirt; so können letztere so heiß sein, daß sie mehr Licht ausstrahlen als sie durch Absorption auslöschen und man gewahrt dann das Spectrum heller Linien auf dem dunkleren Grunde des continuirlichen Spectrums. Sind die Gase und Dämpfe nur so heiß, daß ihre Lichtausstrahlung die von ihnen bewirkte Absorption geradezu aufhebt; so erscheint das continuirliche Spectrum. Das Dasein der Gas- oder Dampfhülle verräth sich dann gar nicht. Ist endlich die Gas- oder Dampfhülle von so verhältnißmäßig niedriger Temperatur, daß ihre Lichtausstrahlung den durch die Absorption bewirkten Lichtverlust nicht mehr zu decken vermag, so erblickt man die dunkeln Linien der Gase oder Dämpfe auf dem leuchtenden Grunde des continuirlichen Spectrums. Je heller nun dieses ist, desto mehr stechen die Dunkellinien hervor.

In anderer, jedoch ähnlicher Weise hat Bunsen den letzten Fall dadurch erläutert, daß er vor einer großen, sehr heißen und daher lichtkräftigen Natriumflamme ein kleines, minder heißes und also lichtschwaches Natriumflämmchen brennen ließ, welches, auf dem lichtmächtigen Grunde der großen Flamme gesehen, schwarz erschien. Diese schwarze Flamme (!) wurde jedoch gelbleuchtend, sobald man jene heißere, größere Flamme auslöschte. Hier, wie bei den dunkeln Linien, ist also die Schwärze nur relativ d. h. bezogen auf den helleren Hintergrund. Die Umkehrung der hellen Linien in dunkle gelingt um so leichter, je höher die Temperatur und also die Leuchtkraft der weißglühenden Materie und je tiefer dagegen die Temperatur und Leuchtkraft des glühenden Gases oder Dampfes ist. Daher kommt es, daß, mittels eines weiß glühenden Platindrahtes oder eines weißglühenden Kalkcylinders, die Umkehrung der Natriumlinien nicht gelingt, wenn das Chlornatrium in der heißen Bunsen'schen Flamme verflüchtigt wird, wol aber, wenn dies in der wenig heißen, schwachleuchtenden Flamme wässerigen Weingeistes geschieht. Auch bei Umkehrung dieser Linien mittels Sonnenlichtes (S. 420) ist erforderlich, daß es eine gewisse Stärke habe; dämpft man es, so kann man die gelben Natriumlinien hervorrufen, weil dann die Lichtausstrahlung der Natriumdämpfe ihre Lichtabsorption überwiegt (S. 420).

Nehmen wir nun mit Kirchhoff an, der Kern unserer Sonne sei ein weißglühender, fester oder tropfbar flüssiger

Körper, umgeben von einer weniger kräftig glühenden Atmosphäre, die aus den Dämpfen verschiedener Stoffe bestehe; so werden die hellen Linien der letzteren umgekehrt, d. i. in dunkle Linien verwandelt. Man wird demnach jene dunkeln Linien im Fraunhofer'schen Spectrum, welche bei der Spectral-Analyse — mittels des Vergleichsprismas (S. 412) — mit den farbigen Linien verschiedener Stoffe genau zusammentreffen, als umgekehrte, der Sonnenatmosphäre angehörige Linien betrachten dürfen und mithin berechtigt sein zu schließen: die Sonnenatmosphäre enthält diejenigen Elemente als Dampf, für deren Linien sich das erwähnte präcise Ineinanderfallen zeigt. So fand Kirchhoff im Sonnenspectrum genau an jenen Stellen dunkle Linien, wo das durch den elektrischen Funken verdampfte Eisen seine — nach Angström und Thalen 460 — hellen Linien hinwirft, und er schloß daraus, daß die Sonnenstrahlen durch Eisendunst zu uns gelangen. Dieser Eisendunst kann entweder nur in der Gashülle der Sonne oder in unserer Atmosphäre enthalten sein. In der letzteren können nicht leicht Eisendämpfe angenommen werden, und am allerwenigsten so viele, daß sie im Stande wären jene dunkeln Linien zu bewirken; auch müßte der irdische Ursprung der letzteren anderseitig verrathen (S. 426) werden, was nicht der Fall ist. Da sich also nicht zugeben läßt, daß unsere Atmosphäre mit Eisennebel geschwängert sei, so kann sich der Eisendunst nur in dem glühenden Gas- und Dampfmantel der Sonne befinden.

Das Zusammentreffen der hellen Linien mit den Fraunhofer'schen Linien ist genügend sicher gestellt für: Natrium, Calcium, Barium, Magnesium, Eisen, Chrom,

Nickel, Kupfer, Zink, Wasserstoff, Mangan, Aluminium und Titan; diese Elemente kommen also in der glühenden Dampf-Atmosphäre der Sonne vor; sehr wahrscheinlich auch Cadmium, Kobalt und Strontium. Dagegen ist von den anderen, hier nicht genannten einfachen Stoffen, nach dem jetzigen Stande, anzunehmen, daß sie entweder nur in geringer Menge oder gar nicht in der Sonnen-Atmosphäre anwesend sind. Obwol die Dichter unsere Sonne so gern „golden" nennen, fand sich bisher doch keine Spur von Gold auf ihr.

Wenn der große Gedanke Kirchhoff's über die Constitution der Sonne richtig ist, dann müßten sich ja bei einer totalen Sonnenfinsterniß die Dunkellinien des Spectrums zu gleichliegenden hellen, in dem Augenblicke verwandeln, wo der Mond die Sonne gänzlich verdeckt, bis auf die hervorragenden Glühgase der weißlichen, nimbusartigen „Corona" und der vielgestaltigen, flammenähnlichen, carminrothen Hervorragungen am Rande der Sonne, scheinbar am Rande des Mondes, d. i. der Protuberanzen. So dachte man und erwartete mit hoher Spannung die große Sonnenfinsterniß vom 18. August 1868. Fünf wissenschaftliche Expeditionen wurden daher aus Europa nach dem langgestreckten, von der totalen Finsterniß getroffenen Gürtel von Aden bis Celebes in Südasien entsendet, um besonders die Corona und die Protuberanzen, nach einem von Du Faye (1861) gemachten Vorschlage, zu spectralisiren. In der That zeigte das Prismenbild der Protuberanzen einige sehr helle, durch dunkle Räume getrennte Linien, welche mit jenen im Fraunhofer'schen Farbenbilde zusammenfielen und aus welchen die Beobachter mit Sicherheit schlossen, die Protuberanzen bestehen aus glühenden Wasserstoffmassen.

Die Protuberanzen wurden bei der erwähnten Totalverfinsterung der Sonne besonders von Janssen zu Guntoor in Indien spectralisirt. Bei dieser Gelegenheit fand er, daß man die Protuberanzen auch bei offener Sonne studiren könne. Der Gedanke, welcher ihn hiebei leitete, war folgender: Die Protuberanzen der unbedeckten Sonne lassen sich weder vom freien noch bewaffneten Auge wahrnehmen, weil das mächtige Licht der von der Sonne beleuchteten Erdatmosphäre die viel lichtschwächeren Protuberanzen überstrahlt. Wollte man also das Spectrum der letzteren bei freier Sonne sehen, so müßte man die Helligkeit der Erdatmosphäre außerordentlich schwächen ohne gleichzeitig jene der Protuberanzen merklich zu vermindern. Dies ist nur mittels eines kräftigst zerstreuenden, also vielprismigen Spectroskopes möglich. Denn durch ein solches läßt sich das Fraunhofer'sche Spectrum des Tageslichtes so in die Länge ziehen und dadurch schwächen, daß es kaum sichtbar ist. Dagegen werden gleichzeitig die hellen Linien des Protuberanzen-Spectrums zwar sehr weit von einander entfernt, aber ihre Lichtstärke ist hiedurch nicht wesentlich verringert, weil sie ja, als einfachfarbig, nicht weiter in ihrem Licht zerstreuet werden können.

Janssen brachte ein solch erheblich zerstreuendes, gerades Spectroskop an einem Fernrohr an (S. 418) und richtete die eine Spaltenhälfte auf das in der Ebene der letzteren liegende Sonnenbildchen (S. 418), während die andere Spaltenhälfte über dessen Rand hinausgriff. Wenn er dann die Spalte um den Rand des Sonnenbildchens herumführte und auf eine Protuberanz stieß, so erblickte er das Fraunhofer'sche Spectrum der Sonnenscheibe und darüber — auf dem dunkeln Grunde des bis zur Unsichtbarkeit abgeschwächten Spectrums der Erdatmosphäre — das nur wenige Linien zeigende Spectrum der Protuberanz.

Wenn die Spalte des geraden teleskopischen Sonnen-Spectroskopes so erweitert wird, daß sie das Bild einer Protuberanz begrenzt; so enthält das Spectrum so viele Bilder derselben als die Protuberanz einfache Farben enthält. Wegen der mächtigen Zerstreuungskraft des Spectroskopes rücken diese Bilder so weit auseinander, daß je nur eines, mit der ihr eigenthümlichen einfachen Spectralfarbe — roth oder grünblau entsprechend den Linien des Wasserstoff-Spectrums 2. Ordnung (S. 407) — deutlich wahrgenommen wird. Allein auch mittels des schmalen Spaltes, wenn er längs der Protuberanz verschoben wird, kann aus den kleineren oder größeren Längen der hellen Streifen die Figur der Protuberanz entworfen werden.

Janssen hat in solcher Weise gefunden, daß die glühenden Gase der Sonnenhülle manchesmal in einigen Minuten ihre Form und Lage auffallend wechseln und dies in einer Größe, welche stellenweise den Rauminhalt der Erde viele hundert Mal übertrifft. Damit stimmen die ähnlichen Beobachtungen Lockyer's, der unabhängig von Janssen, ja sogar 2 Jahre früher als dieser, den Gedanken aussprach, den Sonnenrand mit einem stark zerstreuenden Spectro-Teleskop zu untersuchen.

Nach Lockyer's Spectralschau wäre die Sonne überall von einer über 1000 Meilen dicken, glühenden Wasserstoffschichte umgeben und die Protuberanzen wären nur ein örtliches Wogen und stürmisches Hervorbrechen jener Wasserstoffhülle, welche den äußersten Theil der ganzen Sonnen-Atmosphäre ausmacht. Lockyer hat die Wasserstoff-Atmosphäre, wegen der ihr entsprechenden farbigen Spectrallinien, Chromosphäre genannt; es ist jedoch üblich geworden die ganze Sonnen-Atmosphäre so zu nennen; letztere ruht auf dem weißglühenden Kern der Sonne, welcher auch als eine verdichtete Gaskugel angenommen werden könnte (S. 419). Die weißglühende Oberfläche des Sonnenkernes heißt Photosphäre. Die Corona scheint, nach neueren Beobachtungen, theils Sonnenlicht zu reflectiren, theils ihr eigenes Licht zu besitzen, welches letztere die Wasserstofflinien und eine noch zu erklärende grüne Linie zeigt.

Von einem Theil der Fraunhofer'schen Dunkellinien ist man der Meinung, daß sie dadurch entstünden, weil die entsprechenden Lichtstrahlen unserer Atmosphäre zurückgehalten werden. Wenn es sich so verhält, dann werden bei einem niedrigen Stande der Sonne — z. B. im Winter, des Morgens oder Abends — ihre Strahlen größere Luftschichten zu durchziehen haben, als bei einem höheren Stande; mithin werden im ersten Falle in Folge der stärkeren Absorption, auch mehr oder dickere dunkle Linien im Sonnenspectrum auftreten müssen. Und so ist es auch. Aus gleichem Grunde muß sich mit der Erhebung des Beobachtungsortes über die Erdoberfläche eine Verminderung oder eine Verdünnung der irdischen dunkeln Linien des Sonnenspectrums zeigen. Und dies findet nach Brewster (1836) und Jansen (1865) in der That statt. Dunkellinien, welche in den Spectren aller Himmelskörper vorkommen, sind irdische.

Im Kleinen kennt man bei farblosen Luftarten keine Absorptionslinien im Spectrum, wol aber weiß man — nach Brewster (1832) und seit dem nach vielen Anderen — daß in farbigen Gasen von gewöhnlicher Temperatur eine Absorption entsteht, welche dunkle, den Fraunhofer'schen ähnliche Linien im Spectrum des durch sie dringenden Lichtes erzeugen (S. 431).

Der Mond und die Planeten, welche kein eigenes Licht besitzen, sondern nur jenes der Sonne zurückwerfen, können in Beziehung auf ihre chemische Natur durch das Spectroskop nicht ergründet werden, wol aber einigermaßen bezüglich ihrer Atmosphären. In der That zeigen die Planeten die wichtigeren und deutlicheren Dunkellinien des Sonnen-Spectrums, welche nur im Einzelnen von ihren Atmosphären beeinflußt werden, indem in letzteren höchst wahrscheinlich Wasserdampf vorkommt, der die entsprechenden, irdischen Absorptionsstreifen verstärkt. Unser Mond bietet weder neue noch verstärkte Absorptionslinien in seinem Spectrum, woraus zu ersehen ist, daß die schon aus anderseitigen astronomischen Beobachtungen gezogenen Schlüsse, daß er keine Atmosphäre besitze, richtig ist.

Die Kometen geben, wegen ihrer Lichtschwäche, minder sichere festzustellende Ergebnisse bezüglich der Spectral-Analyse. Ihre Spectra verrathen die größte Aehnlichkeit mit den Linien des glühenden Kohlenwasserstoffes; man meint daher, daß Kohlenwasserstoff der Hauptbestandtheil der Kometen sei.

Die Fixsterne sind ähnlich unserer Sonne gebaut, daher auch ihre Spectra von Dunkellinien durchsetzt sind, deren Lage, je nach den Bestandtheilen ihrer glühenden

Atmosphären, verschieden ist. Wir verweisen des Näheren in dieser Richtung, sowie überhaupt in Beziehung der Spectral-Analyse der Himmelskörper, besonders auf die neuesten Studien von Donati, Huggins, Janssen, Lockyer, Miller, Secchi, Vogel und Zöllner*).

Die fertigen Gruppen der Sternnebel (vergl. S. 334) liefern in den mit Spectroskopen ausgerüsteten Großfernrohren ein von Dunkellinien durchsetztes Farbenbild, während andere himmlische Nebel dunkle, von hellen Linien durchzogene Spectra bewirken, welche anzeigen, daß dort in unendlichen Fernen glühender Wasserstoff, vielleicht auch Stickstoff und Eisen für die Ballung der Sterne vorhanden seien — die Welt ist nicht fertig.

*) Unsern Lesern empfehlen wir den XV Band dieser Sammlung Das Spectrum und die Spectral-Analyse von Prof. Dr. P. Zech. 1875.

5. Das Spectrum und die Lichtabsorption.

Wir haben bereits wahrgenommen, daß Lichtstrahlen, wenn sie durch gas- oder dampfförmige Stoffe dringen, verschluckt oder absorbirt d. i. ausgelöscht oder scheinbar vernichtet werden können (S. 420 u. S. 426). Dies geschieht nicht nur bei Gasen, sondern auch wenn Lichtstrahlen durch durchsichtige, tropfbare oder feste Materien dringen. Um zu erfahren, welche von den Strahlen des Spectrums absorbirt werden, kann man das absorbirende Mittel vor oder hinter der lichteinlassenden Spalte aufstellen und mittels Prismen ein continuirliches Spectrum erzeugen. Letzteres wird auf einer weißen Wand aufgefangen und untersucht, welche Strahlen im Spectrum fehlen.

Zu letzterem Zwecke wird man entweder abwechselnd das absorbirende Zwischenmittel wegnehmen und wieder an seine Stelle setzen oder besser, die Spalte nur halb mit dem Zwischenmittel decken und dann die mit dem Zwischenmittel versehene Spaltenhälfte das Absorptionspectrum und durch die andere, freie Spaltenhälfte das durch Absorption nicht beeinflußte Spectrum, zur Vergleichung, erzeugen.

Ein zweites Verfahren für das Studium der Absorption besteht darin, daß man das continuirliche Spectrum auf die absorbirenden Stoffe fallen läßt. Sind die letzteren durchsichtig, so wird das Spectrum erst nach seinem Durchdringen durch die absorbirenden Mittel erforscht. Bei undurchsichtigen Mitteln erfolgt die Beobachtung des Absorptionsspectrums im zurückgeworfenen Lichte.

Für das zweite Verfahren müssen die absorbirenden Materien entweder durch das Spectrum geführt, oder sie müssen eine in die Länge gedehnte Ebene, für das Auffangen des Spectrums, darbieten. Bei festen Stoffen wird dies in der Regel wenig Schwierigkeiten machen. Für tropfbare Flüssigkeiten bedient man sich länglicher Gefäße, welche gerade, zu einander parallele Glaswände besitzen. Gase schließt man in weite, farblose, mattgeschliffene Glasröhren, oder Lampenkugeln und deckt ihre offenen Enden mit gläsernen Platten, welche das Spectrum auffangen und durchlassen.

Genauer wird man mittels des Spectroskops die Absorptionsspectra erforschen können, wenn man die Absorptionsstoffe vor die lichteinlassende Spalte des Apparates bringt und jene nach einer kräftigen Quelle farblosen Lichtes richtet. Gewöhnlich wird man letzteres so wählen, daß ein continuirliches Spectrum entsteht; wo man jedoch die Fraunhofer'schen Linien zur Orientirung braucht, kann man auch das Sonnenlicht zum Erzeugen des Spectrums anwenden. Das Vergleichsspectrum läßt sich leicht herstellen (S. 429). In solcher Weise hat sich ergeben, daß Gase nicht nur bei sehr hohen (S. 420), sondern auch bei tieferen Temperaturen Absorptionsstreifen erzeugen (S. 427). So z. B. zeigt die gasförmige, gelbrothe Untersalpetersäure — nach Brewster 1832 — eine mächtige Anzahl dunkler Linien, welche im Roth beim C des Spectrums beginnen und in Violett so dicht werden, daß sie hier das Spectrum nahezu vernichten. Ja bei einer sehr dicken Schichte dieses Gases kann fast das ganze Spectrum erlöschen.

Fast entgegengesetzt verhalten sich die Absorptionserscheinungen im Spectrum der violett erscheinenden Joddämpfe; hier ist der blaue und violette Theil des Spectrums nahezu frei von Dunkellinien, welche sich vom Grün bis zum Roth des B zusammendrängen.

Die Absorption in Gasen tritt nicht nur — wie W. A. Miller meinte — in farbigen, sondern auch — nach Janssen und Morren — in farblosen Gasen und im Wasserdampfe auf, wenn nur die durchstrahlte Gas- oder Dampfschichte genügend lang oder genügend dicht ist.

Farbige Gläser und Flüssigkeiten löschen verschiedene Theile des Spectrums so aus, daß dadurch in letzterem breite, dunkle Räume entstehen. So z. B. absorbirt ein mit Kupferoxydul roth gefärbtes Glas alle Strahlen vom D bis einschließlich des Violett und läßt nur das Roth und Orange durch. Die orangegelbe Lösung des doppeltchromsauren Kalis läßt nur das Roth, Orange und Gelb bis b durch und absorbirt die übrigen Strahlen.

In vielen Fällen sind die dunkeln Linien und Streifen der Absorptions-Spectra, namentlich für Gase und Flüssigkeiten, so charakteristisch, daß sie das Wesentliche der Absorptions-Analyse, ähnlich wie bei der Spectral-Analyse die hellen Linien und Streifen, ausmachen (S. 398); in dieser Richtung sind besonders die neueren Studien über Absorption des Lichtes von Stokes, Valentin, Hoppe-

Seyler, Härlin, Melde, Phipson, Sorby u. a. m. wichtig und interessant.

Aus der Absorption des Lichtes erklärt sich die natürliche Farbe der Körper und Pigmente und es zeigt sich daß Newton auch hier schon frühzeitig das Richtige getroffen hatte. Die Körperfarbe besteht aus den Resten, welche, nach der Absorption, von den auffallenden und durchgehenden Strahlen übrig geblieben sind. Ein Körper kann folglich nur Farben zeigen, welche in dem zur Beleuchtung dienenden Lichte bereits enthalten sind.

Ein undurchsichtiger Körper erscheint im Sonnenlichte weiß, wenn er Strahlen von jedem Grade der Brechbarkeit und in demselben Mischungsverhältnisse, wie sie im Sonnenlichte vorkommen, zurückwirft. Er erscheint schwarz, wenn er Farben jeder Strahlengattung, welche ihn treffen, nahezu gänzlich absorbirt, wenn er folglich von dem Sonnenlichte, welches auf ihn fällt, fast gar keine Strahlen zurückwirft. Er zeigt endlich im Sonnenlichte irgend eine natürliche Farbe, wenn die ihn treffenden farblosen Sonnenstrahlen in ihre farbigen Bestandtheile zerlegt werden, von denen ein Theil ins alte Mittel zurückgeht und dem Körper seine Farbe verleiht, der andere aber in den Körper tritt und hier fast gänzlich „absorbirt" wird. Ein undurchsichtiger Körper erscheint z. B. grün, wenn er nur die grünen Strahlen, seien sie jetzt von gemischter oder einfacher Farbe, unregelmäßig zurückwirft, d. i. „zerstreut", wenn er mithin nur die rothen oder alle anderen farbigen Strahlen bis auf die grünen fast gänzlich auslöscht.

Es wird nach dem Gehörten nicht paradox klingen, wenn wir — gegen den gewöhnlichen Sprachgebrauch —

behaupten, daß Schwarz und Weiß keine Farben sind und daß wir beim Lesen eigentlich nicht die schwarzen Buchstaben, sondern den durch sie stellenweis verschieden geformten weißen oder farbigen Grund erkennen. Beim Aufsuchen des blinden Fleckes (S. 223) ist uns nicht das Schwarz, sondern das Weiß der Umgebung verschwunden, und nur durch die Vorstellung ausgefüllt worden (S. 229). Strenge genommen sollte man jenen Versuch mit weißen Kreisscheibchen auf schwarzem Grunde machen.

Nun ist auch klar, daß die Optiker — nach dem Muster des Auges (S. 213) — das Innere der optischen Kästen und Rohre nur deshalb schwärzen, um die von der Lichtzerstreuung herrührenden, störenden Strahlen verschlucken zu lassen; ferner leuchtet jetzt von selbst ein, warum nur die rothe Farbe des Spectrums recht lebhaft, die anderen aber nur sehr schwach erscheinen, wenn das Farbenbild des Sonnenlichtes auf einen rothen Körper fällt. Dasselbe findet statt, wenn wir einen rothen Körper zuerst durch rothes, dann durch andersfarbiges Licht, entweder vermittelst farbiger Flammen oder vermittelst farbigen Lichtes, beleuchten, welches wir uns dadurch verschaffen, daß wir die Strahlen des Sonnenlichtes vorher durch farbige Gläser, Flüssigkeiten u. s. w. gehen lassen (S. 431).

Hierauf beruhet das todtenähnliche Erbleichen einer Gesellschaft und ihrer bunten Umgebung, wenn dieselbe nur von dem einfach gelben Lichte einer Natronflamme erhellt wird. Am leichtesten verschafft man sich eine solche, wenn man die Dochte mehrerer Weingeistlampen tüchtig mit Kochsalz einreibt, oder wenn man den Spiritus stark wässert oder auf Kochsalz gießt und letzteres mit Ruthen aufpeitscht. Bei dieser gelben Beleuchtung zeigen sich alle Gesichter leichenhaft und alle Farben — die gelbe ausgenommen — erlöschen, ja viele derselben, z. B. Karminroth, Kaliblau sehen jetzt schwarz aus; wie so?

Im Vergleich mit dem einfachen Gelb einer solchen, das Natrium verflüchtigenden Flamme erscheinen die Wirkungen der sonst für gelbleuchtend gehaltenen Kerzenflamme auf alle Farben wie belebend — ein Beweis, daß die Kerzenflamme Strahlen von einer jeden einfachen Farbe aussendet. Dies tritt besonders deutlich hervor, wenn man die vorhin erwähnte gelbe Versammlung von einer Seite plötzlich mit Kerzen- oder Lampenlicht bestrahlt; sie sieht dann auf einer Seite mit ihren Farben erstorben, auf der zweiten farbig belebt aus.

Bei näherer Untersuchung der Kohlenwasserstoff-Flammen an Kerzen, Lampen und Gasleuchtern zeigt sich, daß in ihnen die gelben Strahlen vorherrschen und die blauen zurücktreten. Daraus wird von selbst klar, warum es fast gleichgiltig ist, ob die Ballhandschuhe gelb oder weiß sind; warum manche Arten von Blau beim Lampenlicht grün aussehen, und warum die Damen ihre Ballanzüge gern beim Lampenlichte einkaufen u. dgl. m. Indessen dürfen wir nicht vergessen, daß auch viele rothe Strahlen im Lampenlichte vorhanden sind, so z. B. gerade jene, welche in der Farbe des Zinnobers vertreten sind, weshalb sich auch dieser beim Kerzenlicht so mächtig erhellt.

Weil die Schauspieler auf der Bühne vom Gelb der Lampenflammen zu bleich erscheinen, appelliren sie an die rothen Strahlen ihrer Lichter und schminken sich mehr oder minder roth, je nachdem ihnen Unschlitt-, Oel- oder Gasflammen leuchten.

Auch die Farbe, welche die durchsichtigen Körper im zurückgeworfenen oder durchgelassenen Sonnenlichte besitzen, erklärt man in ähnlicher Weise wie die in den undurchsichtigen Materien (S. 432). Farbloses Glas zeigt einen dadurch gesehenen weißen Körper wieder weiß und überhaupt jede Substanz in ihrer natürlichen Farbe; es läßt also jede farbige Strahlengattung in gleichem Maße durch. Aehnlich verhält es sich mit allen farblos durchsichtigen Stoffen. Bei Stoffen, welche im zurückgeworfenen und durchgelassenen Lichte nahezu dieselbe Farbe zeigen, nimmt man Absorptionen, wie bei einem undurchsichtigen Körper an, spricht aber der Substanz die Fähigkeit zu, dieselben Strahlen sowol zurückzuwerfen als durchzulassen. Beim Diorama von Daguerre (S. 206) sind die transparenten Farben in der Regel andere als die reflectirenden.

Da die Ergänzungsfarben in der Theorie und Praxis (S. 281) eine so wichtige Rolle spielen, so wollen wir hier ein von Lambert (1772) angegebenes Verfahren anführen, welches sich nicht nur sehr gut eignet, um zu jedem Pigment, durch Farbenmischung auf der Netzhaut, die betreffende Complementärfarbe zu finden, sondern auch dazu dienen kann, um, durch Zusammensetzung des von Pigmenten kommenden Lichtes, Mischfarben zu erhalten, welche nicht das graue Ansehen haben, wie die durch Farbenscheiben erzeugten, sondern an Reinheit den bei Zusammensetzung ähnlicher prismatischer Farben entstehenden sehr nahe kommen. Man stelle eine farblose Glasplatte mit ebenen und parallelen Flächen scheitelrecht auf einen schwarz gedeckten Tisch und lege vor ihr eine gefärbte Oblate. Diese erblickt man jenseits der Glasplatte auf dem Tisch gespiegelt. An die Stelle dieses scheinbaren Bildes bringe man eine ebenso große, aber anders gefärbte Oblate, welche der Beobachter durch die Glasplatte sieht. Sein Auge wird dann gleichzeitig von dem durchgegangenen und dem gespiegelten Lichte getroffen; es erscheint ihm deshalb eine Oblate von einer Farbe, welche aus den Farben beider Oblaten gemischt ist.

Erhellt man irgend eine Ergänzungsfarbe mit farblosem Licht, so wird zwar ihre eigentliche Tinte dadurch nicht geändert, wol aber ihr Sättigungsgrad (S. 388), woraus — nach Brücke 1865 — ersichtlich ist, daß jede Farbe eine ganze Reihe verschieden gesättigter Ergänzungsfarben haben kann. Verwendet man zu jener Beleuchtung das Tageslicht, so ändert sich zuweilen das Aussehen der ursprünglichen Farbe derart, daß letztere kaum zu erkennen ist. Der Grund hievon liegt nach Brücke darin, weil das zerstreute Tageslicht nicht ganz farblos, sondern röthlich sei. Man schließt dies aus dem Verhalten der Tageshelle, wenn dieselbe mit farbigem Lichte auf der Netzhaut gemischt wird. Brücke macht bei dieser Gelegenheit aufmerksam, daß wir überhaupt geneigt sind, das herrschende Licht für weiß zu halten und daß wir selbst durch gefärbte Brillen die für das freie Auge weißen Gegenstände noch als farblos erkennen, woraus sich auch erklärt, daß wir das zerstreute Tageslicht gewöhnlich für farblos annehmen.

Nach einem älteren Vorschlage von Parrot (1791) läßt man in neuerer Zeit von bläulichen Lampengläsern mit den orangegelblichen Lampenflammen ein weißes

Licht bewirken. Auch das Gelbliche der Wäsche wird durch's Bläuen compensirt und bei richtigem Maße ein schönes Weiß erzielt.

Um die Absorption des Lichtes zu erklären hat Stokes (1854) dieselbe auf das Princip der Resonanz zurückgeführt. Wenn nämlich die Moleküle der absorbirenden Stoffe von Aetherschwingungen getroffen werden, für welche die Atome der Moleküle (S. 382) gleichsam abgestimmt sind, dann geben die ankommenden Aetherschwingungen ihre lebendige Kraft oder Energie theilweise oder völlig an die kleinsten Körpertheilchen ab, d. h. sie werden weniger, mehr oder gänzlich absorbirt. Aetherschwingungen, welche mit jenen der Atome in den Perioden nicht übereinstimmen, dringen ungehindert durch das Mittel.

Wir haben soeben von der lebendigen Kraft oder Energie gesprochen. Man versteht darunter das halbe Product aus der Masse in das Quadrat ihrer Geschwindigkeit. Der Satz von der Erhaltung der Energie verbürgt uns, daß bei der Absorption des Lichtes nicht etwa an Energie ein Verlust erfolgt ist, sondern statt des absorbirten Lichtes tritt verändertes Licht (Fluorescenz, Phosphorescenz), Wärme oder eine chemische Wirkung auf.

6. Verschiedenheit der Spectra.

Wenn wir einen Rückblick auf die Spectra werfen, die wir kennen gelernt haben, so ergeben sich drei Hauptarten derselben:

1. Continuirliche, glatte, stetige, allgemeine oder nicht unterbrochene Spectra (S. 419), welche in der Regel den weißglühenden festen und tropfbar flüßigen und sehr verdichteten gasförmigen Stoffen, ferner den gewöhnlichen Flammen der Kerzen, Lampen und des Leuchtgases zugehören. Das continuirliche Spectrum wächst vom Roth gegen das Violett mit dem Grade des Erglühens der festen und tropfbar flüssigen Körper und zwar entspricht ihrem Dunkelrothglühen nur das Roth bis nahezu B, ihrem Hellrothglühen das Spectrum vom Roth bis einschließlich Grün bei F, und endlich ihrem Weißglühen das ganze Spectrum vom Roth bis über das H-Violett hinaus. Die kleinsten Theilchen der erglühenden festen und tropfbaren Materien behalten also ihre niedrigen Schwingungszahlen, während sich höhere Schwingungszahlen anderer kleinsten Theilchen noch hinzugesellen. Indem die schwingenden, kleinsten, materiellen Theilchen jener selbstleuchtenden Körper einen Theil ihrer Bewegung, vermöge des inneren Aethers (S. 382), an den Aether, welcher den Körper umgibt, abtritt, sagt man, jene Körper strahlen Licht aus.

2. Discontinuirliche, unterbrochene, auswählende Spectra oder Linien-Spectra, welche aus verschiedenfarbigen, hellen Linien auf dunkelm Grunde bestehen und von glühenden Gasen oder Dämpfen im Zustande gewöhnlicher oder verminderter Dichtichkeit herrühren (S. 397).

3. Absorptions-Spectra, welche dadurch entstehen, daß in den continuirlichen Spectris durch Zwischenmittel gewisse Theile linien- oder bänderartig ausgelöscht werden (S. 420 und S. 431). Die hiebei vorkommende Absorption nennt man die auswählende. Im Gegensatze zu dieser steht die continuirliche oder allgemeine Absorption, bei welcher ein continuirliches Spectrum von einem Zwischenmittel — z. B. von einem gewöhnlichen, farblosen Glase, von einem Rauchglas (S. 250) 2c. — in allen Theilen gleichmäßig geschwächt wird. Die allgemeine Absorption vermag nicht ein continuirliches Spectrum in ein Absorptionsspectrum zu umwandeln; dies ist nur die auswählende Absorption im Stande.

Außer diesen 3 Hauptarten der Spectra hat Christiansen noch ein anomales Spectrum entdeckt (1870). Wenn man nämlich durch ein Hohlprisma, das eine concentrirte, alkoholische Lösung des Anilinrothes Fuchsin enthält, nach einer kräftig und farblos hellen Spalte hinsieht; so zeigt sich ein Spectrum, in welchem das Blau und Violett minder abgelenkt erscheinen als das Roth und Gelb derart, daß Roth (A, a, B, C) in der Mitte des Spectrums liegt, dann folgen Orange (D) und Gelb. Nach der entgegengesetzten Seite, vom Roth aus, erblickt man da, wo im gewöhnlichen Spectrum das Grün seinen Ort hat, dunkle Absorptionsstreifen und dann Violett (H) und Blau (G, F). Wo also im ordentlichen Spectrum das Roth und Gelb sich befinden, da ist hier Blau und Violett, dann kommt die Stelle des absorbirten Grün und jetzt erst der sonstige Anfang des Spectrums d. i. Roth, Orange und Gelb.

Im Fuchsin sind also die blauen und violetten Strahlen schneller fortgeschritten (S. 381) als die rothen und gelben, jene sind also weniger gebrochen als diese.

Derartige, regelwidrige Verrückungen einzelner Theile des Spectrums oder anomale Dispersionen hat Kundt an einer größeren Reihe absorbirender Materien beobachtet (1871) und zwar an den verschiedenen Arten des Anilinviolett, Anilinblau, Anilingrün, am Indigcarmin, Carmin, Magdalaroth, am übermangansauren Kali u. m. a. Diese außerordentliche Farbenzerstreuung wächst mit der Concentration der Lösung.

Die anormale Dispersion zeigt demnach, daß weder die stärkere Brechung noch die Wellenlänge, sondern nur die Schwingungszahl das Wesentliche der Farbe ausmachen (S. 385). Eine einfache Farbe ändert sich bei ihrer Brechung in verschiedenen Mitteln nicht, d. h. ihre Schwingungszahl bleibt ungeändert, wenn auch die Geschwindigkeit und Wellenlänge, aus deren Verhältniß jene Zahl entspringt (S. 374), ihre absoluten Werthe ändern.

Wir kennen bisher in der Optik kein künstliches Mittel, durch welches es möglich wäre experimentell die Schwingungszahl der einfachen Farbe abzuändern, wol ist aber ein solches für den Ton des Schalles, d. i. für das Anologon der Farbe, möglich. Wenn nämlich die Tonquelle dem

Ohr sich rasch nähert oder sich schnell von demselben entfernt, so erhält das Gehörorgan im ersten Falle mehr, im zweiten Falle weniger Schwingungen in der Zeiteinheit als bei der ruhenden Tonquelle. Der Ton ist also beziehungsweise subjectiv erhöht oder vertieft. Christian Doppler sprach diese Wahrheit (1842) zuerst aus und leitete eine Formel für die Tonveränderung ab. Die Erfahrung mittelst rasch bewegter Tonquellen auf Eisenbahnen hat Doppler's Satz bestätigt; er läßt sich auch mittels einfacher, akustischer Versuche nach Mach (1861) und König (1863) erhärten. In der Optik war bisher, wie schon ererwähnt, kein solches Experiment für die Aenderung der einfachen Farbe möglich, wol aber lassen (nach Huggins 1868) Beobachtungen mittels der astronomischen Spectral-Analyse auf solche Aenderungen in der Schwingungszahl oder Farbe schließen und folglich auch auf die Bewegung kosmischer Lichtquellen — z. B. eines Fixsternes, eines Protuberanzen-Ausbruches ꝛc. — gegen die Erde oder von derselben.*)

Ein großartiges, natürliches Spectrum bietet scheinbar der Regenbogen. Allein bei eingehender Betrachtung zeigt sich, daß derselbe in anderer Weise als das eigentliche Prismen-Spectrum zu Stande kommt. Fassen wir zunächst die herrliche und prächtige Farbenerscheinung des Regenbogens ins Auge.

Von Perlen baut sich eine Brücke
Hoch über einen grauen See;

*) Näheres hierüber im XV. Bande der Naturkräfte: Zech, das Spectrum S. 141.

Sie baut sich auf im Augenblicke,
Und schwindelnd steigt sie in die Höh'.
— — — — — — — — — — — — — — — — — —.
Sie wird erst mit dem Strom und schwindet,
So wie des Wassers Fluth versiegt.

Schiller.

Solch ein großartiges, wundervolles Phänomen mußte wol schon frühzeitig die Menschen zur Aufmerksamkeit reizen; ergriffen von der Erhabenheit des glänzenden, entzückenden Schauspiels brachten sie dasselbe in unmittelbare Verbindung mit der Gottheit. Dem einen Volke galt „der Bogen in den Wolken als Bundeszeichen" zwischen dem über den Wassern schwebenden Geist und den Nachkommen des aus den Fluthen geretteten Archenbewohners; der andern Nation war die am Himmel ausgespannte Farbenharmonie eine zarte Friedensbotin der Unsterblichen, eine Tochter des Erstaunens, „Iris" genannt. Erst später wird die Symbolisirung durch das denkende Fragen nach der Ursache des ergreifenden, farbenreichen Ereignisses verdrängt. Schon Aristoteles (384 v. Chr.) beschreibt das Zustandekommen des Regenbogens und die dazu erforderlichen Bedingungen ziemlich genau; er weiß bereits, daß ein Regenbogen nur dann entsteht, wenn man (Fig. 131) die Regentropfen vor dem Auge, die Sonne aber hinter sich hat; ferner, daß der Regenbogen einem in der Ebene des Horizontes befindlichen Auge als Halbkreis erscheint, wenn die Sonne eben auf- oder untergeht und daß die gesehenen Regenbogenstücke desto kleiner werden, je mehr die Sonne sich über den Horizont erhebt, so daß bald vor und nach der Mittagsstunde kein Regenbogen mehr auftritt.

In der That ist dies deshalb unmöglich, weil zu dieser Zeit die Sonne so hoch steht, daß die aus den Regentropfen tretenden, farbigen Strahlen gar nicht mehr das Auge treffen können. Aristoteles erwähnt auch der künstlichen Regenbogen, wie sie beim Herumspritzen des Wassers, z. B. beim Ruderschlag, erzeugt werden, nur müsse man die Sonne im Rücken haben — wer hat nicht wenigstens einmal den Regenbogen im Staubregen der Wasserfälle, bei Springbrunnen u. dgl. m. bemerkt oder mittelst Wasserzerstäubung selbst hervorgerufen? — Hauptfarben unterscheidet Aristoteles am Regenbogen nur drei, welche am äußeren oder Nebenregenbogen (Fig. 131, Nr. 3 und 4) matter erscheinen (S. 449).

Die Farben des Regenbogens entspringen, wie Aristoteles unrichtig meinte, aus der Trübung und Verdunkelung (S. 7) des Sonnenlichtes im Wasserdunste. Jene Strahlen, welche am schiefsten in die Wolken treten, dringen am wenigsten in dieselben ein, werden mithin am stärksten zurückgeworfen und leuchten daher als „Roth" am kräftigsten. Daß der Regenbogen eine Reflexionerscheinung sei, mußte schon Aristoteles erkennen, weil man ja, wie beim Spiegel, das Farbenbild vor dem Auge und die dasselbe bewirkende Sonne hinter sich hat. Die neben der Zurückwerfung des Lichtes im Regenbogen betheiligten Brechungen entgingen sowol dem Aristoteles als dem Seneca (im 2. Jahrh. v. Chr.), welcher die Ansichten des ersteren über den Regenbogen mit einigen unwesentlichen Abänderungen wiederholte, jedoch betonte, daß die Farben des Regenbogens, wie bei eckigen Gläsern (S. 151), nach unzähligen Abstufungen unmerklich in einander übergehen, wobei ihm aber dennoch die Brechungen entwischten. Erst Vitello (um 1270 n. Chr.) gedenkt beim Regenbogen neben der Zurückwerfung des Lichtes auch dessen Brechung, aber nur als Mittel, die Helligkeit des Bogens zu erhöhen. In solcher Weise schreiten die Beobachtungen, Messungen und Meinungen hinsichtlich des Regenbogens langsam fort; wir müßten eine größere Reihe von Namen der Forscher und ihrer Thaten hieher setzen, wollten wir getreu der Geschichte des Regenbogens folgen. Die Ermüdung unserer Leser fürchtend, erwähnen wir blos, daß der Deutsche Theodoricus mit Beginn des vierzehnten Jahrhundertes den ersten tüchtigen Grund zur Erklärung des Regenbogens legte, daß dann Descartes (1637) in der Auffuchung der Gesetze und Ursachen des Regenbogens glücklich vorschritt, worauf Newton die von Descartes nicht stichhaltig gelöste Farbenfrage in Beziehung auf den Regenbogen, vermöge seiner Lehre von der Lichtzerlegung (S. 153), in so klarer und einleuchtender Weise zu Ende führte, daß er endlich im Stande war, durch die sich ergänzenden Arbeiten der Denker aus mehreren Jahrhunderten, eine sehr befriedigende Theorie des Regenbogens in seiner Optik (1704) zu geben. Aus dieser heben wir zu unserem Zwecke heraus;

Der Hauptregenbogen zeigt sich mit denselben Farben wie das prismatische Bild; er ist an der innern, hohlen Seite violett, an der äußern erhabenen Seite roth. Es sei (Fig. 131) s a ein Bündel Sonnenstrahlen, welches in den Wassertropfen 1 an einer Stelle a eintritt, welche über dem Mittelpunkt des letzteren liegt. Hier wird es zum Einfallslothe gegen die Hinterwand des Tropfens gebrochen. An dieser Stelle verläßt ein Theil der Strahlen den Tropfen und ein anderer wird nach vorne zurückgeworfen, wo er, indem er aus dem Tropfen tritt, eine Brechung vom Einfallslothe und — nach Newton — eine Farbenzerstreuung erleidet. Bei einer gewissen Höhe

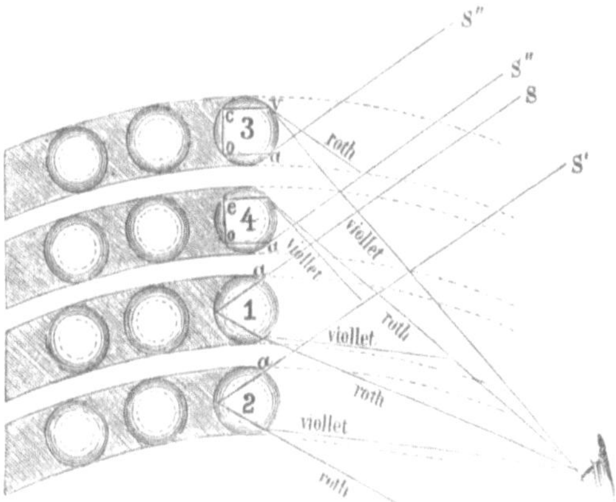

Fig. 131. Strahlenweg im inneren und äußeren Regenbogen.

der Tropfen (No. 1, Fig. 131) kommen nur die rothen Strahlen in's Auge, während die anderen Strahlen vorbeigehen. Die rothen Strahlen, als ein Bestandtheil jenes Lichtes, welches — wie Theodoricus schon im Jahre 1311 fand — bei seinem Durchgange durch den Tropfen zweimal gebrochen und einmal zurückgeworfen, mithin sehr geschwächt wird, könnte allein im Auge keine kräftige Empfindung der Farbe hervorbringen. Es müssen — nach Descartes 1637 — viele derartige Strahlen, nahezu parallel, aus dem Tropfen treten und in's Auge gelangen, wenn sie wirksam werden sollen. Dies ist nur dann der Fall, wenn die Sonnenstrahlen unter dem Einfallswinkel von beinahe 60 Graden den Tropfen treffen. Von einem tiefer liegenden Tropfen (No. 2, Fig. 131) erhält das Auge in ähnlicher Weise, nur violette wirksame Strahlen. Tropfen endlich, welche zwischen den vorigen (Fig. 131, No. 1 und 2) in verschiedenen Höhen ihren Platz haben, senden dem Auge die übrigen Farben des Spectrums in der bekannten Ordnung zu. So dringt z. B. von dem unmittelbar unter 1 gelegenen Tropfen Orange in's Auge, von dem nächsten Gelb u. s. w. u. s. w., das Auge erblickt daher eine prismatisch gefärbte Linie, die von 1 bis 2 reicht.

Eine solche prismatisch gefärbte Linie werden ebenfalls alle jene Tropfen geben, welche dieselbe Lage wie die vorhin genannten Tropfen gegen die Sonne und gegen das Auge des Beobachters haben d. i., nach den Lehren der Mathematik, alle jene, welche in einem Zirkel liegen, dessen Mittelpunkt von einer Geraden getroffen wird, welche von der Sonne durch das Auge des Beobachters geht. Von diesem Kreise erscheint dem Auge in der Regel ein Theil als Hauptregenbogen.

Schon De Dominis (1611) und etwa 3 Jahrzehnt später Descartes haben mit gutem Erfolg Glas- und Wasserkugeln verwendet, um ihre Ansichten über den Regenbogen zu erproben. In der That gewahrt das Auge an mit Wasser gefüllten Glaskugeln, sowie an Thautropfen, nur eine Farbe, welche wechselt, je nachdem man den Kopf, den Tropfen oder die im Rücken befindliche Lichtquelle senkt oder hebt.

Die Mathematik lehrt, und die Erfahrung stimmt damit überein: Hat die Sonne die Höhe von 42 Graden erreicht, so erblickt ein auf der Ebene des Horizontes befindliches Auge keinen Regenbogen mehr (S. 442). Ist das Auge so gestellt, daß es 42 Grad unter dem Mittelpunkte des Bogens noch Tropfen sieht, so nimmt es den Regenbogen als ganzen Ring wahr. Dies ist beim Staubregen der Wasserfälle, Springbrunnen und überhaupt dann der Fall, wenn die Regenwand nahe dem Auge sich befindet; ferner, wenn man einen genügend hohen Standpunkt, z. B. im Korbe eines Mastes hat und endlich bei dem wagrecht liegenden, siebenfarbigen Thaubogen der Wiesen, Spritzbogen der Meeres- und Flußwogen u. dgl. m.

Sobald der Beobachter, die Sonne oder beide zugleich ihren Platz ändern, wird auch die Lage des Regenbogens für das Auge eine andere. Jeder Beobachter hat also seinen eigenen Regenbogen. Darum scheint die Perlenbrücke, „wie du ihr nahst, zu fliehen", und die Volkssage hatte Recht, jenem das Auffinden der reichsten Schätze da zu versprechen, wo man den Fuß des Regenbogens mit der Hand erreicht — ist es doch eine alte Erfahrung, daß ein Vogel leicht zu erhaschen ist, wenn man ihm Salz auf die Füße streut. Wie glaubwürdig ist es daher, wenn La Pluche (1781) in seiner vielblättrigen Monographie über den Regenbogen erzählt, er sei einmal im Hofe seines Wohnhauses an dem einen Schenkel des von ihm beobachteten Regenbogens gestanden. Dieser Schriftsteller legt noch mehrere derartige Dinge über den Regenbogen vor, die nie jemand im Wachen gesehen hat, noch je sehen wird. Da lobe ich mir die Alten, welche den Wohlgeruch jener

Pflanzen und Wälder besonders hochhielten, auf welchen der Regenbogen geruhet hatte — es riecht wirklich in der Natur nach dem Regen herrlich.

Man war auch bestrebt, die Farbenpracht des Regenbogens für die Zwecke des Theaters auszubeuten und ihn künstlich nachzuahmen. In älteren Zeiten versuchte man es mit einem siebenfarbigen, von rückwärts stark beleuchteten Bogentransparent; später kam man auf das von einer kräftigen Lichtquelle herrührende Kreisspectrum, welches an einer durchscheinenden Fangwand (S. 190) erzeugt wird, indem man die Spitze eines Glaskegels gegen die lichteinlassende Oeffnung (S. 152) wendet: ein solches ringförmiges Farbenbild hat jedoch das Roth innen und das Violett außen. Man hat ferner daran gedacht, ein kleines Bogenspectrum durch die Thaumatropie (S. 270) zu vergrößern; aber die meisten dieser Verfahrungsweisen litten an Lichtschwäche und imponirten gar nicht. Vor zwölf Jahren endlich (1864) glückte es Duboscq in Paris mittelst eines elektrischen Projections-Apparates (S. 408, Fig 127) das Licht einer Bogenspalte durch ein mit dem brechenden Winkel nach oben gekehrtes Prisma in die Regenbogenfarben zu zerstreuen, sowie durch Linsen vergrößert, auf eine Bühnenwand zu werfen. Und dies in der richtigen Farbenfolge so kräftig, daß endlich ein künstlicher Regenbogen dem im hellen Theaterraum sitzenden Publicum vorgeführt werden konnte.

Aeltere Erklärer des Regenbogens hatten in ähnlicher, jedoch unbestimmter Weise gemeint, daß die Regenwolken als Ganzes ein großes gebogenes Farbenbild erzeugten; erst

Theodorich (1311) erkannte, daß die einzelnen Tropfen durch die Brechung sich eigenthümlich färben, und Newton brachte hierüber vollkommene Klarheit.

Hier mag noch angemerkt sein, daß bei den in mannigfachen Farben erglänzenden Springbrunnen auf Bühnen die verschiedenen Wassermassen einzeln von oben, unten oder mehrseitig mit je anderen farbigen Lichtern kräftig beleuchtet sind, welche auf sie von farbig verglasten elektrischen Lampen gesendet werden.

Zuweilen erblickt man noch einen äußeren Regenbogen, den „Nebenregenbogen“ (Fig. 131, No. 3 und 4). Sein Halbmesser ist selbstverständlich größer als der des Hauptregenbogens; seine Farben folgen in umgekehrter Ordnung zu jener des inneren Regenbogens. Die Geschichte der Ergründung dieses zweiten Regenbogens geht mit der des Hauptbogens Hand in Hand (S. 445) und seine Herleitung erfolgt in ähnlicher Weise wie beim letzteren. Es treten nämlich (Fig 131, No. 3 und 4) die Strahlen der Sonne unterhalb des Mittelpunktes bei den Wassertropfen ein, erleiden eine Brechung, zwei Zurückwerfungen und abermals eine Brechung nebst einer Farbenzerstreuung. Es gelangt dann aus jedem Tropfen wieder nur eine Farbe in das Auge z. B. nur die violette vom Tropfen 3, die rothe vom Tropfen 4. Die Farben sind hier weniger kräftig, weil das Licht durch eine zweite Zurückwerfung mehr als beim Hauptregenbogen geschwächt wird.

Drei- und vierfache Regenbogen, sowie Mondregenbogen, treten selten auf und werden in ähnlicher Weise erklärt. Manchesmal sieht man nur einzelne Stücke des Regenbogens; sie heißen Regengallen.

So haben wir denn erfahren, wie die Erklärung des Regenbogens mit schwachen Graden beginnend, durch immer wieder erneuete Arbeit der Denker verschiedener Jahrhunderte, endlich ein wahres Muster *physikalischer* Auslegungsweise wird; ja! der „Bogen in den Wolken“ ist wirklich ein Bundeszeichen des Geistes mit dem Menschen und weil er dies ist, trägt er alle Farben, deren Zahl in Wahrheit unendlich groß ist.

7. Merkwürdigkeiten der verschiedenen Zonen des Spectrums.

Die hellen und dunkeln Linien sind es nicht allein, durch welche das Spectrum in eine Beziehung zur Chemie tritt; das Farbenbild besitzt Regionen, in welchen sich chemische Wirkungen auf die dahin gebrachten Stoffe direct äußern. Schon i. J. 1773 bemerkte Scheele, daß ein mit Chlorsilberauflösung angefeuchteter, weißer Papierstreifen im Violett des Sonnenspectrums früher geschwärzt werde als in dessen übrigen Farben; mehrere Beobachter — unter diesen auch Göthe — bestätigten diese und ähnliche Thatsachen. Ja, Ritter fand sogar (1801), daß jene Schwärzung des Chlorsilbers über das Violett hinaus erfolge und daß sie an gewissen Stellen dieser Finsterniß sogar rascher als im Violett selbst sei; es muß also in dem an das Violett grenzenden finsteren Gürtel des Spectrums noch Lichtstrahlen geben, aber von so hoher Brechbarkeit, daß sie das Auge nicht mehr wahrnimmt; man nennt sie überviolette, ultraviolette, oder unsichtbare Lichtstrahlen.

Dieser überviolette Theil des Spectrums ist seit Ritter bis heute vielseitig studirt worden. Für ein Gemisch gleicher Raumtheile von Chlor und Wasserstoff, welche sich, unter Einfluß des Lichtes, zu Salzsäure verbinden, beginnen die chemischen Wirkungen im Spectrum des Sonnenlichtes beim Orange sehr schwach, und wachsen weit über das Violett hinaus, wie dies, nach Bunsen und Roscoe (1859), die Curve $n_1 V v_1 n_1$ (Fig. 124) versinnlicht. Man nennt Stoffe, auf welche das Licht chemische Wirkungen zu äußern im Stande ist, lichtempfindlich. Die blauen, violetten und überviolettten Strahlen sind für die meisten der bisher als lichtempfindlich bekannten Stoffe die chemisch wirksamsten. Nach neuen, mehrseitigen Erfahrungen können jedoch auch die rothen, und überhaupt jede Art von Strahlen chemische Wirkungen äußern, vorausgesetzt, daß sie in der lichtempfindlichen Materie in natürlicher oder künstlicher Weise zur Absorption gelangen (S. 124). Demnach bezieht sich die chemische Curve $n_1 V v_1 n_1$ (Fig. 124) nur auf den oben genannten Fall, und sie muß sich, je nach den verschiedenen lichtempfindlichen Stoffen, ändern.

Auch die über das Roth des Sonnenspectrums hinausliegende Dunkelheit ist durch eine besondere Eigenschaft merkwürdig; es fällt nämlich in diese Gegend die größte Wärmewirkung des Sonnenspectrums. Durch diese von W. Herschel schon im Jahre 1800 mittelst höchst feiner Thermometer entdeckte Thatsache wurde Ritter zu seinen vorhin erwähnten Studien über die chemischen Wirkungen des Spectrums angeregt. Die Wärmewirkung des Sonnenspectrums wächst stark vom Grün bis über das Roth hinaus, wie dies — nach J. Müller — die Curve $n v_2 n_2$ (Fig. 124) darstellt. Die mehr und minder brechbaren Wärmestrahlen lassen vermuthen, daß es „Wärmefarben" gebe. Man verwendet zur Entfaltung des Wärmespectrums am besten Prismen aus Steinsalz, weil letzteres die meisten Wärmestrahlen durchläßt. Die Wärme-Curve n v_2 n_2 (Fig. 124) bezieht sich auf ein Spectrum mittelst eines Steinsalzprismas; bei 3 ist die Wärme am stärksten.

Vor dem Roth des Spectrums erfolgen demnach die Aetherschwingungen des Lichtes noch zu langsam, um schon auf die Sehnerven zu wirken; hingegen ist im Ueberviolett die Geschwindigkeit der Aether-Vibrationen bereits so gestiegen, daß sie, ohne besondere Anstrengung und ohne künstliche Mittel, für das Gesichtsorgan verloren gehen. Wie zu langsame und zu schnelle Luftwellen nicht mehr das Ohr anregen, so ist es auch mit den Aether-Undulationen hinsichtlich des Auges. Vom Roth bis zum Violett vermag die Netzhaut des Auges die Geschwindigkeiten der betreffenden Aetherschwingungen als verschiedene Farben-Nuancen zu fassen; ja, es lassen sich sogar ihre Lichtstärken, innerhalb gewisser Bedingungen, vergleichen. Nach Messungen von Fraunhofer (1814) ist das Licht in dem von einem Flintglasprisma erzeugten Farbenbild beim Orange-Gelb D (Fig. 124) am intensivesten und im Violett am schwächsten, wie dies die Curve v (Fig. 124) andeutet.

In jüngster Zeit hat Vierordt, unter sinnreicher Anwendung der Spectral-Analyse, genauere objective Messungen für die Lichtstärke in den verschiedenen Theilen des Spectrums vorgenommen, deren Ergebnisse zwar von den subjectiven Fraunhofer'schen Resultaten im Einzelnen und besonders gegen die Enden des Spectrums abweichen; im Großen und Ganzen aber, und speciell in der Mittelzone des Spectrums, mehr übereinstimmen. Die lichtkräftigste Stelle fällt bei den beiden Forschungen zusammen.

Bei der Symbolisirung der Farben scheint unbewußt ihre Wärme- und Lichtstärke mitgewirkt zu haben. Das warme Roth gilt als Zeichen der Liebe; das kräftige Gelb als Sinnbild der stärksten Leidenschaft, d. i. der Eifersucht; das zarte Blau mahnt an die Treue, das lichtvernichtende Schwarz an den Tod, das alles Licht zurückstrahlende Weiß an die Unparteilichkeit, Unschuld und an den Frieden; daher das Weiß bei vielen asiatischen Völkern eine allegorische Beziehung zum Sterben hat; ja bei den Japanesen bedeutet Weiß die Trauer. Auch die aus den drei Grundfarben (S. 388) entstehenden Mischfarben hat man aus ihren Elementen zu symbolisiren gesucht.

Haben die Maler in künstlerischer Ahnung jene Farben die „warmen" genannt, welche gegen das Gelbroth hin schlagen? „Kalt" hießen sie längst jene Farben, welche in's Blau stechen. Es ist wahrscheinlich, daß im ersten Fall unbewußt eine Ideenverknüpfung an den gelblichen Sonnenschein und im zweiten Falle die Lichtschwäche des Blau mitspielte. Schon Göthe machte in dieser Richtung aufmerksam, daß an einem grauen Wintertage eine Gegend sonnig aussehe, wenn man sie durch ein gelbes Glas betrachte; hingegen hat Helmholtz bemerkt, daß eine sonnenbestrahlte Landschaft durch ein blaues Glas einen kalten Ton gewinne.

Die optische, chemische und thermische Verschiedenheit der nur theilweise zusammenfallenden Zonen des Sonnenspectrums veranlaßten Morichini (1812) nachzusehen, wie sich denn die Farben des Spectrums in elektrischer und magnetischer Beziehung verhalten und er wollte herausgebracht haben, daß die violetten und blauen Strahlen Stahlnadeln zu magnetisiren vermögen. Trotz der vielseitig hierüber angestellten Versuche ist jedoch die magnetisirende Kraft der genannten Lichtstrahlen bis heute — wegen der mitwirkenden Wärmestrahlen und des in's Spiel kommenden Erdmagnetismus u. s. w. — nicht endgiltig festgestellt; hingegen ist sicher, daß, je nach der Natur des angewendeten Prismas, die oben besprochenen Curven, (Fig. 124) d. i. die Lage der größten Intensitätspunkte für Licht, chemische Wirkung und Wärme sich ändern; doch bleibt die größte Leuchtkraft der Curve immer über dem Orange-Gelb. Bezüglich der chemischen Wirkungen hat sich ergeben, daß sich die verschiedenen Theile des Sonnenspectrums ungleich gegen je andere, lichtempfindliche Stoffe verhalten, daß mithin die chemische Curve (Fig. 124) mit den Stoffen wechselt. Es versteht sich von selbst, daß die Lage jener drei Curven (Fig. 124), auch bei den verschiedenen Spectren der mannigfaltigen Lichtquellen nicht stets dieselbe bleiben wird.

Außer den optischen, thermischen, chemischen und fraglichen magnetischen Wirkungen je anderer Gürtel der verschiedenen Spectra äußern die letzteren in ihren verschiedenen Bezirken noch eine Thätigkeit, welche an die Resonanz und an den Combinationston in der Akustik mahnen. Wir haben bereits vernommen (S. 22), daß man nach der Wellenlehre des Lichtes das Beleuchtetwerden der dunkeln Gegenstände aus einer Art Licht-Resonanz erklärt. In noch auffallenderem Grade tritt eine solche Licht-Resonanz auf, wenn man vom Roth ausgehend die in einem Gläschen enthaltene, wasserklare Auflösung von schwefelsaurem Chinin durch ein prismatisches Farbenbild führt. Bis zum Violett zeigt sich nichts neues. Die Farben gehen durch die Auflösung ungeändert, wie durch das Wasser. Im äußersten Violett angekommen — tritt jedoch auf einmal in der Flüssigkeit ein schwaches blaues Licht auf, das an Stärke immer mehr wächst, je weiter man mit der Chininlösung gegen das Ende des Farbenbildes rückt und welches noch dauert, wenn man mit derselben in den übervioletten, d. i. in den gewöhnlich unsichtbaren, nur chemisch wirkenden Theil des Spectrums gelangt. Die schwefelsaure Chininauflösung wird demnach von den sonst dunkeln Strahlen des Spectrums blau beleuchtet oder sie wird selbst blau leuchtend.

Läßt man ein prismatisches Farbenbild auf einen mit der schwefelsauren Chininauflösung getränkten Papierstreifen fallen, so erscheint das Spectrum bedeutend länger als gewöhnlich, wobei die sonst blaue und violette Region des Farbenbildes bläulich-weiß erscheint. Dieser Theil des Spectrums besteht aus allen Farbengattungen, wie man sich überzeugt, wenn man nach dem aufgefangenen Farbenbilde durch ein Spectroskop oder Prisma hinsieht.

Es müssen sich demnach die blauen und violetten Strahlen des Spectrums in Farben jeder Art, und die übervioletten, gewöhnlich unsichtbaren Strahlen in sichtbares blaues Licht verwandelt haben. Es sind also Strahlen von höherer in solche von niedrigerer Brechbarkeit umgesetzt worden. Jede derartige Veränderung in der Farbe des Lichtes heißt Fluorescenz. Stoffe, welche eine solche Veränderung bewirken, heißen fluorescirende.

Durch die fluorescirenden Materien wird der dunkle, überviolette Theil des Spectrums sichtbar. Die dadurch entstehende Verlängerung des prismatischen Farbenbildes ist von neuen dunkeln Linien (Fig. 124) parallel zu den Fraunhofer'schen Geraden durchsetzt, die Stokes mit I, L, M bis R bezeichnet hat. Esselbach hat sogar noch eine entferntere Linie S wahrgenommen. In einem vollkommen dunkeln Raume, sobald man den hellen Theil des Spectrums vollständig abblendet, kann man die ultravioletten Strahlen, wenn auch nur sehr schwach, unmittelbar mit dem Auge als Licht empfinden.

Lichtstrahlen, welche durch eine genügend dicke Schichte einer fluorescirenden Chininlösung gegangen sind, können nicht mehr in einer Chininlösung derselben Art Fluorescenz hervorrufen; die Fluorescenzstrahlen werden also von den fluorescirenden Stoffen absorbirt. Bergkrystall oder Quarz, schwefelsaures Kupferoxyd, Ammoniak, dunkelblaues Kobaltglas u. a. m. lassen die fluorescenzerzeugenden Strahlen in großer Menge durch. Zu den Versuchen über das verlängerte Spectrum und überhaupt, wo die fluorescirenden Strahlen erscheinen sollen, sind daher Quarzprismen am besten, hingegen Crownglas- oder Schwefelkohlenstoffprismen völlig untauglich.

Das Mischlicht der fluorescirenden Lichtstrahlen bewirkt unter Umständen sehr mannigfache, auffallende Farbenerscheinungen. Jedermann kennt den Baum der bitteren Kastanie. Ein Stückchen Rinde desselben in Wasser geworfen, stimmt, vermöge des sich herauslösenden Aeskulins, den zwischen den kleinsten Wassertheilchen enthaltenen Aether zur Licht-Resonanz, und ein in das Aeskulinwasser geleiteter Sonnenlichtkegel (Fig. 132) erscheint statt weiß — herrlich himmelblau. Ebenso verhält es sich bei einer Lösung des schwefelsauren Chinins. Die im farblosen Licht enthaltenen, blauen, violetten und überviolletten Lichtstrahlen sind hier die hervorrufenden Töne. In ähnlicher Weise zeigt sich der Lichtkegel bei einem ätherischen, grasgrünen Auszug von Blattgrün oder Chlorophyll statt grün — roth; bei einem weingeistigen, ätherischen, weingelben Auszuge vom Stechapfelsamen — grün, bei der blauen Lackmustinctur — roth, beim grünen Flußspath — blau, beim gelblichgrünen Uran-, Canarien- oder Annaglas — lebhaft grün. Alle diese Lichtkegel sind an ihren Einfallsorten am lichtkräftigsten und werden auf ihrem Wege immer weniger hell.

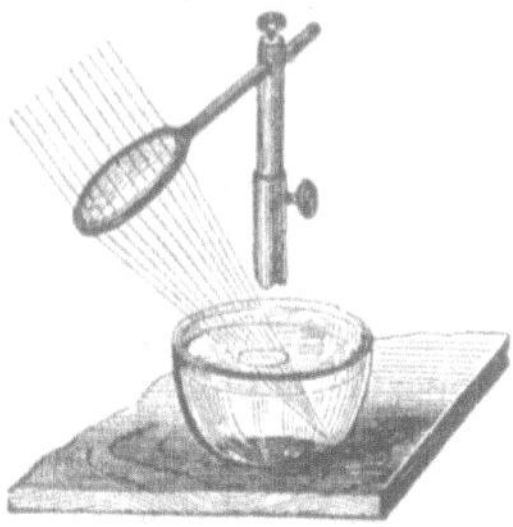

Fig. 132. Die Erzeugung der verschieden gefärbten Fluorescenzkegel.

Diese Farbenänderungen zeigen sich auch, obwol viel schwächer, wenn man die fluorescirenden Stoffe im reflectirten Tageslicht betrachtet. Wegen der bei der Fluorescenz erfolgenden Lichtabsorptionen erscheinen die fluorescirenden Stoffe im auffallenden Tages- und Sonnenlichte anders, als im durchgelassenen Lichte. So z. B. erblickt man die wasserhelle Chinin- und Aeskluinlösung im durchgelassenen Lichte wasserhell, im auffallenden bläulich. Letzteres rührt von dem erregten Fluorescenzlicht her, während ersteres daher kommt weil in den zuletzt genannten Flüssigkeiten nur die lichtschwächeren violetten und überviolletten Strahlen absorbirt werden und folglich die übrigen, durchgedrungenen Strahlen noch immer farblos erscheinen.

Die Chininlösung wird bereitet, wenn man schwefelsaures Chinin unter Zusatz von einigen Tropfen Schwefelsäure in's Wasser wirft. Minder empfindliche Stoffe verrathen im auffallenden Tageslichte noch keine Fluorescenzfarbe. Sehr viele Lösungen organischer und einiger unorganischer Stoffe sind fluorescirend. Von festen Stoffen erwähnen wir als für die Fluorescenz empfindlich, viele Uransalze, die meisten Platin-Cyanüre, z. B. Barium-Platin-Cyanür und ähnliche Platin-Verbindungen.

Jede Lichtquelle, welche viele blaue, violette und überviolette Strahlen enthält, eignet sich besonders zu Fluorescenzversuchen; es gehören hieher eine schwachleuchtende Weingeist-, Wasserstoff- und Schwefelkohlenstoff-Flamme, der elektrische Funke, besonders im luftverdünnten Raume; der Volta'sche Kohlenlichtbogen, das Magnesiumlicht und ganz vorzüglich das Licht des verbrennenden Aluminiums; es muß jedoch erwähnt werden, daß im Blattgrün (S. 458) die rothen Strahlen die erregenden sind.

Nun ist klar, warum der Hals weißer Glasballone grün erscheint, wenn durch den luftverdünnten Raum derselben elektrisches Licht gesendet wird — jenes Grün ist eben eine Fluorescenzfarbe. Wenn man die vom elektrischen Licht durchgezogenen Glasröhren mit Hüllen aus Uranglas umgibt, so erzielt man herrliche Fluorescenzerscheinungen; ebenso erglänzt ein Becher aus Uranglas in seinem herrlichen Grün, wenn er vom elektrischen Lichte eines luftleer gemachten Recipienten beleuchtet wird.

Hieher gehört der folgende nette Versuch: Man sieht in Figur 133 eine Geißler'sche Röhre (S. 406), deren Platindrähte mit den Polen einer kräftigen elektrischen

Quelle verbunden werden. Um diese Röhre sind zwei Röhrenstücke aus dünnem farblosen Glase gelegt und mit ihren Enden an die Hauptröhre festgeschmolzen. In diese

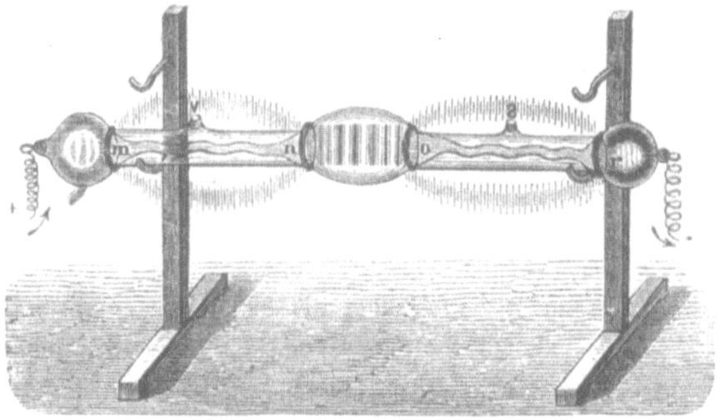

Fig. 133. Geißler'sche Röhre mit fluorescirenden Hüllen.

gläsernen Hüllen werden fluorescirende Flüssigkeiten eingeschlossen. Wenn man jetzt ein kräftiges elektrisches Licht durch die innere Röhre sendet, so bewirkt dies die herrlichsten Fluorescenzerscheinungen in der umgebenden Flüssigkeit. Eine der Glashüllen kann auch aus dünem, tief grün fluorescirendem Uranglas sein.

Die fluorescirenden Materien haben bei der Pariser Weltausstellung i. J. 1867 eine Rolle gespielt. In Glasröhren gefüllt, welche zu Emblemen, Namenszügen u. dgl. m. verschlungen sind, haben sie, mit Hereinziehung des elektrischen Lichtes, den Festlichkeiten einen mächtigen Glanz im eigentlichen Sinne des Wortes verliehen. Solche Geißler'sche Röhren haben bei reichen Leuten die Transparente aus dem Felde geschlagen, und es beschäftigen sich bereits mehrere Firmen in Paris ausschließlich mit der

Herstellung von ruhenden oder rotirenden Fluorescenzröhren — ein Wink für unsere Festordner und Glasbläser. Schon vor jener Weltausstellung überraschte ein Londoner Crösus seine Gäste mit einem Dunkelsaal, in welchem auf die großartigste Weise Fluorescenzflüssigkeiten in den herrlichsten Formen und Farben erglänzten, und so die Karfunkel der Fabelwelt für eine kurze Weile zur Wirklichkeit machten. Auch Robin und das gewerbliche Conservatorium in Paris boten ihren Besuchern eine solche Augenweide, bei welcher die von Geißler in Bonn gelieferten Röhren am herrlichsten strahlten. In kleinerem Maaßstabe sind solche Lichtresonanz-Concerte sogar in unsere Mittelschulen gedrungen. Ja, im Ausstellungs-Palaste zu Paris (1867) waren Apparatchen zusammengestellt, die leicht in einer Rocktasche unterzubringen sind und gleichwol jeden Augenblick derartige Lichtresonanzen im Finstern erregen.

Schließt man die Fensterspalte eines dunkeln Saales mit einem blauen Kobaltglase, so erscheinen nicht fluorescirende Gegenstände, z. B. eine weiße Porcellantasse, weiße Blumen rc., auf welche man die durch das Glas gegangenen Strahlen fallen läßt, blau; hingegen zeigen sich fluorescirende Stoffe in geänderter Farbe, fast wie selbstleuchtend. So z. B. sieht man die gelbe Schrift von „Barium-Platin-Cyanür" fast wie leuchtende Phosphorschrift. Ebenso, wenn man jene Schrift mit einer Schwefelflamme beleuchtet. Im gelben Lichte aber bleibt jene Schrift dunkel.

Jetzt wird der folgende Versuch verständlich: Man zeichne mit der sauren Lösung des schwefelsauren Chinins oder mit der wasserklaren Aeskulinlösung irgend einen

Gegenstand, etwa (Fig. 134) Blumen, Schmetterlinge u. dgl. auf einen weißen Papierschirm. Im hellen Tageslichte sind diese Figuren nicht sichtbar; im elektrischen Lichte

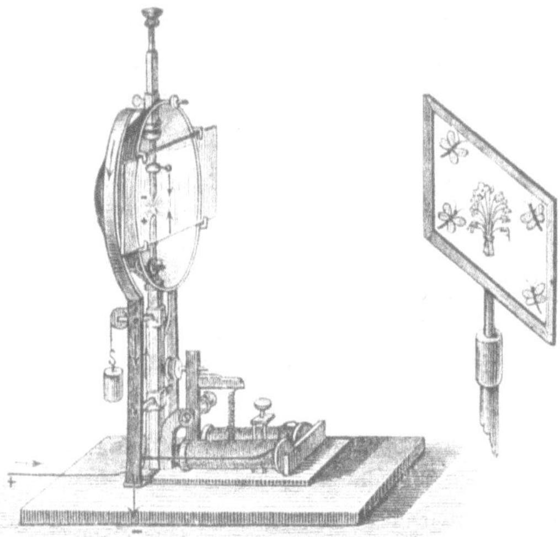

Fig. 134. Fluorescirende Figuren.

gewahrt man die Zeichnungen in sehr feinen Umrissen. Ganz deutlich, mit fast magischem Selbstleuchten hebt sich jene Malerei auf blauem Grunde ab, sobald eine blaue Glasscheibe als Zwischenmittel vor das elektrische Licht geschoben wird.

Die Fluorescenzmappe (Fig. 135), wenn sie vom Lichte des Tages, einer elektrischen Lampe, des verbrennenden Magnesiums u. dgl. oberhalb des blauen Cobaltglases beleuchtet wird, bewirkt, daß die gelbe Schrift aus Barium-Platin-Cyanür auf dem gelben Papier wie selbstleuchtend erscheint, während ein gelbes Glas, an Stelle jenes blauen Glases gebracht, die Barium-Platin-Cyanür-Schrift nur matt hervortreten läßt; wie kommt dies? Das gelbe Glas hält den größten Theil der fluorescenzerregenden Strahlen zurück und selbst mächtige Fluorescenzstoffe, zu welchen auch jenes Barium-Platin-Cyanür gehört, können daher in dem vom gelben Glas durchgelassenen Lichte, aus Mangel

Fig. 135. Fluorescenz-Tasche nach Nörremberg

von wirksamen Strahlen, nicht zur Lichtresonanz gelangen. Im zerstreuten Tageslichte wird die von den violetten und blauen Strahlen hervorgerufene Lichtresonanz von dem Lichtlärm der im weißen Lichte enthaltenen grünen, gelben und rothen Strahlen übertönt, was bei dem durch blaue Gläser gedrungenen Lichte nicht der Fall ist. Die blauen Gläser lassen nämlich nur wenig Dunkelroth, etwas Grün, hingegen das Blau und Violett fast gänzlich durch. Die letzteren Strahlen erregen nun in jener „Fluorescenz-Tasche" das Leuchten der Fluorescenzstoffe, ohne die störende Ueberstrahlung durch die gelben, grünen und rothen Lichter.

Da die Fluorescenztasche auf der einen Seite ein blaues und auf der andern ein gelbes Glas besitzt, so legt man beim Lichtwechsel die Tasche und Schrift um. Aus

Fig. 135 ist auch ersichtlich, wie ich das blaue Glas mit elektrischen Funken erleuchte.

Wir wollen nun die Gesetze der Fluorescenz aufsuchen und zu diesem Zwecke das continuirliche Spectrum des elektrischen Lichtes durch die Blattgrünlösung gehen lassen, welche in einem parallelopipedischen, dünnwandigen Glastroge enthalten ist. Man erblickt dann im Roth zwischen B und C ein schwarzes Absorptionsband, ferner im Orange, Gelb und Grün schwächere Absorptionsstreifen; das Blau und Violett ist gänzlich absorbirt. Betrachtet man dieses so mit dem Spectrum beschickte Chlorophyll im zurückgeworfenen Lichte; so zeigt sich, daß jeder Dunkelheit im Absorptionsspectrum eine dunkelrothe Helligkeit im Fluorescenz-Spectrum entspricht. Je mächtiger schwarz hiebei die Absorption erscheint, desto lichtkräftiger erblickt man die Fluorescenz. Dies zeigt sich stets, welche fluorescirende Flüssigkeit man auch dem gleichen Versuche unterwirft, so daß dieser Satz als allgemein geltend angenommen werden kann und man aussprechen darf: Ein zur Fluorescenz gestimmter Stoff wird durch jene Strahlen fluorescirend, welche er absorbirt (S. 457).

Da zwischen B und C im Absorptions-Spectrum des Chlorophylls die dunklesten Stellen liegen, so ist auch hier das Roth des Fluorescenzlichtes am kräftigsten; es haben also bei der Fluorescenz im Chlorophyll die rothen Strahlen zwischen B und C am mächtigsten erregend gewirkt. Hieraus ist wieder zu ersehen (S. 459), daß auch Strahlen von höheren Schwingungszahlen als die blauen bis übervioletten in dazu gestimmten Stoffen ausgiebigst die Fuorescenz erregen können.

Ein weiterer Beweis hiefür läßt sich bringen, wenn man — nach Hagenbach und Lommel — das Naphtalinroth, ebenso wie oben das Chlorophyll, untersucht; es zeigt dann im zurückgeworfenen Lichte ein continuirliches gelbes Fluorescenz-Spectrum, welches schon im Roth vor D beginnt und bis ins Ueberviolett reicht und hinter D sowie zwischen E und C, mithin da am stärksten erscheint, wo die gelben und grünen Strahlen fluorescenzerregend sind. Nach den bisherigen Erfahrungen darf man also annehmen: Die äußersten violetten und übervioletten Strahlen wirken auf alle bisher bekannten fluorescirenden Stoffe erregend, die violetten und blauen auf viele und die grünen, gelben und rothen Strahlen bis B auf manche derselben. Für die äußersten rothen Strahlen von B gegen A hat sich bis heute noch kein fluorescenzfähiger Stoff gefunden.

Einige Erscheinungen der Fluorescenz waren schon früher bekannt. Kircher erwähnt (1646) eines weißen aus Mexiko stammenden Holzes, welches die Eingeborenen Coatl oder Tlapazatli nennen, dessen Aufguß je nach Umständen andere Farben zeige. Das Holz hieß zu jener Zeit in Europa nephritisches, weil es ein unfehlbares Mittel gegen Nieren- und Blasenkrankheiten gewesen sein soll. Aus den Versuchen zu Newton's Zeiten geht hervor, daß die Infusionen solchen Holzes im auffallenden Licht blau und im durchfallenden gelb erschienen, mithin so, wie ein älterer Aufguß der Roßkastanienrinden. Zu Anfange dieses Jahrhunderts wurden mehrere Forscher auf die Fluorescenzerscheinung aufmerksam, aber erst Stokes studirte (1852) diesen Gegenstand eingehend; er ist daher der eigentliche Schöpfer dieser Disciplin, die ihm auch den

Namen dankt, den er mit einer Anspielung auf die Erscheinungen am Flußspath oder Fluor wählte.

Die Fluorescenz wird, nach Eisenlohr (1854), wie ein Combinationston hervorgerufen. Sowie der Combinationston aus dem Zusammentreffen von Wellen ungleicher Länge entsteht und in der Regel tiefer ist als jeder der erzeugenden Töne; so soll auch bei der Fluorescenz aus den kürzeren Wellensystemen des Blauviolett und Ultraviolett ein Farbenton von längeren Wellen entspringen.

Was verursacht aber die Entstehung jener zusammentreffenden Wellen? Hier können wir mit Stokes (1854) annehmen, daß die ankommenden Aetherschwingungen eine Schwingung der Körperatome einleiten in Perioden, nach welchen sie selbst zu schwingen geneigt sind (Analogie vom Schall: die Resonanz). Diese bewegten Atome rufen dann wieder andere Aetherschwingungen hervor, welche sich mit den erregenden Schwingungen zu einer Combinationsfarbe in ähnlicher Weise zusammensetzen, wie etwa ein Resonanzton mit dem erregenden zu einem Combinationston. Letzterer repräsentirt also beim Schall die Fluorescenz. Und so wie Helmholtz in jüngerer Zeit gelehrt hat, akustische Combinationstöne zu erzeugen, welche höher sind als die componirenden Töne; so ist vielleicht auch eine Fluorescenz möglich, welche einen höheren Farbenton gibt. Dies scheint auch nach der neuen (1871) Fluorescenz-Theorie von Lommel der Fall zu sein. Nach derselben kann die Resonanz des Lichtes nicht nur direct durch den Einklang, sondern auch indirect durch die nächst höhere oder nächst tiefere Oktave der homogenen Strahlen erregt werden.

Auch in der Calorescenz (nach Tyndall) liegt

ein ähnlicher Fall vor. Um dieselbe zu verstehen müssen wir vorausschicken, daß eine Lösung von Jod in Schwefelkohlenstoff eine dunkle Flüssigkeit gibt, welche keinen leuchtenden, aber alle Wärmestrahlen durchläßt. Eine hohle Sammellinse mit dieser Flüssigkeit gefüllt und vom Sonnen- oder elektrischen Licht bestrahlt, besitzt also einen unsichtbaren d. i. dunkeln Brennpunkt. In diesem erglüht ein dünner Platindraht oder auch ein Feuerschwamm u. dgl., welche Erscheinung Calorescenz heißt. Dieselbe läßt sich nur dadurch erklären, daß man annimmt, die lebendige Kraft oder Energie der absorbirten Wärmestrahlen sei auf die kleinsten Körpertheilchen übertragen und hier so umgewandelt worden, daß die kürzeren Wellen der leuchtenden Strahlen auftreten; auch die Selbstentzündungen durch die sich steigernde Absorptionswärme und bei manchen chemischen Processen gehören hieher.

Wenn die von blauen, violetten und überviolette Lichtstrahlen getroffenen Materien sich mit selbstleuchtenden Farben erst dann erhellen, wenn jene bestrahlenden Lichtquellen bereits erloschen sind; so heißen solche Substanzen nachleuchtende oder phosphorescirende. Als in früheren Tagen das Licht für eine höchst feine Materie angesehen wurde, meinte man, die Leuchtsteine oder Phosphore saugten, wie ein Schwamm das Wasser, die Helligkeit ein und geben sie dann im Dunkeln wieder von sich. Die Neuzeit faßt jene Lichtsauger als nachtönende Lichtresonatoren auf, und wie Wheatstone ein akustisches Resonanzconcert gab (1855), so that dies Gaiffe (1867) im Ausstellungspalaste zu Paris in optischer Richtung. Er bildete aus dem Staube verschiedener Leuchtsteine

Schmetterlinge, Blumen u. dgl. m., welche im gewöhnlichen Tageslichte fast unerkenntlich waren. Sobald er sie aber von der Sonne einen Moment bescheinen ließ und in einen Dunkelkasten schob, konnte das in letzteren hineinguckende Publikum jene Malereien in den herrlichsten Farben nachklingen sehen.

Alle Phosphore, welche nicht in einer langsamen Verbrennung ihre Ursache haben, sind nachtönende Lichtresonatoren und die Phosphorescenz ist eine Resonanz des Lichtes, verbunden mit einem hellen Nachtönen der betreffenden Farbe. Zu den am schönsten phosphorescirenden Stoffen gehören die bei sehr hoher Temperatur und auf trockenem Wege erzeugten Verbindungen des Schwefels mit Calcium, Barium, Strontium und Zink. Je nach der Behandlung bei der Erzeugung läßt sich eine andere Farben-Nuance der Phosphorescenz erzielen. Es kann auch das Selen für den Schwefel in die Verbindung treten. Es phosphoresciren:

Schwefelcalicium, roth, orange, grün oder blau.
Schwefelbarium, roth, orange, gelb oder grün.
Schwefelstrontium, gelb, grün oder violett.
Schwefelzink, grün.
Selenstrontium, blaßgelb, grün oder blau.

Weil die Feuchtigkeit den phosphorescirenden Stoffen schadet, so werden sie in Glasröhren eingeschlossen.

Um die Leuchtsteinchen nur sehr kurze Zeit bestrahlen zu lassen, bedient man sich des von Becquerel (1858) erfundenen Phosphoroskopes. Es besteht (Fig. 136 und 137) aus zwei zu einander parallelen, aber fix verbundenen Drehscheiben, welche am Rande, gegen einander regelmäßig alternirend, mit Oeffnungen versehen sind. Zwischen beide Scheiben in der Höhe der Oeffnungen, wird der zu untersuchende Stoff eingeschaltet. Nun stehen die Scheiben jedesmal so, daß es möglich wird, einmal den eingeschaltenen Stoff durch eine Oeffnung der vorderen Scheibe zu bestrahlen und gleich darauf durch Drehen der Scheibe die einfallenden Strahlen abzuschneiden und die etwa erregten Phosphorescenzstrahlen durch eine Oeffnung der hinteren Scheibe auf das Sehorgan wirken zu lassen. Je rascher man daher die Scheiben mittelst eines einfachen Räder-

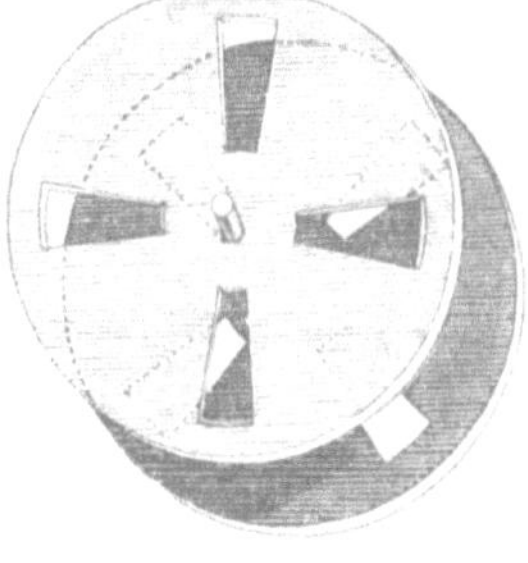

Fig. 136 und 137. Phosphoroskope nach Becquerel.

werkes dreht, desto kürzer wird die Dauer der ursprünglichen Belichtung; sie kann selbst auf $^1/_{2000}$ einer Sekunde herabgebracht werden und gleichwol zeigt sich noch die Bestrahlung, in Beziehung auf das Nachleuchten, von Erfolg!

Mit Hilfe des Phosphoroskopes hat man erfahren, daß, in freilich sehr niedrigem Grade, eine große Reihe fester Stoffe phosphorescire, aber keine Flüssigkeit. Da aber gerade sehr viele Flüssigkeiten fluoresciren, so scheint ein näherer Zusammenhang zwischen Phosphorescenz und Fluorescenz zu fehlen. Zufällig können jedoch beide Eigenschaften an einem Stoffe zusammentreffen; aber die Farbe der betreffenden Lichter ist dann von einander verschieden. Bei der Phosphorescenz und meist auch bei der Fluorescenz (S. 466) ist der Brechungsgrad des hervorgerufenen Lichtes tiefer, als jener des erregenden. Im Sinne der Wellenlehre des Lichtes heißt dies: die phosphorescirenden und meist auch die fluorescirenden Stoffe setzen die Schwingungszahl des Aethertones herab; sie verlangsamen die Aetherschwingungen. Die Emanationstheorie müßte die Fluorescenz- und Phosphorescenz-Erscheinungen auf eine neue Lichtausströmung und auf eine neue Lichtzerlegung zurückführen. Letztere bietet zwar dieser Hypothese keine Schwierigkeit, aber die Lichterregung läßt sie unerklärt.

In Beziehung auf die Absorption der erregenden Strahlen sowie des entstehenden Mischlichtes aus dem erregenden einfachen Lichte verhält sich die Phosphorescenz ähnlich der Fluorescenz (S. 464 und S. 456); aber die Phosphorescenz konnte bisher nur durch die höher tönenden Farben, d. i. vom Blau bis einschließlich Ultraviolett erregt werden (Vgl. S. 464); ja es heben im Gegentheil die rothen bis grünen Strahlen die von den blauen bis ultravioletten Strahlen hervorgerufene Phosphorescenz wieder auf.

Die Phosphorescenz kann sich, nach Becquerel, bis über das Roth hinaus erstrecken so daß die ultrarothen

Strahlen sichtbar werden. Eine mäßige, langsame, leitende Erwärmung bewirkt Phosphorescenz bei einigen Arten des Diamantes, Flußspathes, besonders des Chlorophans (vergl. unten) und bei noch einigen Stoffen. Erhöhung des Wärmegrades während der Bestrahlung vermindert die Phosphorescenz; ist dieselbe jedoch eben erst erloschen, so kann eine Erwärmung des Stoffes das Nachleuchten wieder veranlassen.

Das Studium der Fluorescenz hat das Interesse für die längst gekannten Erscheinungen der Phosphorescenz wieder geweckt und Becquerel hat (1857 bis heute) eine große Reihe schöner Arbeiten in dieser Richtung veröffentlicht. Von älteren Werken über die Phosphorescenz erwähnen wir jenes von Heinrich (Quart, 596 Seiten, 1811).

Schon Aristoteles kennt die Phosphorescenz mancher verwesender Stoffe und Plinius bespricht das Leuchten einiger Steine, unter welchen auch der Carbunculus ist. Eine tiefer gehende Beobachtung fanden die phosphorescirenden Substanzen erst nach der Entdeckung des Bononischen Leuchtsteines (1612) und Licetus (1640) wollte sogar den Mond als einen solchen ansehen. Zu den berühmten nicht verbrennenden und ohne Wärmeentwickelung leuchtenden Steinen gehören außer dem Bologneser Phosphor (1612), noch der Cantonische (1768), der Realgar- und Antimonphosphor, sowie der Chlorophan, welcher, wenn man ihn unter Oel in einem Reagensgläschen erhitzt, sein Leuchtvermögen einige Zeit bewahrt.

Während bei den fluorescirenden und phosphorescirenden Stoffen die auffallenden oder durchgehenden Lichtstrahlen nur Lichterscheinungen durch Resonanz vorübergehend hervorzurufen vermögen, können dieselben Strahlen jene Materien bleibend erschüttern, welche man die „lichtempfindlichen" (S. 452) nennt. Der Zusammenhang der Atome solcher Substanzen wird durch die Schwingungen des Aethers entweder aufgehoben oder es werden, unter günstigen Umständen, die Atome der verschiedenen Stoffe durch die Aetherschwingungen einander bis zur chemischen Anziehung genähert.

Sollten denn die zarten Aetherschwingungen wirklich im Stande sein, die chemische Constitution einer Materie bis zur Zersetzung zu erschüttern? In der großen Errungenschaft der jüngeren Wissenschaft, in der Möglichkeit einer Umsetzung der Kräfte, liegt die bejahende Antwort. Bewirken die Wärmeschwingungen des Aethers nicht mechanische Ausdehnungen, lockern den Zusammenhang der Moleküle und unterstützen die chemische Affinität? Wie also die Wärmeschwingungen in mechanische Kräfte verwandelt werden, so geschieht Aehnliches mit den noch höheren lebendigen Kräften der chemisch wirkenden Strahlen in Beziehung auf die betreffenden Zerlegungen der Substanzen. Die Emanationslehre leitete die optisch-chemischen Erscheinungen aus der chemischen Verwandtschaft des Lichtes mit den wägbaren Materien ab.

Die Mehrzahl der Silber- und Quecksilberverbindungen schwärzen sich im Tageslichte, wobei sie zersetzt werden, z. B. das Chlor-, Jod- und Bromsilber, ferner das salpetersaure Silberoxyd oder der Höllenstein. Weitere Beispiele der chemischen Lichtwirkung: das Chlor und der Wasserstoff verbinden sich im directen Sonnenlichte unter Explosion zu Chlorwasserstoff; das gelbe Jodblei wird im directen

Sonnenlichte rasch schwarzblau; im gewöhnlichen Tages- lichte zeigt es die Zwischenstufe grün. Aus der chemischen Wirkung des Lichtes wird ferner begreiflich: das Abschießen, d. i. Bleichwerden der Farben an Kleiderstoffen, welche lange dem Sonnenlichte ausgesetzt waren, das Bleichen der Leinwand, das Nachdunkeln der Farben. Vom Mangel an chemisch wirksamen Lichtstrahlen kommt die bleiche Farbe der Kellerpflanzen z. B. beim Auswachsen der Erdäpfel. Die Pflanzen scheiden im Sonnenlichte Sauerstoff aus, worüber die Pflanzenphysiologie eingehend belehrt.

Höchst lichtempfindlich hat in jüngerer Zeit (1869) Tyndall die Dämpfe vieler flüchtiger Materien — z. B. des Allyljodids, salpetrigsauren Amyläthers, Schwefelkohlenstoffes, Benzols, Benzoëäthers u. a. m. — gefunden. Selbst die geringsten Spuren solcher Dämpfe, sobald man sie mit dem Lichte der Sonne oder der elektrischen Lampe beschickt, werden chemisch zerlegt. Die weniger flüchtigen Zersetzungsprodukte schlagen sich dann in einem außerordentlich fein vertheiltem Zustande nieder, wobei sie vorherrschend die blauen Strahlen des empfangenen Lichtes mächtig zurückwerfen und folglich als kräftig blau leuchtende Wolken wahrgenommen werden. Dichtere Wolken dieser Art erscheinen weiß leuchtend. Tyndall hat hierauf seine nicht unbestritten gebliebene Theorie der Cometen, sowie auch seine Erklärung der Farbe des Himmels, gegründet.

Bei den meisten der eben genannten chemischen Lichtwirkungen sind vorherrschend die blauen, violetten und übervioletten Strahlen wirksam, derart, daß man bis vor kurzem dieselben allgemein als die chemisch wirksamen Strahlen bezeichnete. Es hatte aber Becquerel schon vor nahezu zwei

Jahrzehnten entdeckt, daß auch die Strahlen vom Grün bis gegen das Roth eine durch die blauen bis überviolletten Strahlen eingeleitete chemische Wirkung fortzusetzen im Stande sind, und nach Baudrimont (1861) wären zum Hervorbringen der Blüthen und Früchte das weiße Licht, also alle Farbenstrahlen, nothwendig. Ja, nach Baudrimont soll jeder Farbengattung des Spectrums eine eigenthümliche chemische Thätigkeit zukommen, die nur bei gewissen Stoffen sich äußern, bei anderen Null wären. Dasselbe hat Draper (1872) nachzuweisen gesucht. Freilich entsprechen den rothen bis grünen Strahlen, wenn man die bisherigen allgemeinen Erfahrungen im Auge behält, nur wenige Stoffe, etwa wie bei der Fluorescenz und Phosphorescenz, wo auch nur in einigen Materien die rothen bis grünen Strahlen erregend sind (S. 465).

H. Vogel fand (1873) wenn dem Bromsilber, welches für das Grün nur schwach, für Roth und Gelb gar nicht empfindlich ist, Farbstoffe zugesetzt werden, die das grüne, gelbe oder rothe Licht absorbiren; so wird jenes Bromsilber für das Grün empfindlicher und auch die gelben und rothen Strahlen sind dann auf dasselbe wirksam.

Hieraus ist ersichtlich, daß es bezüglich der chemischen Wirkungen des Lichtes hauptsächlich darauf ankommt, daß die betreffenden Stoffe Strahlen zu absorbiren im Stande seien, gleichviel ob die letzteren von höherer oder tieferer Schwingungszahl sind. Demnach könnte man in Zukunft die blauen, violetten und überviolletten Strahlen nicht mehr ausschließlich die chemisch wirksamen nennen. Man hat daher vorgeschlagen, weil sie in der heutigen Photographie (S. 476) noch immer die wirksamen Strahlen sind, dieselben als die photographischen Strahlen zu bezeichnen. Allein auch diese Benennung dürfte nur von kurzer Dauer sein, wenn der vorhin erwähnte wichtige Fund Vogels zur photographischen Aufnahme farbiger Gegenstände führen sollte.

Blicken wir jetzt zurück, so können wir aussprechen, daß alle von einer Lichtquelle herrührenden Strahlen sich wesentlich nur durch ihre Schwingungszahlen von einander unterscheiden und daß sie erst wahrnehmbar werden, wenn die lebendige Kraft oder Energie der Schwingungen der Aethertheilchen auf die materiellen Theilchen eines passend gestimmten Körpers übertragen werden. So z. B. sind die Wärme- und Lichtstrahlen objectiv, bis auf die Schwingungszahlen, gleich oder indentisch; aber die Wärmestrahlen vermögen nur die allgemeinen Nervenausläufer der Haut zur Wärmeempfindung anzuregen, während die Lichtstrahlen die Enden der Sehnerven zu ihrer optischen Leistung anreizen.

Bei der Fluorescenz und Phosphorescenz treten in den dazu geeigneten Stoffen statt der absorbirten Strahlen andere auf. Die chemische Wirkung der Strahlen wächst — nach Bunsen und Roscoe — genau in demselben Verhältnisse wie die Lichtabsorption.

Es gibt nur eine Strahlung von verschiedener Schwingungszahl und ihre verschiedenen Wirkungen scheinen nicht von der Verschiedenheit der Strahlen, sondern von der verschiedenen Beschaffenheit der Materie abzuhängen, welche die Aetherschwingungen aufnehmen.

8. Die Photographie.

Zu den interessantesten und wichtigsten Anwendungen der chemischen Lichtwirkungen gehört die Helio- oder Photographie.

Schon i. J. 1802 hatte Wedgewood auf Papier und Leder, welche mit Chlorsilber getränkt worden waren, Lichtbilder als Copien von Glasgemälden bekommen und jener Experimentator hatte sogar daran gedacht, die Bilder der Dunkelkammer an dem in solcher Weise chemisch zubereiteten Papier vom Licht nachzeichnen zu lassen. Da er jedoch im letzteren Falle die Wirkung zu schwach fand, ließ er den schönen Gedanken fallen. In einer Nachschrift Davy's zur veröffentlichen Arbeit Wedgewood's erfahren wir, daß der erstere um dieselbe Zeit, in ähnlicher Weise, die Bilder des Sonnenmikroskopes auf einem lichtempfindlichen Schirm festgehalten habe. Beiden Erfindern fehlte jedoch das Mittel, die Bilder zu fixiren, d. i. dieselben durch Wegwaschen der noch unzersetzten, lichtempfindlichen Stoffe gegen die fernere Einwirkung des Tageslichtes unempfänglich zu machen. An dem nämlichen Uebelstande litten die Bilder, welche Charles, ebenfalls um jene Zeit, auf sensiblem Papier im Louvre zu Paris erzeugt hatte.

Erst um das Jahr 1814 tauchten wieder Nachrichten von Lichtbildern auf, welche Nicophore Nièpce, ein reicher Edelmann zu Chalons, durch Einwirkung des Lichtes auf Asphalt, als Copien von Zeichnungen bekommen hatte. Zehn Jahre später erzielte er auch eine Abnahme der Bilder in der Dunkelkammer, aber erst nach 5—6 Stunden der Beleuchtungszeit; er setzte seine Versuche bis zum Jahre 1826 fort. Um diese Zeit erfuhr der Maler Daguerre (S. 206), welcher seit 1824 ebenfalls nach Lichtbildern suchte, von den Bestrebungen des Nièpce und knüpfte mit diesem einen Briefwechsel an, welcher erst 3 Jahre später zu einem Vertrage führte, nach welchem beide Forscher von nun an ihre Bestrebungen, Arbeiten und Erfindungen hinsichtlich der Heliographie — wie Nièpce sein Verfahren nannte — gemeinschaftlich verfolgen wollten.

Während nun beide vergebens bemüht waren, auf jodirten Silberscheiben Bilder zu erzeugen, kam ihnen der Zufall zu Hilfe. Daguerre hatte einige jodirte Silberplatten, auf welche in der Dunkelkammer je ein Bild, aber ohne bleibende, sichtbare Wirkung, gefallen war, in den Chemikalienkasten unbefriedigt zurückgelegt — nach einiger Zeit fand er auf denselben die Bilder. Die Untersuchung brachte ihn darauf, daß Quecksilberdämpfe jene Bilder hervorgerufen hatten. Er gründete hierauf jenes photographische Verfahren, welches nach seinem Erfinder die Daguerreotypie heißt.

Daguerre brachte eine jodirte Silberplatte in den Dunkelkasten dorthin, wo ein deutliches Bild des abzunehmenden Gegenstandes entsteht und ließ hier das Licht wirken. Hierauf hielt er die Platte über erwärmtes Quecksilber, welches sich an den Stellen des Bildes in feinster Vertheilung als Quecksilberthau niederschlug, und zwar an jenen Punkten am stärksten, welche am hellsten beleuchtet waren. Nachdem durch chemische Mittel der unverändert gebliebene Theil des lichtempfindlichen Ueberzugs der Platte fortgeschafft, und also da, wo keine Lichteinwirkung statt hatte, der Silberspiegel wieder hergestellt wurde, sah man, bei günstiger Stellung des Auges, vermöge des durch die Quecksilberstäubchen zerstreuten Lichtes, ein helles Bild auf dem dunkeln Spiegelgrunde.

Wieso kommen aber diese Bilder auf der jodirten Silberplatte zu Stande? Man ist der Ansicht, es verbinde sich das Jod mit dem Silber im Dunkeln zu Jodsilber. Durch die Einwirkung des Lichtes wird das Jod in Dunstform frei, das Silber bleibt als Pulver zurück, welches die Quecksilberdämpfe einsaugt und verdichtet. In ähnlicher Weise verhält es sich, wenn man die Silberoberfläche mit Brom oder Jodbrom überzieht. Da es sich hierbei nur um die Silberoberfläche handelt, so polirte Daguerre aus ökonomischen Rücksichten Kupferplatten mit Silber.

Läßt man die Silberoberfläche einer Kupferplatte von Chlor angreifen, und wirft auf das so bereitete Chlorsilber ein kräftiges Sonnenspectrum; so ertheilt es der lichtempfindlichen Platte Farben, welche jenen des prismatischen Farbenbildes ähnlich, aber matter sind. Becquerel und später Nièpce haben sogar Copien gemalter Kupferstiche, künstlicher und natürlicher Blumen und anderer farbiger Gegenstände erhalten. Es ist indessen dieser „Heliochromie" noch nicht geglückt, die von ihr bewirkten, sehr flüchtigen Farben zu fixiren; es liegt aber jedenfalls hierin der Beweis, daß auch Farben von niedriger Schwingungszahl chemisch wirksam sind (S. 474).

Im Jahre 1838 war Daguerre so weit, daß er eine Subscription auf Aktien zur Ausbeutung seiner Erfindung ausschreiben konnte, die aber erfolglos blieb. Darauf nahm sich der berühmte Sternkundige und Physiker Arago der Sache an; er hob die hohe Wichtigkeit der Daguerreotypie hervor und bewirkte, daß Frankreich dem Heliographenbunde sein Geheimniß abkaufte, derart, daß Daguerre 6000 und der Sohn des Nièpce 4000 Francs jährlichen Gehalt lebenslänglich beziehen sollten. Nach ihrem Tode hatten ihre Wittwen noch die Hälfte dieser Jahresrente ihre Lebenszeit hindurch zu beziehen. Die Pension war für den jüngeren Nièpce bedungen worden, weil der ältere bereits 1833 gestorben war, wodurch seine Rechtsansprüche auf seinen Sohn Isidor übergegangen waren. Am 19. August des Jahres 1839 wurde der französischen Academie, unter einer in wissenschaftlichen Dingen nie erlebten Theilnahme der Bevölkerung, das Verfahren Daguerre's kund gethan. Der Enthusiasmus von Paris fand in der ganzen civilisirten Welt seinen Nachhall und sein Spiegelbild. Man sah damals Jedermann mit Dunkelkästen, Silberplatten, Quecksilber und Jod bewaffnet — und doch sollte nicht Daguerre's Verfahren das Scepter in der Photographie der Zukunft führen.

Im März des Jahres 1839, also noch vor der Bekanntgebung des Daguerre'schen Verfahrens, hatte ein reicher Engländer, Namens Talbot, der königlichen wissenschaftlichen Gesellschaft in London, seine „Kalotypie" mitgetheilt, d. i. ein heliographisches Verfahren, welches sich an die ersten Methoden in der Herstellung von Lichtzeichnungen anschloß. Talbot scheint zum Glück jene älteren mißlungenen Versuche auf den mit Silbersalzen getränkten Weißpapieren nicht gekannt zu haben, weil er sonst durch dieselben zurückgeschreckt worden wäre.

Talbot benäßte seine Papiere mit einer Auflösung des Chlornatriums oder des Kochsalzes, und des salpetersauren Silberoxydes oder des Höllensteins, wodurch er bei weitem empfindlichere Blätter als seine Vorläufer erzielte. Er legte den abzunehmenden Kupferstich auf sein „kalotypes" Papier und brachte beide in das Sonnenlicht. Die dunkeln Stellen des Kupferstiches hielten das Licht von dem sensibeln Papier, je nach ihrer Schwärze mehr oder weniger ab, wodurch ein negatives Bild, oder ein „Negativ" entstand, d. h. ein Bild, bei welchem Licht und Schatten entgegengesetzt, wie beim abgebildeten Gegenstande, vertheilt waren; es zeigte folglich die hellen Stellen des Urbildes dunkel und die dunkeln Theile hell. Nachdem Talbot das negative Bild zuerst mittelst einer gesättigten Auflösung von Meersalz, und später — nach einem von John Herschel schon i. J. 1819 gemachten Vorschlage — mittelst einer Auflösung des schwefelsauren Natrons „fixirt" hatte, konnte er mit Hilfe des „Negativs", als einer Matrize, durch Wiederholung des angegebenen Verfahrens, viele positive Bilder erzeugen.

So hatte denn Talbot durch sein Vorgehen die wichtige Frage, hinsichtlich der Vervielfältigung der Lichtbilder auf Papier, sowie ihrer Dauerhaftigkeit in erwünschter Weise erledigt; es blieb ihm jedoch noch übrig, seine Methode auf die Abnahme der Bilder in der Dunkelkammer anzuwenden. Zu diesem Behufe mußte er sein Papier noch empfindlicher machen, was ihm erst 2 Jahre später, durch Heranziehung des Jodes und der Gallussäure, gelang. Talbot erzeugte in der Dunkelkammer von den Gegenständen ein Negativ und mit diesem durch wiederholte Abklatschung die „Positivs".

Im Jahre 1841 ließ Talbot seine Kalotypie, welche man später ihm zu Ehren „Talbotypie" nannte, durch Biot der Academie der Wissenschaften in Paris vorlegen; aber sie konnte durch den Lärm, welchen das Daguerrotyp zu jener Zeit machte, nicht durchgreifen und dies um so weniger, als in dieser Periode eine Legion heliographischer Vorschläge der abenteuerlichsten Art die Welt bestürmten.

Zu Anfange der vierziger Jahre gab Bayard in Paris schwefelgelbe Photographien auf Papier aus, ohne daß er jedoch über die Art ihrer Anfertigung etwas aussagen wollte. Hatte er vielleicht das Talbot'sche Verfahren nur abgeändert oder war er, wie es fast scheint auf eigenem Wege zur Photographie auf dem Papiere gekommen? Wer will dies entscheiden, da der Urheber jener Bilder sein Schweigen hartnäckig bewahrte, bis er einige Jahre später durch Evrard in Vergessenheit gebracht wurde. Der letztere, ein Tuchhändler aus Lille, hatte in den ersten Monaten des Jahres 1847 durch gelungene Photographien auf Papier zu Paris allgemeines Aufsehen erregt; er veröffentlichte sein, auf Talbot'schen Grundsätzen beruhendes, jedoch in praktischer Beziehung verbessertes Verfahren und brachte so die Talbotypie in Aufnahme.

Das Papier zu den Talbot'schen negativen Lichtbildern soll von gleichmäßiger Masse und hinreichend durchscheinend sein. Da dies nur schwer zu erreichen ist, so hat der jüngere Niépce — Neffe des Erfinders der Photographie — dasselbe durch eine Glasplatte, welche mit einer dünnen Stärkeschichte überzogen war, ersetzt. Dieser Ueberzug wurde durch chemische Mittel lichtempfindlich gemacht, und hierauf mit der Erzeugung und Fixirung sowol des negativen als auch des positiven Bildes, ähnlich wie bei der Talbotypie, verfahren. Dieses photographische Vorgehen heißt „Niépçotypie".

Niépce der jüngere überzog das oben erwähnte Glas behufs der Empfindlichmachung für das Licht zuerst (1847) mit Stärke, dann mit Eiweiß; Poitevin versuchte es bald darauf mit einem Gelatinüberzug und Archer (1851) nach dem Vorschlage Le Gray's mit Collodium, welches nunmehr fast ausschließlich angewendet ist.

Bei der Talbotypie und Niepçotypie wird durch die Lichtwirkung in der Dunkelkammer und durch den darauf folgenden Hervorrufungs- und Verstärkungsprozeß das Silber in verschiedenen Graden reducirt, derart, daß sich Silber in der feinsten Vertheilung als schwarzes Pulver ausscheidet. Die vom Licht nicht getroffenen Stellen bleiben bei diesen Vorgängen ungeändert und die darauf haftenden Stoffe werden beim Fixirungsprocesse entfernt. Beim positiven Bilde verhält es sich in ähnlicher Weise.

Das Sonnenlicht, das helle Tageslicht, das elektrische Licht, das Magnesiumlicht' und das weiße Feuerwerklicht sind reich an blauen, violetten und übervioletten Strahlen; die genannten Lichtquellen sind daher für das jetzige Verfahren in der Photographie sehr wirksam. Kerzen und Lampenlicht enthalten wenig photographisch thätige, hingegen mehr gelbe und rothe Strahlen, welche letztere auf die heutigen photographischen Stoffe nahezu unwirksam sind. In einem Zimmer mit Fenstern aus dem gelben Callicoglas oder in einem Dunkelzimmer bei Kerzenlicht schwärzen sich daher die lichtempfindlichen Stoffe der heutigen Photographie nur wenig und es ist nun begreiflich, warum die Photographen das negative Bild in einer gelbverglasten Kammer oder in einer Dunkelstube bei Kerzenbeleuchtung hervorrufen.

An die Fortschritte des chemischen Theiles der Photographie schlossen sich jene der Dunkelkammer. Schon Daguerre besaß eine solche, mit welcher er die Bilder der landschaftlichen und architectonischen Objecte ziemlich unverzerrt bekam; für die Portraits erwiesen sich jedoch die Objective noch zu wenig genau, bis Petzval aus Wien dieselben i. J. 1843 so berechnete, daß man nun auch die Bildnisse lebender Personen durch das Licht malen lassen konnte.

Seitdem liefern die ersten Optiker allerorten treffliche Objective, welche je nach den verschiedenen Objecten auch anders geformt sind und bei welchen der photogene Brennpunkt, d. i. jener für die chemisch wirkenden Strahlen, faßt zusammenfällt mit jenem des optisch stärkeren Lichtes, derart, daß nahezu keine Brennpunkt-Differenz für die verschiedenen Strahlen des Spectrums mehr vorhanden ist.

Schon Arago hatte (1839) mit scharfem Geiste die vielseitigste Anwendung der Heliographie vorausgesehen; gleichwol wurde sie noch weit überflügelt. Sollten wir es unternehmen, die Ausbeutung der Lichtmalerei aufzählen zu wollen? Hieße dies nicht an alle Objecte der Natur und Kunst erinnern? Da dies unmöglich ist, so beschränken wir uns nur auf einige Andeutungen hinsichtlich der Ausnützung der Photographie in der Wissenschaft. Durch die Photographirung des Sonnenspectrums hat man das verschiedene Verhalten seiner Strahlen gegen je andere Stoffe kennen gelernt. Der Mond, die Sterne und einige Himmelserscheinungen — wie die Protuberanzen (S. 423) — wurden mittelst ihres Lichtes abgebildet. Zu diesem Zwecke sind die Fernrohre so eingerichtet, daß sie der Bewegung der Himmelskörper folgen können.

Einen wichtigen Gebrauch der chemischen Wirkung des Lichtes hat man zu Kew, bei London, gemacht, um alle beachtenswerthen Vorgänge des Wetters mit Hilfe des Lichtstrahls selbstthätig aufzeichnen und so die Elemente des Klimas bloßlegen zu lassen.

In einem mit gelb verglasten Fenstern versehenen Beobachtungssaale erblicken wir zunächst ein Thermometer, vor einer photographischen Dunkelkammer (Fig. 138). Der Stand des Quecksilbers bildet sich auf lichtempfindlichem, weißem Papier ab, welches hinter einer schmalen Spalte an der Rückwand der Dunkelkammer von einem Uhrwerk so verschoben wird, daß stets neue Stellen des Papiers für die Lichteinwirkung zurecht gelegt erscheinen. Das zu diesem Photographiren erforderliche Licht bietet eine weiße, vor dem Thermometer befindliche Flamme, deren Helligkeit nur vom quecksilberfreien Theile des Thermometerröhrchens durchgelassen wird. In Folge dessen schwärzt sich an dem lichtempfindlichen Papiere der obere Theil, während der untere weiß bleibt, d. i. jener, von welchem das Quecksilber die Strahlen der Lampe abhält. Die Grenzcurve des Dunkeln und Weißen an dem lichtempfindlichen, bewegten Papier, entspricht den Thermometerständen verschiedener Zeiten, welche längs des Streifens markirt werden.

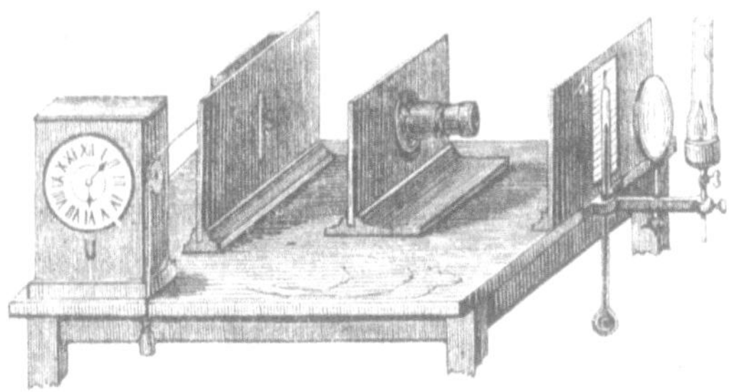

Fig. 138. Selbstschreibendes Thermometer mittelst des Lichtes.

In ähnlicher Weise läßt sich auch die Höhe des Barometers, des angenäßten Thermometers oder „Feuchtigkeitsmessers" mittels des Lichtstrahles festbannen und meßbar machen. Und dies geschieht zu Kew. Jede der Lampen spendet für das hinter ihr aufgestellte Instrument das zum Photographiren seiner Anzeige erforderliche Licht, und bei jedem Instrument verrückt eine Uhr das Papier behufs der nachfolgenden Lichteinwirkung.

Die ersten Versuche, meterologische Aufzeichnungen vermittelst des Lichtstrahles verrichten zu lassen, wurden 1846, also schon 7 Jahre nach der Erfindung der Photographie, von Ronald in Paris auf Daguerreotyp-Platten gemacht und von Brooke mit Eifer derart fortgesetzt, daß der letztere bereits die Londoner Ausstellung 1851 mit einem vollständigen, photographisch-meteorologischen Apparate beschicken konnte, der in jener Zeit großes Aufsehen erregte, die höchste Auszeichnung fand und in den meteorologischen Observatoren zu Kew, Greenwich und Paris Eingang fand.

In solcher Weise hat die Meteorologie in der Photographie einen mächtigen Bundesgenossen erworben der beim mühsamen Aufspeichern ihres Baumaterials die trefflichsten Dienste verrichtet.

Die photographisch zeichnenden Meteorographen, gehörig eingerichtet, übertreffen an Feinheit der Leistung alle anderen Meteorographen; denn einen zarteren Schreibstyl als den Lichtstrahl kann es wol kaum geben!

Man hat sich zu Kew keineswegs damit zufriedengegeben, die Hauptelemente der Witterungskunde ununterbrochen vom Lichtstrahle in einer leichtverständlichen Liniensprache eintragen zu lassen; man wollte noch mehr. Auch der Magnetismus der Erde sollte mit Hilfe des allmächtigen Lichtes gezwungen werden, seine Veränderungen ohne Aufhören kund zu thun — wie ging man dabei zu Werke?

Bekanntlich verrathen sich die Schwankungen in der Richtung und Stärke des Erdmagnetismus mittelst der Abweichungen und Neigungen feiner Magnetstäbe, welche man um lothrechte oder wagrechte Axen sehr leicht drehbar aufhängt. Diese Magnetstäbe tragen zu Kew kleine Spiegelchen. Das durch optische Linsen concentrirte Licht einer weißen Flamme fällt auf das Spiegelchen, von dem es auf ein lichtempfindliches Weißpapier geworfen wird, welches den Mantel eines von einem Uhrwerke in 24 Stunden einmal herumgedrehten Cylinders bildet.

Unser Leser merkt schon, wo das hinaus will. Würden die Richtung und Stärke des Erdmagnetismus stets gleich bleiben, so möchten auch jene spiegeltragenden Magnetnadeln ruhig hängen bleiben und die zu einem einzigen Punkte gesammelten Lichtstrahlen jener Weißflamme würden, vom Spiegel an den Cylindermantel kommend, auf diesem in vierundzwanzig Stunden eine Kreislinie photographisch einzeichnen. Wenn hingegen der Erdmagnetismus seine Richtung und Stärke ändert, dann gewinnen auch jene Magnetnadeln neue Lagen, also auch der Spiegel, mithin auch der gesammelte Lichtpunkt, welcher zur Oberfläche des gedrehten Cylinders gelangt. In Folge dessen schreibt der Lichtpunkt auf dem lichtempfindlichen Papier des Cylinders eine Krumme, die sich unschwer in die Zahlensprache übersetzen läßt und welche daher, je nach dem angewendeten Magnetstabe, die Variationen der magnetischen Abweichung oder magnetischen Neigung für die am Papier erschließbaren Zeiten mißt. So verräth das Licht einer einfachen Lampe die geheimsten Vorgänge des Erdmagnetismus. Und dies ohne Unterbrechung. Welche directe Beobachtung könnte mit dem angestrengtesten Fleiße dieser Notirung folgen?

Die Geschichte der photographischen Registrirung hinsichtlich des Erdmagnetismus fällt mit jener der Witterungselemente, wie wir sie oben erzählten, zusammen. Seit 1847 wurde von Brooke und Ronald die photographisch-magnetische Beobachtungsmethode studirt und 10 Jahre später gelangte sie durch Welsh in Kew zur ernsten Anwendung. Aehnliche Magnetographen wie zu Kew sind auch zu Greenwich, Paris, im Colonial-Observatory, in Madrid, Florenz und Washington thätig.

Wenn im Beobachtungssaale zu Kew die von den höchst beweglich aufgehängten Magnetstäben mittelst des Lichtstrahles aufgezeichneten Bogen plötzlich auffallend größer als gewöhnlich sich zeigen, dann läßt sich mit Sicherheit hier in der gelben Stube aus jenem kleinen regelwidrigen Dunkelbogen auf dem Weißpapiere schließen, daß in diesem Momente an beiden Polen der Erde sich ein mächtiger Lichtbogen wölbe in den herrlichsten Farben, von entzückendem Glanze mit zu Kronen anschließenden Strahlen. So ist dann jener spiegelnde Magnetstab zu Kew ein Telegraph, der ohne Zwischendrähte das Auftreten des Nord- und Südlichtes augenblicklich ankündigt.

9. Die Farben durch Zusammentreffen der Aetherwellen.

Die mit den herrlichsten Farben geschmückte Seifenblase ist nicht ohne Grund das Bild der Flüchtigkeit und Veränderlichkeit; flüchtig ist ihre Existenz und veränderlich ihre Pracht; flüchtig ist die Jugend ihres Erzeugers, des spielenden Knaben und veränderlich sein Sinn; flüchtig und veränderlich ist die Luft, die sie vom Strohhalm wieder zum Spiele übernimmt. Und doch wäre man versucht, dieses Muster der Vergänglichkeit — neben dem der bunte kurzlebige Schmetterling als Symbol des ernsten und ewigen Wesens erscheinen könnte — als Zeichen der Ausdauer, Beharrlichkeit und Würde gelten zu lassen, wenn man bedenkt, daß die Farben der Seifenblase seit 200 Jahren Gegenstand der reiflichsten Erwägungen und Berechnungen der berühmtesten Physiker und Mathematiker sind.

Ob die Seifenblase schon die Augen der jungen Antiken oder der antiken Jungen ergötzt hat, wurde uns von der Geschichte nicht aufbewahrt; sie hat es eben mit anderen Seifenblasen von dahin schwindendem Glanze zu thun. Wir wissen auch nicht, ob die Kinder des Mittelalters sich an der Schönheit der Seifenblase erfreuten, wir begegnen ihr zum ersten Male auf wissenschaftlichem Gebiet in der

Farbenlehre Boyle's (1663), wo sie in einem Gespräche mit einem fingirten Schüler Pyrophilus gegen die Ansichten der Chemiker (S. 8) als ein Beweis angeführt wird, wie man farblosen Flüssigkeiten die mannigfaltigsten Farben ertheilen könne, ohne ihre chemische Zusammensetzung im Geringsten zu ändern; in der That ein gelungenes Beispiel! Allein dabei bleibt er nicht stehen; er hat auch Glaskugeln so dünn blasen lassen, bis sie mit der Farbenzier auftraten; er erinnert ferner an die Farben, welche mit den Blasen der geschüttelten, farblosen ätherischen Oele, des starken Weingeistes und Terpentins entstehen und mit jenen Kugelhüllen wieder erlöschen.

Neun Jahre später zeigte Hooke die lebhaften Farben der Seifenblase der königlichen Gesellschaft für Wissenschaft zu London, die darüber sehr erstaunt war — was nicht befremden wird, denn „es ist eben eine Kunst, sich zur rechten Zeit und am rechten Ort zu verwundern". Und hier waren die Zeit und der Ort die rechten, weil weder die directe Fortpflanzung des Lichtes noch dessen Spiegelung und Brechung diese Erscheinung zu erklären vermochten. Hooke rief die Blasen mittelst eines Glasröhrchens aus Seifenwasser derart hervor, daß sie am Gefäße blieben und sich gut beobachten ließen. Er bestimmte die periodische Reihenfolge der Farben, wenn auch nicht so genau wie später Newton; er bemerkte, daß bei einem Blasenhäutchen keinerlei Farben erscheinen, so lange es noch dick ist oder sobald es wieder seine Dünnheit eingebüßt hat. Er erwähnte bei dieser Gelegenheit, daß ein und dasselbe Ding verschiedene Farben im zurückgeworfenen oder durchgehenden Lichte zeigen könne, etwa wie beim nephritischen Holze (S. 465).

Schon früher hatte Hooke in seiner Mikrographie (S. 358) auf die Farbenringe zwischen den russischen Glimmerblättchen hingewiesen und erzählt, daß jene ausharren, wenn auch bei denselben die eingeschlossene Luft durch Flüssigkeiten ersetzt wird; er hatte auch (1665) solche Farbenringe durch Aneinanderpressen von Glasplatten und Glaslinsen mit Zwischenluft oder Zwischenflüssigkeiten bewirkt.

Aehnliche Räthsel boten die um dieselbe Zeit (1665) von Grimaldi zu Bologna gemachten Beobachtungen, welche zwar dem Scheine nach, weit vom Farbenspiel der Seifenblasen entfernt sind, mit demselben aber dennoch, wie wir später finden werden, auf das innigste zusammenhängen. Grimaldi fand, daß in der Dunkelkammer Lichtstrahlen, welche an den Rändern sehr enger Oeffnungen oder schmaler, undurchsichtiger Körper vorbeigehen, eine Ablenkung von ihrer geradlinigen Bahn erfahren, welche er „Diffraction" nannte. Vermöge derselben zeigte sich bei einer Spalte, welche das Tageslicht einläßt, auf der weißen Auffangtafel gegenüber der Lichtquelle ein weißer Streif, der breiter war, als man nach der geradlinigen Fortpflanzung des Lichtes, erwarten durfte; überdies erschien er mit farbigen Rändern versehen, welche von der Mitte nach außen hin schwächer wurden.

Ersetzte Grimaldi die Spalte durch einen schmalen, undurchsichtigen Körper, so ergab sich der Schatten auf der weißen Tafel breiter, als er vermöge der geradlinigen Fortpflanzung des Lichtes zu zeichnen war, und in der Mitte, was man am wenigsten voraussagen würde, von verschiedenfarbigen Streifen unterbrochen.

Grimaldi leitete auch Sonnenstrahlen durch zwei äußerst nahe bei einanderliegende sehr kleine Oeffnungen in sein finsteres Zimmer. Hierauf rückte er den weißen Auffangschirm in eine Entfernung, bei welcher die beiden entsprechenden Lichtkreise theilweise zusammenfielen. Nun hatte er zu erwarten, daß die sich deckenden Kreisabschnitte, weil hier Licht zu Licht gekommen war, in allen ihren Punkten heller auftreten werden, als in den nur einfach beleuchteten Theilen; dem war aber nicht so; er sah hier zwar die mittleren Stellen heller, aber an den Grenzen gab es Orte, welche viel dunkler als die einfach beleuchteten Stücke, ja ganz finster waren. Schloß er eine der Oeffnungen, so erschien ein durchaus heller Kreis.

Wie war es nun zu erklären, daß Licht zu Licht gebracht, Nacht erzeugen sollte? Und wie, daß die an den Rändern der engen Oeffnungen und schmalen Körper streifenden Strahlen ihren geraden Weg verließen, derart, als ob sie von denselben theilweise angezogen, theilweise abgestoßen würden. Grimaldi war nahe daran, die richtige Ursache, wenigstens im Allgemeinen, zu treffen, indem er bildlich an die Ausbreitung der Wasserwellen um ein schmales Hinderniß dachte.

Wieder war es Hooke, der angetrieben durch den Wunsch Newton's Farbenlehre zu entkräften, im Jahre 1672 ähnliche Versuche jener gelehrten Körperschaft vorführte (S. 490) und ebenfalls eine dabei mitwirkende Wellenbewegung ahnte.

Newton wiederholte und veränderte die Diffractionsversuche Grimaldi's sowie Hooke's und förderte das Studium dieser „Inflexionserscheinungen", wie er sie nannte, oder der „Beugungsstreifen", wie sie heute im Deutschen heißen, dadurch, daß er auch mit je einer der prismatischen Farben arbeitete und das Verhältniß der Breite der Streifen auf das genaueste bestimmte. Es ergab sich ihm hiebei, daß die farbigen Strahlen um so schmaler werden, je näher man in der Farbenleiter vom Roth gegen das Violett rückt, ferner, je mehr man die Lichtspalte erweitert. Wie Biot und Pouillet ein Jahrhundert später gefunden haben, wächst die Breite dieser Beugungsstreifen 2, 3, 4 ..... n mal, wenn man die lichteinlassende Spalte 2, 3, 4 ..... n mal verengt. Newton's Ansicht, daß die materielle Beschaffenheit der lichtbeugenden Ränder auf die wechselnde Breite der Streifen von Einfluß wäre, erwies sich bald als unrichtig.

Eine Theorie der Beugung gab Newton nicht. Was er vorbringt, ist nur ein zusammenfassender Ausdruck der Thatsachen, nämlich, daß die verschiedenfarbigen Strahlen des weißen Lichtes, je nach ihrer Art, in abweichendem Grade von den Rändern gebogen werden. Newton fühlt auch, daß er eigentlich keine Erklärung gibt, denn er schließt mit einer Reihe von Fragen, unter welchen besonders jene interessant ist, ob die Strahlen von den Rändern nicht schlangen- oder aalartig gewunden werden.

Etwas später meinten einige Männer, welche den Beugungsfarben nachgingen, an den Rändern der Körper gebe es eine verdichtete Luftsphäre, die das Licht, wie eine Glaskante, in farbige Strahlen zerstreue. Wir werden bald sehen, wie unrichtig diese Meinung war; aber etwas Sinniges hatte sie und auch etwas Wahres in Beziehung darauf, daß allerdings die Absorptionskraft der Körper

Luft und Gase verdichten können; man denke z. B. an den Platinschwamm; ferner, daß die Molecular- und Adhäsionsverhältnisse der Oberflächen an den Stoffen durch den Wechsel der Elektricität und Wärme verändert werden, derart, daß sich daraus die elektrischen Hauchfiguren Karsten's und jene Bilder erklären lassen, die dann zu Stande kommen, wenn eine Münze, ein Petschaft, ein Kupferstich mit einer Glasscheibe längere Zeit in Berührung war. Moser hielt (1842) solche Bilder für eine Art Daguerreotypen, bei denen ein gebundenes, kein Sehen bewirkendes Licht die Bilderplatten für die Adhäsion jener Materien vorbereitet hat, welche das Bild ausmachen. Waidele entkräftete bald darauf diese Ansicht in der vorhin erwähnten Weise.

Das Genie Newton's konnte nur die bei der Lichtbeugung von der Natur aufgeworfenen Fragen in unsere Sprache übersetzen, und mehr als hundert Jahre mußten ablaufen bis wieder auserwählte Geister kamen, welche glücklich den Weg durch jenes Streifen-Labyrinth fanden. Diese Männer waren Young und Fresnel.

Young wiederholte den Versuch Grimaldi's, bei welchem Licht zu Licht hinzugefügt, Finsterniß erzeugt (S. 492) und erklärte (1802) die letztere aus dem Zusammentreffen der Aetherwellen (S. 375—379). Bald fallen die Berge der Aetherwellen theilweise oder gänzlich zusammen und geben ein verstärktes Licht; bald geschieht dies von je einem Berge mit je einem Thale der Aetherwellen und es entsteht, wegen der sich aufhebenden Zusammenwirkung beider, je nach dem Grade des Zusammentreffens, Dämmerung bis Nacht, d. h. Aetherruhe. Eine solche, an dem Orte sich deckender Lichtflächen, auftretende Lichtverstärkung und am andern Orte erscheinende Lichtauslöschung ist nur dann möglich, wenn vollkommen gleichartige Lichtstrahlen unter außerordentlich kleinen Winkeln zusammentreffen oder „interferiren". Dieses Wort wählte zuerst Young und es wurde, ihm zu Ehren, in allen modernen Sprachen eingebürgert.

Bei Interferenz-Versuchen kommt es also darauf an, Lichtstrahlen unter einem äußerst kleinen Winkel kreuzen zu lassen. Dabei sollen auch die Lichtquellen in jeder Beziehung gleich sein. Fresnel, der den Young'schen Gedanken von der Interferenz der Strahlen und Aetherwellen mit Feuereifer ergriff, schlug (1820) folgenden genialen Weg ein, um die eben gehörten Bedingungen zu erfüllen; er dachte: Eine einzige Spiegelebene erzeugt von einer Lichtlinie nur ein Bild; zwei Planspiegel, die fast in eine einzige Ebene zusammenfallen, müssen folglich von jener Lichtlinie fast ein Bild geben, d. h. die beiden Bilder liegen einander äußerst nahe. Fresnel ließ daher im Finstern die Strahlen einer sehr hell gefärbten Linie auf zwei ebene Spiegel fallen, welche unter einem außerordentlich stumpfen Winkel gegeneinander geneigt waren. Dadurch entstanden zwei Bilder, welche sehr nahe bei einander lagen. Betrachtete Fresnel dann auf einer weißen Tafel die Durchschnittspunkte der von den Spiegeln zurückgeworfenen Strahlen der Lichtlinie, so war es derart, als ob die beiden Spiegelbilder der Lichtlinie die Strahlen direct auf den Schirm senden würden. In der That ergaben sich an der auffangenden Wand lichte und dunkle Streifen. Verdeckte er den einen Spiegel, so verschwanden die dunkeln Bänder und es erschien ein durchaus helles Bild der Lichtlinie.

Bewundernswerth feine Messungen und Untersuchungen belehrten Fresnel und durch ihn uns, daß die Punkte des hellsten Streifen in der Mitte von solchen Strahlen erzeugt werden, die von der Lichtquelle bis zu ihren Durchschnittsstellen gleiche Wege beschrieben haben. Der 1te, 2te, 3te, 4te, ... nte helle Streif rechts und links von der hellsten Mitte entsteht durch Strahlen, zwischen deren Wegen ein sehr kleiner Unterschied a, 2a, 3a, 4a . . . . . na stattfindet. Die von der Mitte auf einanderfolgenden Schattenbänder werden von Strahlen gebildet, deren Wegunterschied eine halbe, drei halbe, fünf halbe, kurz eine ungerade Anzahl von Halben jener winzigen Länge a beträgt.

Läßt man jetzt die Kleinheit a für die halbe Wellenlänge des in Schwingungen versetzten Aethers gelten, so ist die Erscheinung der hellen, der unvollständig und völlig dunkeln Stellen, mithin die Interferenz=Erscheinung erklärt (S. 378). Durchkreuzen sich nämlich zwei Strahlen derselben Farbe, deren Wegunterschied eine halbe oder eine ungerade Anzahl halber Wellenlängen beträgt; so werden die im Punkte des Zusammentreffens beider Wellenzüge liegenden Aethertheilchen nach geradezu entgegengesetzten Richtungen zur Bewegung angeregt. Die beiden Lichtwellen heben sich also hier auf und es entsteht eine dunkle Stelle. Ist der Unterschied der Länge ein Mittelwerth der bereits angegebenen Längen, so zeigt sich je nach Umständen ein hellerer oder dunklerer Punkt.

Fresnel wendete bei seinem Interferenz=Versuche

nach einander die Lichter des prismatischen Farbenbildes an und fand, daß die farbigen Streifen stets schmäler wurden, je näher er dem Violett kam. Violett endlich hatte die schmalsten Streifen. An Stellen also, welche bei einer bestimmten Farbe dunkel waren, fallen bei einer anderen Farbe helle Streifen hin. Wählt man jetzt weißes Licht, so interferiren je die verschiedenen Farbengattungen desselben mit einander. Und weil die Breite der farbigen Streifen verschieden ist, so fallen auch hier an jene Stellen, welche bei einer bestimmten Farbe dunkel wären, helle Streifen einer anderen Farbe hin. Es entspringen also nur farbige und keine dunkeln Orte. Da, wo Streifen aller Farben übereinanderfallen, z. B. in der Mitte, ergeben sich weiße Stellen. Nach dem Gehörten ist also die Interferenz des weißen Lichtes eine reiche Quelle von Farbenerscheinungen. Um die Interferenz-Streifen lebhaft zu erhalten, betrachtete **Fresnel** dieselben mittelst einer Loupe.

Nun wird es auch auf einmal Licht im Feld der Beugungserscheinungen — boten dieselben (S. 491 und 381) nicht ähnliche Erscheinungen wie die Interferenz-Versuche? In der That haben **Young** (1802—1822) und **Fresnel** (1815 bis 1823), **Fraunhofer** (1821) und **Schwerd** (1833) nicht nur die ehedem bekannten Beugungserscheinungen auf die Interferenz in der glücklichsten Weise zurückgeführt, sondern sie haben auch für neue, sehr complicirte Fälle, die Erscheinung, ihrer Art und Größe nach, **vorausgesagt** (!) — kann es einen größeren Triumph einer physikalisch-mathematischen Lehre geben?

Bei Anwendung eines Stabgitters, d. i. sehr vieler

gleichen und gleich weit von einander abstehenden Beugungsspalten, ergibt sich, bei weißem Sonnenlicht, in der Mitte des Beugungsbildes ein weißer, schmaler scharf begrenzter Streifen, dann auf jeder Seite ein dunkler Raum. Hieran schließt sich je ein vollkommen entwickeltes Spectrum mit Fraunhofer'schen Linien derart an, daß die violetten Enden dieser Farbenbilder gegen die Mitte des Beugungsbildes gekehrt sind. Auf jeder Seite kommt jetzt ein schmalerer Dunkelstreifen und daran reihen sich, an Lichtstärke abnehmend, Spectra in ununterbrochener Folge, welche ebenfalls von stets schwächer werdenden Fraunhofer'schen Linien durchzogen sind, die aber zum Theile über einander fallen und daher Mischfarben geben.

Das Gitterspectrum mit seinen Fraunhofer'schen Linien ist nicht, wie das Prismenspectrum (S. 164) von der materiellen Beschaffenheit des Prismas abhängig, sondern nur von dem Unterschiede der Wellenlängen seiner Strahlen; es ist daher das eigentlich mustergiltige oder normale Spectrum. Dasselbe hat zur Mitte das Gelb hinter D; vergleicht man es mit einem gleich langen prismatischen Spectrum, so zeigt sich bei letzterem jenes Gelb hinter D beträchtlich gegen das Roth hingeschoben. Ueberhaupt erscheinen beim Prismenspectrum die Farben der tieferen Schwingungszahlen D d. i. Gelb bis Roth weniger entwickelt als beim Gitterspectrum. Umgekehrt verhält es sich bei den Farben höherer Schwingungszahlen d. i. beim Blau und Violett.

Gebraucht man mehrere mannigfach gruppirte kreisförmige, ferner 2, 3, 4 ..... n eckige regelmäßige Oeffnungen, so entstehen die prachtvollsten Farben und Formen der Beugung, deren Herrlichkeit noch gesteigert wird, wenn man die mit Beugungsöffnungen versehenen Zinnblättchen vor dem Objectiv eines Fernrohres anbringt, durch welches man nach einem leuchtenden Punkt oder nach einer Lichtlinie hinsieht.

Jedermann erhält lebhafte Beugungsfarben, wenn er durch die geschlossenen Augenwimpern, durch eng gewebtes Zeug oder durch ein mit Hexenmehl bestreutes Glas nach der Sonne oder einer andern Lichtquelle blickt; hieher gehören ferner die glänzenden Farben, welche die Spinnweben, die feinen Haare der Seide, Wolle u. dgl. m. im Sonnenlichte zeigen, und hierauf hat Young seinen Wollmesser oder Eriometer gegründet, der zur Bestimmung der Dimensionen der kleinsten Körper dient. Ferner ist an dieser Stelle zu erwähnen das Farbenspiel der radirten Gitter, der Perlmutter, der Flügeldecken der Insecten, der polirten Flächen, der schillernden Seidenstoffe, der Barton'schen irisirenden Knöpfe, welche mittelst fein geritzter Stahlplatten geprägt werden u. dgl. m.

Die Nothwendigkeit der Facettenaugen der Insecten wird nunmehr klar. Es wäre nämlich für sehr kleine Pupillenöffnungen, wegen der Beugungsfarben, ein deutliches Sehen unmöglich.

Sonne, Mond und auch die größeren Sterne erscheinen mit einem Hofe, wenn man sie durch ein angehauchtes Glas betrachtet. In ähnlicher Weise entstehen auch die „kleinen Höfe" oder „Kränze" um jene Himmelskörper durch Beugung der Lichtstrahlen an den Rändern der in der Atmosphäre schwebenden Nebelbläschen. Von den kleinen Höfen wol zu unterscheiden sind die „großen Höfe", Nebensonnen und Nebenmonde, welche hauptsächlich durch Zurückwerfungen und Brechungen der Lichtstrahlen mittels wolkenbildender, sehr kleiner, prismatischer Eistheilchen entstehen.

Die nicht prismatischen, farbigen Säume beim Regenbogen und das Funkeln der Fixsterne lassen sich aus der Interferenz des Lichtes herleiten.

So sehr die Wahrheit und Richtigkeit der Interferenztheorie schon aus den bisher gegebenen Erklärungen der sonst unbegreiflichen Streifenerscheinung einleuchtet, so erhält sie noch eine weitere Stütze dadurch, daß — nach Arago (1822) — an dunkeln Interferenz- und Beugungsstellen keine Schwärzung des Chlorsilbers eintritt. Nach der Emanationslehre läßt sich diese Thatsache nur mit Hilfshypothesen gezwungen erklären, die sonstigen chemischen Erscheinungen leitete die Emissionstheorie aus der Verwandtschaft des Lichtes zu den wägbaren Materien ab.

Nicht nur für die chemisch wirkenden, sondern auch für die wärmenden Strahlen wurden von verschiedenen Forschern die Interferenz und Beugung bewiesen und zwar zuerst von Knoblauch (1846). Die entsprechenden Maxima und Minima der Wärmestreifen wurden mittels sehr schmaler, höchst empfindlicher Thermometer oder Thermosäulen aufgesucht. So z. B. hatte die Thermosäule des Knoblauch nur eine Breite von 0,26 Millimeter. Ueberdies sprechen noch für die Wellenhypothese des Lichtes die analogen Interferenz-Versuche im Gebiet des Schalles, welche besonders überzeugend an dem Interferenz-Flammenapparat Dr. Königs in Paris*) hervortreten.

*) Siehe hierüber in dieser Sammlung: „Die Naturkräfte": Radau, Die Akustik.

Kaum hatte Young, der Entzifferer der egyptischen Bilderschrift, das hochwichtige Princip der Interferenz des Lichtes aufgestellt, als er es auch mit Erfolg anwendete, um die Hieroglyphen des Farbenspieles an der Seifenblase (S. 490) aufzuschließen. In meisterhafter Weise hatte ihm Newton, durch die Aufstellung der Gesetze, welche bei den Farbenauftritten dünner Blättchen statt haben, die Materie so zurecht gelegt, daß Young eben nur seinen Grundsatz der Interferenz anzuwenden hatte, um bis auf einige übrig bleibende, später durch Fresnel (1823) und Wilde (1850) beantwortete Fragen, die Farbenerscheinungen an dünnen Blättchen der Hauptsache nach zu erklären.

Newton hatte die Farbenfrage dünner Blättchen, wo Hooke stehen geblieben war, aufgenommen. Er blies Seifenblasen in halben Kugeln am Gefäße auf (S. 490) und bestimmte die Reihenfolge der hier auftretenden Farbenringe. Um jedoch die für die Berechnung der Blättchendicke erforderlichen feinen Messungen vornehmen zu können, verschaffte er sich zunächst beständig bleibende, äußerst dünne, nahezu keilförmige, mithin nach einem gewissen Gesetze dicker wer-

Fig. 139. Keilförmige dünne Luftschichten im Farbenglas Newton's.

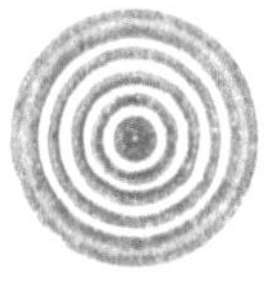

Fig. 140. Interferenzringe am Newton'schen Farbenglas.

dende Luftlamellen dadurch, daß er (Fig. 139) eine äußerst schwach convexe Glaslinse mit der erhabenen Seite auf eine ebene, kreisförmige Glasscheibe legte (S. 491).

Newton ließ das Tageslicht auf die Gläser fallen, und erhielt (Fig. 140) im zurückgeworfenen Lichte in der Mitte wieder eine dunkle Kreisfläche, die von schönen Farbenkreisen umgeben war.

Im durchgehenden Licht erscheint jene dunkle Kreisfläche weiß und abermals von Farbenreifen eingeschlossen. Die Farbe dieser Ringe ist complementär zu jener, die an der nämlichen Stelle im zurückgeworfenen Lichte zu sehen war, und ist zugleich lichtschwächer als vorhin.

Die Farbenzirkel rücken näher an einander, werden also schmäler, je weiter sie vom Mittelpunkte abstehen.

Die Farben vom Mittelpunkte der Ringe gerechnet bis zum ersten dunkeln Ringe heißen Farben der 1. Ordnung. Die Farben von hier bis zum 2. dunkeln Ringe nennt man Farben der 2. Ordnung u. s. w. u. s. w. Diese Farben sind im reflectirten Lichte:

1. Ordnung: Schwarz, blaßblau, weiß, gelb, orange und roth.
2. Ordnung: Violett, blau, gelblichgrün und gelbroth.
3. Ordnung: Pupur, indigoblau, grün, gelb, rosa und carmoisin.
4. Ordnung: Bläulichgrün, gelblichroth und schwachroth.
5. Ordnung: schwachgrün, weiß und schwachroth.

Unser Leser wird nun leicht finden, wie sich diese Reihen zur prismatischen Ordnung verhalten, und wie man diese Farbenerscheinungen mittelst eines Projectionsapparates (S. 409, Fig. 127) objectiv darstellen könne.

Die hier angegebene Farbenfolge beobachten auch die früher erwähnten halbkugelförmigen Seifenblasen. Wie wer=

den die Farben der am Strohhalm hängenden, durch die Schwere verlängerten Seifenblasen aufeinanderfolgen? Und wie werden die Seifenblasen im gelben Lichte (S. 434) aussehen? Wie wird man sie im Santoninrausch (S. 389) wahrnehmen?

Als Newton die Gläser (Fig. 139) mit einfachem Lichte erhellte, bekam er einfarbige Ringe, welche ähnliche Gesetze, wie die homogenen Streifen, Franzen oder Spectra der Beugung befolgten (S. 498).

Aus sehr feinen Bestimmungen der Durchmesser der hellsten Kreise jener einfarbigen Ringe konnte Newton die Dicke der zu jedem Farbenreifen gehörigen Luftlamelle berechnen. Damit unser Leser einen Begriff von der hohen Dünnheit dieser Luftschichten und von der außerordentlichen Feinheit der zu Grunde liegenden Messungen bekomme, führen wir an, daß Newton für das kräftigste Licht, zwischen dem Weiß und Gelb der 1. Ordnung, die Dicke der hier ruhenden Luftschichte auf $^1/_{178000}$ eines englischen Zolles, d. i. 0·00015 Millimeter, berechnete (!). Und diese Rechnungen, also auch die vorhergehenden Messungen, führte er für alle Farben der sieben Ordnungen durch, nicht nur für die dünnen Schichten der Luft, sondern auch für jene des Wassers und anderer Mittel. Beim Wasser werden, für dieselbe Farbe, die Ringe schmäler und die entsprechenden Lamellen dünner als bei der Luft. Die Reihenfolge der Farben bleibt jedoch bei beliebigen Gläsern, bei verschiedenen Mitteln und sogar für den luftleeren Raum ungeändert.

Obwol Newton die zarten Messungen am Farbenglase nur mittels eines Zirkels ausführte, so waren die

Ergebnisse doch so genau, daß ein eigens von Wilde (1850) construirter Ringmesser, Gyreidometer, keine besseren Zahlen zu liefern vermochte.

In so staunenswerther Weise hatte Newton mehr als ein Jahrhundert den Erklärern der Erscheinung vorgearbeitet, so daß diese nur nachzusehen hatten, ob das Phänomen mit der theoretischen Rechnung stimmt. Dies ist, nach dem heutigen Stande der Wellenlehre, der Fall. Hier können wir die Farbenerscheinungen an den dünnen Blättchen der Seifenblasen, des Farbenglases u. s. w. nur im Allgemeinen, nach dem Princip der Interferenz, erklären. Ein Theil des auf dünne, durchsichtige Blättchen fallenden Lichtes wird nämlich an der Vorderfläche, ein anderer an der Hinterfläche zurückgeworfen. Beide treten vorne aus, interferiren hier und erzeugen die Farben. Auf ähnliche Weise verhält es sich mit dem durchgelassenen Lichte.

Hieraus erklären sich die Farben der Fischschuppen, der Flitter jeder Art, der Nobili'schen Dünnschichten, welche sich bei der Elektrolyse niederschlagen, der feinen Oxydhäutchen am angelassenen Stahl, der dünnen Luftlagen in Glassprüngen, der zarten Theile des sich blätternden, alten Glases u. dgl. m.

Aus den Verhältnissen bei den Erscheinungen der Interferenz, Beugung und des Newton'schen Farbenglases läßt sich die Wellenlänge der verschiedenen Spectralfarben berechnen. Dies ist auch für die nächsten Stellen der hervorstechendsten Dunkellinien (Fig. 124) des Spectrums mehrseitig geschehen und zwar zuerst von Fraunhofer (1823) für das äußerste Roth bei A = 0mm·000761 bis zur Grenze des Violett bei H = 0mm·000392; für die äußerste Wärmelinie (Fig. 124) von Fizeau und Foucault (1847) = 0mm·00194 und für das Ueberviolett (Fig. 124) bei R. von Esselmann (1855) = 0mm·000309. Die Geschwindigkeit der noch auf das Auge, ohne künstliche Vorbereitungen, wirkenden Aetherschwingungen ist so groß, daß sie beiläufig für das Roth 481 Billionen, für das Violett 764 Billionen in einer Secunde ausmachen!

Die Lamellenfarben hat Fizeau (1862—1866) benützt, um die Ausdehnung der Krystalle durch die Wärme zu studiren. Er ließ die zu untersuchende Krystallplatte auf einer vollkommenen ebenen Glasplatte ruhen, das Ganze brachte er in einen constant erwärmten Raum. Bei der ungleichförmigen Ausdehnung der Krystallplatte entstanden die Newton'schen Farbenringe oder Interferenzfransen, welche bei der Beleuchtung mittelst einer Natronflamme (S. 389) beobachtet wurden. Dann berechnete Fizeau mit Hilfe der Längen der Lichtwellen die kleinen Aenderungen in der Ausdehnung der dünnen Krystallplatten.

Newton hatte die mühevollen, delicaten Abmessungen am Farbenglase und die darauf folgenden Berechnungen der Dünnheit der Lamellen vorzüglich deshalb unternommen, um vielleicht dadurch einen Schlüssel zur Erklärung der natürlichen Farben der Körper zu gewinnen. Was zunächst die Durchsichtigkeit (S. 20) der Körper betrifft, so hielt er dafür, daß sie von der gleichmäßigen Dichte ihrer Materie herrühren. In je kleineren Theilen, also je öfter verschieden dichte Mittel abwechseln, desto undurchsichtiger wird, in Folge der häufigen Lichtzurückwerfung, die ganze Masse. Denkt man an die Beimischung der Luft, so wird verständlich, warum zerstäubtes Glas, gepulverte Krystalle, zerkleinertes

Eis, schäumendes Wasser, zu culinarischem „Schnee" geschlagenes Eierklar u. dgl. m., ihre Durchsichtigkeit einbüßen. Durch die gleichmäßige Zurückwerfung der farbigen Strahlen jeder Art erscheinen sie hiebei weiß, und selbst die Materie ursprünglich gefärbter durchsichtiger Krystalle neigen, vermöge einer solchen Zurückwerfung gemischter Farbstrahlen, gegen das Weißliche. Umgekehrt können undurchsichtige Substanzen durchscheinend bis durchsichtig werden, wenn ihre Poren mit einem Mittel ausgefüllt werden, dessen Dichtigkeit näher der betreffenden Materie steht, als jener des verdrängten Zwischenstoffes; daher ist mit Wasser durchnäßtes und noch mehr geöltes Papier durchscheinender als trockenes, bei welchem Luft zwischen den kleinsten Theilchen oder Molekülen lagert.

Hinsichtlich der natürlichen Farbe nahm Newton an, daß die Körper an ihrer Oberfläche durchsichtige Lamellen besäßen, welche je nach ihrer Dünnheit die Farbe des Gegenstandes bewirken. Von den in den Stoff eindringenden Lichtstrahlen werde ein Theil absorbirt und der andere gehe durch und gebe die Farbe für das durch die Materie blickende Auge (S. 435). Hieraus erklärte Newton das optische Verhalten sehr dünner Goldblättchen (S. 20).

Wie dick die oberste Lamelle eines natürlich gefärbten Körpers sei, wollte Newton daraus erschließen, mit welcher Farbe der sieben Ordnungen am Farbenglase (Fig. 139) die gegebene Farbe übereinstimme. Gehört z. B. das Grün eines Pflanzenblattes in die 3. Ordnung und liegt dann bei dessen Verwelken sein Gelb und Roth ebenfalls im dritten Farbenring (S. 502); so folgt nach Newton daraus, daß seine äußeren Lamellen sich verdickt haben.

Da die Interferenz des Lichtes auch Dunkelheit erzeugt, so könnte man sie wol zur Erklärung der Lichtauslöschung bei der Absorption anwenden? So dachte auch Wrede, und versuchte (1835), der erste, die Absorptionserscheinungen nach der Wellentheorie zu erklären und dadurch Brewster's, von den Absorptionserscheinungen hergeleiteten Einwürfe gegen die Wellenlehre zu entkräften. Rudberg und später (1854) Stokes haben jedoch gegen Wrede eingewendet, daß nach der Interferenzlehre bei Absorption in durchsichtigen Mitteln nie alles Licht geschwächt werden dürfte, wie es thatsächlich stattfindet, sondern, daß nur stellenweise Dunkelheit, an anderen Oertern aber dafür um so größere Helligkeit erscheinen müßte. Bei der Interferenz tritt nämlich nur eine andere Vertheilung der Lichtstärken ein, es geht aber nie Licht verloren. Stokes stützte seine Erklärung auf das Grundgesetz von der Unzerstörbarkeit der Energie (S. 437).

Wenn z. B. das Fluorescenzlicht dadurch entsteht, daß die eingelassenen Lichtstrahlen den Aether, und dieser die Atome des Körpers in Bewegung setzt, welche wieder die Schwingungen des Aethers im Körper zu Fluorescenzlicht modificirt; so muß für die erzeugte Bewegung der Körperatome Licht, d. i. Aetherbewegung, verbraucht oder absorbirt werden. In allen Fällen also, wo nicht andere Gründe vorhanden sind, wäre daher die Lichtabsorption auf die zur Atomenbewegung verwendete Kraft zurückzuführen. Diese Ansicht über die Verschluckung des Lichtes ist jedenfalls rationeller als die zwar geistreiche, aber nur in einigen Fällen wahre Interferenztheorie Wrede's.

Auch das Blau des Himmels entspringt — nach Clausius 1849 — aus den Farben dünner Blättchen, welche die zarten Hüllen der in der Luft schwebenden Dunstbläschen ausmachen und das reflectirte Blau erster Ordnung (S. 502) geben. Je nach dem Grade der wiederholten Zurückwerfung des Lichtes an den feinen Dampfbläschen kommen die verschiedenen Stärkengrade der Himmelsbläue zu Stande. Clausius hat es höchst wahrscheinlich gemacht, daß die Lichtreflexionen in unserer Atmosphäre durch Wasserbläschen hervorgerufen werden und mithin die Hauptursache der allgemeinen Tageshelle sind. Zwar hat es schon früher ähnliche Ansichten gegeben, aber erst Clausius verlieh denselben die mathematische Grundlage und den sicheren Halt.

Da bei dünnen Blättchen die durchgelassenen Strahlen die Ergänzungsfarbe zum auffallenden Licht zeigen (S. 502), so werden dieselben orange erscheinen, vorausgesetzt, daß sie aus dem Weiß hervortreten können. Clausius hat dargethan, daß dies der Fall ist, wenn die Sonne am Horizonte einen niedrigen Stand hat; es erhält dann die Orangefarbe der durchgehenden Strahlen ein erkleckliches Uebergewicht und bewirkt die Morgen- und Abendröthe. Eine andere, die Interferenz des Lichtes nicht berücksichtigende Meinung ist jene, nach welcher die Theilchen der trockenen Luft vorzugsweise blaue und violette Strahlen reflectiren, hingegen das gelbe und rothe Licht vorherrschend durchlassen sollen.

Die Interferenz nach Art der Farben dünner Blättchen hat Brücke (1852) angewendet, um die Verschiedenheit der Farben zu erklären, welche die trüben Mittel, je nach ihrer Beleuchtungsweise, zeigen. Unter einem farblos trüben Mittel versteht man ein Gemenge zweier oder mehrerer ungefärbter, durchsichtiger Materien von solcher Art, daß man die einzelnen Theilchen der verschiedenen Stoffe, wegen ihrer außerordentlichen Kleinheit, nicht mehr von einander unterscheiden kann. Da es keine absolut durchsichtigen Stoffe gibt (S. 20), so werden auch die trüben Mittel nur in dünnen Schichten durchsichtig auftreten, in dickeren Lagen aber durchscheinend bis undurchsichtig werden.

Solche trübe Mittel ergeben sich im zurückgeworfenen Sonnen-, Lampen- oder Kerzenlicht vor einem dunkeln Hintergrunde, je nach der Dicke der Schichte, blau oder bläulich; erscheinen hingegen beim Durchsehen nach jenen Lichtquellen, je nach dem stärkeren Grade der Trübung, gelb bis roth. Zum Theile erkannten dies schon Aristoteles, Kircher (S. 7) u. m. A.; genauere Beobachtungen hierüber bringt jedoch erst Leonardo da Vinci in seinem Buche über die Malerei (1651). Göthe gründete dann (1810) auf diesem „Grund"- oder „Urphänomen" — wie er es nannte — seine Farbenlehre und wir verdanken ihm die Zusammenstellung einiger hieher gehöriger Thatsachen, welche man in seinem Werke zur Farbenlehre (1. Band, 1. Theil, § 145 bis 177) besprochen findet. Zu diesen trüben Mitteln zählt Göthe die Luft, den Nebel, Rauch, Heerrauch, zartgetrübtes Wasser, die Infusion des nephritischen Holzes (S. 465), metallische Lösungen ins Wasser getropft, das Wasser des Meeres, den Opal, das Opal- oder Knochenglas, erblindetes und angerauchtes Glas, Pergamentblätter, die getrübte Krystalllinse des Auges, einen trockenen, eigenthümlichen Firniß, wenn er mit Wasser benetzt wurde, wodurch das Schwarz eines Bildes blau erschien*).

Entgegengesetzt verhalten sich gewöhnlich alle, in sehr kleine Theile zersprungene, also mit Luft gemischte Firnißüberzüge der Bilder. Ein solches trübes Mittel läßt — nach Brücke 1866 — die Bilder mit blauen Flecken erscheinen, welche Farbe jedoch verschwindet, sobald man durch Waschen die Sprünge mit Wasser ausfüllt. Nach dem Verdunsten des Wassers tritt die alte Erscheinung wieder auf. Brücke schlägt daher vor, die Sprünge solcher Firnisse durch Ueberwischen mittelst Terpentinöls und eines darauf folgenden Ueberzuges von Mastixfirniß aufzuheben, was nach Pettenkofer noch besser zu erreichen ist, wenn man das aufzufrischende Bild kalten Alkoholdämpfen aussetzt.

Nicht jedes trübe Mittel zeigt das Göthe'sche Urphänomen; so z. B. sieht man die Sonne durch ein mattes, weißes Glas und gewisse Nebel nicht roth, sondern weiß. Derlei Fälle gibt es mehr. Göthe hatte es unterlassen, die Natur der trüben Mittel, welche sein Grundphänomen zeigen sollen, genauer zu erforschen. Dies that erst Brücke (1852), indem er in sehr schlagender Weise nachwies, daß die eigenthümlichen Wirkungen (S. 511) der trüben Mittel durch die Interferenz des Lichtes eintreten, und zwar nur dann, wenn die trübenden Theilchen sehr klein sind. Dies kann auch bei organischen Geweben der Fall sein, daher erblicken wir die trüb durchscheinende Regenbogenhaut des Auges vor dem dunkeln Pigment blau (S. 221), und aus ähnlichem

*) Göthe erzählt diesen Fall in einer sehr ergötzenden Weise in seiner Farbenlehre im 1. Theil, § 172.

Grunde erklärt sich das Blau der Adern bei Personen, deren Haut sehr zart ist.

Auch der altbekannte Farbenwechsel des in Afrika lebenden Chamäleons läßt sich — nach den Untersuchungen Brücke's (1851) — darauf zurückführen, daß ein dunkles, bewegliches Pigment hinter ein von außen erhelltes trübes Mittel geschoben wird. Das letztere besteht aus einem weißen, auch gelblichen, aber nur selten orangefarbenem Pigment, welches in den tiefen Schichten der Oberhaut ruht. Durch Contraction gewisser Muskeln vermag das Thier das dunkle Pigment derart gegen die Haut vorzurücken, daß es sich theils zwischen, theils hinter dem hellen Pigment lagert, wodurch in ähnlicher Weise, wie bei der Iris (S. 221) Farben entstehen, und zwar mehr Violett als Blau wenn das weiße Pigment in einer sehr dünnen Schichte über den schwarzen Grund sich ausbreitet; Grün, wo das obere Pigment gelb ist.

Beim allseitigen Zurückziehen des dunklen Pigmentes zeigt sich das Chamäleon weiß; ebenso, wo das schwarze Pigment für immer fehlt, d. i. bei jenem hellen Streifen der vom Kinn bis zum After läuft. Das Chamäleon erscheint hellfarbig, wenn es in's Dunkle gebracht wird. Fällt auf dasselbe gleichzeitig Licht und Schatten, so sieht man es an den beleuchtenden Stellen dunkel, an den dunkeln aber hell.

Diese hohe Empfindlichkeit gegen Licht und Schatten und der damit verbundene Farbenumtausch mag Ursache sein, daß ältere, ungenaue Beobachter die Fabel verbreiteten, dieses Thier nehme die Farbe seiner Umgebung an, um so den Nachstellungen seiner Feinde zu entgehen: thatsächlich tauscht es rasch seine Farben, wenn es dem Futter nachgeht — wem fallen hier nicht die Chamäleone der Gesellschaft ein?

Die Farben des Chamäleons haben also nicht, wie Milne Edwar's meinte, in eigenthümlichen Pigmenten ihre Ursache, sondern — nach Brücke — in einer Interferenz des Lichtes, welche viel Aehnlichkeit mit jener an dünnen Blättchen hat und die Farbenerscheinung bei den „trüben Mitteln" bewirkt. Auch die Farben der Eidechsen, Schlangen, des Laubfrosches haben in der Interferenz an gewissen Hauptzellen ihre Ursache.

Brücke studirte auch den Farbenwechsel des Octopus, einer Cephalopedenart. Das Princip des Farbentausches ist ähnlich jenem am Chamäleon; allein hier liegen die Interferenzzellen unter dem dunkeln nur sporadisch vorkommenden Pigment. Das Chamäleon, wenn es gereizt wird, erscheint hell, der Octopus dagegen dunkel.

10. Die Farbenlehre Göthe's.

„Audiatur et altera pars".

Ja, hören wir auch den Gegner! Das „Urphänomen" bei den trüben Mitteln (S. 509) wendete Göthe an, um das prismatische Farbenbild zu erklären. Zunächst zeichnet er einen weißen Kreis auf schwarzem Grunde und betrachtet ihn durch ein Vergrößerungsglas. Indem der Kreis sich ausdehnt, „bewegt sich das Weiße scheinbar nach dem Schwarzen zu und es entsteht der blaue und blaurothe (violette) Rand". Sieht er dann denselben Kreis mit einem Verkleinerungsglas an, so „bewegt sich scheinbar der dunkle Grund gegen das Helle zu, wodurch der gelbe und gelbrothe Rand entsteht".*)

Göthe faßt also im ersten Fall das vergrößerte weiße Bild als ein erhelltes trübes Mittel vor einem dunkeln Hintergrunde auf; im zweiten Falle vertritt ihm der dunkle Grund das trübe Mittel, durch welches er nach der Lichtquelle sieht (S. 509). Denselben Versuch wiederholt Göthe mit Prismen und deutet das Farbenergebniß auf die nämliche Art. Da bei der Hervorrufung dieser Erscheinungen keine wirklichen Bilder entstehen (S. 149, 150 und 112), so

*) Göthe's Erklärung zu seiner zweiten Farbentafel.

ist schon hieraus das Mißliche dieses Vergleiches mit den trüben Mitteln einleuchtend; geradezu entgegengesetzte Resultate geben folgende Versuche:

Erzeugt man von einem weißen Kreise mit schwarzer Umgebung mittelst eines Sammelglases ein vergrößertes Luftbild, so sieht man dieses mit rothgelbem Rande, während es doch nach Göthe einen blauen und violetten Saum zeigen müßte. Umgekehrt verhält es sich mit einem schwarzen Kreis auf lichtem Grunde. Da hier das dunkle Rund vergrößert wird, so müßte dessen Rand nach Göthe rothgelb erscheinen; er ist aber thatsächlich blau.

Nicht viel besser steht es mit der Göthe'schen Erklärung des an weißer Wand aufgefangenen prismatischen Farbenbildes. Bei diesem Experimente soll nach Göthe das Bild der Sonne durch die Brechung verschoben werden, derart, daß ein „graues", „halbdurchsichtiges", mithin „trübes" Nebenbild entsteht, welches mit der einen Grenze den dunkeln Grund bedecke, und den blauen Saum hervorrufe, während die zweite Grenze des Nebenbildes sich über das helle Hauptbild lege und wie ein trübes Mittel den gelben Rand bewirke.

Die Nebenbilder leitet Göthe aus der unvollkommenen Verrückung bei der Brechung ab und da sich die Existenz solcher Nebenbilder nicht begründen läßt, so fällt schon hiemit der Hauptpfeiler seines Systems. Ueberdies kann man lichtschwächere, schattige Bilder versuchsweise vor oder hinter helle, weiße Bilder für das Auge zur Deckung bringen, ohne daß je Farben hervortreten.

Das Gelb und Blau nennt Göthe die beiden Pole seiner Farbenleiter, und bezeichnet sie mit + und —.

Nun sucht er hiezu das Roth, d. i. die dritte Grundfarbe der Maler (S. 388) zu bekommen; er wendet sich wieder an sein Urphänomen. „Nimmt die Trübe eines vor einem höchst energischen Licht befindlichen Mittels zu, oder wird seine Tiefe vermehrt, so sehen wir das Licht nach und nach eine gelbrothe Farbe annehmen, die sich endlich bis zum Rubinrothen steigert" (§. 150*).

So läßt denn Göthe auch sein Gelb „durch Verdichtung und Verdunklung in's Röthliche steigern und erheben" (§. 772*), und erhält, je nach dem Grad jener Verdunkelung, Rothgelb (Orange) und Gelbroth, d. i., was wir im Spectrum Roth nennen. Göthe hat aber vorher keineswegs klar gemacht, wie so sich dies Rothwerden beim prismatischen Farbenbild ereignen könne; er hat hingegen sehr richtig beobachtet (§. 215*), daß das majestätische Purpurroth aus der Vereinigung der violetten und rothen Strahlen entstehe (S. 156).

Obgleich im Göthe'schen Urphänomen die Verdichtung des trüben Mittels „bei dem mindesten Grad der reinsten Trübe, als das schönste Violett dem Auge fühlbar wird" (§. 151*); und obschon nach Göthe die violette Farbe wahrgenommen wird, wenn sich (§. 241*) „ein leichtes Trübes über das Schwarze verbreitet"; so soll sich (§. 699*) das Blaue dennoch nicht verdichten lassen, ohne röthlich zu werden, um sich so zum Rothblau und Blauroth, d. i.

*) Die hier und später angerufenen, mit einem Sternchen (*) bezeichneten Paragraphe beziehen sich auf den 1. Theil „Zur Farbenlehre" von Göthe. Die übrigen citirten Zahlen meinen, wie bisher, die Seiten unseres vorliegenden Buches.

Violett zu steigern (§. 786* bis 791*). Das Grün im Spectrum deutet Göthe daraus, daß sich das Spectralblau und Spectralgelb decken.

Die Herleitung des Gelb, Blau, Roth und Violett im Spectrum geschieht also durch Göthe in sehr gezwungener, nicht stichfester Weise, und es müssen ihm dafür sehr viel Worte aushelfen. Da sich überdies das Spectralgrün bei gut geleiteten Versuchen nicht zerlegen läßt; da ferner Göthe hinsichtlich der Beugungsfarben selbst sagt [1]) „dieses Capitel bleibt weiteren Untersuchungen ausgesetzt", und er auch bei den Farben dünner Blättchen keine eingehende Erklärung versucht, sondern nur ausspricht, daß „auch hier ein Trübes obwalte" (§. 454*): so stürzte sein ganzer Bau der Farbenlehre in sich selbst zusammen.

Damit ist aber nicht gemeint, daß die Materialien dieses Baues nicht weiter brauchbar wären. Da stehen vor Allem an der Spitze des Göthe'schen Buches die „physiologischen Farben", deren thatsächlicher, werthvoller, höchst interessanter, wohlgeordneter Inhalt, nicht nur in der heutigen Physiologie und Physik anerkannt sind (vergl. S. 284) sondern deren Benamung „physiologisch" ebenfalls von der Fachwissenschaft angenommen worden ist. Dasselbe gilt von der Göthe'schen Bezeichnung „entgegengesetzte" oder „geforderte" Farben für die Ergänzungsfarben, weil letztere in der That von der Netzhaut beim Ansehen jeder objectiven Farbe als Gegensatz verlangt werden (S. 280) Auch haben einige Physiologen, durch Göthe's Betonung der hohen Wichtigkeit dieser physiologischen Erscheinungen

1) Göthe's Anzeige und Uebersicht zur Farbenlehre.

aufmerksam gemacht, diesen Zweig der Wissenschaft nach allen verwandten Seiten hin tüchtig gefördert (S. 232).

Auf die physiologischen Farben folgen in der Göthe-schen Chromatik die physischen Farben. Hier bringt Göthe das „Urphänomen" und die daraus unglücklich gezogenen, von uns bereits gewürdigten Folgerungen. Diese Abtheilung und die Polemik gegen Newton im zweiten Theil des ersten Bandes hatten ihrer Zeit eine bedenkliche Verwirrung in gar vielen Köpfen hervorgerufen, die, dem Genius der Physik sei Dank dafür! ohne weitere Gefahr vorübergegangen ist.

Selbst aus dem eben erwähnten, erklärenden, bei den Fachmännern mit Recht verrufenen Capitel haben dieselben keinen Anstand genommen, die Ausdrücke „subjective" und „objective" Darstellung in ihrer Wissenschaft einzubürgern, weil jene Ausdrücke kurz angeben, ob die Bilder direct auf die Netzhaut oder zuvor auf eine Fangfläche geworfen werden. Die Physiker sind also doch nicht so „verstockt", wie Göthe meinte, wie hätten sonst Kopernicus mit seiner neuen Weltanschauung und Newton mit seiner neuen Farbenlehre durchgreifen können? Göthe's Farbenlehre war ja nur die Rückkehr zu den älteren Anschauungen über die ersten Ursachen der Farben (S. 7 und 151).

Die übrigen Abtheilungen des ersten Bandes, soweit sie sich nicht direct auf die physikalische Chromatik beziehen, sondern die Beschreibung, Darstellung und Sammlung von Thatsachen betreffen, oder nach der ästhetischen, „sinnlich-sittlichen" Seite hinzielen, sind voll der feinsten Bemerkungen, wie man sie nicht anders von einem so hohen Geiste erwarten kann.

Die beiden Theile des zweiten Bandes der Göthe'schen Farbenlehre bieten der Hauptsache nach „Materialien zur Geschichte der Farbenlehre", die, obschon parteiisch dargelegt, allzeit von großem Werthe bleiben werden, ja! die noch heute nicht übertroffen und nicht ergänzt sind, und die eine ganz ältere Bibliothek hinsichtlich der Farbenlehre ersetzen können.

Gegen Ende des zweiten Theiles im zweiten Bande der Farbenlehre Göthe's erfahren wir auf eine sehr anziehende Weise in der „Confession des Verfassers", wie so der deutsche Dichterfürst in das physikalische Reich gerathen war. Um sich Rechenschaft über das Colorit in der Malerei geben zu können, will er sich „von Seite der Physik den Farben nähern"; er blickt daher durch ein Glasprisma nach einer weißen Wand, hofft diese, vermöge der Lichtzerlegung, gänzlich mit farbigen Bildern bedeckt zu sehen — findet aber nur ihre Grenzen farbig gesäumt. Göthe ist hievon so überrascht, daß er, obschon allein, vor sich laut ausruft „die Newton'sche Lehre sei falsch". Darin bestärkt ihn noch weiter der Umstand, daß auch beim objectiven Versuche in der Nähe eines engkantigen Prisma's die Mitte des auf weißer Wand erscheinenden Farbenbildes farblos bleibe, ferner, daß ein schwarzer Streifen, auf weißem Grunde durch das Prisma gesehen, sich mit Farben bedeckt.

Vergebens erklärten die Physiker dem neuen Forscher auf dem optischen Gebiete, daß (S. 157) weiße Flächen durch das Uebereinanderfallen aller Farben ungefärbt erscheinen müssen, bis auf die Ränder, wo die Endfarben ohne Deckung von anderen, zu Weiß sich ergänzenden farbigen

Strahlen bleiben — es half nichts, obwol Göthe diese Erklärungsweise sehr wol begriff. Ebensowenig stimmte er zu, als man ihm klar machte, daß jenes Aufgehen des schwarzen Streifen in Farben nur scheinbar sei, und von den Farben an den weißen Grenzen herrühren, welche sich durch die Brechung vor den Streifen schieben. Da nach Göthe in der Regel (vgl. S. 514) bei jeder Verschiebung des Bildes Farben auftreten müssen, so behauptet er auch, daß die aus einem Glas-Parallelopiped austretenden Lichtstrahlen noch Farbenerscheinungen, wenn auch in geringerem Grade, zeigen. Dies dürfte bei seinen Versuchen daher gekommen sein, weil er kein vollkommenes Parallelopiped hatte, denn bei einem solchen wird jeder weiße Lichtstrahl in seine farbigen Bestandtheile zerlegt. Diese treten (S. 111) jenseits des Mittels unter einander und mit dem einfallenden Strahlenbündel parallel aus. Dabei kommen aber der blaue, grüne, ... rothe Bestandtheil des 1., 2., ... nten Nachbartheilchen hart an den violetten und in paralleler Richtung mit diesem zu liegen und geben daher einen farblosen Strahl. So verhält es sich mit allen bis auf die zwei äußersten rothen und violetten Strahlen, welche als vereinzelt zu schwach, folglich von verschwindender Wirkung sind. Ein farbloses Strahlenbüschel tritt daher stets wieder weiß jenseits eines von parallelen Ebenen begrenzten Mittels aus. Hieraus folgt ganz allgemein: Sobald die farbigen Bestandstrahlen des weißen Lichtes unter einander parallel in's Auge treten, erhält dieses den Eindruck des farblosen Lichtes, was auch stattfindet bei einem Glasparallelopiped und ebenso bei zwei völlig gleichartigen Prismen, welche zu einem Parallelopiped aneinandergelegt sind.

Unbefriedigt durch die Newton'sche Anschauungsweise über die Farbengeburt bei der Brechung, sah Göthe sich nach einer anderen Meinung um und schloß sich jener ältesten an, die Farben seien Kinder des Lichtes und der Finsterniß (7 und 151). Diese Ansicht verfolgte er dann in seiner eigenen Art mit Eifer und vertheidigte sie mit Uebereifer.

Weil jede Farbe dunkler als das farblose Licht ist, hatte man bis zur Epoche Newton's gemeint, die Farben können nur durch irgend eine Verbindung oder Vermählung des Schatten mit dem Lichte entstehen. Und diesen Schluß machte auch Göthe, ohne darauf hören zu wollen, daß ja jede Farbe nur ein Theil des ganzen, mithin weniger hell sein müsse.

Göthe's Widerstand gegen die Newton'sche Farbenlehre wird begreiflich, wenn man bedenkt, daß er um jene Zeit die beschreibende Naturwissenschaft mit dem großen Gedanken befruchtet hatte, alle Thiere seien nach einem gemeinsamen Typus gestaltet, daß er ebenso alle Pflanzen aus einer Urpflanze und alle Theile derselben aus dem Blatte ableitete.

Indem Göthe also in der großen Mannigfaltigkeit und Verschiedenheit der organischen Welt je eine Einheit sah und je in den Theilen das Ganze und im Ganzen die Theile wieder erkannte, mußte es wol seinen morphologischen Ansichten näher liegen, die Farben aus dem einen Lichte, durch Hinzutreten von äußern Bedingungen, entstehen zu lassen, als anzuerkennen, die Farben seien Theile des einen Lichtes, und seien doch von diesem einen Licht so sehr, ja bis zum Nichtwiedererkennen verschieden! Kurz, der Newton'sche Nachweis erschien ihm als eine unbegründete, krasse Behauptung, die mit seinen morphologischen Ideen und Naturbetrachtungen im grellsten und directesten Widerspruch stand.

Diese principielle Abgeneigtheit Göthe's in Hinsicht auf die Lichtzerlegung in Theile, welche einander und dem Ganzen so unähnlich sind, steigerte sich zum heftigsten Groll gegen Newton als den Urheber dieser Meinung, theils durch den Widerspruch der Newton'schen Freunde, theils durch das Verfahren, wie überhaupt die Physik forscht und forschen muß, und wie sie zu jener Ansicht, das farblose Licht sei aus farbigen Strahlen zusammengesetzt, gelangt war. Göthe zieht gegen das Quälen, Krempeln und Kämmen des Lichtes von Seite Newton's, sowie gegen die Hebel, Stangen, Haken der Physiker zu Felde. Hören wir ihn, wie er die Physik betrieben wissen will (§. 177*):

„Der Naturforscher lasse die Urphänome in ihrer ewigen Ruhe und Herrlichkeit dastehen, der Philosoph nehme sie in seine Region auf und er wird finden, daß ihm nicht in einzelnen Fällen, allgemeinen Rubriken, Meinungen und Hypothesen, sondern im Grund- und Urphänomen ein würdiger Stoff zu weiterer Behandlung und Bearbeitung überliefert werde."

An einer andern Stelle (§. 228*) meint Göthe: „Nur durch Zusammenstellen des Verwandten entsteht nach und nach eine Totalität, die sich selbst ausspricht und keiner weitern Erklärung bedarf."

Man kann sich wol denken, daß dieser Ausspruch Göthe's den ungetheilten Beifall der experimentscheuen und von vorne herein construirenden Naturphilosophen im vollen Maaße hatte und wirklich sehen wir auch Hegel und Schelling auf der Seite Göthe's; zwar nicht, wie er, mit Prismen ausgerüstet, in fast naiver Weise forschend; aber, wo möglich, noch mehr als er, unhöflich darauf los- und zuschlagend.

Göthe will also nur bis zu gewissen Urphänomenen zurückgehen und weiset jede weitere Analyse und darauf folgende Synthese, d. i. jedes fernere Theoretisiren, zurück. Und doch weiß jedermann, daß ohne Theilung, ohne Trennung, ohne Zerlegung kein tieferes Erkennen möglich wird! Und doch leuchtet bald ein, daß ohne künstliche Mittel in den seltensten Fällen das Aufstellen eines Naturgesetzes gelingen kann! Und doch ist der menschliche Geist nicht befriedigt, wenn er von dem mühsam aufgefundenen Gesetz nicht wenigstens hypothetisch zu den vermutheten letzten Ursachen sich erheben kann!

Auch Göthe konnte sich selbstverständlich diesem allgemeinen psychologischen Gesetz nicht entziehen. Um nur zu seinem Grundphänomen zu gelangen, mußte er experimentiren und theoretisiren, wie wir im 1. Theil des ersten Bandes seines Farbenbuches zur Genüge sehen können, abgesehen von jenen experimentellen und theoretischen Erörterungen, zu welchen er durch die Polemik gezwungen war.

Wie weit man mit dem Urphänomen käme, wenn man dabei stehen bliebe, haben wir bereits erfahren (S. 510). Damit der Mensch die Natur erkenne und sich dieselbe unterwerfe, muß er zersetzend vorgehen. Und wie wol er daran thut, zeigen die Fortschritte der Naturwissenschaft in der neueren Zeit. Ja selbst Göthe's großer Gedanke des einen Thiertypus und der Pflanzenmetamorphose konnte erst durch die Zergliederungskunst ihre Stütze und ihren Halt gewinnen.

In der Hitze des Kampfes hatte Göthe seine sonst bewundernswerthe Ruhe und Objectivität eingebüßt, wovon besonders die im polemischen Theile angehäuften Scheltworte und Schmähtitel gegen Newton und seine Anhänger in trauriger Weise Zeugniß geben. Obschon er seine Ausschreitungen, wie aus einigen späteren Stellen zu ersehen ist, unangenehm fühlt, stellt er dennoch eine hübsche Gruppe jener Kraftausdrücke im Namensregister am Schlusse des 4. Theiles unter „Newton" und „Newtonianer" zusammen. Wer also an solchen Dingen Freude hat, kommt wohlfeil dazu im alphabetisch geordneten Index beim Buchstaben „N".

Wir selbst wählen zwei sachliche Beispiele, um darzuthun, wie sehr Göthe in der Farbenangelegenheit sein sonst objectives, parteiloses Urtheil verloren hatte. In seiner Abneigung gegen die mathematische Behandlung der Farbenlehre verwahrt er sich sehr oft gegen die Bezeichnung „Strahlen" auf das nachdrücklichste, nimmt aber selbst (§ 310*) „das Sonnenlicht als parallel einfallend an", wobei er merkend, daß er eigentlich jetzt versteckt die von ihm so sehr angefeindeten Strahlen anerkenne, aufmerksam macht, das sei nur eine „Fiction" — als ob die Physiker je gemeint hätten, das Licht bestehe aus lauter höchst zarten, neben einander gespannten Lichtfäden; auch sie griffen nur nach den Strahlenbündeln aus sprachlichen und methodischen Rücksichten.

Ebenso eifert Göthe an verschiedenen Stellen seines

Buches gegen die gewöhnliche Theorie der Achromasie und doch bringt er die prismatische Farblosigkeit mit seiner eigenen Erklärungsweise der Brechungsfarben nicht in Einklang, indem er, auf die Verschiedenheit des Crown- und Flintglases hindeutend, nur thatsächlich anführt, daß durch chemische Zusätze zu den optischen Mitteln eine Brechung ohne Farbenerscheinung auftreten könne. Ja, er ist sogar der Meinung*) „daß es möglich sein möchte, irgend einem refrangirenden Mittel die chemische Eigenschaft, farbige Ränder und Säume hervorzubringen, gänzlich zu benehmen" und zwar, wie er anderseits ausspricht, durch Alkalien, während Säuren das Hervortreten der Brechungsfarben steigern sollen.

Der letzte bedeutende Anhänger der Göthe'schen Farbenlehre war Schopenhauer. In seinem Werkchen „Ueber das Sehen und die Farben" (1816 und 1854) faßt Schopenhauer vorzüglich die physiologische Seite der Farbenfrage in's Auge. Schopenhauer bestreitet die Polarität der Farben im Göthe'schen Sinne (S. 514), wol aber gibt es nach ihm eine Polarität der Netzhaut, welche sich durch ein „Auseinandertreten in qualitiv entgegengesetzte Thätigkeiten offenbart", derart, daß „die wahre Farbenlehre es stets mit Farbenpaaren zu thun hat". Ueber das „Wie", nach welchem diese Polarität der Netzhaut zu Stande kommen soll, äußert sich Schopenhauer gar nicht, wol aber weist er jeder der sechs Hauptfarben einen bestimmten Bruch zu, nach welchem sich die Netzhaut theilen soll — einen Beweis für diese Zahlen-

*) Göthe's Farbenlehre, 1. Band, 2. Theil. § 300.

werthe bringt Schopenhauer nicht. Die Schopenhauer'sche Ansicht mahnt, hinsichtlich der Farbenempfindung, einigermaßen an die Young'sche Hypothese (S. 386) und sie läßt sich ebenso gut, vielleicht noch besser, anderen Farbenlehren, als der Göthe'schen anpassen. Dies hat Göthe sehr wol gefühlt und war daher auch den Schopenhauer'schen Bestrebungen nicht ganz wohlgesinnt.

11. Die verschiedenen Schwingungsweisen des Lichtäthers.

Es sind jetzt über 200 Jahre, als E. Bartholinus, 1669 Professor der Geometrie in Kopenhagen, aus Island mehrere große Kalkspathkrystalle erhielt, welche in der Nähe des Berges Roerford gefunden worden waren und welche die Eigenschaft besaßen, wenn man sie auf Punkte, Schriften u. dgl. m. legte, diese doppelt sehen zu lassen. Man kann sich wol vorstellen, wie hoch das Interesse des Mannes der Wissenschaft an diesem „isländischen Krystall" oder „Doppelspath" war, der offenbar das Licht in zweifacher Weise brach, da ja schon die einfache Brechung die Denker genügend beschäftigt hatte (S. 100 bis 110). Bartholin fand, daß sich diese Krystalle nach drei bestimmten Richtungen hin sehr leicht spalten lassen und daß man dann Rhomboëder erhalte, deren Winkel er ziemlich genau maß. Der stumpfe Winkel des Kalkspath-Rhomboëders beträgt, nach der neueren Messung, 101 Grad, 55 Minuten, daher jener des spitzigen 78 Grad und 5 Minuten.

Legt man auf eine Fläche eines solchen Doppelspath-Romboëders ein Kartenblatt, welches eine sehr feine Oeffnung enthält, und läßt in einem finstern Zimmer einen Sonnenstrahl durch diese Oeffnung; so sieht man auf einem hinter dem Krystalle anliegenden, durchscheinenden Papiere zwei helle Punkte von gleicher Lichtstärke. Ein dreiseitiges Doppelspath-Prisma gibt zwei prismatische Farbenbilder. Der Lichtstrahl wird also in diesem Krystalle doppelt gebrochen.

Bartholin bemerkte schon, daß von den beiden Strahlen, in welche das Licht bei der doppelten Brechung gespalten wird, der eine das Gesetz der einfachen Brechung befolgt; er nannte ihn daher den „gewöhnlichen, ordentlichen oder ordinären Strahl"; sein Brechungsexponent (S. 108 und 381) ist 1 : 0·6045.

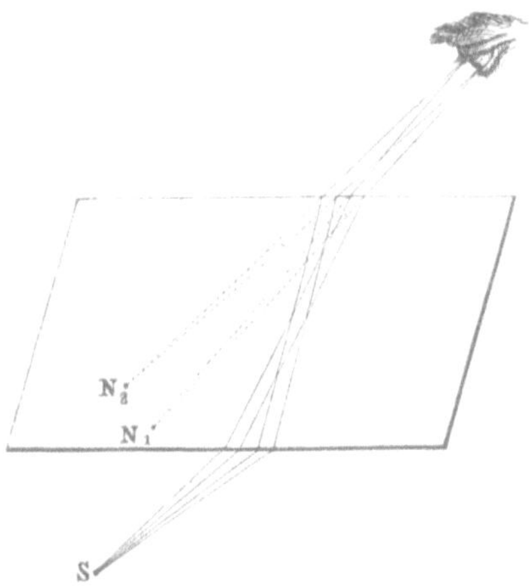

Fig. 141. Strahlengang im Doppelspath für zwei Bilder.

Der zweite Strahl richtet sich nach eigenen, von Huyghens (1678) in bewunderungswerther Weise aufgefundenen Gesetzen, er verläßt in der Regel die Einfallsebene und hat einen veränderlichen Brechungsexponenten. Dieses abweichenden Verhaltens halber, heißt er der „ungewöhnliche, außerordentliche oder extraordinäre Strahl".

Vermöge der Doppelbrechung sieht man durch ein Kalkspath-Rhomboëder (Fig. 141) von einem hellen Punkte S zwei Bilder N_1 und N_2. Der Gang des doppelt gebrochenen Strahles läßt sich aus der Zeichnung entnehmen. Schiebt man von rechts gegen links ein Papierblatt, so wird das rechte Lichtbündel abgehalten in den Krystall zu treten, weßhalb das zu ihm gehörige Bild N_2 zuerst verschwindet, obschon es entfernter von der bedeckenden Fläche liegt als N_1. In ähnlicher Weise erklärt sich das Herumgehen des ungewöhnlichen Bildes N_1 um das gewöhnliche Bild, N'_2 wenn man den Krystall um eine senkrechte Axe dreht, welchen Versuch schon Bartholin gemacht hat.

Es war auch Bartholin nicht entgangen, daß Lichtstrahlen zuweilen ungebrochen den Doppelspath durchdringen, er irrte sich aber über die Bedingungen, wann dies geschieht; erst Huyghens entdeckte dieselben. Schleift man nämlich die stumpfen Ecken des Doppelspath-Rhomboëders zu Ebenen ab, welche auf der Hauptaxe senkrecht stehen, und leitet senkrecht durch diese künstlichen Ebenen einen Lichtstrahl, d. i. parallel oder zusammenfallend mit der krystallographischen Hauptaxe, so wird er nur einfach gebrochen. Jede Gerade, in welcher ein Strahl durch einen Krystall geht, ohne doppelt gebrochen zu werden, heißt dessen optische Axe. Jede Ebene eines Krystalls, welche die Richtung einer optischen Axe enthält, heißt Hauptschnitt des Krystalls. Beim Doppelspath fällt die optische Hauptaxe mit der krystallographischen zusammen.

Huyghens hatte schon frühzeitig (1678) die Gesetze

der Doppelbrechung aus der von ihm begründeten Wellentheorie des Lichtes abgeleitet. Für die gewöhnliche, einfache Brechung hatte er angenommen, daß die Elasticität des neuen Mittels überall gleichförmig sei, daß mithin der durchgehende, gebrochene Strahl zu einer kugelförmigen Aetherwelle gehöre. Dasselbe findet für den gewöhnlichen Strahl bei der Doppelbrechung statt, weil für die Richtung seiner Schwingungen die Elasticität des Aethers nach allen Seiten hin gleich ist. Anders ist es beim ungewöhnlichen Strahl. Die zu diesem gehörende Welle ist eine ellipsoïdische, welcher nach verschiedenen Richtungen hin, je eine andere Elasticität des Aethers entspricht.

Da die Zeit Huyghens solchen theoretischen Betrachtungen nicht hold war, so mußte mehr als ein Jahrhundert ablaufen, bevor Young und Fresnel seine Ideen wieder aufnahmen, zweckmäßig abänderten und weiterführten. Dies geschah besonders mit einer seltenen, mathematischen Kraft von Fresnel und mit solch' einleuchtender Klarheit, daß endlich die Wellenlehre des Lichtes die allein herrschende wurde. Und dies mit Recht! Denn sie erklärt nicht nur alle vorhandenen optischen Erscheinungen, sondern sie sagt viele derselben noch voraus, welche das zarte Experiment dann bestätigt. In solcher Weise gibt die Mathematik mit Hülfe der optischen Prüfung sogar Aufschluß über die Anordnung der kleinsten Theilchen in den Krystallen, so daß der Lichtstrahl eine Sonde für die innere Bauart der Krystalle und anderer durchsichtiger Materien wird.

Umgekehrt verräth aber wieder die Lagerungsweise der kleinsten Theilchen durchsichtiger Stoffe und die dadurch bedingte Elasticitätsgröße des Aethers die Form der Schwingungsart des Aethers; wir werden sogleich hören, wie das gemeint ist.

Schon Huyghens hatte ein „wundervolles Phänomen" — wie er es nannte — bemerkt, nämlich, daß von den beiden Lichtstrahlen eines Doppelspathes, wenn sie auf einen zweiten solchen Krystall fallen, jeder derselben zwar abermals in zwei Strahlenbündel zerlegt wird, daß diese jedoch einander nicht mehr in der Lichtstärke gleichen, sondern daß ihre Helligkeit von der gegenseitigen Lage beider doppelbrechenden Rhomben abhänge, ja daß es sogar zwei Stellungen gibt, bei welchen einer der Strahlen verschwindet. Demnach müßte das Licht zwei Seiten haben, welche sich verschieden gegen gewisse im doppelbrechenden Spath liegende Ebenen verhielten; ja Newton meinte sogar, diese Seiten des Lichtstrahls seien je mit einer Kraft ausgestattet, welche mit einer jenen Krystallen zukommenden Kraft so „sympathisiren, wie die Pole zweier Magnete einander entsprechen".

So blieb der Stand dieser höchst interessanten Sache, bis sie zu anfange unseres Jahrhunderts von Malus wieder studirt wurde. Auch dieser berühmte Forscher faßte jene Beziehungen des doppelt gebrochenen Lichtes zu einem zweiten Doppelspath noch wie Newton auf, und bezeichnete sie, auf die Pole der Magnete anspielend, mit „Polarisation des Lichtes". Jeder der beiden Lichtbündel in einem doppelt brechenden Doppelspath ist demnach „polarisirt".

Im Jahre 1808 als Malus die doppelte Brechung experimentell weiter ergründen wollte, endeckte er, daß ein Lichtstrahl, welcher von einer Glas- oder Wasserfläche unter einem bestimmten Winkel zurückgeworfen worden ist, sich dann verhalte wie die polarisirten Strahlen eines Doppelspathes. Wenn man einen solchen reflectirten Strahl auf einen Doppelspath fallen läßt, macht jeder seiner beiden Strahlen, in welche er durch einen Doppelspath zerfällt wird, alle früher erwähnten Phasen hinsichtlich der Lichtstärke durch.

Dieselben Abwechslungen in der Intensität der Helligkeit sind zu bemerken, wenn man jenen vom Glase oder Wasser reflectirten Lichtstrahl, unter denselben Bedingungen wie das erste mal, eine zweite Zurückwerfung an einer Glasplatte (Fig. 142, S. 532) erleiden läßt. Es tritt dann die höchste Lichtstärke ein, wenn beide Reflexionsebenen zusammenfallen; während im Gegentheile das Licht gänzlich verschwindet, sobald sich beide Reflexionsebenen rechtwinklig kreuzen. In den Zwischenlagen treten die Lichtstärken in sehr verschiedenen Graden auf.

Wohin ist aber jenes verschwundene Licht gekommen? Ist es wirklich erloschen? Nein! Eine nähere Untersuchung zeigt, daß es durch jene zweite, reflectirende Glasplatte gedrungen ist. Das Licht, welches von einer Glasscheibe zurückgeworfen und jenes, welches von derselben durchgelassen wird, ist auf entgegengesetzte Weise polarisirt.

Da sich bei der doppelten Brechung der gewöhnliche Strahl verhält wie Licht, welches durch Reflexion, der außergewöhnliche Strahl wie Licht, welches vollkommen polarisirt wurde, so folgt daraus, daß diese beiden Strahlen entgegengesetzt polarisirt sind.

Jede Materie polarisirt das Licht nur bei einem bestimmten Winkel, unter dem das Licht auf dieselbe fallen muß, vollständig; er heißt Polarisationswinkel und beträgt beispielsweise für Glas (Fig. 142) 35 Grad und 25 Minuten. **Bei derselben Materie ergänzen sich** — nach **Brewster 1815** — **der Polarisationswinkel des reflectirten Lichtes und der Brechungswinkel des in die Materie eindringenden Bestandtheils stets zu einem rechten Winkel.** Aus diesem **wichtigen** Gesetz folgert die Mathematik, daß man aus dem bei der Reflexion sich ergebenden Polarisationswinkel den Brechungsexponenten der betreffenden Materie ermitteln kann, was zur Bestimmung des Brechungsexponenten undurchsichtiger Stoffe führt. Je größer der Brechungsexponent, desto unvollkommener erfolgt die Polarisation. Da der Brechungsexponent für die Metalle groß ist, so polarisiren die Metalle das Licht nur unvollständig.

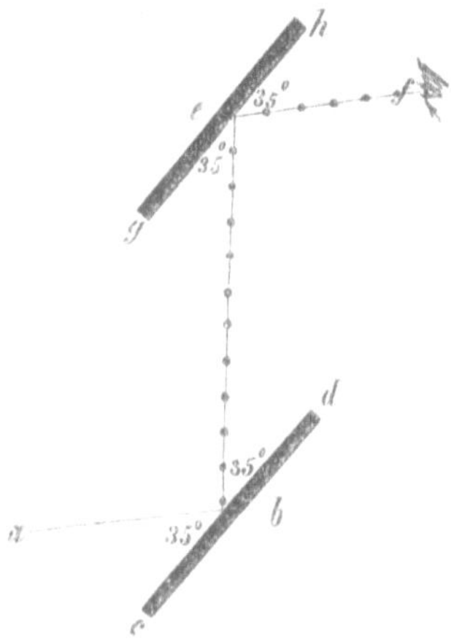

Fig. 142. Die Polarisirung des Lichtes durch Reflexion.

Wenn das Licht unter dem Polarisationswinkel auf eine Glasscheibe fällt, so ist der durch dieselbe Scheibe gehende Lichtantheil nicht vollständig polarisirt. Dies wird er erst, wenn er etwa durch 10 solche parallele Glastafeln, welche Glassatz, Glassäulen oder Glasplattenbündel heißen, gedrungen ist.

Lichtstrahlen, welche in parallelen Ebenen polarisirt

sind, interferiren wie gewöhnliches Licht; Strahlen hingegen, die in auf einander senkrechten Richtungen polarisirt sind, interferiren nicht. Dies gestattet anzunehmen, daß die Schwingungen des Aethers in einem gewöhnlichen Lichtstrahl nach allen möglichen, auf dem Strahle senkrechten Richtungen erfolgen. Wenn dann ein gewöhnlicher Lichtstrahl ein System paralleler Glasscheiben trifft, so zerlegen sich -- nach den Lehren der Mathematik — seine Schwingungen in zwei gleichzeitige und gleichstarke Schwingungen, welche mit zwei längs des Strahles unter einem rechten Winkel sich durchschneidenden Ebenen zusammen fallen. Hiebei nimmt man an, daß die Schwingungen des reflectirten Lichtes senkrecht zur Reflexionsebene gerichtet sind, während die Aetherpunkte des durchgehenden Lichtes parallel zur Brechungsebene vibriren.

Erfolgen die Schwingungen zwar in zwei längs des Strahles unter einem rechten Winkel sich kreuzende Ebenen gleichzeitig, aber mit ungleicher Stärke, so ist der Strahl nur unvollständig oder theilweise polarisirt; vibriren die Aethertheilchen nur noch in einer „Schwingungsebene", so ist der Strahl vollständig polarisirt. Jene Ebene, welche von den Schwingungen des geradlinig polarisirten Lichtes senkrecht getroffen wird, ist — nach Fresnel — die Polarisationsebene.

In Figur 142 schwingen die Aethertheilchen des geradlinig polarisirten Strahles parallel zur Ebene der oberen Glasplatte, und treten daher in das Glas nicht ein. Dreht man nun jene obere Glasscheibe um den auf dieselbe fallenden Strahl b e, so kann man die Schwingungen der Aethertheilchen zerlegen in solche, welche parallel zur Ebene der Glasplatte liegen, und in solche welche darauf senkrecht gerichtet sind. Erstere bilden das von der Platte reflectirte, letztere das durchgehende Licht. Dieses wird absorbirt, sobald man die obere Glasplatte durch einen geschwärzten Glasspiegel ersetzt.

Gewiß ist es unserem Leser aufgefallen, daß wir vorhin vom „geradlinig" polarisirten Licht gesprochen haben. In der That geschah dies nicht ohne Absicht. Das Licht kann nämlich unter gewissen Bedingungen auch elliptisch oder circular polarisirt sein, je nachdem die Theilchen in Ellipsen oder Kreisen senkrecht auf der Richtung des Lichtstrahles schwingen. Wo wir in der Folge kurzweg „polarisirt" sagen, meinen wir das „geradlinig" polarisirte Licht.

Wenn man das Licht durch „Polariseure", d. i. durch Glasspiegel, einfach brechende Glassätze, oder doppelt brechende Spathe polarisirt hat; so läßt sich dies dann als solches mittelst richtig gestellten Glasspiegels, einfach brechenden Glassatzes oder doppelt brechenden Spathes erkennen. Eine jede Vorrichtung, mit der letzteres geschieht, heißt „Analyseur". Dieser und der Polariseur geben zusammen einen Polarisations = Apparat.

Im Jahre 1811 fand Arago, daß dünne, im gewöhnlichen Licht noch farblose Gyps=, Glimmer= oder andere Krystallblättchen, wenn man durch dieselben polarisirtes weißes Licht dringen läßt, bei einer gewissen Lage in der herrlichsten Farbenpracht erscheinen, wenn man dieselben mittelst eines Analyseurs betrachtet.

Dreht man den Analyseur um 90 Grad, so gehen die Farben in die complementären über. Betrachtet man das Krystallblättchen durch ein achromatisches Doppelspathprisma, so erscheinen gleichzeitig zwei Bilder, von welchen das eine die Ergänzungsfarben des andern zeigt. Keilförmige Blättchen befolgen die Ordnung der Newton'schen Ringe (S. 502), und auch hier treten im homogenen Lichte abwechselnd helle und dunkle Streifen auf.

Durch Young wurden auch die prächtigen Farbenerscheinungen dünner Krystallblättchen auf die Interferenz des Lichtes zurückgeführt (1814). Die Krystallblättchen brechen nämlich das Licht doppelt. Die Lichtstrahlen nun, wenn sie die dünnen Krystallblättchen durchzogen haben, können, weil sie entgegengesetzt polarisirt sind, nicht interferiren (S. 533), wol aber, wenn sie im Analyseur nochmals gespalten werden, wo dann je die gleichartig polarisirten Strahlen, wegen Ungleichheit der Geschwindigkeit, mit welcher sie in einem doppeltbrechenden Stoff einen gleichen Weg zurücklegen, interferiren und die Farben erzeugen.

Es wird nun leicht verständlich, wie man verschieden dicke Gypsblättchen mit Canadabalsam über und nebeneinander so befestigen kann, daß sie in einem Polarisations-Apparat gefärbte Schmetterlinge, Blumen und dergleichen mehr zeigen. Ja dieselben lassen sich sogar mittelst eines Projections-Apparates (S. 409) objectiv darstellen.

Wenn beim vorigen Apparat die Figuren voraus bestimmt sind, so überläßt man dieselben beim Kaleido-Polariskop dem Zufall. Um einen solchen Schöngucker zu erhalten, bringt man beim Kaleidoskop zwischen die Glasplatten statt der gefärbten Glasstückchen verschieden dicke Gypsblättchen und setzt in das Sehloch einen passenden Analyseur ein. Ein solches Instrumentchen kann auch als Polariskop dienen. Sieht man näplich durch dasselbe nach einer Lichtquelle, so erhält man nur dann eine

Farbenerscheinung, wenn das Licht polarisirt ist. Es versteht sich von selbst, daß ein einzelnes Gypsblättchen verbunden mit einem Analyseur schon ein Polariskop darstellt. Ja man kann sogar bei jedem Polarisations-Apparat den Analyseur auch „Polariskop" nennen.

Auch dickere Krystallplatten, wenn sie das Licht doppelt brechen, zeigen im Polarisations-Apparat — in Folge der vorhin erwähnten Interferenz (S. 535) — sehr gesättigte Farben, und zwar erscheinen einaxige Krystalle, z. B. Doppelspath, Eis u. dgl. m., bei sich rechtwinklig schneidenden Polarisationsebenen mit concentrischen, von einem schwarzen Kreuze durchschnittenen Farbenringen, bei welchen die Farben in der nämlichen Ordnung wie bei den Newton'schen Farbenringen folgen (S. 502). Bei parallelen Polarisationsebenen kommen die Farbenringe mit den Ergänzungsfarben zu den vorigen, und von einem weißen Kreuz durchzogen.

Bei einer zweiaxigen Platte, z. B. des Arragonits, Salpeters, wenn sie senkrecht auf die Mittellinie geschnitten ist, d. i. auf jene Gerade, die den Winkel, welchen die optischen Axen einschließen, halbirt, übersieht man zwei Ringsysteme, jedes von einem gekrümmten dunkeln Büschel durchschnitten — vorausgesetzt, daß jener Axenwinkel nicht zu groß ist.

In solcher Weise hat man mittelst des Polarisations-Apparats herausgebracht, daß alle Krystalle — ausgenommen jene des tessularen Systems — das Licht doppelt brechen. Dies läßt sich jedoch nur in den seltensten Fällen so direct darthun, wie beim Doppelspath und dem noch kräftiger doppelt brechenden salpetersauren Natron, dem schwächer doppelt brechenden Quarz und noch einigen anderen; meistens erschließt man die Doppelbrechung mittelbar, vermöge der vorhin besprochenen, mit dem Polarisationsapparat bewirkten Farbenerscheinungen.

Mit Hilfe der Polarisations-Apparate hat man erfahren, daß gepreßte oder schnell gekühlte oder tönende Gläser das Licht doppelt brechen. Auch schnell gekühlte Gläser lassen sich zu schönen Figuren combiniren (S. 535).

Die doppelt brechenden Krystalle zerlegen das Licht in zwei polarisirte Strahlen; sie können daher als Polariseure oder Analyseure zu Polarisations-Apparaten verwendet werden. Weil aber die beiden Strahlen zu nahe bei einander liegen, und dadurch gegenseitig störend wirken; so muß man suchen, die beiden Strahlen weiter aus einander zu bringen — z. E. bei achromatischen Doppelspathprismen, sowie bei Rochon's Prisma — oder einen der Strahlen durch Absorption — z. B. beim Turmalin — oder durch Zerstreuung des Lichtes — z. B. beim Achat — oder durch die totale Reflexion — z. B. beim Nicol'schen Prisma — zu entfernen.

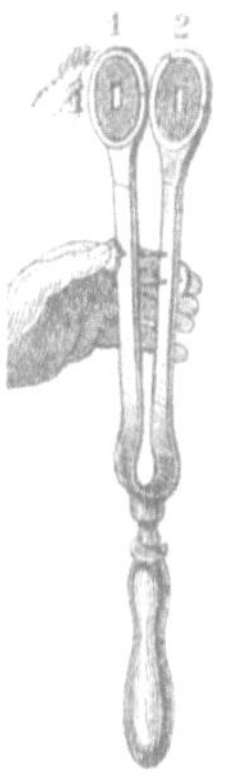

Fig. 143. Die Turmalinzange.

Der einfachste Polarisations-Apparat ist die Turmalinzange (Fig. 143). Bringt man zwischen die mit ihren Axen rechtwinkelig gekreuzten Platten einer Turmalinzange einen einfach brechenden Stoff, so bleibt beim Durchsehen alles dunkel. Der vom ersten Plättchen nicht absorbirte extraordinäre Strahl geht nämlich durch den eingeschalteten Stoff und wird in der zweiten Platte absorbirt. Ist aber der Zwischenkörper doppelt brechend, so bricht dieser den extraordinären Strahl abermals in zwei Strahlen. Nun wird der neue Extrastrahl von der zweiten Platte absorbirt, während der neue ordentliche Strahl durchgeht, das Gesichtsfeld theilweise erhellt und mit Farbenerscheinungen (S. 535) erfüllt.

Auch eine Turmalinplatte kann als Polariskop (S. 536) dienen. Kann nämlich bei derselben kein Seitenlicht in's Auge gelangen, so läßt sich mittelst derselben untersuchen, ob leuchtende Gegenstände polarisirtes oder gewöhnliches Licht in's Auge senden. Dreht man nämlich die Platte, so erscheint sie im ersten Falle abwechselnd hell und dunkel, im zweiten Falle stets hell. In dieser Weise hat man gefunden, daß die beleuchteten Flächen der Wände, Tische, &c., ferner daß die glühenden, aber nicht flammenden Körper polarisirtes Licht aussenden.

Noch müssen wir einer sehr netten, von Arago (1835) stammenden Methode gedenken, vermöge welcher es möglich wird, durch einen Turmalin unterseeische, gefährliche Klippen und Riffe zu entdecken. Das vom Wasserspiegel schief reflectirte Licht ist größtentheils polarisirt. Sieht man durch eine zweckmäßig gelegte Turmalinplatte schräg nach einer Wasseroberfläche, so werden die Lichtstrahlen vom Turmalin absorbirt. Die unter dem Wasser befindlichen Gegenstände senden natürliches oder zum vorigen entgegengesetzt polarisirtes Licht an den Turmalin, daher sie durch letzteren in's Auge gelangen, was beim freien Auge nicht eintreten kann, weil dann die von der Wasseroberfläche reflectirten Strahlen die aus dem Wasser kommenden an Lichtstärke übertreffen.

Um mikroskopische Objecte, besonders, wenn sie organischen Ursprungs sind, hinsichtlich ihrer doppeltbrechenden

Eigenschaften untersuchen zu können, versieht man die Mikroskope unterhalb des Objectes mit einem Polariseur und oberhalb desselben mit einem Analyseur.

Wenn die Lichtstrahlen in einem Stoffe, z. B. in Quarzkrystallen, kreisförmig polarisirt werden (S. 534), so erleidet in Folge dessen die Polarisationsebene eine Drehung im Zirkel. Hiebei entspricht jedem farbigen Bestandtheile des weißen Lichtes ein eigener Drehwinkel, wodurch bei circular polarisirenden Stoffen, welche in einem Polarisations-Instrument eingeschaltet sind, die Farben in der Ordnung der Farbenscala (S. 152) wechseln.

Versieht man eine mit einer undurchsichtigen Hülle umgebene Glasröhre mit einer Glasplatte als Boden, füllt sie mit einer Zuckerlösung und schaltet sie in ein Polarisations-Instrument ein; so dreht diese Flüssigkeit die Polarisationsebene ebenfalls und zwar nach rechts. Es gibt rechts (+) und links (—) drehende Flüssigkeiten. Da dieselben aber in dünnen Schichten die Ebene der Polarisation nicht ausgiebig genug drehen, so müssen sehr lange Flüssigkeitssäulen angewendet werden, um jene Drehung merklich hervortreten zu sehen.

Zu den rechts drehenden Flüssigkeiten gehören; Citronöl, eine Lösung von festem Traubenzucker, Rohrzucker, Runkelrübenzucker, Dextrin, Kampher in Alkohol gelöst, Lösungen von Weinsteinsäure.

Links drehende Flüssigkeiten sind: Terpentinöl, tropfbar oder in Dampfform; Kirschlorbeerwasser, eine Lösung von Traubenzucker, so lange er noch im flüssigen Zustande in den Pflanzensäften vorhanden ist und überhaupt noch nicht fest war; Lösungen von arabischem Gummi und von Inulin.

Unser Leser wird bereits erkannt haben, daß die Kreispolarisation dazu dienen könne, um Stoffe, welche chemisch in gleicher Weise zusammengesetzt, deren Theilchen aber physikalisch verschieden geordnet sind, von einander zu unterscheiden. Ja selbst die Industrie hat hievon Gebrauch gemacht bei der Bestimmung des Zuckergehaltes einer Flüssigkeit, und ein optischer Zuckermesser oder Saccharimeter ist der Hauptsache nach ein Polarisations-Instrument, bei welchem ein passend angebrachter Theilkreis die Messung der Drehung der Polarisationsebene vermittelt. Aus der so gewonnenen Zahl schließt man dann auf die Menge des in jener Flüssigkeit enthaltenen Zuckers.

Die Drehung der Polarisationsebene durch Quarzkrystalle wurde von Arago (1811) entdeckt; bald darauf (1812 bis 1818) fand Biot die Gesetze, welche bei jener Drehung gelten und in welchen Stoffen dieselbe stattfindet; noch andere Physiker haben dann ergänzende Arbeiten geliefert. Im Jahre 1845 sah Faraday, daß jede durchsichtige diamagnetische Materie, welche von elektrischen Strömen umflossen ist, sich so verhält, als ob sie circularpolarisirend wäre; hiebei stimmt die Drehung der Polarisationsebene mit der Umlaufsrichtung des elektrischen Stromes überein; auch kann der letztere durch Magnete ersetzt werden.

Nicht nur die Lichtstrahlen, sondern auch die Wärmestrahlen lassen sich in jeder Weise polarisiren. Da die letzteren auch Interferenz- und Beugungserscheinungen zeigen, so sind Licht- und Wärmestrahlen identisch (S. 475).

Stärke und Geschwindigkeit des Lichtes.

1. Vergleichende Messung der Stärke des Lichtes.

Jedermann nähert die Lampe seinem Buche oder das Papier der Flamme, sobald ihm die Beleuchtung der weißen Blätter zu schwach geworden ist. Das entgegengesetzte thut ein Leser, wenn ihm die Erhellung seines Buches zu kräftig erscheint. Der Grund hievon ist bald einzusehen, wenn man bedenkt, daß (Fig. 144) ein und dieselbe Fläche von

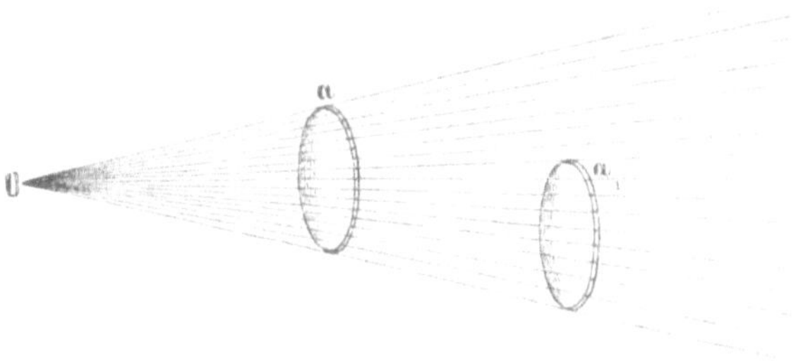

Fig. 144. Abnahme der Lichtstärke mit der Entfernung.

einem leuchtenden Punkte desto weniger Lichtstrahlen erhält, daher desto schwächer beleuchtet ist, je mehr man sie von demselben abrückt.

In welchem Verhältnisse nimmt die Stärke der Beleuchtung mit der Entfernung der Lichtquelle ab? Darauf hat schon Kepler (1604), wie folgt, geantwortet: Ein leuchtender Punkt sendet seine Strahlen nach allen Richtungen geradlinig aus. Es werden daher kleinere oder größere Hohlkugeln, die man sich um denselben concentrisch gezogen denkt, stets die nämliche Lichtmenge erhalten. Die größeren Kugelschalen werden aber, da sie immer nur von der gleichbleibenden Lichtmenge getroffen sind, schwächer erhellt und zwar wird die Stärke ihrer Beleuchtung in demselben Verhältnisse kleiner, als sich die Größe der Kugelfläche steigert. Nun werden aber die Oberflächen der Kugeln 4, 9, 16 ..... n^2 mal ausgedehnter, wenn ihr Abstand von ihrem Mittelpunkte, d. i. von dem Lichtpunkte 2, 3, 4 ..... n mal wächst, woraus folgt, daß (Fig. 144) jede von den Strahlen eines Lichtpunktes nahezu senkrecht getroffene, weiße Ebene 4, 9, 16 ..... n^2 mal schwächer erhellt wird, wenn ihre Entfernung von dem leuchtenden Punkt 2, 3, 4 ..... n mal zunimmt.

Daraus wird klar, warum die Beleuchtung eines weißen Papiers so rasch ermattet, wenn man die Flamme nur etwas von demselben abschiebt. Auch wird man bald einsehen, daß hiedurch ein Behelf geboten ist, die Leuchtkraft zweier verschiedener Lichtquellen mit einander zu vergleichen. In der That benützte schon Bouguer (1727) dieses Princip zur vergleichenden Messung verschiedener Lichtstärken in folgender Weise: Zwei Flammen von verschiedener Leuchtkraft erhellen (Fig. 145) zwei aneinander stoßende, matt geschliffene, weiße Glasscheiben. Nun bewegt man die zur stärker beleuchteten Fläche gehörige Lichtquelle so lange zurück, bis beide Glasscheiben einem hinter denselben weilenden Beobachter gleich hell erscheinen. Ist dies der Fall, so besitzt jene Lichtquelle, welche aus einer

Fig. 145. Photometer nach Bouguer.

2, 3, 4 . . . . . n fachen Entfernung eine gleich starke Beleuchtung wie die nähere Lichtquelle bewirkt, eine 4, 9, 16 . . . . n^2 mal bedeutendere Leuchtkraft als die letztere.

Ein gleiches findet statt, wenn man in einer finsteren Stube (Fig. 146) mittelst zweier Lichtquellen von einem Stabe je einen Schatten auf eine weiße Wand wirft. Zu dem stärkeren Lichte gehört der dunklere Schatten. Nun wird die kräftigere Leuchte langsam von der Wand entfernt, bis sich beide Schatten gleich dunkel zeigen. Sobald dies eingetreten ist, dann sind auch die von beiden Lichtquellen bewirkten Erleuchtungen der Fläche gleich stark. Jetzt wird das Verhältniß der Lichtstärke, wie vorhin, berechnet. Fallen die Schatten auf eine durchscheinende Glaswand, so kann die Beobachtung derselben auch hinter dem Transparente erfolgen.

Bei diesem Lichtstärkemesser oder — wie ihn dessen Erfinder Lambert (1760) nannte — „Photometer" wird also dem Auge, welches die beiden Beleuchtungen vergleicht, noch durch den Gegensatz der Helligkeit, d. i. durch den Schatten, zu Hilfe gekommen. Auch Bouguer hatte dieses Princip angewendet, um die Empfindlichkeit des Auges für Lichtunterschiede zu prüfen (S. 550). Da sich Rumford, wenn auch später als Lambert, eines ähnlichen Photometers bei seinen vergleichenden Studien über die Lichtstärke bediente; so wird dieses Instrument nicht selten das „Rumford'sche Photometer" genannt.

Fig. 146. Photometer nach Lambert und Rumford.

Der Grundgedanke eines sehr einfachen, von Bunsen (1843) stammenden Photometers ist folgender: Wenn man ein weißes Zeichenpapier mittels Stearin durchscheinend macht und nur von einer Seite beleuchtet, so wird die transparente Stelle einem auf der Lichtseite befindlichen Auge dunkler als die anderen Papiertheile erscheinen, und zwar deshalb, weil ein Theil des Lichtes die mit Stearin getränkte Stelle durchdringt und für das beobachtende Auge verloren geht. Erhellt man das Papier gleichzeitig von der anderen Seite, so schreiten auch von hier Strahlen durch das Papier. Sind diese an Licht genau so stark, wie jene Strahlen, welche in entgegengesetzter Richtung durch das Papier laufen, so wird jener Fleck nicht mehr wahrgenommen. Dies läßt sich durch Abrücken der mächtigeren Lichtquelle erzielen, worauf man wieder, wie oben, die vergleichende Rechnung ausführt.

Ein bequem zu handhabenes, für vorläufige Abschätzungen der Lichtstärke ausreichendes Photometer hat, vor

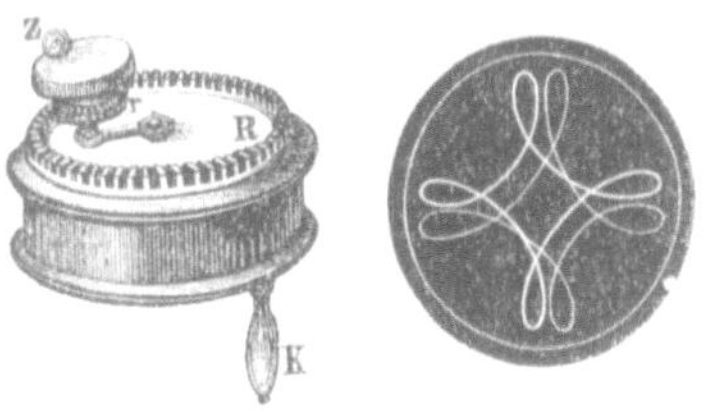

Fig. 147. Photometer nach Wheatstone.

mehreren Jahren, Wheatstone angegeben. Bei diesem Instrumentchen (Fig. 147) wird ein stählernes Kugelspiegelchen in sehr rasche Rotation versetzt. Die Bilder der beiden Lichtquellen erscheinen, wegen des thaumatropischen Principes (S. 270), als zwei von einander getrennte Lichtcurven von verschiedener Intensität. Man entfernt das Kugelspiegelchen von der kräftigeren Lichtquelle gegen die schwächere so lange, bis beide Lichtcurven gleich hell erscheinen. Dann mißt man den Abstand der Lichtquellen von dem spiegelnden Kügelchen und berechnet das Verhältniß der Lichtstärken wie bei den anderen Photometern.

Wir haben hier nur einige der gewöhnlich gebrauchten Photometer berührt; fast jede hervorstechende Eigenschaft des Lichtes — wie dessen Absorption, Polarisation, chemische Wirkung, dessen Eindruck auf die Netzhaut, dessen Beziehung zu den Wärmestrahlen — wurde von den Physikern als Princip für die Vergleichung der Lichtstärke benützt.

An den verschiedenen Photometern, bei welchen die Helligkeit der Lichtquellen direct oder mittelst Beleuchtung von Flächen beurtheilt wird, kommt es darauf an, das stärkere Licht nach einem bekannten Verhältniß, meist durch dessen größere Entfernung, so lange zu schwächen, bis die verschiedenen Lichter dem Auge einerlei Stärke zeigen. Hiebei ist es am besten, daß die beleuchteten Flächen unmittelbar neben einander stehen und anfänglich nur durch den Unterschied ihrer Beleuchtungsstärke von einander geschieden seien.

Bei jedem Photometer müssen die Strahlen beider Lichtquellen auf die von ihnen erhellten Flächen unter gleichen Winkeln fallen. Wäre z. B. (Fig. 148) die eine Ebene wie a i gegen die Lichtstrahlen geneigt, so müßte dies auch mit der zweiten photometrischen Ebene der Fall sein. Es ist am einfachsten, man leitet die Lichtstrahlen in nahezu senkrechter Richtung auf die zu erhellenden weißen

Ebenen. Fielen die Strahlen auf jede der Photometerflächen anders ein, so hätte man eine erschwertere Rechnung, indem (Fig. 148) eine geneigte Fläche a_1 von weniger Lichtstrahlen getroffen und mithin um so schwächer beleuchtet wird, je mehr die Winkel, welche die Lichtstrahlen mit der erhellten Fläche bilden, von einem rechten Winkel abweichen. Auch weiß ja jeder Leser, daß sein Blatt minder kräftig beschienen ist, wenn dasselbe von den Strahlen seiner Lampenflamme schräger getroffen wird. Und verhält es sich etwa mit der Beleuchtung unseres Gesichtskreises hinsichtlich der Morgen-, Mittags- und Abendsonne anders?

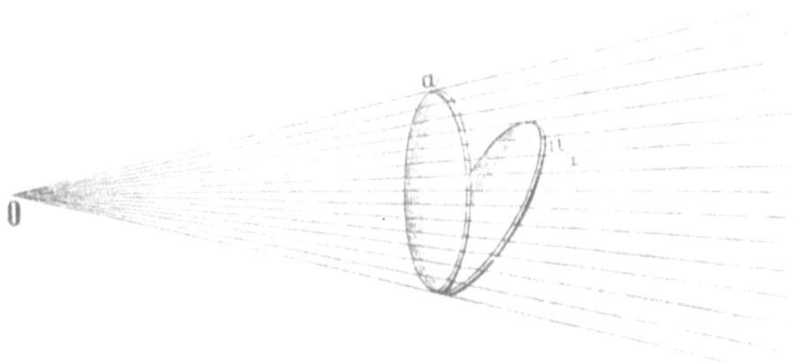

Fig. 148. Schwächung der Beleuchtung durch schief auffallende Strahlen.

Der nächst praktische Zweck, welchen man mit den Photometern in der Jetztzeit verfolgt, ist die Ermittlung der vortheilhaftesten künstlichen Beleuchtungsart, d. h. welche derselben bei dem kräftigsten Licht am wenigsten kostet, die Vergleichung der Helligkeit der Flammen der Gasbeleuchtung mit jener der Kerzen und Lampen, die Gegeneinanderstellung der Lichtstärken, welche die verschieden construirten Gasbrenner bieten u. dgl. m.

Die ersten photometrischen Versuche von Huyghens (1699) betrafen die Vergleichung der Leuchtkraft der Sonne mit jener des Sirius; seitdem hat selbstverständlich die Photometrie hinsichtlich der Himmelskörper bedeutende Fortschritte gemacht und es ist in dieser Richtung mehrseitig gearbeitet worden.

Obschon bald nach Huyghens noch einige Forscher — unter diesen auch Buffon 1747 — sich mit der Vergleichung der Lichtstärke beschäftigten, so verdankt doch die vergleichende Lichtmessung ihren Werth als Wissenschaft erst dem Bouguer (1727—1760) und Lambert (1760). Die Photometrie als Wissenschaft steht in der engsten Beziehung mit allen Theilen der Optik und ihre älteren, experimentellen Ergebnisse, besonders jene der photometrischen Arbeiten von Bouguer, Lambert, Rumford und Herschel, harren noch zum Theil einer Berichtigung mit Rücksicht auf die Veränderungen der Lichtstärke durch die Polarisation und mit Benützung der verbesserten Mittel der jüngeren Wissenschaft. In Beziehung auf die Vergleichung der Lichtstärke vor und nach der Reflexion, vor und nach dem Durchgange durch verschiedene Stoffe, hat Arago (1833 bis 1850) mit seinem neuen, auf der Lichtpolarisation beruhenden Photometer Erkleckliches geleistet. In jüngerer Zeit (1855 bis 1865) haben Bunsen und Roscoe die Intensität des chemisch wirkenden Lichtes gemessen. Sie bedienten sich im wesentlichen lichtempfindlicher Mittel, deren Veränderlichkeit einen constanten Charakter zeigt, und kamen mittelst der basirten chemischen Photometer zu Schlüssen, welche sowol den Photographen, als auch den Meteorologen im höchsten Grade interessiren.

Mittelst ihrer photographischen Photometer wird es vielleicht einst glücken, Curven von gleicher mittlerer chemischer Lichtstärke auf dem Globus einzuzeichnen, wie ja ähnliches bereits für die magnetischen und thermischen Naturkräfte geschah. Man ist in solcher Weise bestrebt, photochemische Messungen durchzuführen, welche für die Photographie, sowie für die Beurtheilung des Klima's und der Vegetation, gleich wichtig sind. Abermals (S. 485) ein wichtiger Dienst, den die Photographie der Meteorologie leistet!

Sehr beachtenswerthe Messungen hinsichtlich der Empfindlichkeit des Auges für Lichtunterschiede hat zuerst Bouguer (1760) ausgeführt. Er entfernte nämlich (Fig. 146) von zwei gleich kräftigen Kerzenflammen die eine derselben so lange bis der zugehörige Schatten verschwand. Dies geschah dann, als das eine Licht 8 mal so weit von der auffangenden Wand entfernt war, als das nähere, mithin als die von der einen Flamme bewirkte Beleuchtung des weißen Schirmes 64 mal schwächer war als die von der anderen Kerze geleistete Helligkeit. Daraus schloß Bouguer, daß ein Licht in Gegenwart eines 64 mal stärkeren Lichtes das Auge nicht mehr errege. Diese Thatsache erklärt, warum die Sterne am Tage nicht sichtbar sind; warum man durch eine spiegelnde Glasplatte schwach beleuchtete Gegenstände nicht erkenne; warum man am Tage von außen durch ein entferntes Fenster nicht wahrnimmt, was in einem Zimmer vorgehe, und umgekehrt, warum man in der Nacht von einem hell erleuchteten Saale aus, die Gassengegenstände nicht unterscheidet, und endlich, warum man aus dem Finstern nicht in eine Stube sehen kann, an dessen Fensterglas von innen eine Flamme ihr Licht nach außen strahlt u. dgl. m. —

Der obige Versuch Bouguer's wurde mehrseitig wiederholt und variirt, wobei sich herausstellte, daß für ein und dasselbe Auge, innerhalb weiter Grenzen, der noch wahrnehmbare Unterschied von Helligkeiten nahezu einen beständigen Bruch der ganzen Lichtstärke darstellt. Diese noch empfindbare Differenz beträgt nach Masson (1845) $1/50$ bis $1/120$ der Lichtstärke, je nachdem die Sehkraft des Beobachters schwach oder stark ist. Aus dieser mächtigen, von mancherlei Umständen abhängigen Schwankung der Constanten folgt, daß bei allen jenen Vergleichen der Lichtstärken, wo die Helligkeiten bis zur Unsichtbarkeit abgeschwächt werden, sehr bedeutende Fehler vorkommen können, derart, daß man dann Gefahr läuft, Lichtintensitäten für gleich zu nehmen, wovon in Wirklichkeit die eine nur die Hälfte oder noch weniger von der andern ausmacht.

Fechner hat (1858) das vorhin erwähnte, von Bouguer zuerst gefundene Gesetz über die Empfindungsstärke des Lichtes weiter ausgebaut, besser begründet, und dann (1860) verallgemeinert, indem er ein „psychophysisches Gesetz" aufstellte, nach welchem nicht nur für das Auge, sondern auch bei anderen unserer Sinne „die kleinsten empfindbaren Unterschiede proportional der ganzen empfundenen Größe sind".

Das psychophysische Gesetz erleidet bei sehr schwachem Lichte durch das subjective Eigenlicht des Auges (S. 232), und bei zu kräftigen Helligkeiten durch den Ueberreiz Störungen; es gilt beiläufig für jene untere Grenze der Helligkeit, bei welcher man noch leicht lesen kann, bis zu jener oberen Schranke, bei welcher eine Blendung des Auges beginnt.

Kräftige Beleuchtungen bewirken hinsichtlich der helleren Gegenstände schwächere Emfindungen; es lassen sich dagegen nach Helmholtz die Empfindungsstärken proportional den sehr geringen Lichtstärken annehmen, woraus folgt, daß in unvollkommener Dunkelheit die weißen Gegenstände auffallend hell erscheinen. Hieher gehört das Schneelicht, d. i. die dem Selbstleuchten ähnliche nächtliche Helligkeit des Schnees u. dgl. m.

Die Stärke des objectiven Lichtes ist gleich der lebendigen Kraft der Aetherschwingungen. Die Intensität der Empfindung des Lichtes hängt jedoch nicht allein von jener lebendigen Kraft der Aetherbewegung, sondern auch von der Dauer der Aetherschwingungen, d. i. von der Farbe des Lichtes ab. Obwol hienach die Empfindungsstärke in einer nicht einfachen Weise von der objectiven Lichstärke abhängt, so kann das Auge dennoch sehr wol dazu dienen, je weißes, je einfach farbiges, kurz je gleichartiges Licht unter denselben Umständen mittelst der früher erwähnten Photometer (S. 543 — 546) relativ zu messen. Anders verhält sich dies für verschiedenfarbige Lichter. Solche wurden, bis auf Vierordt (S. 453), nicht objectiv mit einander verglichen, sondern nur subjectiv oder physiologisch. Herschel that dies (1801), indem er Objecte nach und nach mit je andern Farben des Spectrums beleuchtete und durch ein Mikroskop betrachtete, wobei er die bewirkte Empfindungsstärke abschätzte. In feinerer Weise verfuhr später (S. 453) Fraunhofer; aber selbstverständlich haben auch seine Messungen nur einen physiologischen Werth, der noch dadurch geschmälert wird, daß er nur wenig übereinstimmende Resultate erhielt. Erst Vierordt fand allgemeine gültige Resultate.

Auch die weiße Beleuchtung ist von Einfluß auf die relative Stärke verschiedener Farben. Nach Purkinje (1825) bemerkt man das Blau schon beim schwächsten Licht, das Roth erst bei einer größeren Helligkeit. Dove bestätigte und erweiterte (1852) diese Wahrnehmung dahin, daß die rothen und gelben Farben bei mächtiger, weißer Beleuchtung (vgl. S. 231), die blauen und violetten Farben bei schwächerer, weißer Erhellung auf das Auge stärker wirken. Die Farbe eines blauen Papiers ist noch in der Dämmerung kenntlich, während rothes Papier schon schwarz erscheint. Wenn sich in dunkler Nacht keine andern Farben mehr unterscheiden lassen, so erkennt man noch immer die herrliche Himmelsbläue.

2. Die Fortpflanzungsgeschwindigkeit des Lichtes.

Unter den Millionen Menschen, die sich beim Anblick des Himmels an dem Glanz der Sterne erfreuen, gibt es nur sehr wenige welche ahnen, daß sie jene funkelnden Welten nicht so wahrnehmen, wie sie in der Gegenwart aussehen mögen, sondern wie sie vor mehr oder weniger Zeit, in Beziehung auf das Licht, beschaffen waren; wir erblicken nicht den jetzigen, sondern den älteren Sternschein und es entschlüpft uns diese Wahrheit nur deshalb, weil wir unbewußt unsere irdischen Erfahrungen über das Weiterschreiten des Lichtes auf jene unermeßlichen Weiten übertragen. Weil uns eine Flamme sogleich in's Auge leuchtet, sobald sie in unseren Gesichtskreis geschoben wird, meinen wir, auch das Licht der Himmelskörper brauche eine verschwindend kleine, d. i. keine Zeit, um zu uns zu gelangen. Und doch gibt es Sonnen, welche von uns derart mächtig entfernt sind, daß ihr Licht Jahrtausende braucht, um die Reise bis zur Erde zu vollbringen, die man also in dem Augenblicke der Beobachtung so kennen lernt, wie sie vor Tausenden von Jahren ihr Licht entsendet haben.

Die Alten waren im allgemeinen der Ansicht, das Licht verbreite sich momentan oder augenblicklich, d. i. es beanspruche zu seinem Fortschreiten selbst für unendlich große

Strecken eine unmeßbar geringe, d. i. so gut wie gar keine Zeit; nur wenige griechische Denker, unter diesem Empedokles, meinten das Gegentheil. Von den Neueren war Lord Bacon von Verulam (geb. 1561; gest. 1626) einer der frühesten, welcher an eine allmälige Weiterpflanzung des Lichtes dachte, ja der sogar die Frage aufwarf, ob nicht die Richtung des Windes die Geschwindigkeit der Lichtfortpflanzung beeinflusse.

Galilei (geb. 1564; gest. 1642) hat es, der erste, versucht, wie aus dem vordersten Gespräch in seiner „neuen Wissenschaft" zu entnehmen ist, die Fortpflanzungsgeschwindigkeit des Lichtes zu messen. Er stellte zu diesem Behufe zwei mit Lichtsignalen versorgte Beobachter in eine gegenseitige Entfernung von 1800 Meter. Einer derselben sollte die Flamme seiner Laterne rasch auslöschen, sobald er wahrnahm, daß das von ihm entfernte Lichtzeichen verschwand. Da bei diesen Versuchen die beiden Leuchten sich gleichzeitig verfinsterten, so schloß Galilei mit Recht daraus, daß wenigstens für den doppelten Abstand von 1800, d. i. für 3600 Meter, das Licht sich momentan, d. i. ohne merklichen Zeitverbrauch, verbreite. Denn wäre hiezu eine meßbare Zeit erforderlich gewesen, dann hätte jener Beobachter, der seine Laterue zuerst verdeckte, die andere Laterne nicht gleichzeitig, sondern etwas später erlöschen gesehen. Dem war aber selbst dann noch nicht so, als die berühmte Florenzer Akademie del Cimento dieselben Versuche wiederholte für einen dreifach so großen Abstand, d. i. für 5400 Meter Entfernung der beiden auszulöschenden Lichter.

Es wird uns später klar werden, warum diese Versuche ein Ergebniß bringen mußten, als ob das Licht keiner

Zeit zu seiner Fortpflanzung bedürfte, ja warum auch Descartes (1637) zu dieser Ansicht wiederkehrte, nachdem er vorher gemeint hatte, der Mond der Erde müßte sich später verfinstern, als die Rechnung lehrt, weil das Licht zu seinem Weiterschreiten der Zeit bedürfe.

So waren denn die irdischen Versuche Galilei's und die Beobachtungen der Mondesfinsternisse von Descartes, in Hinsicht auf die Ermittlung einer meßbaren Geschwindigkeit des Lichtes, erfolglos geblieben und fester als je hatte der Glaube Wurzel gefaßt, das Licht laufe in einer verschwindend kleinen Zeit endlos weite Wege durch — da kam unerwartet, fast von selbst, der Beweis für das Gegentheil. Cassini hatte berechnet, daß der erste der vier Monde des Planeten Jupiter je nach 42 Stunden 28 Minuten 36 Secunden in den Jupiterschatten tritt und in Folge dessen verfinstert wird. Befindet sich die Erde auf ihrer Bahn um die Sonne dem Jupiter am nächsten, so stimmt — wie Olaf Römer 1675 gefunden hat — die Erscheinung mit der Rechnung. Steht aber nach einem halben Jahre die Erde um den ganzen Durchmesser der Erdbahn weiter vom Jupiter, so verspätet sich, nach Römer, die Verfinsterung um 996 Zeitsecunden — wie so?

Darauf hat Olaf Römer (1675) die richtige, überraschende Antwort gegeben, nämlich das Licht habe jene 996 Secunden gebraucht, um den Durchmesser der Erdbahn, d. i. 42 Millionen Meilen zu durchschreiten. Welch ein kühner Gedanke! So kühn, daß es sogleich an vielseitigem, gelehrten Widerspruch gegen die geniale Idee Römer's nicht gefehlt hat, so kühn, daß Cassini — der Entdecker der Satelliten des Jupiters und einiger Nebenplaneten des

Saturnus — den von ihm selbständig gemachten Schluß, das Licht pflanze sich in einer wahrnehmbaren Zeit fort, nicht festzuhalten und zu vertheidigen wagte und dadurch auf ein neues herrliches Blatt in dem seine astronomischen Großthaten verherrlichenden Kranze verzichtete. Es blieb also für Römer der unvergängliche, ewige Ruhm einen durch alle Zeiten behaupteten, ja durch eigene Experimente gestützten Irrthum gründlich aufgehoben zu haben.

Die von Römer gegebene Erklärung jener Verspätung der Verfinsterung des ersten Jupitertrabanten war vollkommen zutreffend. Denn je näher die Erde in ihrer Bahn gegen den Jupiter rückt, desto kürzer wird der Weg des Lichtes, also desto kleiner zeigt sich jene Verspätung, bis sie wieder Null ist, wenn die Erde dem Jupiter am nächsten steht. Bei der darauf folgenden Entfernung der Erde verhält es sich umgekehrt. Die Verspätung für den jedesmaligen Ort der Erde hat Römer berechnet und die Rechnung harmonirt mit der beobachteten Verspätung in befriedigender Weise. Es ist also gewiß, daß jene Verspätung der Verfinsterung des ersten Jupitermondes daher kommt, weil das Licht 996 Secunden braucht, um den Durchmesser der Erdbahn, d. i. 42000000 Meilen, zurückzulegen.

Man weiß aus der Mechanik, daß jede gleichförmige Geschwindigkeit sich einfach berechnen läßt, wenn man die Länge des Weges durch die Anzahl der Secunden, welche die Bewegung gedauert hat, dividirt. Es ergibt sich daher für die Fortpflanzungsgeschwindigkeit des Lichtes 42000 Meilen, d. h. das Licht durchschreitet in einer Secunde 42000 Meilen.

Da die vorhin angeführte Formel für die Geschwindigkeit des Lichtes den eben erwähnten Berechnungen Römer's zu Grunde gelegt worden ist, und die Erscheinungen mit jenen Rechnungen für jeden Ort der Erdbahn genau stimmten; so folgt daraus, daß die Annahme, die Bewegung des Lichtes sei gleichförmig, richtig war.

Nun wird von selbst verständlich, warum Galilei's Versuche (S. 555) die Meßbarkeit der Fortpflanzungsgeschwindigkeit des Lichtes nicht verrathen konnten — wie sollte man auf der Erde einen genug großen Weg für die vorhin angerufene Formel, nach welcher die gleichförmigen Geschwindigkeiten berechnet werden, finden, wenn das Licht in einer Secunde einen Weg beschreibt, der 9 mal so groß ist als der größte Umfang der Erde. Und dennoch hat Fizeau (1849) — nach einem von Arago (1838) ausgesprochenen Gedanken — auch die Fortpflanzungsgeschwindigkeit des irdischen Lichtes herausgebracht, indem für den verhältnißmäßig kleinen Weg des Lichtes auf der Erde ein äußerst kleiner Zeittheil meßbar gemacht wurde, welcher in jene Strecke dividirt, die Fortpflanzungsgeschwindigkeit des Lichtes ergab. Ja, noch mehr! Foucault (1853) und fast gleichzeitig Fizeau haben, nach der soeben angedeuteten Grundidee Arago's, bewiesen, daß die Geschwindigkeit des Lichtes, in der Luft sich zu jener im Wasser verhalte wie 4 : 3. Ein wichtiges Ergebniß, weil es einen neuen Beleg für die Wellenlehre des Lichtes brachte. Denn nach dieser besäße (S. 110 u. 382) der Lichtäther im Wasser eine geringere Elasticität als in der Luft und er müßte mithin die Lichtwellen langsamer fortpflanzen und zwar in einem Verhältnisse, welches die zuletzt berührten Experimente bestätigen. Nach der Emanationshypothese hingegen soll (S. 110) die Anziehung, welche das Wasser auf die Lichttheilchen äußert, bedeutender sein als jene der Luft, mithin müßte die Geschwindigkeit des Lichtes im Wasser größer als in der Luft sein, wovon die Versuche Foucault's und Fizeau's das Gegentheil ergaben.

Die Entdeckung der successiven Fortpflanzung des Lichtes durch Römer (1675) scheint auch Huyghens bei der Aufstellung (1678) der Wellenlehre des Lichtes in seiner Ansicht bestärkt zu haben, indem sie die wichtige Aehnlichkeit mit der Fortpflanzung des Schalles brachte. Bedeutende Förderer und Erweiterer der Huyghens'schen Undulationstheorie des Lichtes waren: Euler 1746, Young 1800 bis 1803, Fresnel 1815 — 1822 und Cauchy 1836. Wichtige Vorläufer des Schöpfers der Wellentheorie waren: Aristoteles im 4. Jahrhundert v. Chr., Descartes 1637 und Hooke 1664. Im Gegensatze zu dieser geschichtlichen Zusammenfassung hinsichtlich der Wellenlehre erwähnen wir, daß schon Empedokles im fünften Jahrhundert v. Chr. an eine Emission des Lichtes dachte und daß ferner Kepler (1604) eine solche annahm. Der eigentliche Begründer der Emissionstheorie war Newton 1678 — 1704, obschon er anfangs der Licht-Wellenlehre nicht abgeneigt schien. Berühmte Anhänger der Lichtausflußlehre waren Laplace 1809 und um dieselbe Zeit Malus, Biot und Brewster. Der heftige Kampf beider Parteien entbrannte zu Anfange unseres Jahrhunderts und ward durch Fresnel, Arago und Cauchy zu Gunsten der Wellenlehre entschieden (S. 496 u. f. f., 497 u. f. f., 533 u. f. f.). Die Emanationstheorie hat heutzutage nur noch ein historisches Interesse.

Die große Geschwindigkeit des Lichtes macht es auch

klar, warum Descartes keine Verspätung an der Verfinsterung des Erdmondes bemerken konnte (S. 555) — beträgt diese bei dem geringen Abstande des Mondes von der Erde (S. 333) doch nur etwas über eine Secunde und ist daher unmerklich. Wie geistreich und schön erscheint uns jetzt jener Gedanke des Descartes, aus der Verspätung der Mondesfinsternisse die successive Fortpflanzung des Lichtes erschließen zu wollen, da ja diese Idee eigentlich später bei der Entdeckung der allmäligen Bewegung des Lichtes (S. 556) wiederkehrte!

Die endlich aufgefundene, zeitbrauchende Fortpflanzung des Lichtes brachte auch Aufklärung über sehr kleine Kreise, Ellipsen oder gerade Linien, welche die Fixsterne von West gegen Ost beschreiben. Diese scheinbare Bewegung oder „Aberration" der Fixsterne wurde zuerst von Bradley (1727) beobachtet und von ihm sogleich richtig erklärt aus der Zusammensetzung der nicht momentanen Bewegung des Lichtes und jener der Erde, vermöge welcher eine scheinbare Verschiebung sehr weit entfernter Lichtquellen in der Richtung des jährlichen Erdumschwunges entsteht.

Die Abirrung der Sterne oder besser ihres Lichtes gehört ebenfalls zu den Beweisen für den Umschwung der Erde um die Sonne. Die Geschwindigkeit der Rotation der Erde ist gegen jene des Lichtes verschwindend klein. Sie bleibt daher auf die Aberration ohne Einfluß. Aus der Aberration des Lichtes der Fixsterne läßt sich die Geschwindigkeit der Fortpflanzung des Fixsternlichtes ohne Schwierigkeit berechnen.

Die Geschwindigkeit des Lichtes sowol der Fixsterne, der Jupitermonde und der irdischen Lichtquellen hat sich nach den bisherigen Versuchen als gleich groß erwiesen;

ebenso die Schnelligkeit des Weiterschreitens der Strahlen verschiedener Farben (vgl. S. 383), was schon daraus hervorgeht, daß, wie aus den Rechnungen der Aberration des Lichtes sich ergibt, die farbigen Fixsterne ihr Licht so rasch zu uns senden, wie die mit weißem Licht scheinenden Sonnen, auch müßten ja, bei ungleicher Fortpflanzungsgeschwindigkeit der farbigen Strahlen, die Jupitermonde bei ihrer Verfinsterung stets in derselben Ordnung ihre Farbe wechseln, was nicht der Fall ist.

Da die Strahlen aller Farben mit gleicher Eile fortlaufen, so ist es sehr wahrscheinlich, daß auch die Wärmestrahlen beim Weiterschreiten die nämliche Schnelligkeit besitzen wie das Licht und daß die von Wrede (1841) experimentell ermittelte Fortpflanzungsgeschwindigkeit der strahlenden Wärme von 32000 Meilen in der Secunde sich als zu klein ergeben hat, indem sie nur $^{4}/_{5}$ von der Geschwindigkeit des Lichtes beträgt. Hiebei sind beiderlei Geschwindigkeiten bezogen sowol auf den luftleeren als lufterfüllten Raum, was auch für die früher erwähnten Geschwindigkeiten des Lichtes gilt (vergl. S. 557).

Trotz der hohen Fortpflanzungsgeschwindigkeit des Lichtes im luftleeren und lufterfüllten Raum bedarf es dennoch 8 Minuten und 36 Secunden, um von der Sonne zur Erde zu kommen; vom hellsten Fixsterne wären hiezu, nach Wahrscheinlichkeitsschlüssen, 3 Jahre, von den Fixsternen erster Größe 12 Jahre, von jenen der zwölften Größe 4000 Jahre erforderlich. Ja bei der Unendlichkeit des Weltraumes ist es möglich, daß Sterne längst untergegangen sind und wir sehen sie noch. Umgekehrt kann es Sterne geben, deren Licht wegen der großen Entfernung noch gar nicht zu uns gekommen ist, die wir also noch nicht sehen.